矿山机械

主　编　曹连民
副主编　姜　雪　张永超　孙士娇

北京理工大学出版社
BEIJING INSTITUTE OF TECHNOLOGY PRESS

内 容 简 介

本书主要介绍煤矿井下采掘机械、运输提升机械和流体机械的用途、工作原理、主要结构、性能特点和选型计算方法。本书内容与实践相结合，具体内容包括煤矿智能化开采技术发展现状、采煤机械、采煤工作面支护设备、综采工作面设备配套技术、掘进机械、刮板输送机、带式输送机、辅助运输设备、矿井提升设备、排水设备、通风设备和空气压缩设备。本书注重课程体系与专业的相关性，基础知识与实用技术相结合，反映了当前国内外矿山机械的新技术和发展趋势。

本书可作为高等院校机械工程及采矿工程专业的教材，也可作为从事煤矿工程技术人员的参考用书。

图书在版编目(CIP)数据

矿山机械 / 曹连民主编. --北京：北京理工大学出版社，2024.5

ISBN 978-7-5763-4000-6

Ⅰ. ①矿… Ⅱ. ①曹… Ⅲ. ①矿山机械-高等学校-教材 Ⅳ. ①TD4

中国国家版本馆 CIP 数据核字(2024)第 098751 号

责任编辑：陆世立　　**文案编辑**：李　硕
责任校对：刘亚男　　**责任印制**：李志强

出版发行 / 北京理工大学出版社有限责任公司
社　　址 / 北京市丰台区四合庄路 6 号
邮　　编 / 100070
电　　话 / (010) 68914026 (教材售后服务热线)
(010) 68944437 (课件资源服务热线)
网　　址 / http://www.bitpress.com.cn

版 印 次 / 2024 年 5 月第 1 版第 1 次印刷
印　　刷 / 唐山富达印务有限公司
开　　本 / 787mm×1092mm　1/16
印　　张 / 21.75
字　　数 / 507 千字
定　　价 / 88.00 元

前　言

本书是根据全国煤炭高等教育“十四五”规划教材建设项目，为机械工程及采矿工程专业编写的教材。

近年来，我国煤炭科学技术取得了突飞猛进的发展，开采工艺体系日趋完善，矿山机械装备水平不断提高，新型矿山机械设备和新技术在煤矿开采中得到了越来越多的应用。为了更好地将采掘机械、运输提升机械与流体机械的新技术和新成果呈现给读者，我们结合多年来煤矿工程实践和相关的科研项目取得的科研成果，通过查阅一系列的文献编写了本书，对矿山机械的相关知识进行系统阐述。

本书力求理论联系实际，简明扼要地介绍了矿山生产中使用的各种机械的基本用途、工作原理、主要结构、性能特点和选型计算方法。本书综合了编者在多年的教学实践中总结的经验，注重课程体系与专业特点，加强基础知识，拓宽覆盖面，增加交叉学科内容，按照由浅入深、由基础到应用、由理论到实践来编排各部分内容，有助于学生和从事煤矿工程的技术人员深入理解和掌握相关内容，便于学生自学和教师教学。

全书共三篇十二章，第一至第四章由山东科技大学曹连民编写，第五章由济南职业学院孙士娇编写，第六至第九章由山东科技大学姜雪编写，第十至第十二章由山东科技大学张永超编写。全书由曹连民担任主编，负责统稿、定稿工作。

本书在编写过程中得到了许多高校、科研院所及厂矿企业专家和技术人员的大力支持和帮助；为充实教材内容，本书还参考了诸多教材、著作及相关文献和资料，在此对相关人员表示感谢。

由于编者的水平有限，书中难免存在不足及疏漏之处，恳请同行专家和广大读者批评指正。

编　者

2023 年 9 月

目录

第一篇　采掘机械

第二篇　运输提升机械

第三篇　流体机械

第一篇

采掘机械

第一章 煤矿智能化开采技术发展现状

第一节 概 述

煤矿智能化是我国煤炭工业实现高质量发展的必由之路。煤矿智能化的核心是实现采掘智能化，以及实现以采掘为核心的智能化服务。其中，智能开采在煤矿智能化建设阶段发挥着主导作用，智能开采控制技术及装备的发展对煤矿智能化的进展起着至关重要的作用。

我国从 21 世纪初开始研究自动化综采技术及装备，通过“973 计划”“ 863 计划”“国家科技支撑计划”等科技专项的实施，开展了“综采智能控制技术与装备”“可视化远程干预型智能采煤控制系统”等国家项目的研究，开发了工况自适应智能控制功能的高速、高可靠性的电牵引采煤机、两柱超强力放顶煤液压支架、自动化高可靠性的巷道带式输送机等一批自动化、智能化开采装备；开发了具有感知、信息传输、动态决策、协调执行功能的高可靠性综采成套装备智能控制系统。2008 年，国家能源集团神东煤炭集团榆家梁煤矿建成了第一个自动化综采工作面；2014 年，陕西煤业化工集团黄陵矿业集团有限责任公司建成了地面远程操控采煤系统，实现工作面内 1 人巡视、监控中心 2 人远程干预的常态化自动生产。上述成果使我国在煤矿智能开采领域的技术水平与国外先进水平的差距显著缩小。

近年来，随着矿山建设和采矿活动“高效、安全、环保”的推行，国内不少矿山企业数字化设计工具普及率、关键工艺流程数控化率已有一定程度的提高，矿山智能化水平也在不断提升，尤其是大数据、自动控制、物联网和 5G 等技术应用的普及，让部分矿山的智能化建设取得了突破性的进展。自 2020 年以来，各煤炭资源大省纷纷出台促进煤矿智能化建设的相关政策，以国家能源集团为代表的大型煤炭企业也纷纷出台促进煤矿智能化发展的政策，共同推进我国煤矿智能化建设进程。截至 2023 年 12 月，全国煤矿智能化采掘工作面已经达到 1 300 余个，有智能化工作面的煤矿达到 694 处，钻锚机器人、巡检机器人、选矸机器人等各类智能机器人已在井下应用。

一、智能开采控制技术路线

智能开采控制技术路线以综采自动化控制系统、液压支架电液控制系统、智能集成供液系统三大系统为基础，结合可视化远程干预技术，依靠工业互联网、人工智能、大数据、云计算等新一代信息技术提升采煤智能化水平，全面感知开采过程中的地质条件及其变化、设备工况、工作面环境、工程质量等，实现对不同工况及开采条件下的自主决策、自动控制、智能运维，反馈指导自适应智能开采控制。

目前，无人化智能开采控制技术在井下综采工作面的应用经历了智能化 1.0、智能化 2.0、智能化 3.0 这 3 个发展阶段。智能化 1.0 阶段采用"有人巡视，中部跟机"模式，通过研究视频监视技术、液压支架跟机技术、采煤机记忆截割技术、远程控制技术等，将采煤工人从工作面解放出来，使他们可以在相对安全的巷道监控中心完成工作面正常采煤。此模式首次应用于黄陵矿业集团有限责任公司一号煤矿 1001 工作面，本阶段虽然未实现工作面无人化，但是为无人化开采提供了一条切实可行的技术途径。智能化 2.0 阶段采用"自动找直，全面跟机"模式，进一步提升了工作面多机协同能力，实现了工作面自动化连续生产，将惯性导航技术、人员定位技术、找直技术、多机协同技术等应用于采煤工作面，实现了工作面自动找直，为工作面装备连续推进开采创造条件。此模式主要应用于国家能源集团宁夏煤业有限公司红柳煤矿，并进一步推广至金凤、麦垛山、金家渠、双马、羊场湾等煤矿，工作面作业每班可减少操作工人 5 名，为无人化开采模式提供了更加有效的综采工作面管控手段。智能化 3.0 阶段采用"无人巡视、远程干预"模式，基于工作面地质探测数据以及惯性导航、三维激光扫描等技术应用，实现了工作面开采条件感知，构建了工作面开采模型。探索基于工作面地质开采模型的数字化割煤技术在神东煤炭集团榆家梁煤矿 43101 工作面、陕煤集团神木张家峁矿业有限公司张家峁煤矿 14301 工作面已实现应用，实现了常态化无人操作连续生产应用，常态化生产过程自动化使用率不低于 85%，建立了工作面中部 1 人巡检常态化生产作业模式，实现生产班下井人数从原来的 10 人减为 6 人，直接生产工效提升约 15.08%。未来智能化 4.0 阶段将采用"透明开采，面内无人"模式，引入"透明工作面"等先进理论，通过研究三维地质建模技术、研究煤岩识别技术、激光扫描技术、精确定位技术，提前规划割煤曲线，使用采煤机自动调高技术，实现采煤机自主控制。无人化智能开采控制技术路线如图 1-1 所示。

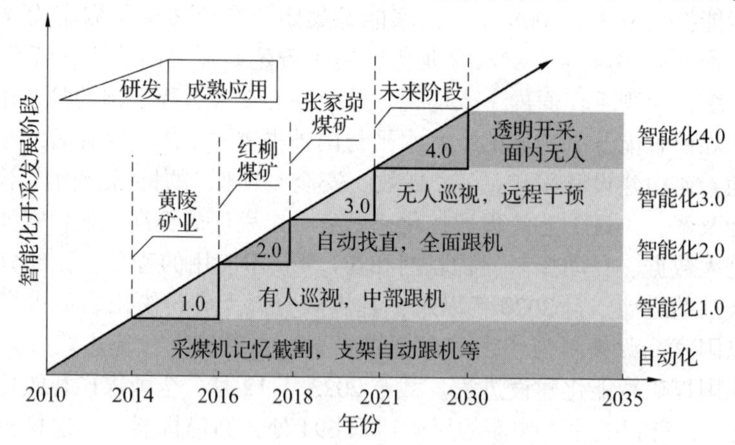

图 1-1　无人化智能开采控制技术路线

二、智能化综采工作面关键技术

(一) 自动化割煤技术

自动化割煤系统由截割控制模块、自动截割软件包、传感检测模块、配套传感器(包括左、右滚筒截割高度传感器、摆角传感器、位置编码器、采煤机牵引速度与工作面位置传感器、机身倾斜传感器和位置同步传感器)等部分组成。其中，最重要的就是摆角传感器和位置编码器，二者中的任意一个损坏，均不能进行记忆截割。自动化割煤如图 1-2 所示。首先，采煤机司机人工操作采煤机进行煤壁截割和牵引行走，记忆截割系统软件记录并存储工作过程中的机器所有相关运行数据和状态变量；然后，采煤机系统根据学习记忆的截割和牵引行走进行自动割煤。采煤机进入自动截割状态后，司机可以根据需要，随时通过遥控器或远程指令人工操作调整机器的运行(方向、速度、启停、采高)，显示屏上此时显示系统处于自动运行中断状态。

图 1-2　自动化割煤

(二)液压支架智能化移架技术

液压支架控制器搭载的操作系统采用控制线连接，支持手机 NFC 卡一碰连网功能，实现工作面自动跟机智能化移架，以及从单架控制到成组自动控制。网络型液压支架电液控制器在正常情况下会定时检测支架立柱压力，系统会自动执行升柱操作，补压到规定压力。控制器支持自动反冲洗，操作人员在信号转换器中设置自动反冲洗的时间，并在控制端打开自动反冲洗开关、上下反冲洗开关，设置支架反冲洗间隔等参数后，控制器就会定时执行自动反冲洗操作。初期难点在于两端头三角区，自动跟机智能化移架较困难。通过优化程序，目前已逐步提高了支架跟机自动化使用率。

(三)远程干预技术

远程干预技术基于一体化监控中心的工作面设备集中控制系统，将采煤机、液压支架、刮板输送机、转载机、破碎机等主要设备的控制功能集中到回采巷道，将视频监控、音频控制、网络管理、数据集成等功能融为一体，在工作面回采巷道实现对综采设备的集中监控。当工作面设备故障、运行不正常或煤层赋存发生变化时，操作人员可远程发现并对设备进行人工调整，以防止影响工作面正常割煤或出现安全事故。实现途径为在原有控制系统中加装一套远程集中控制系统，通过通信光缆将采煤机遥控器移至控制台，将作业人员从工作面移至工作面主控制台处，使作业人员可以根据工作面控制台计算机提供的数据和信息，对采煤机和液压支架自动割煤过程中出现的问题实施远程人工干预。主要技术难点为远程控制技术和视频监视系统的可靠性不高。经测试，从指令下发到执行返回时间为 0.5 s。目前，正常情况下工作面人数由 4 人减为 2 人，采煤机、液压支架可实现远程干预操作。

(四) 工作面智能巡检扫描技术

工作面配备的巡检机器人如图 1-3 所示，它搭载红外及可见光双视摄像仪、拾声器，代替人的“眼、耳、皮肤”，自动识别工作面设备发热、异响等问题，正常情况下自动巡航，异常情况下人工远程控制，实现代人巡查。目前正在试验用巡检机器人搭载的智能传感装置采集数据，建立工作面精确坐标模型。巡检机器人以沿刮板输送机电缆槽上的轨道为平台，以电池供电驱动行走机构实现快速移动。工作面除巡检机器人外，还安装了三维激光扫描机器人，该机器人搭载了先进的激光扫描和惯性导航技术，可以对工作面采场进行三维扫描，进而建立工作面数字化模型。

图 1-3　工作面配备的巡检机器人

(五) 全景视频监控技术

全景视频监控技术如图 1-4 所示，它采用固定视频监控和移动视频监控相结合的方式。

图 1-4　全景视频监控技术

固定视频监控。固定视频监控选用适应薄煤层特点的微型摄像仪，工作面可以每隔 3 架安装 1 台照煤壁方向摄像仪、每隔 6 架安装 1 台照支架方向摄像仪，做到工作面立柱前方视频全覆盖。

移动视频监控。巡检机器人在工作面实现自动定位后，通过 360°旋转云台摄像仪，集控中心操作人员便能做到全工作面任意地点的远程查看。发现异常后，巡检机器人可代替人员快速巡检，最终实现“无人跟机，有人巡视”的智能化生产模式。

第二节　采煤机智能化控制技术

智能采煤机在综采工作面中的合理运用主要是依据采煤工艺的要求，对采煤机工作模式进行切换调整，通过设备内置的传感器模块实现对设备本身和支架位置、工作状态等信息的精准采集，再根据收集信息预测设备未来运行轨迹，确保智能采煤机和其他设备在作业过程中保持较高的契合度，以保证智能采煤机在综采工作面高效、安全地进行开采作业。

一、远程控制技术

采煤机远程控制技术对实现综采工作面无人化生产具有重要意义。它可以使工作人员远离危险的生产现场，在巷道控制平台甚至地面操作采煤机进行生产活动，从而有效地解决工作面噪声大、粉尘污染严重等问题，避免对工作人员身心健康造成伤害。采煤机远程控制系统采用远程/本地模式搭建了远程控制网络，通过以太网、光纤、RS485 总线传输信号，有效保证了数据传输的实时性和稳定性，实现了在巷道控制台远程控制和地面监测的功能。

采煤机远程控制系统由视频系统和数据传输系统组成。视频系统包括采煤机机身视频系统和工作面支架视频系统。采煤机机身视频系统包括在采煤机机身左右两侧各自安装的 1 台摄影仪，用于采煤机周围环境的视频采集。工作面支架视屏系统由每隔 2 台支架安装的 1 台本安型固定摄影仪，每隔 6 台支架安装 1 台 180°旋转的云台摄影仪组成，可以全程采集工作面煤壁变化、采煤机动作、支架动作及周围人员活动等视频，通过光纤及以太网按照特定传输线路将图像信息实时传送至控制台集控中心，为工作人员提供足够的现场信息，保证操作的安全性和有效性。数据传输系统包括控制设备、数据传输设备和数据接收设备等。工作人员利用遥控器、键盘等输入装置远程对采煤机发出操作指令，输入的指令信号通过采煤机数据传输系统传至数据接收设备，从而通过采煤机电控系统实现远程控制。数据传输系统由采煤机数据上传设备作为数据中转设备，该设备的核心为可编程逻辑控制器（Programmable Logic Controller，PLC），PLC 读取遥控器发送的键值信息，并按照特定传输线路将该信息通过光纤传送给电控系统，控制采煤机做出反应。

二、定位定姿技术

目前，常规的采煤机定位方法包括红外信号定位、超声波定位、里程计定位等，但上述方法均存在定位信号抗干扰能力差、定位实时性不强等缺点，使得定位误差较大，不适用于采煤机智能化控制场景。惯性导航技术因其在矿井恶劣工况下仍具备较高的定位维度及良好的实时性及自主性，可实现任意环境下自主连续的三维定位定向，已成为目前主流的采煤机位姿监测方法，惯性导航系统工作面布置如图 1-5 所示。惯性导航定位的基本原理是先利用惯性传感器测量出采煤机在惯性坐标系下的加速度矢量及角速度等参数，随后通过建立三维导航坐标系并将测量数据作为输入量计算得到姿态矩阵，即可通过位姿解算方法得到姿态角及位移量等位姿参数。

为了降低累计误差及位姿漂移度，提高惯性导航系统定位精确性，业界提出了一种采用卡尔曼滤波算法优化的采煤机惯性导航位姿监测方案。先采用差分结构对 4 个惯性传感器进行安装布置，有效降低传感器漂移误差，在此基础上采用卡尔曼滤波算法分别对 4 个惯性传感器的初始对准环节进行误差补偿，输出更为精确的采煤机加速度及角速度参数，随后通过矩阵转换及姿态解算计算出精确的采煤机偏向位移、姿态角等位姿参数。

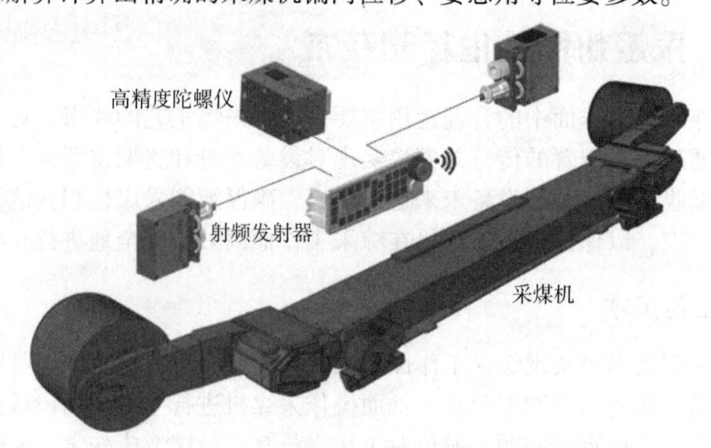

图 1-5 惯性导航系统工作面布置

三、记忆截割技术

目前，在煤矿开采作业中，煤岩分解的技术手段有很多，以记忆截割技术应用最为广泛。对采煤机记忆截割技术的分析，其流程有 3 个不同阶段：一是路径记忆阶段，该阶段主要是记忆、收集采煤机截割路径的相关参数，并进行相应处理；二是自适应调高阶段，当采煤机作业过程中煤层突然发生改变时，会致使运行状态参数与其记忆不符，此时采煤机截割滚筒将自动调高相关数据误差；三是人工修正阶段，当煤层变化程度过大、采煤机截割滚筒无法自动调高时，为保证整个作业过程安全，要通过人工方式修正采煤机运行轨迹，同时将修正结果记录在案，以备在往后遇到同样情况时，采煤机能通过记忆自动调高。通常而言，采煤机会结合关键记忆点与常规记忆点两种方式，来有效提升记忆的精准度。其中，关键记忆点需要通过人工方式来调节，而常规记忆点可通过采煤机自动调高，两种方式能为采煤机调高及自动截割提供重要的参考依据。在应用智能采煤机进行开采作业时，要先将大块煤层通过破碎部予以破碎，再将煤壁通过截割部进行截割，电动机能对截割状态加以控制，也能识别停机状态与启动状态的信号。如果要联动控制破碎电动机与截割电动机，需要在逻辑传感器上加装启动保护、连锁停机与启动等控制形态，在对破碎部与截割部运行状态进行总体设置后，采煤机就能进行自动作业。

四、智能监控技术

因井下采煤工作面作业环境复杂多变，采煤机自动记忆截割技术仍存在很多缺陷，实际应用过程中自动化程度不高，仍需要不断改进。对采煤机自动监控系统进行优化设计，不仅可以提高采煤机割煤作业的自动化程度，减少人工投入，而且可以对采煤机各部位工作状态进行实时监控，及时发现并处理运行过程中存在的问题，大大降低采煤机运行作业期间的故障率。自动监控系统整体架构包括 S7-300PLC、传感器、WinCC 等。传感器把监测采集的各项数据信息传输给 PLC 输入模块，通过 PLC 输入模块进行处理，从而实现对采煤机在工作面记忆截割作业过程中的实时监控，采煤机实时监控界面如图 1-6 所示。当采煤机某个部位在工作面运行期间出现故障时，故障报警系统将会立即发出警报，同时对采煤机机身位置、仰俯角、摆动角度及上/下滚筒摇臂的倾斜角度等数据信息进行采集存储，为采煤机自动记忆截割和在工作面三角区域自动化割煤提供参考依据，大大提高了工作面智能化开采水平。

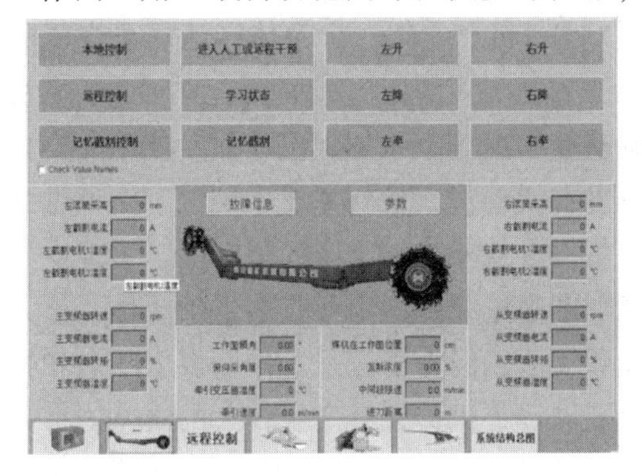

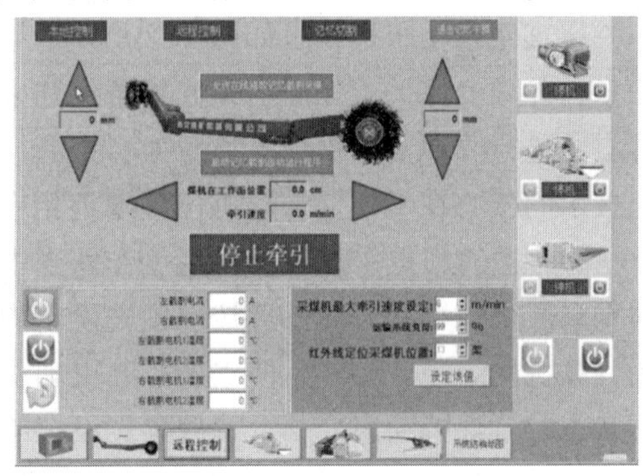

图 1-6　采煤机实时监控界面

第三节　液压支架智能化控制技术

随着煤矿智能化、信息化技术的不断进步，煤矿井下综采工作面“三机”(采煤机、液压支架和刮板输送机)设备的自动化程度不断提升，朝着高效率、高可靠性和高实时性方向快速发展。液压支架作为煤矿井下综采工作面唯一支撑设备，在承担支撑采煤空顶区任务的同时，还承担着推溜、采煤机定位的作用。因此，液压支架可靠、稳定运行直接关系到综采工作面的生产效率。

一、远程控制技术

液压支架远程控制系统如图 1-7 所示，它以顺槽主机集控中心为控制核心，以监控主机主画面和调度中心视频画面为辅助手段，通过支架远程操作台实现对液压支架的远程控制。远程控制功能包括液压支架的单架控制、成组控制和自动跟机控制；以工作面视频画面和支架监控软件为辅助手段，通过集控中心支架键盘对液压支架进行远程控制。当工作面液压支架在自动跟机作业时出现丢架或动作执行不到位时，依靠无盲区视频监控，人工远程干预控制液压支架的升柱、降柱、抬底、推溜等动作。

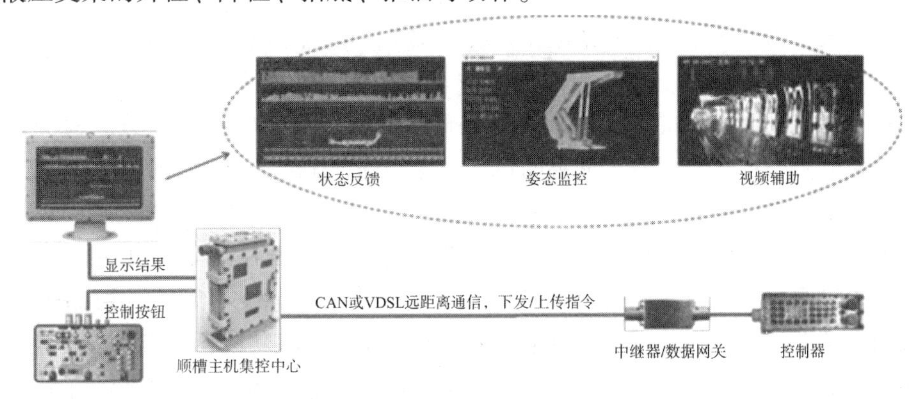

图 1-7　液压支架远程控制系统

二、自动跟机技术

液压支架自动跟机技术如图 1-8 所示，它是将“三机”看作一个整体，依据采煤机的位置信息，并结合综采工作面的顶底板条件和采煤工艺，实现液压支架根据自身所处采煤机的位置自主进行收伸支护顶板、移拉架、推溜、调整伸缩梁等一系列跟机动作。液压支架自动跟机技术的核心在于根据采煤机位置确定相应位置支架动作，目前主要采用以下两种方式实现：一种是通过根据采煤机参量为工作面当中的每一台支架建立相应的规则库，实现支架群组根据采煤机位置和方向信息按照预先设定的规则准确连续地做出相应的支护动作，该方式采用计算机网络进行控制，使支架控制更加安全和灵活，但由于综采工作面煤岩状态和机器运行状态时刻保持动态变化，按照预先设定的规则进行跟机移架会产生较大的误差；另一种是根据综采工作面的采煤方法和“三机”协调控制的过程，建立刮板输送机弯曲段数学模型和跟机自动控制的数学模型，实现液压支架的自动跟机，该方式提高了采煤效率，为液压支架跟机自动化提供了理论基础，但由于无法根据回采过程中环境的变化进行自主调整，易造成推溜和移架不到位的情况，需要人工校正。

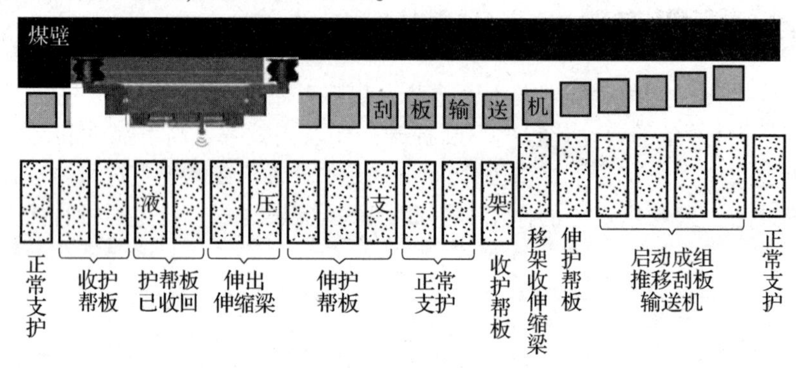

图 1-8 液压支架自动跟机技术

三、集成供液技术

液压支架集成供液系统如图 1-9 所示，它是集泵站系统、变频控制、泵站智能控制、自动配液、数据上传于一体的自动化设备，是煤矿综采工作面高产、高效、长时间稳定工作的后备保障系统，为综采工作面支架液压系统提供了一套完整的供液解决方案。该技术的优点为：实现泵站的自动控制；减小泵站压力波动，提高液压系统稳定性；实现泵站的空载启、停，减小对电网和设备的冲击，提高设备寿命；实现泵站状态和参数的检测与故障诊断，降低设备故障率；拥有高效、完善的过滤系统，保证了介质的清洁稳定；提高顺槽泵站系统自动化水平，减员增效；安全、节能、高效。

支架电液控制系统由乳化液泵站系统、变频器、多级过滤体系、智能控制系统、乳化液自动配比装置等组成。其中，乳化液泵采用五柱塞泵结构，配备 4 台泵，主泵为变频控制。配备本质安全型泵站电磁卸载阀，具有电控卸载和机械卸载双功能，并能实现自动切换。具备泵站油位、油温的检测与故障报警保护，泵站出口压力的检测与控制功能，输出压力稳定可调。

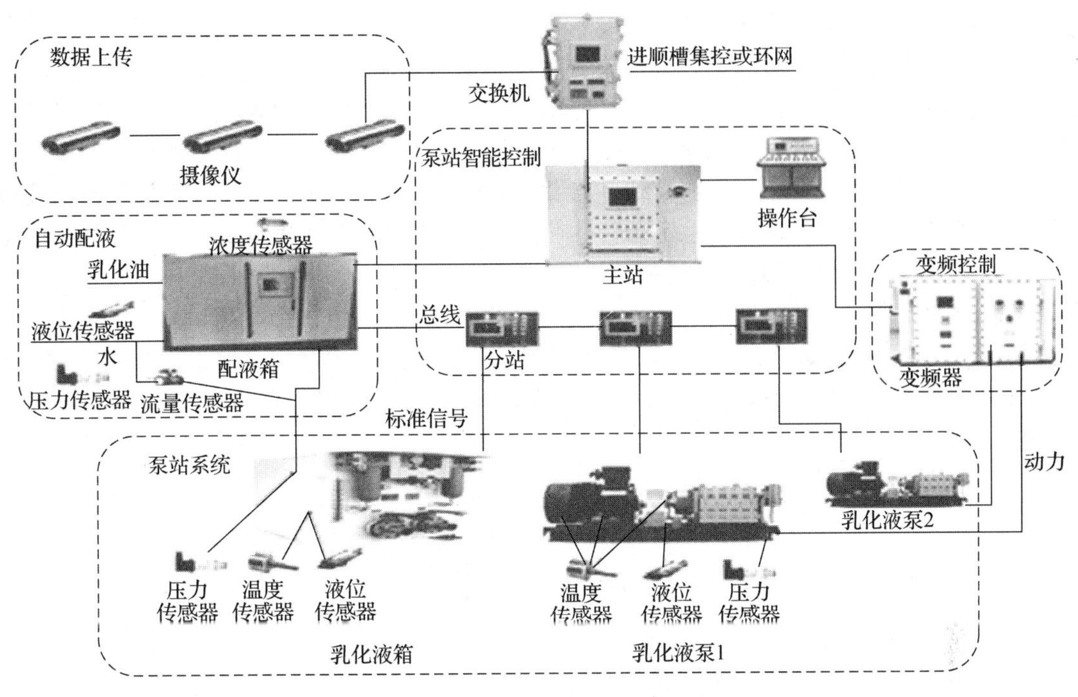

图 1-9　液压支架集成供液系统

四、姿态监测技术

液压支架姿态信息的获取是实现液压支架一切控制的基础，液压支架的不合理支护姿态会影响液压支架的稳定性和有关零件的使用寿命，造成支护隐患，危及工作面安全。由于综采工作面通常需要支架群组进行支护，在支架群组运动时，若获得的姿态信息存在误差，易产生倾斜、咬架等情况。因此，液压支架姿态的精确检测和动作的精准控制对液压支架的智能化控制十分重要。目前，液压支架主要通过在护帮板、顶梁、后连杆、掩护梁及底座分别安装双轴倾角传感器，利用传感器所获得的数据通过公式反解出支架的工作姿态。该技术具有物理架构简单，易于管理等优点，但在井下恶劣环境下，倾角传感器的监测精度会产生较大的误差，且倾角传感器只能对液压支架实现二维状态监测，无法满足支架的三维姿态信息监测需求。

第四节　刮板输送机智能化控制技术

刮板输送机是综采工作面的“三机”之一，其不仅为采煤机牵引提供轨道，而且为液压支架的推溜提供支撑。目前，随着采煤技术和采煤设备自动化水平的不断提高，对刮板输送机的自动化水平和运输能力也提出了更高的要求。

一、智能变频技术

(一) 自动张紧刮板链

刮板输送机的结构形式虽然多种多样，但大都有着相同的基本构造，都由机头、机尾、刮板链、推进装置、斜槽等基本构件组成。其内部的自动张紧系统是刮板输送机控制刮板链的关键部件，其张紧特性的好坏直接控制着该设备能否顺利运行。自动张紧系统如图 1-10 所示，它由压力传感器、伸缩油缸和位移传感器等组成。伸缩阀由电液控制装置发出指令，调整液压油的方向，使伸缩油缸完成伸缩动作。刮板输送机在正常运转时，通过压力传感器测量伸缩油缸无杆端压力，并将测量结果与设定的标准值进行比较。如果发现异常，则及时调整收缩和伸出，以确保系统的稳定运转。在传感器检测值小于预先设置的值的下限的情况下，自动张紧系统调整伸缩阀，活塞延伸，在相关传感器检测到伸缩阀达到延伸极限的时候，活塞会随之缩回。伸缩油缸控制的活塞杆与尾部的运动部件连接。伸缩油缸移动活塞时，尾部的运动部件也随之移动。调整尾部链轮间距，实现链条自动张紧。自动张紧系统正是通过上述一系列操作，确保了相关设备的稳定安全。

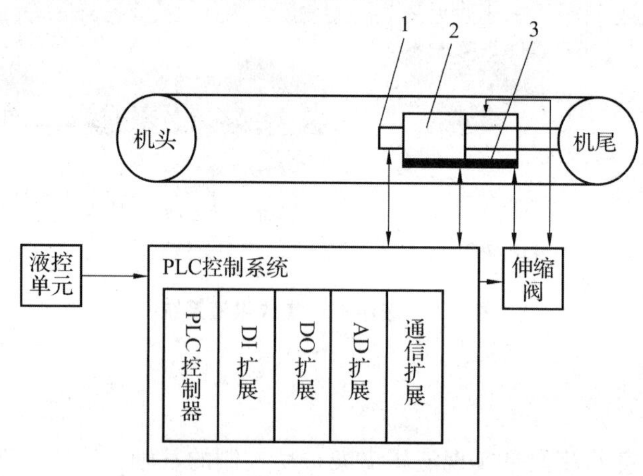

1—压力传感器；2—伸缩油缸；3—位移传感器。

图 1-10　自动张紧系统

刮板输送机在启动以后，控制系统会向张紧装置器发出相应的控制信号，实现对刮板链的预张紧，只有在张紧工作完成后，刮板输送机才可正常运行。在刮板输送机停止运行时，首先需要停止变频器的电流输出，然后智能变频控制系统会向张紧控制器发出相应的控制信号，来降低刮板链的张紧度。同时，张紧控制器也会把刮板链装置的运行状态传输给操作箱，并将信息显示在液压显示屏上，方便工作人员进行查看与操作。

（二）智能调速

煤量检测装置在工作过程中主要依靠激光扫描仪来对煤量信息进行获取，并在工业以太网的帮助下将信息传输给操作箱，操作箱内的 PLC 控制系统就会对采煤位置、采煤量以及刮板输送机的运行电流值进行具体分析，并按照一定的逻辑控制程序发出相应的控制指令，变频器在接收指令后，会智能调整刮板输送机的运行速度，从而确保刮板输送机处在最佳的运行状态。

（三）驱动装置监控

智能变频控制系统如图 1-11 所示。在智能变频控制系统中有两个数据箱，分别安装在刮板输送机的机头和机尾处。在数据箱内安装有温度监测单元，能够在温度传感器的作用下，实时获取刮板输送机的电动机、减速器的运行温度，并将监测结果传递给操作箱。操作箱内的 PLC 控制系统通过对监测结果的分析与计算，即可实现对机头、机尾驱动装置的智能保护。

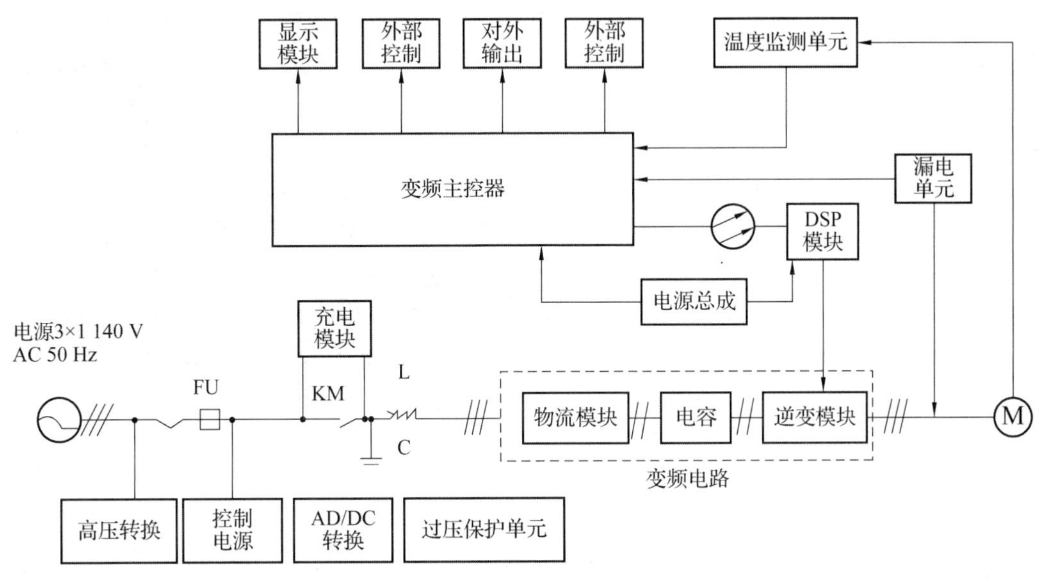

图 1-11　智能变频控制系统

二、煤流负荷监测技术

智能化综采工作面刮板输送机采用变频软启动装置，具备煤流负荷监测功能。通过读取刮板输送机电动机电流，计算出煤流负荷比例系数，然后回传采煤机，采煤机通过智能决策算法，自动调整采煤速度或进行停机操作，可以最大程度保障刮板输送机电动机安全及工作面生产安全。此外，刮板输送机还具备运行工况监测、链条自动张紧、断链停机保护等功能。工况监测功能对刮板输送机机头水平部、机头垂直部、机尾部 3 台电动机的运行状态、电流、电压、各部温度进行监测，可以根据温度信息预测故障点，在故障发生前进行人为干预，保障设备安全；链条自动张紧功能是利用传感器检测刮板输送机运行时链条的垂度，根据预设算法判断此垂度下链条的张紧力，然后通过油缸伸缩动作进行链条张紧力的调整；断链停机保护功能是通过刮板输送机机尾高清监控摄像仪实时捕捉链条完整度，若发生断链现象，则立即对刮板输送机停机闭锁。

习题1

1. 智能化综采工作面关键技术有哪些？
2. 目前，采煤机智能化控制技术有哪些？
3. 目前，液压支架智能化控制技术有哪些？

第二章
采煤机械

第一节　概　述

在煤矿机械化采煤工作面进行作业的过程如下：首先将煤从煤层中采落下来，成为可运输的块度，然后装入刮板输送机运出工作面，再经运输巷的带式输送机运走。这种把煤由煤层中采落下来的机械称为采煤机械。采煤机械用于实现采煤工作面落煤和装煤过程的机械化，是机械化采煤工作面的关键设备。

一、采煤机械的类型

目前，采煤机械主要有滚筒采煤机、连续采煤机、刨煤机等，其中应用较广泛的是滚筒采煤机。

滚筒采煤机主要由截割部、牵引部、电动机和辅助装置组成。该设备具有功率大、煤层适应性强、调高方便、自开缺口、采高范围大、能适应较复杂的顶板条件等特点，适用于各种硬度、采高为0.65~9 m的缓倾斜煤层。采用无链牵引的滚筒采煤机可在35°~54°的大倾角条件下工作，对地质条件要求不高，能较好地适应工作面煤层构造。其缺点是结构复杂，价格昂贵，破碎的煤块度小，粉尘含量多，能耗大。

连续采煤机是房柱式采煤法的主要设备，适用于采高为0.8~8.0 m的煤层，主要在美国、南非、印度等国使用。目前，我国也开始将连续采煤机用于采煤和煤巷快速掘进。连续采煤机在结构上类似于巷道掘进机，具有截割、装载、转载、调动行走和喷雾防尘等多种功能。

刨煤机是一种截深小、牵引速度快的采煤机械。刨煤机主要由刨头及其传动装置、工作面刮板输送机两大部分组成，能同时完成落煤、装煤和运煤。其优点是截深小，可充分利用矿压落煤，刨削力和落煤的单位能耗小，出煤块度大，煤尘少，结构简单。其缺点是对地质条件的适应性差，一般适用于煤质较软、顶板较稳定的薄煤层或中厚煤层，调高比较困难。

二、采煤机械的分类

（一）滚筒采煤机的分类

1. 按滚筒个数分类

（1）单滚筒采煤机。单滚筒采煤机因只有一个工作滚筒，故结构简单、质量轻。单滚筒

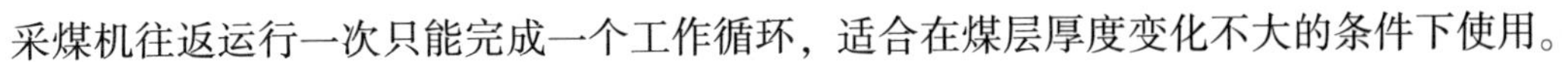

采煤机往返运行一次只能完成一个工作循环，适合在煤层厚度变化不大的条件下使用。

(2)双滚筒采煤机。双滚筒采煤机机身两端各有一个工作滚筒，调高范围大，适应性强，效率高，可在大部分煤层地质条件下工作。

2. 按牵引部传动及调速方式分类

(1)机械牵引采煤机。该类采煤机采用机械传动，其优点是操作、维护、检修方便，适应性强。

(2)液压牵引采煤机。该类采煤机控制、操作简便、可靠，调速性能好，具有多种功能，适用于各种地质条件。

(3)电牵引采煤机。该类采煤机控制、操作简单，传动效率高，适用于各种地质条件。

(二)连续采煤机的分类

连续采煤机按滚筒轴旋向与机身推进方向的关系分为横滚筒连续采煤机和纵滚筒连续采煤机，其中以横滚筒连续采煤机居多。

连续采煤机按开采煤层厚度分为薄煤层连续采煤机和中厚煤层连续采煤机。薄煤层连续采煤机采高为0.8~1.2 m；中厚煤层连续采煤机采高为1.3~3 m和1.5~8 m。

(三)刨煤机的分类

刨煤机按刨削方式可分为静力刨煤机和动力刨煤机，目前主要应用的是静力刨煤机，其根据结构不同又可分为拖钩刨煤机、滑行刨煤机和刮斗刨煤机。

第二节　采煤机基础知识

一、采煤机的型号和基本结构

(一)型号

采煤机型号由系列代号和派生机型代号组成，用阿拉伯数字和汉语拼音字母混合编制，其排列方式如图2-1所示。

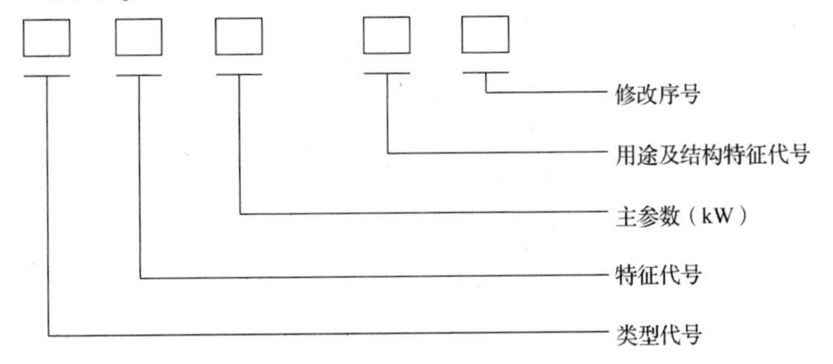

图2-1　采煤机型号排列方式

例如，MG2×160/728-AWD型采煤机：M为类型代号，表示采煤机；G为特征代号，表示滚筒式；2×160/728为主参数，表示采煤机总装机功率为728 kW(其中单滚筒截割功率为2×160 kW)；AWD为用途及结构特征代号，A表示矮型，W表示无链牵引，D表示电牵引；该型号的修改序号可省略。

部分采煤机的用途及结构特征代号如表 2-1 所示。

表 2-1　部分采煤机的用途及结构特征代号

序号	用途及结构特征	代号
1	适用于薄煤层	B
	适用于中厚以上煤层	省略
2	适用于倾角不大于 35°的煤层	省略
	适用于倾角 35°~55°(大倾角)的煤层	Q
3	基型	省略
	矮型	A
4	双滚筒	省略
	单滚筒	T
5	骑槽式	省略
	爬底板式	P(省略 B)
6	摇臂摆角小于 120°	省略
	摇臂摆角大于 120°(短壁式)	N(省略 T)
7	牵引链或钢丝绳牵引	省略
	无链牵引	W
8	内牵引	省略
	外牵引	F
9	液压牵引	省略
	电牵引	D

(二)基本结构

目前，采煤机大部分为电牵引采煤机(见图 2-2)，它主要由截割部、牵引部、电控装置、附属装置等组成。

(1)截割部包括截割部齿轮减速箱、螺旋滚筒和螺旋滚筒调高装置。其主要作用是将电动机的动力传至滚筒，由滚筒将煤壁上的煤截割下来，并装入工作面刮板输送机。

(2)牵引部由牵引部齿轮减速箱和无链牵引机构组成，利用无链牵引机构使采煤机沿工作面全长移动。

(3)电控装置包括电动机、电牵引调速控制系统以及各种保护和故障诊断的控制、状态显示、报警装置等。例如，采煤机自动调高系统，利用煤岩界面传感器或记忆顶底板变化的计算机程序来自动调高，以适应顶底板变化。

(4)附属装置用于保证采煤机工作更加可靠、性能更加完善，包括采煤机机身调斜液压缸、滚筒调高液压缸、电缆拖移装置和喷雾降尘系统等。

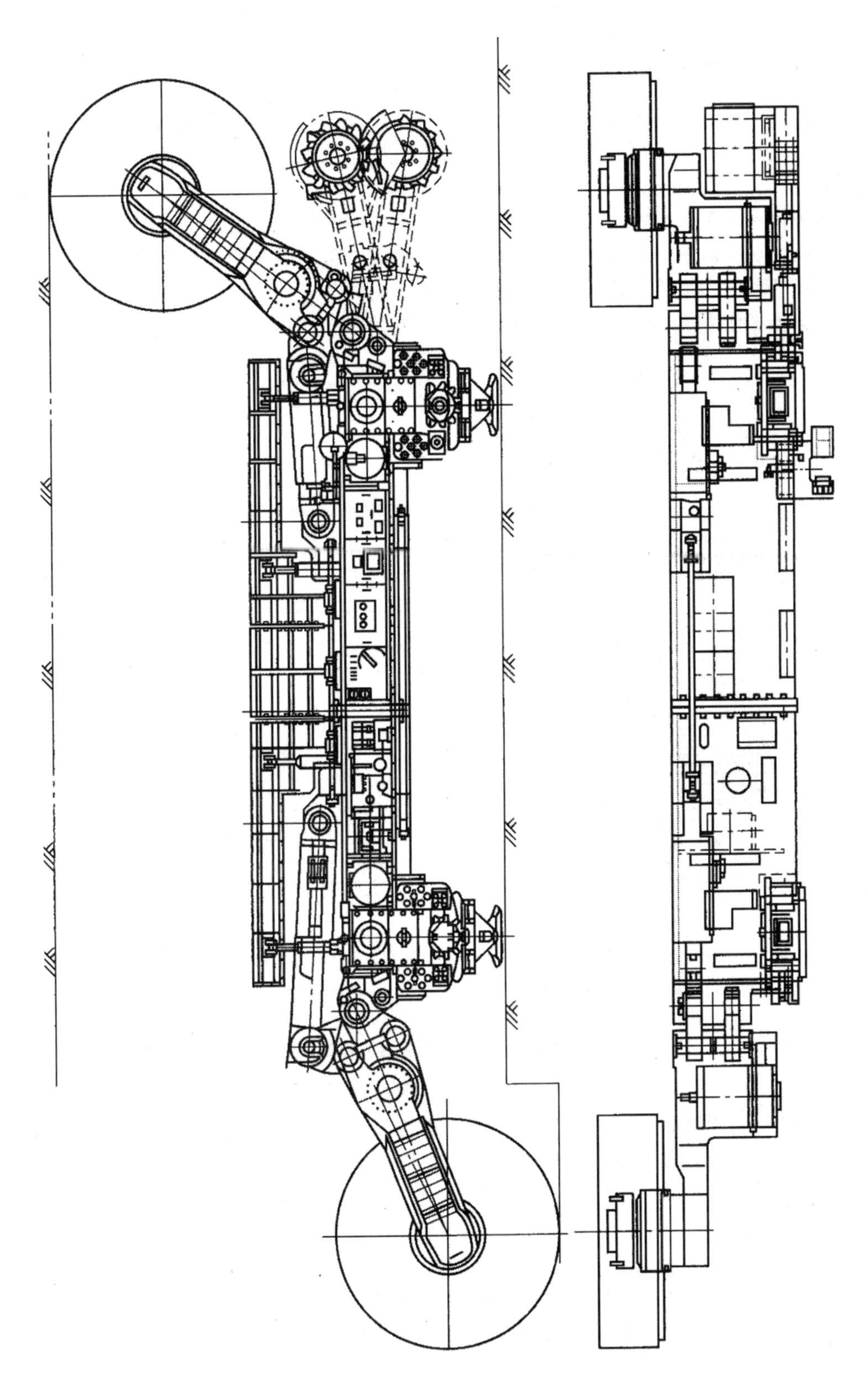

图2-2　电牵引采煤机

二、采煤工作面设备布置

长壁工作面的采煤过程主要包括落煤、装煤、运煤和顶板支护及管理四大工序。按照这些工序的机械化程度不同，可分为高档普采和综合机械化采煤两种类型。这里主要介绍综合机械化采煤。

综合机械化采煤工作面的配套设备有采煤机、可弯曲刮板输送机和支护设备。综合机械化采煤是采用大功率双滚筒采煤机或刨煤机落煤、装煤，重型可弯曲输送机运煤，自移式液压支架支护管理顶板和推移刮板输送机，使采煤工作面的落、装、运、支各工序全部实现了机械化。综合机械化采煤工作面采煤机械的设备布置如图 2-3 所示。

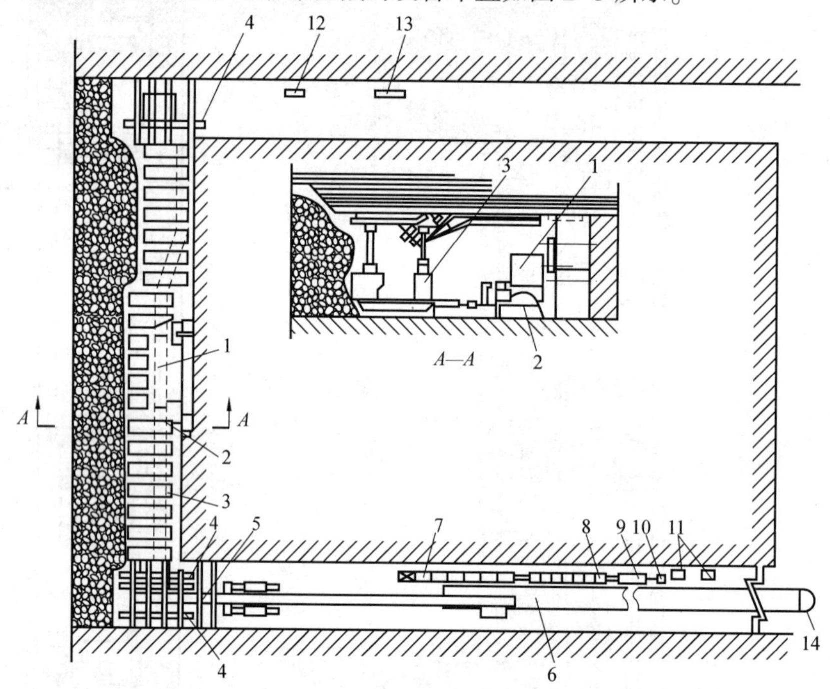

1—双滚筒采煤机；2—刮板输送机；3—液压支架；4—端头支架；5—桥式转载机；
6—可伸缩带式输送机；7—集中控制台；8—配电箱；9—乳化液泵站；10—设备列车；
11—移动变电站；12—液压安全绞车；13—喷雾泵站；14—采区煤仓。

图 2-3　综合机械化采煤工作面采煤机械的设备布置

双滚筒采煤机 1 完成落煤，并把煤装入可弯曲刮板输送机 2，运到运输巷桥式转载机 5 上，由桥式转载机将煤装到运输巷可伸缩带式输送机 6 上，再运到采区煤仓 14 内。随着工作面的推进，可伸缩带式输送机可由推进装置进行整体移动。工作面的支护设备是液压支架 3，沿工作面全长排列，支护顶板。随着采煤机牵引，液压支架依次前移，以支护裸露出的顶板，支架后面顶板则让其垮落。以液压支架为支点，用底座内的推移千斤顶将工作面刮板输送机推到新的煤壁，液压支架所需高压液体由乳化液泵站 9 供给。综采可以改善劳动条件和作业安全，有利于实现矿井集中化生产，提高工作效率和经济效益。

采煤机割煤是通过装有截齿的螺旋滚筒旋转和采煤机牵引运行的作用进行切割，从煤壁上切出月牙状的煤屑。

采煤机装煤是通过滚筒螺旋叶片的螺旋面进行装载，将从煤壁上切割下的煤运出，再利用叶片外缘将煤抛至工作面刮板输送机中部槽内。

三、采煤机进刀方式

双滚筒采煤机在工作面内的工作方法是一次采全高穿梭式采煤，并在两端自开切口。当采煤机沿工作面割完一刀后，需要重新将滚筒切入煤壁，推进一个截深，这一过程称为进刀。采煤机常用的进刀方式有斜切进刀法和正切进刀法。

(一)斜切进刀法

所谓斜切，就是首先将刮板输送机变斜，采煤机斜切一刀，然后刮板输送机变直，再返回斜切一刀，形成一个切口，采煤机就可进入切口，接着反向割煤。

1. 端部斜切进刀法

利用采煤机在工作面 25～30 m 的范围内斜切进刀称为端部斜切进刀法，如图 2-4 所示。

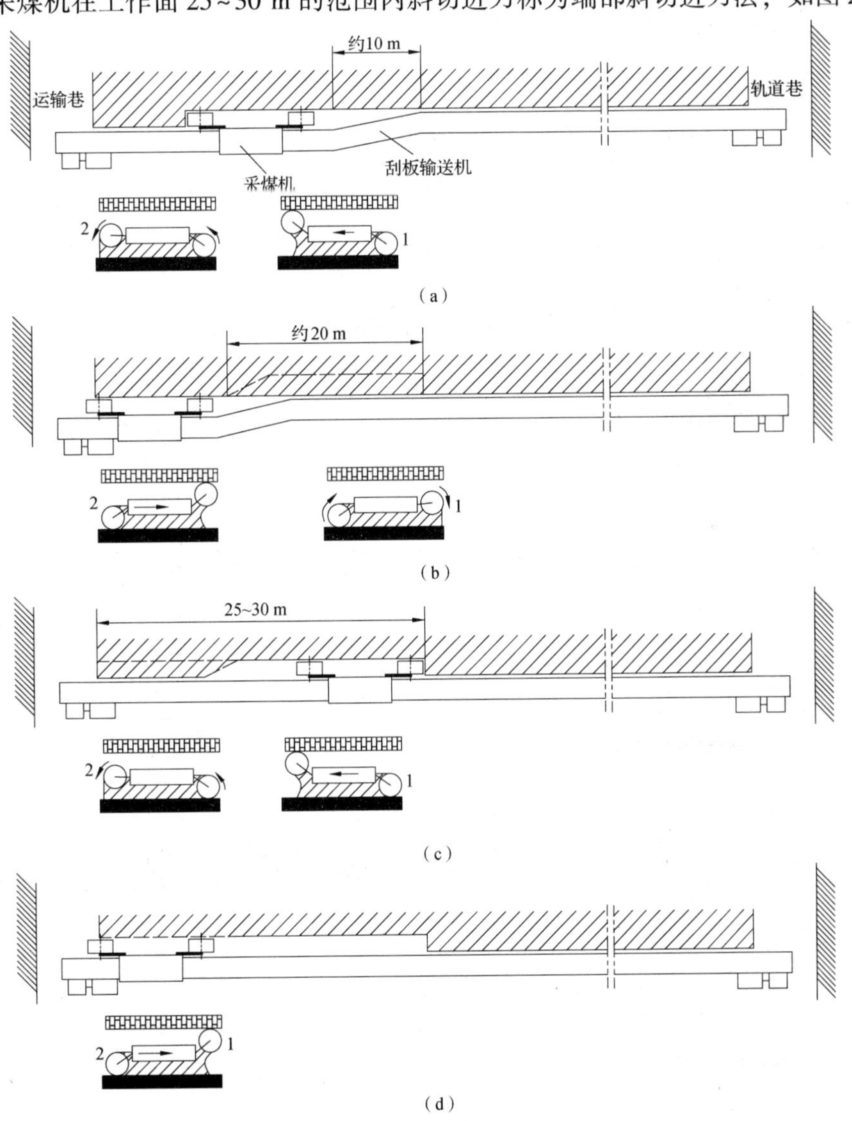

1—滚筒 1；2—滚筒 2。

图 2-4　端部斜切进刀法

(1)采煤机下行正常割煤时，滚筒 2 割顶部煤，滚筒 1 割底部煤[见图 2-4(a)]，在离滚筒 1 约 10 m 处开始逐段移输送机；当采煤机割到运输巷处时，将滚筒 2 逐渐下降，以割底部残留煤，同时将输送机移成如图 2-4(b)所示的蛇形。

(2)将滚筒 1 升到顶部，开始上行斜切[见图 2-4(b)中虚线]，斜切长度约 20 m，同时将输送机移直[见图 2-4(c)]。

(3)将滚筒 1 下降割煤，同时将滚筒 2 上升，开始下行斜切[见图 2-4(c)中虚线]，直到运输巷为止。

(4)将滚筒位置上下对调，如图 2-4(d)所示，然后快速移过斜切长度开始上行正常割煤。随即移动下部输送机，直到回风巷为止，重复上述进刀过程。

这种进刀方法工序复杂，适用于工作面较长、顶板较稳定的工作条件。

2. 中部斜切进刀法

利用采煤机在工作面中部斜切进刀称为中部斜切进刀法，如图 2-5 所示。

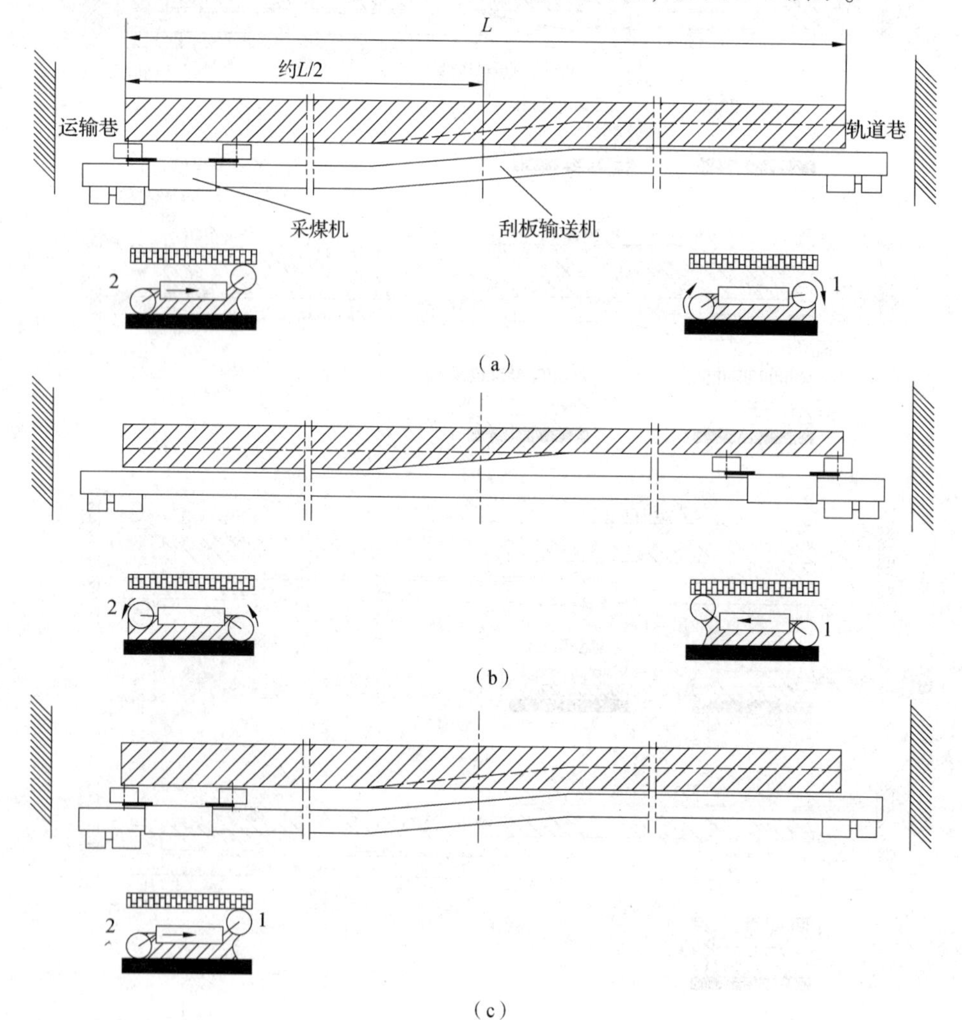

1—滚筒 1；2—滚筒 2。

图 2-5　中部斜切进刀法

(1)开始时，工作面是直的，输送机在工作面中部弯曲[见图 2-5(a)]；采煤机在运输巷将滚筒 1 升起，待滚筒 2 割完残留煤后快速上行到工作面中部，装完上一刀留下的浮煤，并逐步使滚筒斜切入煤壁[见图 2-5(a)中虚线]；然后转入正常割煤，直到回风巷；将滚筒下降割残留煤，同时将下部输送机移直，这时的工作面是弯的，输送机是直的[见图 2-5(b)]。

(2)将滚筒 2 升起，采煤机下行割掉残留煤后快速移到中部，逐步使滚筒切入煤壁[见图 2-5(b)虚线]，转而正常割煤，直到运输巷为止；将滚筒 2 下降，即完成了一次进刀；然后将上部输送机逐段前移成如图 2-5(c)所示，即又恢复工作面是直的、输送机是弯的位置。

(3)将滚筒 1 上升，采煤机又快速移到工作面中部，又开始新的斜切进刀，重复上述过程。

中部斜切进刀法每进 2 刀只改变行走方向 4 次，和端部斜切进刀法比较，工序比较简单，节省时间；采煤机快速移动时可装完上次进刀留下的浮煤，装煤效果好。其缺点是在滞后支护条件下采用中部斜切进刀法，空顶的面积和时间要比端部斜切法大。因此，中部斜切法适用于工作面较短、片帮严重的煤层条件。

(二)正切进刀法

正切进刀法又称为钻入法，如图 2-6 所示，它是在工作面两端用千斤顶将输送机及其上面的采煤机滚筒推向煤壁，利用滚筒端面上的截齿钻入煤壁，实现进刀。

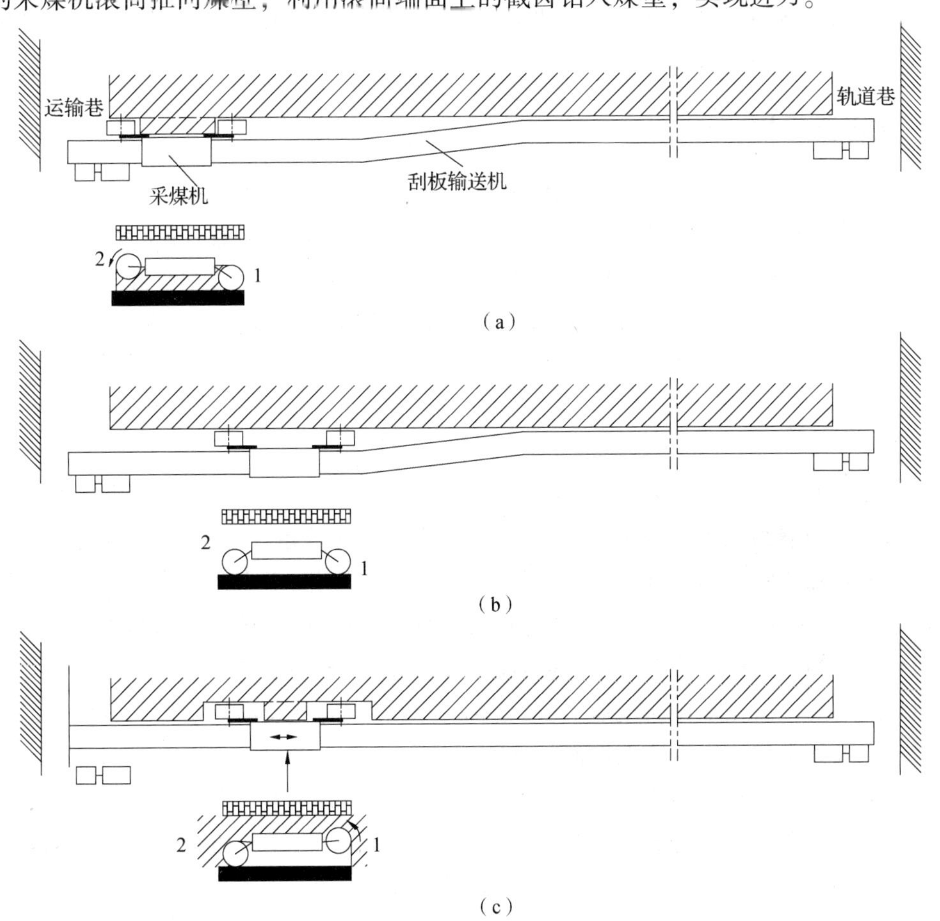

1—滚筒 1；2—滚筒 2。

图 2-6　正切进刀法

(1)当采煤机割到工作面一端后[见图2-6(a)]，放下上滚筒，返回割一个机身长的底部煤，则工作面如图2-6(b)所示。

(2)开动滚筒，推移千斤顶将输送机连同采煤机强行推入煤壁。为便于钻入，在推移刮板输送机的同时，将采煤机在1 m距离内往复牵引，直到钻入一个截深[见图2-6(c)]。

(3)滚筒切入后，变换前后滚筒高度，割去端面残余煤，再转入正常割煤状态。

为了使滚筒钻入煤壁，滚筒端面要安装截齿和中心钻，端盘上也要开窗口以排出端盘与煤壁之间的煤屑。正切进刀法工作面空顶面积小，切入时间短，适用于顶板破碎的工作面，但要求输送机和采煤机能承受较大的横向推力，输送机、采煤机摇臂强度高。

第三节　采煤机割煤理论

采煤机割煤理论主要研究截割刀具和工作机构截割破碎煤岩矿体的方法、机理和参数等。由于煤层是脆性固体，主要特征表现为构造的非均质、裂隙性、应力的各向异性、载荷的随机性。机械破落煤、岩石有挤压、冲击、弯折、劈裂和研磨等多种方法，在具体的破落煤过程中，往往是多种破落方法共同起作用的。

一、煤岩坚固性

煤岩坚固性是表示煤岩破碎难易程度的综合指标，是煤岩体抵抗拉压、剪切、弯曲和热力等作用的综合表现，反映了各种采掘作业的难易程度。坚固性系数(用f表示)又称普氏系数，表示煤岩的坚固性大小。可以用捣碎法测量坚固性系数，也可以根据煤岩的极限抗压强度近似确定。一般$f<4$为煤，$4\leqslant f<8$为中等坚固岩石，$f\geqslant 8$为坚固岩石。煤又可以分为3级：$f<1.5$为软煤，$1.5\leqslant f\leqslant 3$为中硬煤，$f>3$为硬煤。

二、截割阻抗

截割阻抗(用A表示)综合反映了煤的物理力学性质、地压及包裹体等因素的影响。截割阻抗又称为截割阻力系数、抗截割强度，即单位切削深度的截割阻力。对某一种煤岩而言，用结构参数确定的刀具进行截割，单位截割深度的截割阻力大体为常数；对于不同矿区甚至不同煤层的工作面，用同一刀具进行截割，单位截割深度的截割阻力是不同的。截割阻抗是在现场测定的，测量信号是刀具的截割阻力，根据截割深度得出截割阻抗。为得到一个工作面的截割阻抗，需在工作面接近顶板、底板、截高中间处及沿煤层倾斜方向不同部位进行多次测量，取其平均值作为该工作面的截割阻抗。

截割阻抗与坚固性系数的关系可按经验公式($A=150f$)估计。从有效使用采煤机械的角度，可将煤层按截割阻抗分为3类：$A<180$ kN/m的煤称为软煤，180 kN/m$\leqslant A\leqslant$240 kN/m的煤称为中硬煤，240 kN/m$<A<$360 kN/m的煤称为硬煤。

三、截割机理

截割破落煤岩的机理主要有楔裂、剪裂、密实核、断裂力学和剪切变形等，这里主要介绍密实核。密实核截割机理如图 2-7 所示。

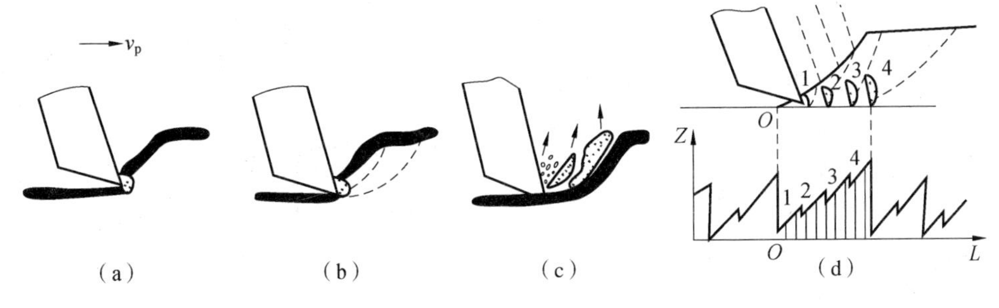

图 2-7　密实核截割机理

截齿刀刃接触煤岩时产生集中应力，当达到极限值时，煤岩体会被局部粉碎成末，形成处于体积压缩状态的核，称为密实核。密实核位于紧贴刀具前面的煤岩体内，使煤岩体受到向自由表面作用的拉伸力。刀具继续向前移动，使密实核内的压强逐渐增大。当达到一定程度时，小块 1 崩落而使煤岩体表面形成缺口。密实核中的少量粉末沿着刀具的前面高速喷出，使密实核的体积缩小，压强降低。刀具继续向前移动，密实核又重新发育，其体积和压强又逐渐增大，导致小块 2 崩落。反复多次，崩落的块渐渐变大(大块 3)，最后沿着裂纹崩落大块 4，使密实核消失。对应的力学特性为以压应力对密实核起压碎作用，以剪应力产生裂缝，以拉应力扩大裂缝，直到块煤飞出，具有脆性破碎的特性。

四、截齿的几何形状

采煤机械使用的截割刀具是截齿，截齿由齿体和硬质合金头两部分组成。截齿的几何形状和质量直接影响采煤机的工况、能耗、生产率和吨煤成本。截齿按齿头几何形状的不同可分为扁形截齿(矩形截齿)和镐形截齿(锥形截齿)，按安装方式的不同可分为径向截齿和切向截齿。扁形截齿可以径向安装[见图 2-8(a)和图 2-8(b)]，也可以切向安装[见图 2-8(c)]；镐形截齿只能切向安装[见图 2-8(d)]，在齿座中能转动。

截齿上部镶嵌有硬质合金齿尖；截齿下部是齿体，装在齿座之中。镐形截齿(见图 2-9)有一锥环状的齿套 2，齿套装在齿座 3 上，截齿 1 装在齿套中，形成双旋转以提高旋转率，齿套可保护齿座的表面，使其不致磨损。截齿用弹性挡圈 4、5 固定，弹性挡圈卡在齿套中。

扁形截齿截割阻力、进刀力、比能耗(每开采 1 t 煤时所消耗的功)低，煤尘少，密实核小，截齿强度高。同时，切向扁形截齿比径向扁形截齿的截割性能明显优越，截角小、阻力小，截割阻力的合力大致沿截齿齿杆轴线，弯矩小、强度高；截齿前面空间大，煤流畅通，煤尘较少，块煤率较高。

镐形截齿落煤时主要靠齿尖的尖劈作用楔入煤体，从而将煤碎落。镐形截齿圆锥角为 75°，安装角为 50°时，截割阻力是最小的，同样具有切向扁形截齿的优越性。镐形截齿的切削深度较小，当切削深度超过 8 mm 时，截齿齿尖易被截槽包住，增大摩擦阻力，尤其是韧性煤，造成切削阻力比扁形截齿的大，磨损也较快。在脆性坚硬或磨蚀性强及裂隙多的煤岩中，镐形截齿的自转使截齿磨损均匀，比扁形截齿寿命长。在截割韧性煤和切屑较大时，镐形截齿的截割力和比能耗均增大。

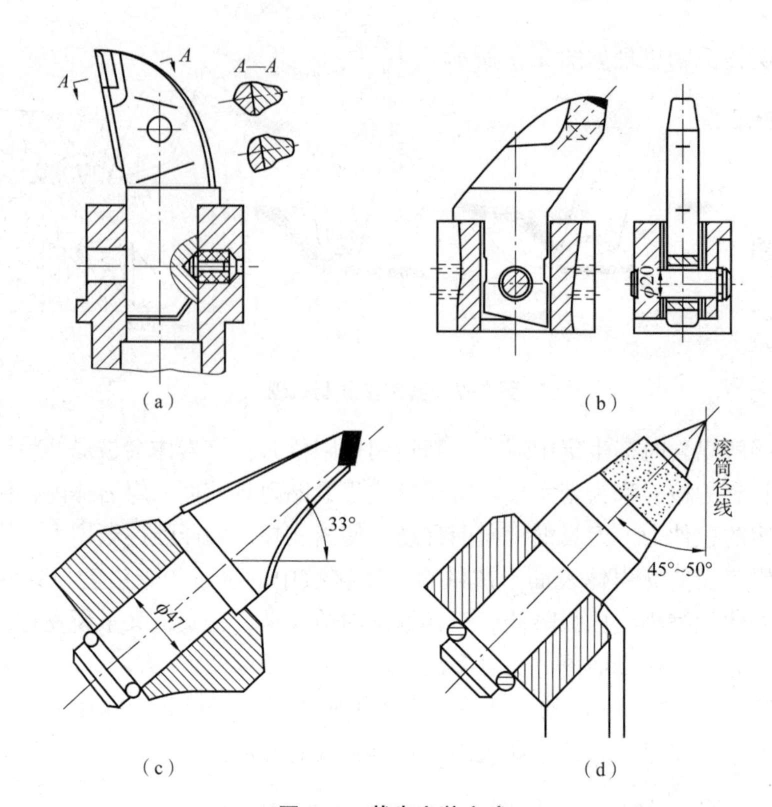

图 2-8　截齿安装方式

(a)、(b)径向安装；(c)、(d)切向安装

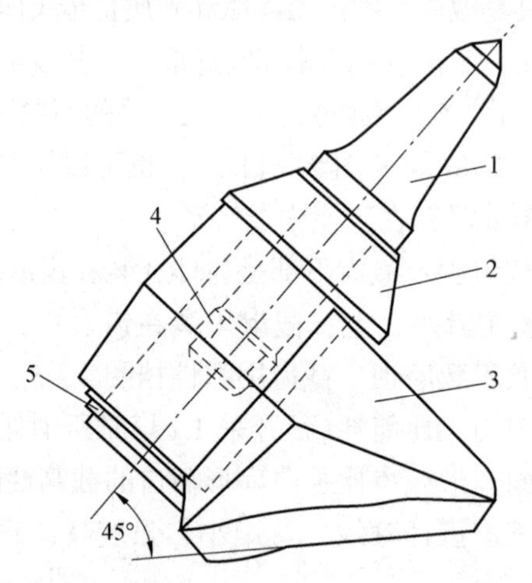

1—截齿；2—齿套；3—齿座；4、5—弹性挡圈。

图 2-9　镐形截齿

五、截齿的截割阻力和比能耗

采煤机械电动机绝大部分功率消耗在截齿上，截齿截割时的三向截割阻力变化曲线如图2-10 所示。可以看到，靠近切削刃处的截割阻力最大，远离切削刃处的截割阻力将按双曲线规律急剧衰减。

扁形截齿主要利用切削刃来割煤，因为具有楔形面，所以也有尖劈作用。镐形截齿刀头是圆锥带尖，没有切削刃，是利用点击和尖劈作用来割煤的。两种截齿的刀头形状不同，破碎方式也不同，但破碎机理一样，都具有压实核-煤屑的脆性破碎特性。不论扁形截齿还是镐形截齿，其所受的截割阻力都有着相似的变化规律(见图 2-11)。

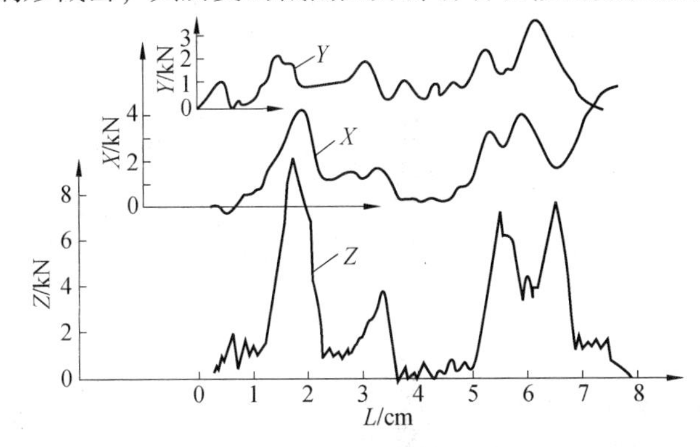

图 2-10　截齿截割时的三向截割阻力变化曲线

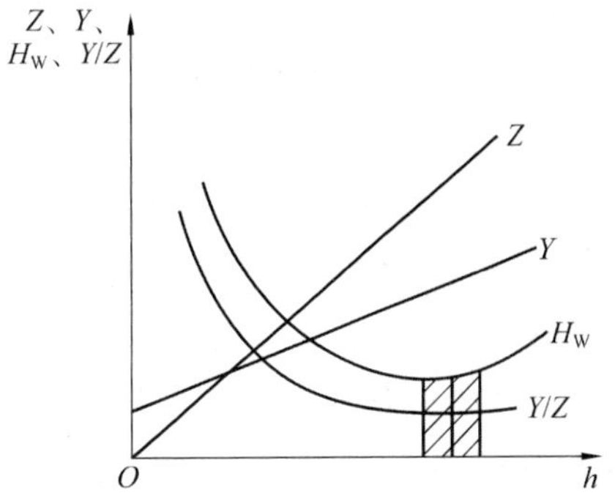

图 2-11　Z、Y、H_w、Y/Z 和 h 的关系曲线

截割阻力平均值为：

$$Z = Ah \tag{2 1}$$

式中，A——截割阻抗(kN/m)；

h——截割深度(m)。

推进阻力为：

$$Y = aZ \tag{2-2}$$

式中，a——比例系数，极脆煤为 0.5，脆性煤为 0.6，韧性煤为 0.7。

侧向力为：

$$X = (0.1 \sim 0.2)Z \tag{2-3}$$

比能耗为：

$$H_w = 2.78 \times 10^{-4} ZL\rho/G \tag{2-4}$$

式中，L——截割长度(m)；

G——剥落煤量(kg)；

ρ——煤岩的实体密度(kg/m^3)。

比能耗 H_w 与截割深度 h 的关系近似为双曲线。当 h 增大时，被截割的体积增大，足够大的体积包容了大量的裂缝，截割时易从应力弱的裂缝处破碎，使比能耗显著减小。若截割下来的体积过小，截割次数必然增多，同时含裂缝的概率减少，消耗的能量相应增加。当 h 为 5~10 cm 时，H_w 趋于稳定，并具有最小值区间，如图 2-11 中阴影线区间所示。由于比能耗决定着截割阻力及效率、煤尘多少、煤炭品级，因此比能耗是最佳截割中的首要选择要素。

第四节　电牵引采煤机

一、电牵引采煤机优点

(一)具有良好的牵引特性

采煤机牵引特性在截割时多为恒转矩特性，所需动力机械特性为硬特性；调动时是恒功率特性，所需动力机械特性为软特性。对调速特性来讲，速度刚度越大，其调速过程或工作速度就越平稳。液压牵引的机械特性除了受负载影响，还受油液的泄漏、黏度、温度、清洁度、制造和维修质量的影响。但电动机特性除了受负载影响，不像液压传动那样受多种因素的影响，因此电牵引的牵引特性好，调速平稳性好，牵引特性曲线可长时间保持稳定。

(二)机械传动结构简单，传动效率高

电牵引采煤机采用了多电动机和独立驱动、模块式结构设计，使传动系统和结构简化。电牵引采煤机将电能转换为机械能时只做一次转换，效率可达0.9以上；而液压牵引由于能量要经过几次转换，再加上存在泄漏损失、机械摩擦损失和液压损失，故效率只有0.65~0.7。

(三)牵引力大，牵引速度高，可用率高

电牵引采煤机的牵引力可达1 620 kN，牵引速度截割时为12~16 m/min，装机总功率已超3 000 kW，其牵引速度和可用率都明显高于液压牵引采煤机。电牵引采煤机的可用率可达96%~98%，而液压牵引采煤机的可用率一般在50%~60%以下。

(四)生产率高

由于牵引力大，牵引速度高，截割电动机功率大，尤其是故障率非常低，因此生产率高。

电牵引采煤机最主要的优点是整机性能优越，故障率低，生产率明显提高。

二、电牵引采煤机布置形式

电牵引采煤机总体结构大致相似，但有不同的布置方式，呈多样化趋势发展。

(一)横向多电动机驱动

交流电牵引采煤机采用横向多电动机布置的总体结构，结构简单，性能可靠，各大部件之间只有连接关系，没有传动环节。其主要结构特点如下。

(1)整机为横向多电动机驱动布置，抽屉式框架结构，机身由3段组成，无底托架。采用液压拉杠和高强度螺栓连接为一个刚性整体。

(2)3个独立的电气箱部件和1个独立的调高泵箱部件分别从采空侧装入中间连接框架内以及左右行走部的一段框架内，所有部件均可从采空侧抽出，这4个独立部件不受力，拆装运输、维修方便。

(3)采用直摇臂，左右可互换，左右行走部对称，结构完全相同。机身较短，对工作面适应性好，可以方便地调整采煤机宽度，能适应与各种工作面输送机配套和不同综采工作面的需要。

(4)摇臂支撑座受到的截割阻力、调高液压缸支承座受到的支反力、行走机构的牵引反力均由行走部箱体承受，各大部件之间无力的传递。

(5)行走部电气驱动系统具有四象限运行的能力，可用于大倾角工作面，采用回馈制动，并采用了“一拖一”方式，即2台变频器分别拖动2台行走电动机，提高了采煤机行走的可靠性。

(6)摇臂行星头为双级行星传动结构，末级行星传动采用四行星轮结构，行星头外径尺寸小，可以配套的滚筒直径范围大。

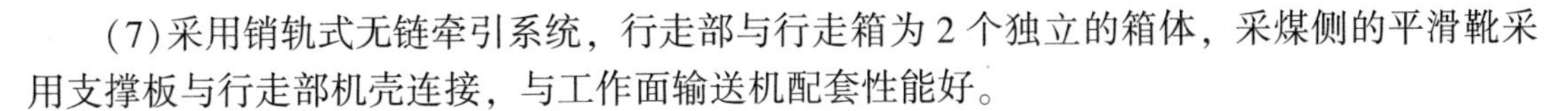

(7)采用销轨式无链牵引系统，行走部与行走箱为 2 个独立的箱体，采煤侧的平滑靴采用支撑板与行走部机壳连接，与工作面输送机配套性能好。

(二)纵向多电动机驱动

纵向多电动机驱动布置方式的优点是两滚筒分别由两台纵向电动机经减速箱驱动，使机身长度缩短，截割部结构大为简化，摇臂与牵引部两端铰接，支撑简单，可靠性高；摇臂绕牵引部调高，调高范围大。其缺点是整机重心比一般采煤机高，稳定性较差，机身不能调斜，不能横向切入煤壁；调高部分较重，需配备强力调高液压缸。

这种布置方式无底托架，机身较短，摇臂可调高，截割部由各自的电动机驱动，牵引部由 1 台电动机驱动。

(三)纵向单电动机驱动

电动机纵向布置在采煤机中部机身上，主要用在液压牵引的单滚筒采煤机或双滚筒采煤机上。对于双滚筒采煤机，采用单台电动机纵向布置，电动机两端输出轴分别驱动左右 2 个截割部、牵引部，截割部和牵引部为各自独立的部件，安装在底托架基体上；对于单滚筒采煤机的电动机，其两端输出轴的一端驱动截割部，另一端驱动牵引部。

纵向单电动机驱动方式能在左右截割部和牵引部之间进行功率合理分配，电动机台数少，控制系统简单、便于操作；但机身各部装在底托架上，增加了机身高度，导致运输和装拆不便。

三、电牵引采煤机基本参数

(一)牵引速度和牵引力

牵引速度与生产率、块煤率、煤尘、电动机功率等近似成正比，与比能耗近似成反比。电牵引采煤机牵引速度一般在 10 m/min 以上，最高可达 54.5 m/min。牵引速度高必须有相应大的牵引力，目前，7LS8 型电牵引采煤机的牵引力可达 1 620 kN。在总装机功率相当的情况下(如 1 000 kW 左右)，电牵引采煤机的牵引速度和牵引力为液压牵引采煤机的 2 倍以上。

(二)滚筒的转速

滚筒转速已呈现出低速化的趋势，最低转速已达 22 r/min。滚筒转速若再降低，其装煤效果将明显变差，甚至发生装煤时滚筒被堵塞的现象。

高牵引速度与低滚筒转速的匹配涉及截齿配置、截齿伸出量、单刀截割力、装煤堵塞等问题。为避免截割时磨损齿座和螺旋叶片，截齿伸出量应大于最大切削深度。要使截割比能耗低和生产率高，必须提高牵引速度，降低滚筒转速，减少一线齿数，使煤的块度增大，采用棋盘式配置和大截齿就能达到比能耗低和生产率高的要求。大截齿单刀截割力很大，可以截割硬煤和夹矸，但大截齿和排列的稀疏又将引起滚筒载荷的波动加大。

(三)截割电动机和牵引电动机的功率

电牵引采煤机提高牵引速度、牵引力和生产率，必须由增大截割和牵引的电动机的功率来保证。在功率增大的同时，必须考虑比能耗的降低。为提高生产率、增大滚筒的截深，必然增大电动机功率，截割电动机的功率直接反映截齿的单刀截割力。当牵引速度大幅提高时，切削深度也相应增大，所需的单刀截割力也增大，大功率电牵引采煤机可达 3 000 kN

左右。电牵引截割电动机功率全部用于截割，截割力比液压牵引采煤机大得多。

四、截割部

截割部包括工作机构及其传动装置，是采煤机直接落煤和装煤的部分。截割部消耗的功率占整个采煤机功率的80%~90%。

（一）螺旋滚筒

螺旋滚筒是采煤机落煤和装煤的工作机构，对采煤机的工作起着决定性作用。螺旋滚筒能适应煤层的地质条件、采煤方法和采煤工艺的要求，具有落煤、装煤、自开切口的功能。螺旋滚筒有滚刀式滚筒、直线截割式三角形滚筒、截楔盘式滚筒等。

1. 基本结构

螺旋滚筒基本结构如图2-12所示。筒毂5与滚筒轴固定在一起，螺旋叶片1用来将截落的碎煤推至滚筒的采空侧，装入输送机。端盘2紧贴煤壁工作，以切出新的整齐煤壁。为防止端盘与煤壁相碰，端盘边缘的截齿向采煤侧倾斜。齿座孔中安装截齿6，叶片上两齿座间布置有内喷雾喷嘴4。

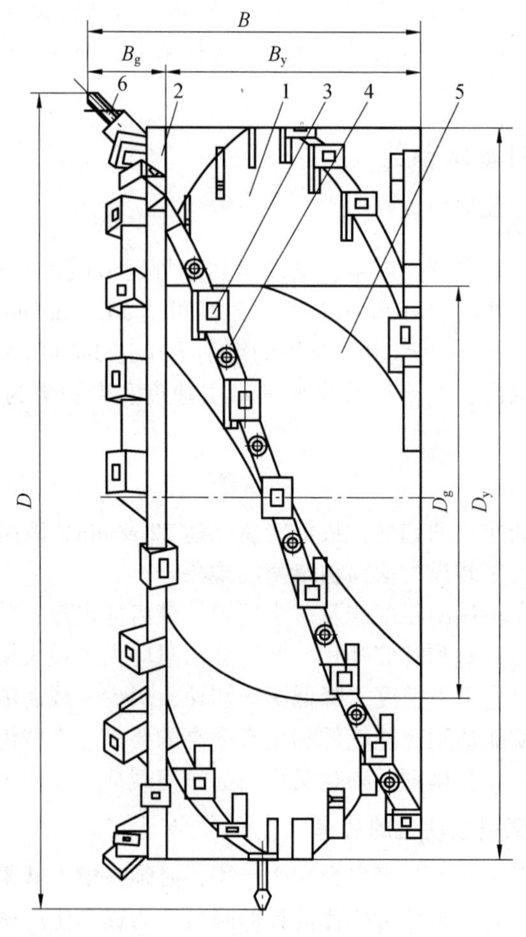

1—螺旋叶片；2—端盘；3—齿座；4—内喷雾喷嘴；5—筒毂；6—截齿。

图2-12 螺旋滚筒基本结构

端盘紧靠采煤侧，其外圆按截齿截割顺序焊装齿座，齿座可向采煤侧倾斜，也可向采空侧倾斜。螺旋叶片是滚筒的部件，滚筒上通常焊有 2~4 条螺旋叶片，由低碳碳素钢或低合金钢钢板压制而成。筒毂是滚筒与截割部机械传动装置输出轴连接的部件，用来带动滚筒旋转，其连接方式有方轴、锥轴、锥盘和其他连接方式 4 种。筒毂一般为圆柱状，也可以做成圆锥状、半球状和指数曲线回转体状。滚筒设有由内喷嘴座、喷嘴、U 形管卡、O 形密封圈及喷雾供水水路等组成的内喷雾装置。内喷雾供水水路由连接法兰盘中的通水孔槽、端盘板和叶片内缘的环形水槽、端盘、叶片中的径向孔连通，由喷嘴实现内喷雾。

2. 滚筒结构参数

滚筒结构参数包括滚筒的 3 个直径、滚筒宽度、螺旋叶片参数。针对不同煤层赋存条件选择合理的结构参数，能充分发挥采煤机的落煤和装煤能力。

1）滚筒的 3 个直径

滚筒的 3 个直径，即滚筒直径 D，螺旋叶片外缘直径 D_y 和筒毂直径 D_g，如图 2-12 所示。其中，滚筒直径是指滚筒上截齿齿尖的截割圆直径，滚筒直径尺寸已成系列，实际使用时可根据煤层厚度选择。

对于薄煤层双滚筒采煤机，滚筒直径按下式选取：

$$D = H_{min} - (0.1 \sim 0.3) \tag{2-5}$$

式中，H_{min} ——最小煤层厚度（m）。

考虑到割煤后顶板的下沉量，减去 0.1~0.3 以防止采煤机返回装煤时滚筒截割顶梁。

对于中厚煤层滚筒采煤机，后滚筒的截割高度一般小于滚筒直径。截割高度为 $0.84D$ 时平均切削厚度最大，因此滚筒直径 D 应按下式选取：

$$D = H/(1 + 0.84) = 0.543H \tag{2-6}$$

式中，H —截割高度（m）。

若截割高度范围为 $H_{min} \sim H_{max}$，H_{max}/H_{min} 一般应为 1.45~1.65。

筒毂直径 D_g 越小，螺旋叶片的运煤空间越大，越有利于装煤。筒毂直径 D_g 越大，则滚筒内容纳碎煤的空间越小，碎煤在滚筒内循环和重复破碎的可能性越大。在满足筒毂安装轴承和传动齿轮的条件下，应保持叶片直径 D_y 与筒毂直径 D_g 为适当的比值，D_g/D_y 一般应为 0.4~0.6。

2）滚筒宽度

滚筒宽度 B（见图 2-12）是滚筒边缘到端盘最外侧截齿齿尖的距离，即采煤机的理论截深，滚筒宽度应等于或大于采煤机的截深。采煤机截深一般为 0.6~1.2 m，其中以 0.8 m 用得最多，滚筒宽度一般为 0.6~0.8 m。

3）螺旋叶片参数

螺旋叶片参数包括叶片旋向、导程、升角、叶片头数等。滚筒的螺旋叶片有左旋和右旋之分，如图 2-13 所示。对单头螺旋叶片来说，如果用 D_y 和 D_g 分别表示螺旋叶片的外径和内径，L 为螺旋叶片的导程，则螺旋叶片的外缘升角 α_y 和内缘升角 α_g 分别为：

$$\alpha_y = \arctan \frac{L}{\pi D_y} \tag{2-7}$$

$$\alpha_g = \arctan \frac{L}{\pi D_g} \tag{2-8}$$

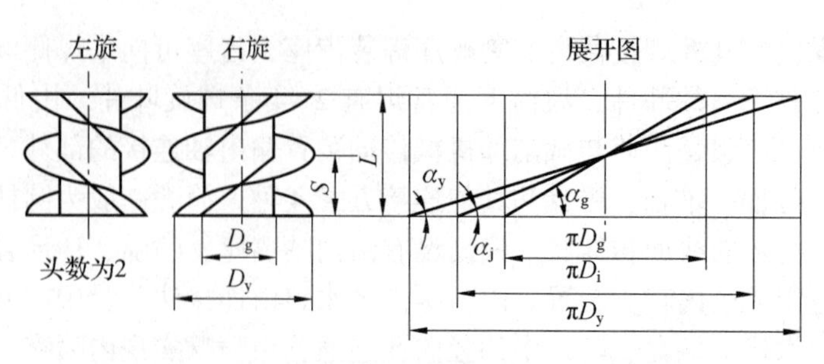

图 2-13　螺旋叶片

螺旋升角大小直接影响滚筒的装煤效果，升角较大时，排煤能力强，装煤速度快，但升角过大会把煤抛到中部槽的采空区；升角过小，煤在螺旋叶片内循环，造成煤的重复破碎。

对于双头螺旋叶片，螺旋升角为：

$$\alpha_j = \arctan \frac{nS}{\pi D_i} \tag{2-9}$$

式中，n——螺旋头数；

S——螺距。

螺旋叶片的头数一般为 2~4 头，以双头用得最多，3 头、4 头用于直径较大滚筒。

3. 滚筒的转向和转速

1) 滚筒转向

为了向输送机装煤，滚筒的转向必须与滚筒的螺旋方向一致。对逆时针方向旋转(站在采空侧看滚筒)的滚筒，叶片应为左旋；对顺时针方向旋转的滚筒，叶片应为右旋。总之，左转左旋，右转右旋。

采煤机在往返采煤的过程中，滚筒的转向不能改变，从而有顺转和逆转 2 种情况。顺转时，截齿截割方向与碎煤下落方向相同；逆转时，截齿截割方向与碎煤下落方向相反。为了使 2 个滚筒的截割阻力能相互抵消以增加机器的工作稳定性，必须使 2 个滚筒的转向相反。滚筒的转向分为正向对滚[见图 2-14(a)]和反向对滚[见图 2-14(b)]。采用正向对滚时，割顶部煤的前滚筒顺转，故煤尘较少，碎煤不易抛出伤人。采用反向对滚时，前滚筒产生的煤尘多，碎煤易伤人，但煤流不被摇臂挡住，装煤口尺寸大，因而在薄煤层采煤机中采用反向对滚就显示出了优越性。

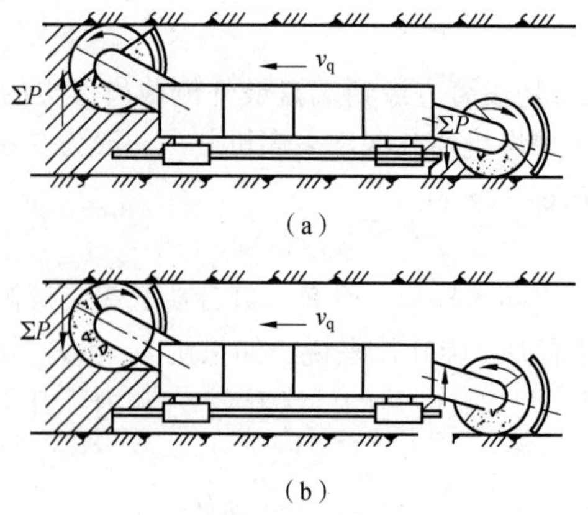

图 2-14　双滚筒采煤机滚筒转向

(a)正向对滚；(b)反向对滚

2）滚筒转速

滚筒转速首先要保证装载生产率的要求，中厚煤层采煤机滚筒转速一般为 25～40 r/min，有些采煤机滚筒转速最小值已达 20 r/min 左右。根据试验资料，滚筒转速为 25 r/min 时装煤效果较好，为 20 r/min 左右时易出现滚筒堵塞现象，装煤效果差。滚筒转速的计算公式为：

$$n = \frac{100v}{mh_{max}} \tag{2-10}$$

式中，v——牵引速度（m/min）；

h_{max}——滚筒最大切削深度（cm）；

m——同一截线上的截齿数。

4. 滚筒装载性能

螺旋滚筒先由叶片产生的轴向推力和速度将煤块由煤壁向工作面刮板输送机输送，然后由叶片产生的装煤力和装载速度向中部槽装煤。装载性能指标主要包括装载效率、滚筒内循环煤量、装载功率、比能耗和装载阻力矩，影响装载性能的参数有滚筒转速、滚筒转向、螺旋升角、出煤口断面、摇臂形状、煤的块度及湿度等，下面介绍其中较重要的几项。

1）滚筒转速对装载性能的影响

装载量 Q 与转速 n 成正比，试验结果表明：Q 随 n 的增大而不规则地增人。但从如图 2-15 和图 2-16 所示的英国纽卡斯尔大学试验曲线和德国埃森采矿研究院试验曲线分析可知，当 $n>35$ r/min 时，n 越大，余煤量 x 越大，Q 越小，但变化并不大，随着 n 的增加，循环煤量增多。

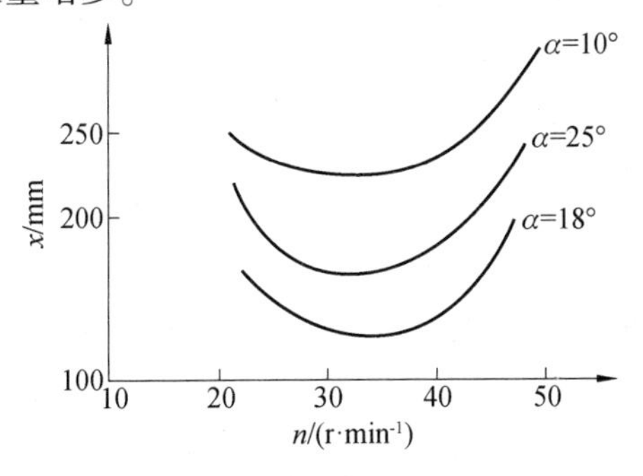

图 2-15　英国纽卡斯尔大学试验曲线

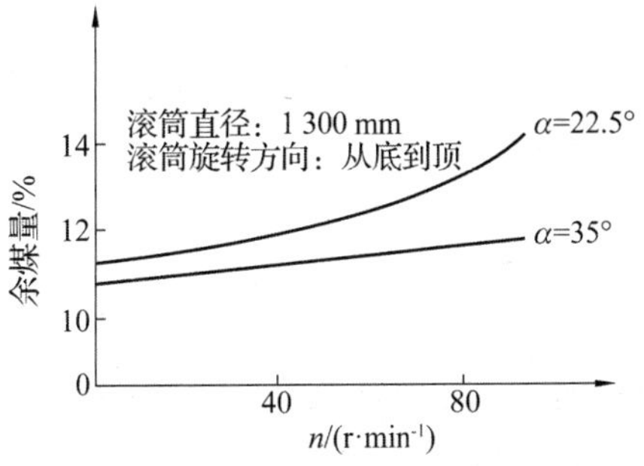

图 2-16　德国埃森采矿研究院试验曲线

滚筒内若有一部分煤没有被装走，则在筒毂上循环后被滚筒排出。产生循环煤量 Q' 的因素主要有滚筒充满程度、牵引速度、滚筒转速、叶片升角、煤块与筒毂的摩擦系数等。随着这些因素的加大，循环煤量增加。当叶片升角 α 为 18°～23°时，循环煤量 Q' 最小，如图 2-17 所示。

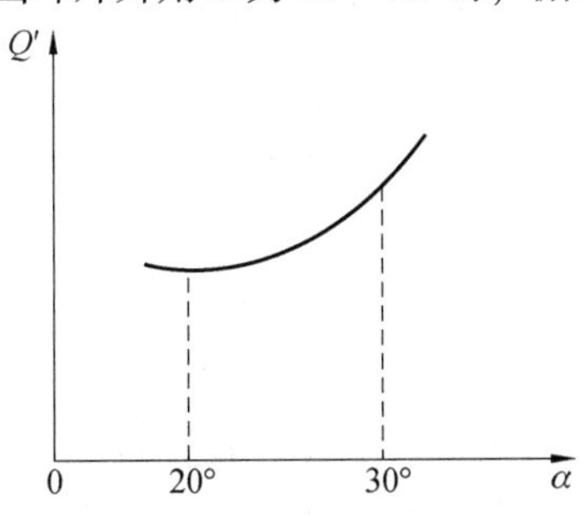

图 2-17　叶片升角 α 与 Q' 关系

2)滚筒转向对装载性能的影响

滚筒有两种转向，即从底板到顶板截割的转向和从顶板到底板截割的转向。从底到顶截割转向的装载生产率高，装载效率可达0.9左右，阻力小，煤被破碎次数少，但循环煤量有所增加，双滚筒采煤机后滚筒的转向就是此转向。另一转向装载效率可达0.6左右，但循环煤量较少，此转向在双滚筒中用于前滚筒。薄煤层采煤机的后滚筒都采用从顶到底截割的转向。

对装煤而言，滚筒转速 n 的合理值应为：

$$n_1 < n < n_2 \tag{2-11}$$

式中，n_1——滚筒内最大循环煤量对应的滚筒转速；

n_2——滚筒内最小循环煤量对应的滚筒转速。

为了防止产生滚筒堵塞和消除循环煤量，当 $D=0.5\sim0.6$ m 时，n_2 可达 80～120 r/min；当 $D=1.8\sim2.0$ m 时，n_2 可降低到 30～40 r/min。

3)螺旋升角对装载性能的影响

螺旋升角 α 是影响装载性能的关键因素之一。试验结果表明，余煤量 x 与螺旋升角 α 的关系近似于双曲线，英国纽卡斯尔大学试验曲线如图2-18所示。

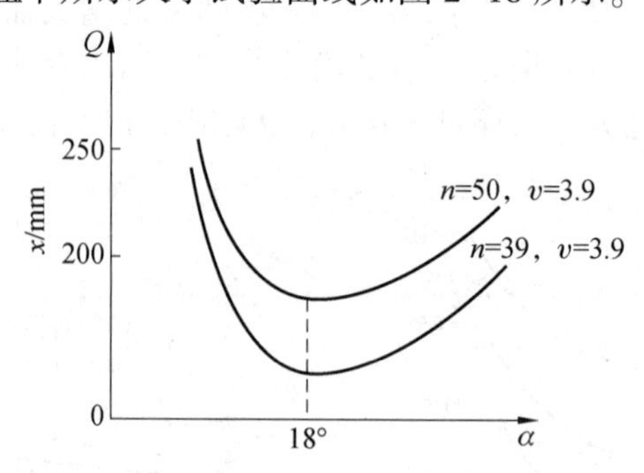

图2-18　英国纽卡斯尔大学试验曲线

最佳升角反映装煤量最多、比能耗最小、循环煤量最小等。当然，要同时达到最佳值是不可能的，因此最佳升角也不相同，根据统计，电牵引采煤机螺旋升角一般为16°～22°。

5. 滚筒装煤的动力特性

滚筒装煤所消耗的功率一般是采煤机总功率的1/10左右，不带挡煤板从底板到顶板截割的转向比从顶板到底板截割的转向的功率消耗和比能耗要低一些。随着转速 n 的增加，循环煤量也增多。对于装载量来讲，Q 是随 v 的增加而增加的，变化比较明显，而 Q 随 n 的增加效果并不十分明显。

就装载性能而言，对于大滚筒转速30～40 r/min较合适，装煤效率略有降低，但影响并不大，比能耗和阻力矩较小。在功率及牵引速度提高的情况下，转速可达20～30 r/min，比能耗更低。

6. 截齿的配置

螺旋滚筒上截齿的排列规律称为截齿配置。截齿的合理排列可以降低割煤能耗，提高块煤率，使滚筒受力平稳，振动小。截齿的排列取决于煤的性质和滚筒直径等。截齿配置情况可以用截齿配置(见图2-19)来表示，图中水平线为截线，是截齿齿尖的运动轨迹；相邻两条截线之间的距离称为截距；竖线表示截齿座的位置坐标；圆圈表示 0°截齿的位置，黑点表示安装角不等于 0°的截齿。截齿向煤壁倾斜为正方向，向采空区倾斜为负方向。

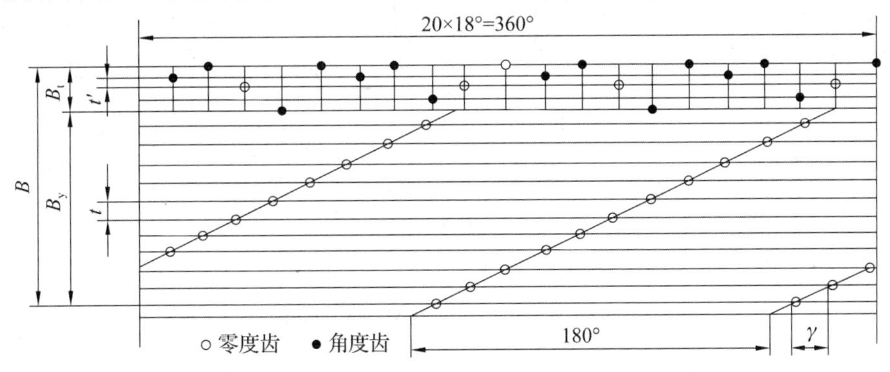

图 2-19 截齿配置

1) 端盘上的截齿配置

由于端盘贴煤壁工作，煤壁处煤的压张程度差，工作条件恶劣，故端盘部分截齿的截距要比螺旋叶片部分的截距小，而且越贴近煤壁，截距越小。端盘上的截距都是靠调整齿座倾角获得的，向采煤侧的倾角用“+”号表示，向采空侧的倾角用“-”号表示。由图 2-19 可见，端盘部分的截齿较密，每条截线上的截齿数一般为 $m' = m + (2 \sim 3)$ 个（m 为叶片上每条截线的截齿数）。端盘第一条截线（从采煤侧算起）上的截齿工作条件最差，故配置的截齿最多。端盘截齿一般分为 2~4 组，每组有一个 0°齿，2~6 个倾斜安装的截齿。从煤壁到采空侧各条截线上的截齿数相对有所减少，但最少不能少于叶片头数。当截割硬煤或夹矸较多的煤层时，端盘截齿应排列得较密。端盘截齿齿尖应排成弧形，最边缘截线上截齿安装角为 53°~55°，以利于斜切煤壁。靠采煤侧的截刃最好倾斜 8°~10°，与煤壁间留有间隙。端盘截距较小，平均截距约比叶片上截线截距小 1/2。

2) 叶片上的截齿配置

叶片上截齿的截距一般为 32~65 mm，小值适用于硬煤，但太小则煤太碎，截割比能耗大。叶片上每条截线的截齿数 $m=1\sim3$，每条截线上的截齿数通常等于叶片头数。

根据每条截线上截齿数与叶片数的比值不同，截齿在叶片上的配置方式可以分为以下 3 种，叶片不同截齿配置的切削如图 2-20 所示。

(1) 顺序配置。截割煤时，截齿一个挨着一个，每个截齿截割的煤体呈单向裸露，截齿上受到的侧向力较大，如图 2-20(a) 所示。顺序配置时，叶片头数与同一截线上的截齿数相等。

(2) 交错（棋盘）配置。截割煤时，每个截齿在相邻两截齿超前开出半个切屑厚度的煤体上工作，故截割条件好，截齿不受侧向力，如图 2-20(b) 所示。

(3) 混合配置。不同叶片上的截线组成一条与叶片螺旋线方向相反的螺旋线，其切屑断面接近交错配置，但有侧向力，叶片上每 3 个截齿按顺序配置组成一组，组与组之间按交错配置，所形成的切屑厚度不等，如图 2-20(c) 和图 2-20(d) 所示。

3) 端面上的截齿配置

当采用正切进刀法时，滚筒要钻入煤壁，这时端盘端面必须装有截齿，且有排煤口。端面截齿配置通常有以下 3 种方式：阿基米德螺旋线式、弧线式和直线辐条式。

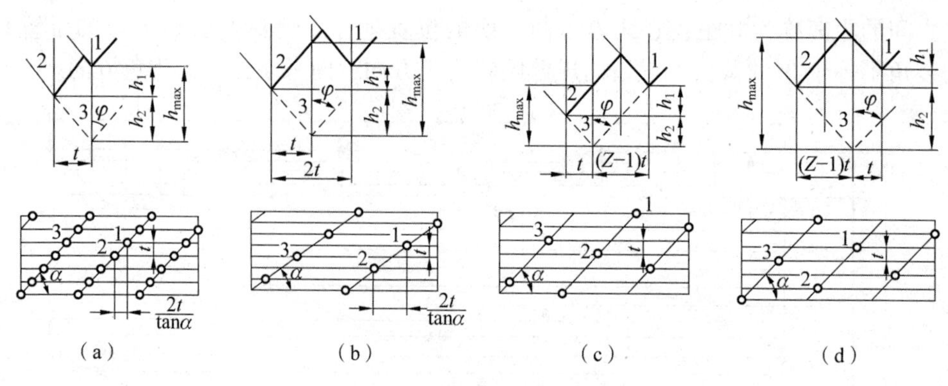

图 2-20　叶片不同截齿配置的切削

(a)顺序配置；(b)交错(棋盘)配置；(c)、(d)混合配置

(二)截割部传动装置

截割部传动装置的功能是将电动机的动力传递到滚筒上，以满足滚筒工作的需要。同时，传动装置还应适应滚筒调高的要求，使滚筒保持适当的工作位置。

1. 传动方式

采煤机截割部都采用齿轮传动，常见的传动方式有以下几种。

1)电动机—固定减速箱—摇臂—滚筒

这种传动方式简单，摇臂从固定减速箱端部伸出，支撑可靠，强度和刚度好，但摇臂下降的最低位置受输送机限制，故卧底量较小。

2)电动机—固定减速箱—摇臂—行星齿轮传动—滚筒

这种传动方式在滚筒内装了行星齿轮传动，故前几级传动比减小，简化了传动系统，但增大了筒毂尺寸，适用于中厚煤层采煤机。

3)电动机—减速箱—滚筒

这种传动方式取消了摇臂，靠由电动机减速箱和滚筒组成的截割部来调高，使齿轮数大大减少，机壳的强度、刚度增大，且调高范围大，采煤机机身也可缩短，有利于采煤机开缺口工作。

4)电动机—摇臂—行星齿轮传动—滚筒

这种传动方式的电动机轴与滚筒轴平行，取消了容易损坏的锥齿轮，使传动更加简单。而且调高范围大，机身长度短，电牵引采煤机都采取这种传动方式。

2. 传动系统特点

截割部传动系统有下列特点。

(1)采煤机电动机转速为1 460 r/min左右，而滚筒转速一般为30~50 r/min，因此截割部总传动比值一般为30~50，通常有3~5级齿轮减速。

(2)截割部传动系统中设置离合器，使采煤机在检修时将滚筒与电动机脱开，以保证安全作业。

(3)为适应破碎不同性质煤层的需要，有的采煤机备有两种滚筒转速，利用变换齿轮变速。

(4)为了扩大调高范围，加长摇臂，摇臂内常装有一串惰轮。

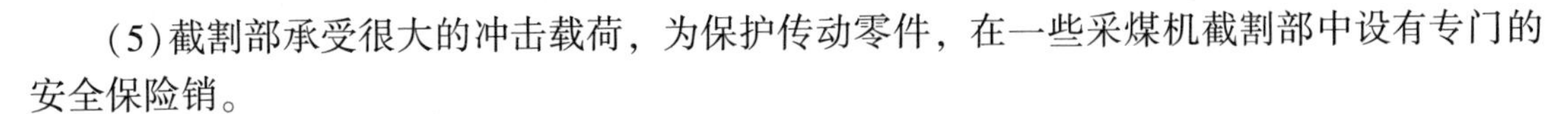

(5)截割部承受很大的冲击载荷，为保护传动零件，在一些采煤机截割部中设有专门的安全保险销。

3. 截割部传动的润滑

采煤机截割部传动功率大，传动件负载很大，受到较大冲击，因此传动装置润滑十分重要。常用的方法是飞溅润滑，即将一部分传动零件浸在油池内，靠它们向其他零件供油和溅油，同时将部分润滑油甩到箱壁上，以利于散热。

随着采煤机功率加大，采取强迫润滑的情况日益增多，即以专门的润滑泵将润滑油供应到各个润滑点上。还有一种润滑方式是油脂润滑，即用压力注油器定期向一些相对运动速度不大的传动件注入油脂润滑。

五、牵引部

采煤机牵引部担负着移动采煤机，使滚筒连续落煤和调动机器的任务。采煤机牵引部包括牵引机构和传动装置两部分，牵引机构用来直接移动采煤机，传动装置用来驱动牵引机构，并实现牵引速度调节。

(一)牵引机构

电牵引采煤机采用无链牵引机构，取消了固定在工作面两端的牵引链，以采煤机牵引部的驱动轮与铺设在输送机槽帮上的导轨相啮合，从而使采煤机沿工作面移动。

1. 销轮齿条式无链牵引机构

销轮齿条式无链牵引机构如图 2-21 所示，销轮由 5 根圆柱销焊在 2 块圆形侧板之间，转动时圆柱销与齿条相互啮合，齿条与中部槽长度相等，用螺栓固定在中部槽采空侧的槽帮上。为了适应采煤机牵引力大的要求，齿轨齿的模数很大，一般为 40~60 mm。

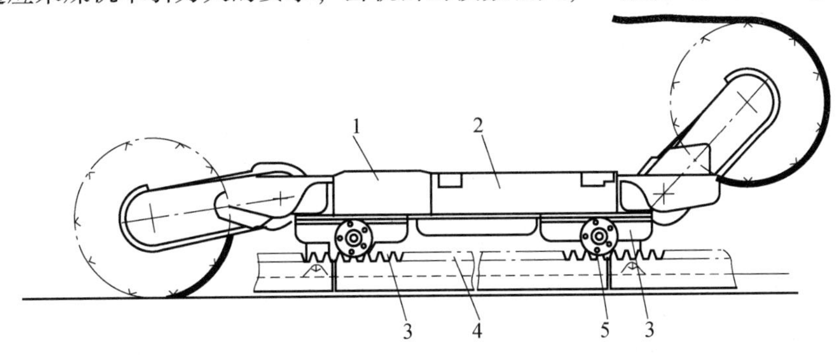

1—电动机；2—牵引部泵箱；3—牵引部传动箱；4—齿条式导轨(齿轨)；5—销轮。

图 2-21 销轮齿条式无链牵引机构

2. 齿轮销排式无链牵引机构

齿轮销排式无链牵引机构如图 2-22 所示，其传动原理与销轮齿条式无链牵引机构相同，但结构有所不同。

销排式啮合副的齿廓曲线常采用摆线齿轮-圆柱销导轨、渐开线齿轮-渐开线柱销导轨 2 种。它们的啮合原理和渐开线齿轮与针轮摆线齿轮的啮合计算方法相同，能实现共轭传动，但各有特点。摆线与圆啮合时，摆线齿轮的齿数可减少到 7~9 个，没有齿轮根切问题，摆线轮的直径较小。但对中心距的可分离性较差，当中心距变化时速度波动增大，齿面的滑动系数增大，齿面的磨损加剧。

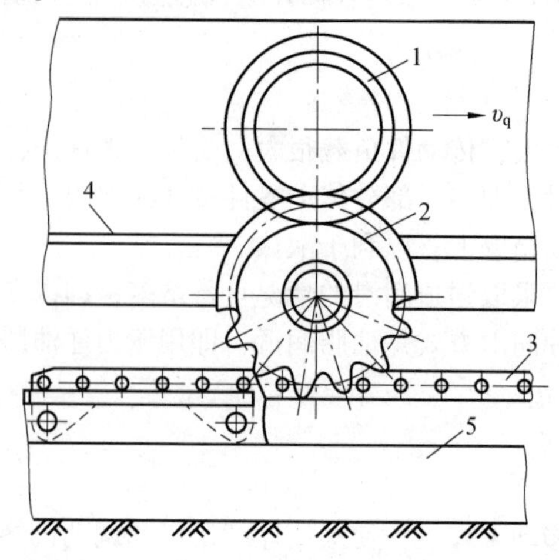

1—驱动齿轮；2—齿轨轮；3—销轨；4—行走部；5—刮板输送机。

图 2-22 齿轮销排式无链牵引机构

3. 链轨式无链牵引机构

链轨式无链牵引机构包括柔性链轨式牵引机构和圆环链式导轨牵引机构。

柔性链轨式牵引机构采用不等直径和不等节距的圆环链与链轮相啮合，如图 2-23 所示。该牵引机构链条破断力达 1 450 kN，远大于齿条式或销排式，而且挠曲性较好：水平 ±3°，垂直±6°，对工作面的起伏变化具有较强的适应性。牵引链磨损后，可以翻转 180°再用，从而提高使用寿命。

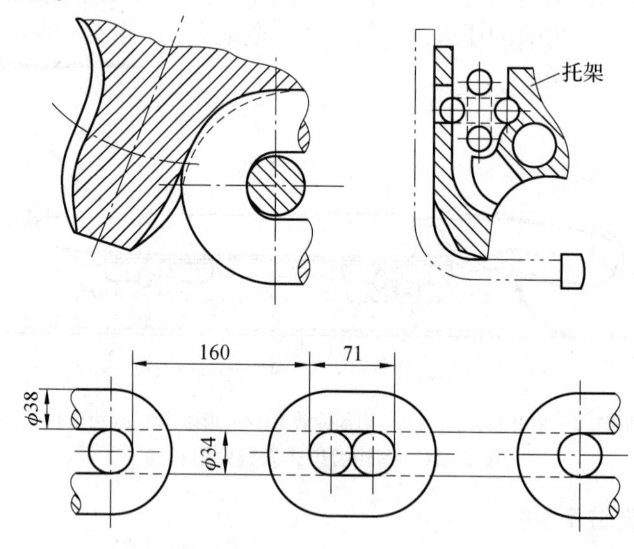

图 2-23 柔性链轨式牵引机构

圆环链式导轨牵引机构如图 2-24 所示，它与柔性链轨式牵引机构的不同之处在于立链环采用模锻制造，其断面呈椭圆形，两端圆弧段的端面是圆柱面；模锻链强度高、弹性变形小、寿命长、多点固定，没有松边紧链问题，能适应双向采煤时行走的要求。链轮有 7 齿，齿廓由几段圆弧组成，是根据共轭齿廓替代理论，用圆弧替代理论齿廓的共轭曲线，增大了接触面积。这种结构加工简单、加工精度和啮合准确度高。链轮组件采用了双联齿结构，如图 2-25 所示。

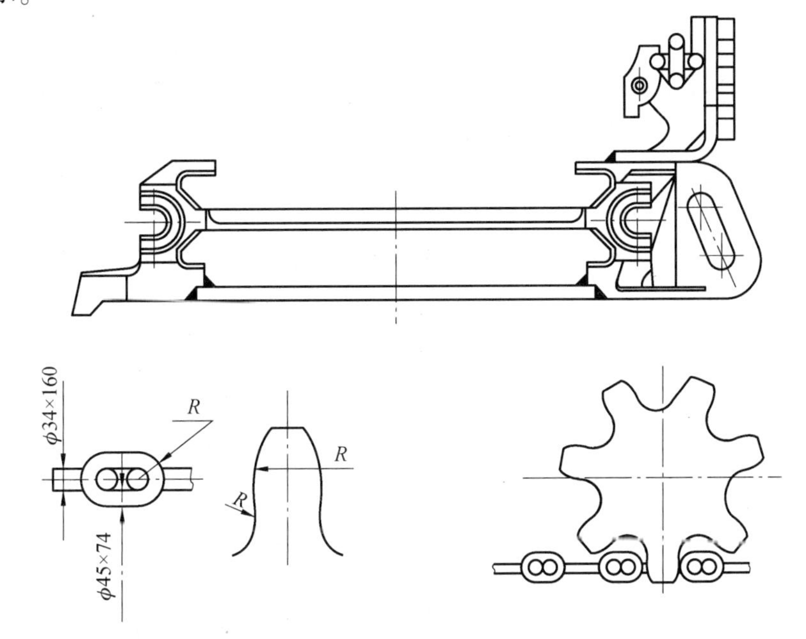

图 2-24　圆环链式导轨牵引机构

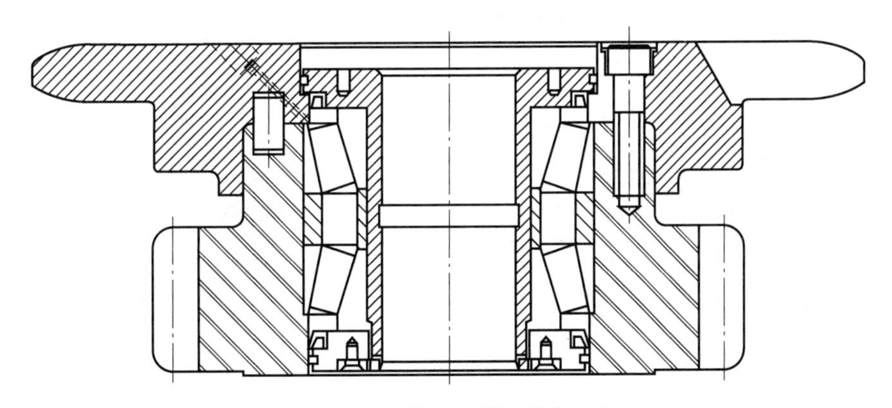

图 2-25　链轮组件的双联齿结构

链轨式无链牵引机构适用于低速、重载、多尘和无润滑的工作条件，维护起来比较方便，采煤机行走速度波动小，改善了行走平稳性。

(二)传动装置

1. 传动装置类型

牵引部传动装置将采煤机电动机的动力传到主动链轮或驱动轮并实现调速。牵引部传动装置依据传动形式可分为机械牵引、液压牵引和电牵引，目前主要采用电牵引。

电牵引是指直接对电动机调速以获得不同牵引速度的牵引部。它的优点是省去了复杂的液压系统和齿轮变速装置，使牵引部传动大大简化，因而故障减少，维护简单，传动效率高，机身长度短；另外，其电子控制系统对外载变化的反应灵敏，能自动调速，当超载严重时，还能立即反向牵引。根据调速原理不同，牵引电动机调速系统可分为直流和交流 2 种。

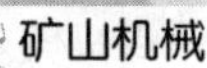

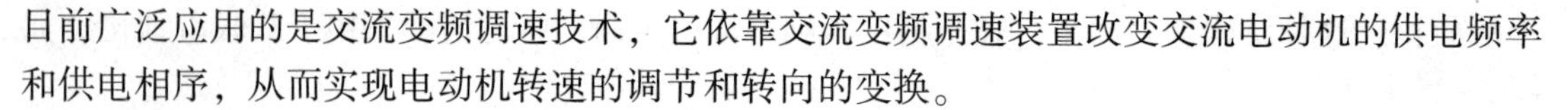

目前广泛应用的是交流变频调速技术，它依靠交流变频调速装置改变交流电动机的供电频率和供电相序，从而实现电动机转速的调节和转向的变换。

2. 传动系统

复杂恶劣的工作环境和煤岩体的不同性质，导致采煤机的牵引部传动装置经常受到冲击载荷作用，因此采煤机牵引部传动装置需要有较高的抗冲击能力。在电牵引采煤机中，采煤机的速度调节和方向控制均由传动装置中的电动机来完成，所以使牵引部的结构和传动大为简化。为了增大扭矩，在传动系统中仍采用机械传动，一般总传动比为200~300，采用4级传动。为了增大传动比，通常采用行星齿轮减速系统，也有些采用双级行星轮减速系统。

3. 机械结构

牵引部传动装置包括以下两部分：第一部分是由机壳组、牵引电动机、液压制动器、电动机齿轮轴、惰轮组、牵引轴、中心齿轮组、行星减速器等组成的动力机构；第二部分是由壳、驱动轮、花键轴、齿轨轮组、导向滑靴和销轨等组成的行走机构。

不同型号机器的机械结构也有所不同，MG750/1800-WD型电牵引采煤机牵引部传动装置的机械结构如图2-26所示。

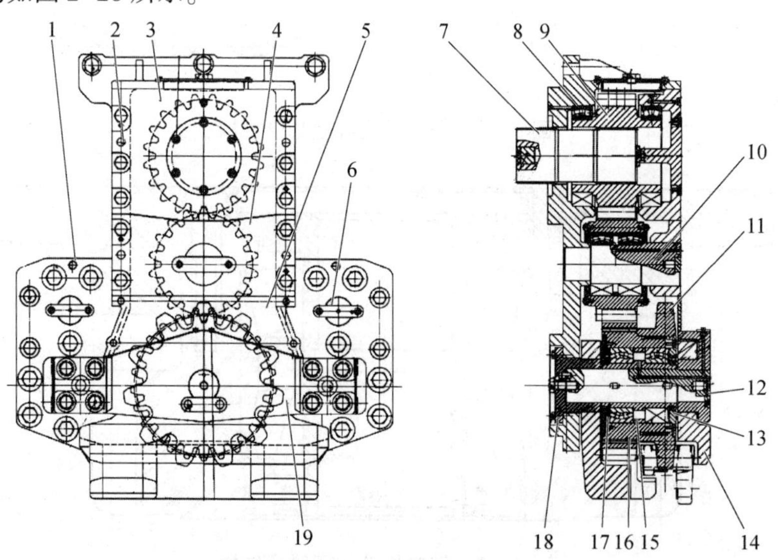

1—底座；2、6—定位销；3—上盖；4—中盖；5—护板；7—空心轴；8—轴承；9—20T齿轮；10—惰轮组；11—链轮；12—芯轴；13、18—端盖；14—导向滑靴；15—距离套；16—25T齿轮；17—轴套；19—下盖。

图2-26 MG750/1800-WD型电牵引采煤机牵引部传动装置的机械结构

六、采煤机的附属装置

(一) 降尘装置

降尘装置用喷嘴把压力水高度扩散，使其雾化，形成将粉尘源与外界隔离的水幕。雾化水能拦截飞扬的粉尘，使其沉降，并能冲淡瓦斯、冷却截齿、湿润煤层和防止产生截割火花。

喷嘴装在滚筒叶片上，将水从滚筒里向截齿喷射，称为内喷雾；喷嘴装在采煤机机身上，将水从滚筒外向滚筒及煤层喷射，称为外喷雾。内喷雾时，喷嘴离截齿近，可以对着截齿前面喷射，降尘效果好，耗水量小，但供水管要通过滚筒轴和滚筒，需要可靠的回转密封，喷嘴容易堵塞和损坏；外喷雾的喷嘴离粉尘源较远，粉尘容易扩散，因而耗水量较大，但供水系统的密封和维护比较容易。

(二) 调高调斜装置

为了适应煤层厚度的变化，可以在煤层高度范围内上下调整滚筒位置，这称为调高。采煤机的调高有摇臂调高和机身调高两种类型，它们都是靠调高液压缸来实现的。为了使下滚筒能适应底板沿煤层走向的起伏不平，可以使采煤机机身绕纵轴摆动，这称为调斜。调斜通常用底托架下靠采空区侧的 2 个支承滑靴上的液压缸来实现。

(三) 防滑装置

骑在输送机上工作的采煤机，当煤层倾角大于 10°时，就有下滑的危险。因此，当煤层倾角大于 10°时，采煤机应设防滑装置。常用防滑装置有防滑杆、制动器和液压安全绞车。

最简单的防滑方法是在采煤机底托架下面顺着煤层倾斜向下的方向设防滑杆，采煤机下滑时，防滑杆即插在刮板链上，只要及时停止输送机，即可防止机器下滑，这种装置只适用于中小型采煤机。无链牵引采煤机采用设在牵引部输出轴上的制动器代替回风巷的液压安全绞车，防止停机时采煤机下滑。

(四) 电缆拖移装置

采煤机上下采煤时需要收放电缆和水管，这就要用到电缆拖移装置。通常把电缆和水管装在电缆夹里，由采煤机拖着一起移动。电缆夹由框形链环用铆钉连接而成，各段之间用销轴连接。链环朝采空侧是开口的，电缆和水管从开口放入，并用挡销挡住。电缆夹的一端用一个可回转的弯头固定在采煤机的电气接线箱上。为了改善靠近采煤机机身这一段电缆夹的受力情况，在电缆夹的开口一边装有一条节距相同的板式链，使链环不致发生侧向弯曲或扭绞。

第五节　MG750/1800-WD 型电牵引采煤机

一、概述

MG750/1800-WD 型电牵引采煤机总体结构为多电动机横向抽屉式布置的主机架框架结构，牵引方式为交流变频调速销轨式无链牵引，电源电压为 3 300 V。

(一) 主要用途及适应范围

MG750/1800-WD 型电牵引采煤机适用于缓倾斜、中硬煤层长壁式综采工作面，采高范围为 2.6~5.0 m，具有良好可靠性，在长壁式采煤工作面可实现采、装、运的机械化，能满足高产高效工作面要求。

(二) 型号组成及其代表意义

MG750/1800-WD 中：M 代表采煤机；G 代表滚筒式；750 代表截割电动机功率，单位为 kW；1800 代表装机总功率(2×750+2×90+35+90)，单位为 kW，包括 2 台 750 kW 的截割电动机，2 台 90 kW 的牵引电动机，1 台 35 kW 的泵站电动机，1 台 90 kW 的破碎装置电动机；W 代表无链牵引；D 代表电牵引。

(三)总体结构与特性

1. MG750/1800-WD 型电牵引采煤机结构

MG750/1800-WD 型电牵引采煤机由左右摇臂、左右滚筒、牵引传动箱、外牵引、泵站、控制箱、调高液压缸、主机架、辅助部件、破碎机和电气系统等部件组成，如图 2-27 所示。

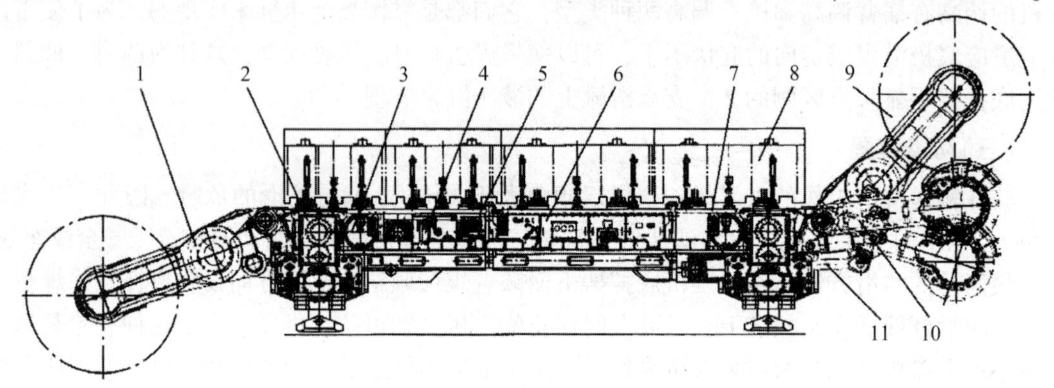

1—摇臂；2—外牵引；3—牵引传动箱；4—泵站；5—辅助部件；6—控制箱；7—电气系统；8—主机架；9—滚筒；10—破碎机；11—调高液压缸。

图 2-27　MG750/1800-WD 型电牵引采煤机

2. 总体配置及工作原理

1) 截割部

截割部位于采煤机两端，与主机架悬挂铰接，用销轴连接，以铰接销为回转中心。摇臂的升降由调高液压缸的行程来控制。摇臂分别由 2 台 750 kW 的交流电动机驱动，经二级直齿减速、双级行星减速后，驱动滚筒转动来完成割煤和装煤，是采煤机的工作机构。截割电动机横向布置，在采空侧可以拆装。

2) 牵引部

牵引部位于采煤机主机架两端的框架里，牵引传动箱及牵引电动机采用横向布置，与主机架通过销轴、定位块、楔紧装置及螺栓偏心螺母可靠连接，分别由 2 台 90 kW 的交流电动机经三级直齿减速，双级行星减速，驱动外牵引的一级减速后驱动链轮，链轮的转动驱动采煤机沿着工作面运输机运行。

3) 泵站

泵站位于采煤机主机架的框架里，与左牵引传动箱相邻。泵站及泵站电动机采用横向布置，将机械能转变为液压能。泵站电动机通过联轴器驱动齿轮泵，从单独的油箱经过滤器吸油，为采煤机的摇臂调高、破碎调高提供液压动力，同时为液压系统提供控制油，控制牵引部的制动器。

4) 破碎机

电牵引采煤机上的破碎机为可选附属设备，可左右互换。由于长壁式采煤工作面的采煤高度增加，片帮和落煤的块度增大，当片帮和落煤的块度过大时，煤不能顺利通过主机架与工作面输送机之间的过煤通道。而破碎机是附在采煤机上破碎片帮和大块落煤的专门装置，

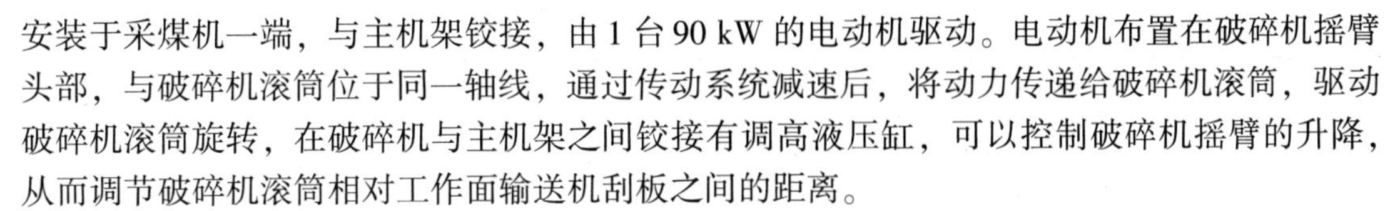

安装于采煤机一端，与主机架铰接，由 1 台 90 kW 的电动机驱动。电动机布置在破碎机摇臂头部，与破碎机滚筒位于同一轴线，通过传动系统减速后，将动力传递给破碎机滚筒，驱动破碎机滚筒旋转，在破碎机与主机架之间铰接有调高液压缸，可以控制破碎机摇臂的升降，从而调节破碎机滚筒相对工作面输送机刮板之间的距离。

5) 控制箱

控制箱位于采煤机主机架的框架里，与泵站相邻，控制箱采用横向布置，其作用如下。

(1) 完成采煤机的电源引入和分配。供电给左右截割电动机、泵站电动机、破碎电动机、牵引变压器、控制变压器。牵引变压器提供 380 V 的交流电给控制箱中的变频器。控制变压器提供 220 V 的电源给控制箱中的控制电源单元。

(2) 完成采煤机的控制和监测。变频装置为牵引电动机提供频率可变、电压可变的交流电源；监测中心采用工业控制计算机对采煤机进行运行检测、故障诊断、记忆及回放显示；控制中心采用 PLC，PLC 根据各种操作信号输出控制信号，送给执行元件来控制采煤机的各种动作。

6) 主机架

主机架用来支撑和连接各个部件，与工作面输送机配套。主机架采用分段组合式框架铸焊结构。采煤侧采用平板滑靴，采空侧的外牵引装有导向滑靴。

7) 滚筒

滚筒采用镐型齿强力滚筒，其作用为割煤、装煤和降尘，镐型刀具为截齿、齿套、齿座三件组合式，滚筒的连接方式为方形法兰连接。

3. 主要技术特征

MG750/1800-WD 型电牵引采煤机的主要技术特征如表 2-2 所示。

表 2-2　MG750/1800-WD 型电牵引采煤机的主要技术特征

总体	采高范围/m	3.0~6.0
	适合倾角/(°)	≤16
	供电电压/V	3 300
	截深/mm	800
	机面高度/mm	2 676
	牵引中心距/mm	6 825
	两摇臂回转中心距离/mm	8 705
	摇臂水平时最大长度/mm	14 901
	主机架长度/mm	9 165
	配套滚筒直径/mm	3 000
	最大采高/mm	6 000
	下切深度/mm	600(700)
	过煤通道/m^2	0.94
	过煤高度/mm	1 036

续表

截割部	截割功率/kW		2×750
	供电电压/V		3 300
	摇臂结构形式		分体式直摇臂
	摇臂长度/mm		3 100
	上摆/(°)		54. 78
	下摆/(°)		22. 14
	滚筒转速/($r \cdot min^{-1}$)		23. 45
	截割速度/($m \cdot s^{-1}$)		3. 68
	润滑方式		分腔润滑+飞溅润滑
	冷却方式		水冷
牵引部	牵引电动机功率/kW		90×2
	牵引与调速类型		销轨式、交流变频调速
	牵引功率/kW		2×90
	供电电压/V		660
	牵引速度/($m \cdot min^{-1}$)		0~10. 0~22. 6
	电动机转速/($r \cdot min^{-1}$)		0~1 475~3 500
	牵引力/kN		446~1 060
	变频范围 Hz		0~50~120
	节距/mm		147
	润滑方式		飞溅润滑
	冷却方式		水冷
泵站	电动机	功率/kW	35
		供电电压/V	3 300
		转速/($r \cdot min^{-1}$)	1 465
		冷却方式	水套冷却
		冷却水量/($L \cdot min^{-1}$)	20
		冷却水压/MPa	≤1. 5
	主泵	齿轮泵	GT20-13/CBK1006
		理论排量/($mL \cdot r^{-1}$)	42. 6；6. 4
		理论流量/($L \cdot min^{-1}$)	62
		容积效率/%	88
		工作压力/MPa	20；3
		工作转速/($r \cdot min^{-1}$)	1 463

续表

破碎机	破碎功率/kW	90
	供电电压/V	3 300
	滚筒直径/mm	1 125
	输出转速/(r·min^{-1})	189.7
	线速度/(m·s^{-1})	10.6
喷雾方式		内、外喷雾
冷却方式		水冷
配套电缆型号	主电缆	UGFP　3×150+1×95+7×6
整机质量/t		≤128

二、截割部

(一)摇臂

1. 传动系统

MG750/1800-WD 型电牵引采煤机摇臂齿轮传动系统及外观分别如图 2-28 及图 2-29 所示。

传动路线为：交流电动机→第一传动轴装配→第二传动轴装配→第三传动轴装配→惰轮装配(3 套)→外齿轮→双行星减速装置→截割滚筒。

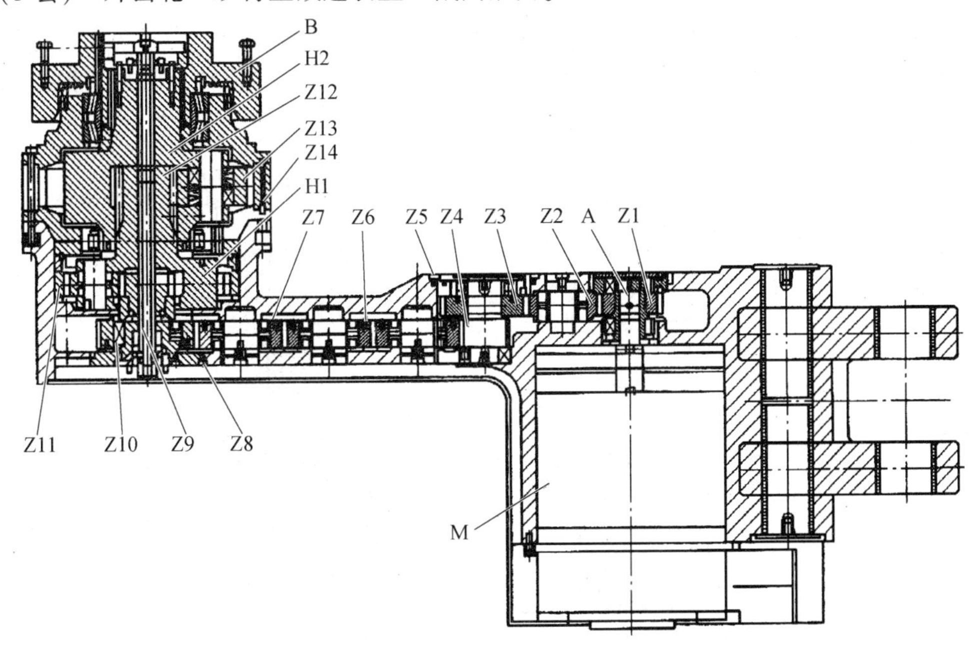

M—交流电动机；A—第一传动轴；B—滚筒座；Z1、Z2、Z3、Z4、Z5、Z6、Z7—齿轮；Z8—双联齿轮；Z9、Z12—太阳轮；Z11、Z14—内齿轮；Z10—一级行星齿轮；Z13—二级行星齿轮；H1—一级行星架；H2—二级行星架。

图 2-28　MG750/1800-WD 型电牵引采煤机摇臂齿轮传动系统

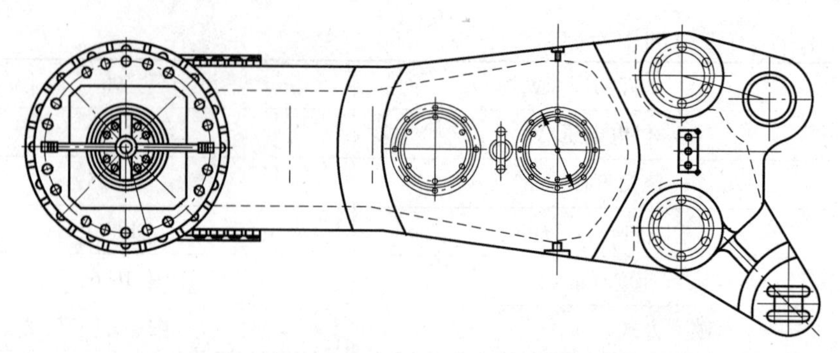

图 2-29　MG750/1800-WD 型电牵引采煤机摇臂外观

安装在摇臂端部的交流电动机 M 的动力通过与电动机输出轴连接的第一传动轴 A 带动与第一传动轴用花键连接的齿轮 Z1，齿轮 Z1 带动齿轮 Z2，齿轮 Z2 带动齿轮 Z3，齿轮 Z3 通过与同齿轮轴的齿轮 Z4 传递给齿轮 Z5、Z6、Z7，齿轮 Z7 带动双联齿轮 Z8 把动力传递给双行星减速装置的太阳轮 Z9，通过太阳轮 Z9 传递给安装在一级行星架 H1 上的 3 个一级行星齿轮 Z10，一级行星齿轮 Z10 又与固定的内齿轮 Z11 相啮合，这样就带动一级行星架 H1 转动。一级行星架 H1 上的齿轮 Z12 为第二级行星减速的太阳轮，太阳齿轮 Z12 带动安装于二级行星架 H2 上的二级行星齿轮 Z13，二级行星齿轮 Z13 又与固定的内齿轮 Z14 相啮合，这样就带动二级行星架 H2 转动。滚筒座 B 用花键连接在二级行星架 H2 上，二级行星架 H2 的转动就带动滚筒座旋转。滚筒通过本身的方形法兰结构安装在摇臂的滚筒座上。

第一传动轴如图 2-30 所示。截割电动机的输出轴通过渐开线花键与第一传动轴 1 上的内花键连接，在第一传动轴的外花键上装有齿轮 Z1，第一传动轴由两个圆柱滚子轴承支撑，靠采空侧的轴承装在轴承座 2 上，靠采煤侧的轴承安装在轴承座 3 上。为了防止齿轮腔的油液漏入电动机腔，在轴组的轴上安装有旋转密封 4。由于本轴为高速轴，密封和轴接触面容易磨损，因此选用耐高温耐磨损的氟橡胶密封。

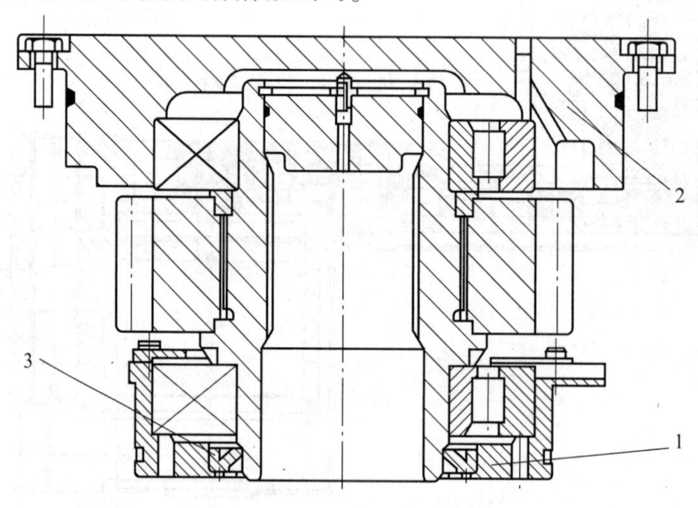

1、2—轴承座；3—旋转密封。

图 2-30　第一传动轴

第二传动轴如图 2-31 所示。齿轮 Z2 孔内装有 2 个双列调心滚子轴承，利用第二传动轴台阶定位轴承。第二传动轴上装有 O 形密封圈，防止油液外泄。第二传动轴装配支撑在摇臂壳体上，用挡板、螺钉固定在摇臂壳体上，只传递扭矩而不减速。

第三传动轴为轴齿轮，如图 2-32 所示。轴齿轮上外花键与齿轮 Z3 连接，第三传动轴由 2 个圆柱滚子轴承支撑，靠采空侧的轴承装在摇臂壳体上，靠采煤侧的轴承安装在轴承座上。Z1 和 Z3 为第一级减速齿轮。

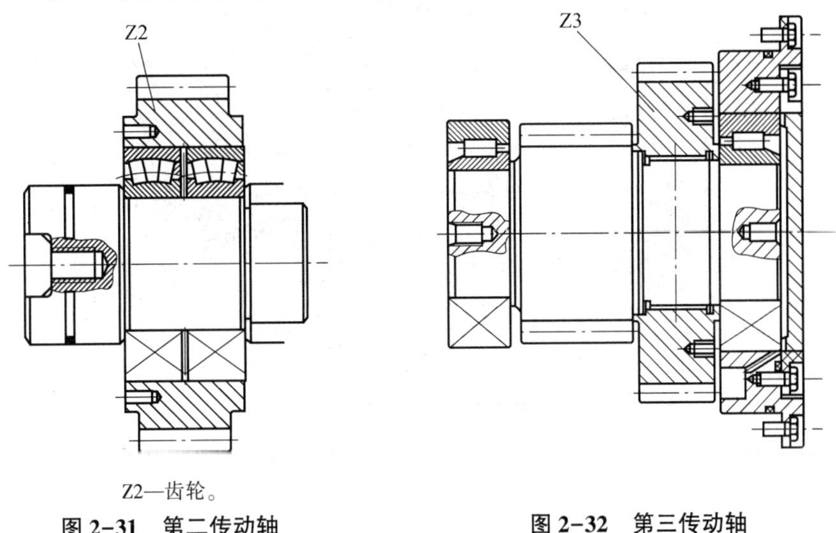

Z2—齿轮。

图 2-31　第二传动轴　　**图 2-32　第三传动轴**

惰轮轴如图 2-33 所示。惰轮轴即第四传动轴，每个摇臂内安装有 3 套惰轮轴，均从采空侧装入，为盲孔轴组。惰轮孔内装有 2 个圆柱滚子轴承，利用惰轮轴台阶定位轴承。惰轮轴上装有 O 形密封圈，防止油液外泄。惰轮轴装配支撑在摇臂壳体上，只传递扭矩而不减速。

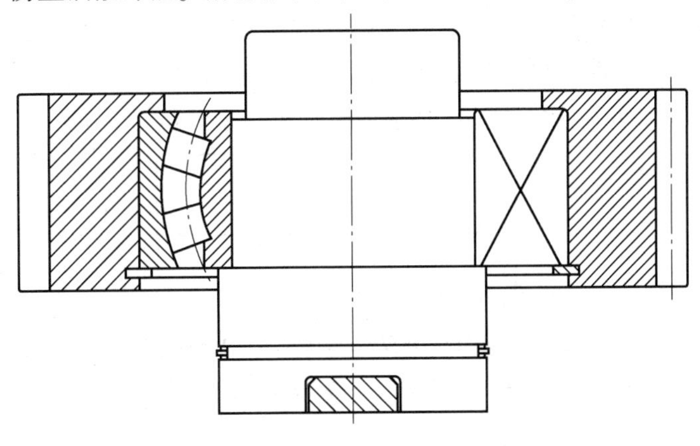

图 2-33　惰轮轴

双行星减速装置是截割部的最后一级齿轮传动，由 2 个 2K-H 型行星减速装置串接，由太阳轮、行星齿轮、内齿轮和行星架组成，如图 2-34 所示。一级行星齿轮传动是双联齿轮 Z8 带动一级太阳轮 Z9。齿轮 Z8 与第一级太阳轮 Z9 为双联齿轮，第一级太阳轮 Z9 与 3 个一级行星齿轮 Z10 相啮合，行星齿轮 Z10 与内齿轮 Z11 啮合，内齿轮 Z11 由轴承座上的 2 个平键固定在摇臂壳体上，内齿轮 Z11 固定，行星齿轮 Z10 转动，内齿轮 Z11 安装在一级行星架 H1 上，所以一级行星架 H1 转动。一级行星架 H1 上的齿轮 Z12 为二级行星齿轮传动的太阳轮，同样，齿轮 Z12 与 3 个二级行星齿轮 Z13 相啮合，二级行星齿轮 Z13 安装在二级行星架 H2 上，因内齿轮 Z14 固定，所以二级行星架 H2 转动，从而将动力通过滚筒座 B 输出给截割滚筒。

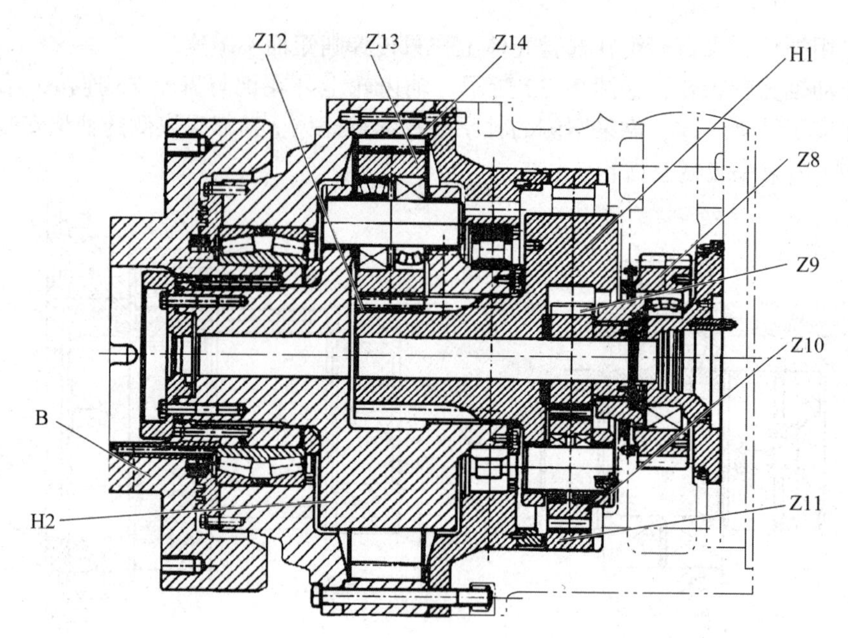

B—滚筒座；Z8—双联齿轮；Z9——级太阳轮；Z10——级行星齿轮；Z11、Z14—内齿轮；
Z12—二级太阳轮；Z13—二级行星齿轮；H1——级行星架；H2—二级行星架。

图 2-34　双行星减速装置

2. 离合操作装置

离合操作装置如图 2-35 所示。在截割电动机内设置有离合操作装置，在截割电动机采空侧的端部安装有离合操作手柄 1，通过操作该手柄(推、拉)使电动机输出轴的花键与第一传动轴 2 啮合或分离，同时与转子啮合或分离(离合手柄以“推入为合，拉出为离”)，从而使滚筒转动或停止。操作离合装置时，必须使电动机处于非运转状态。

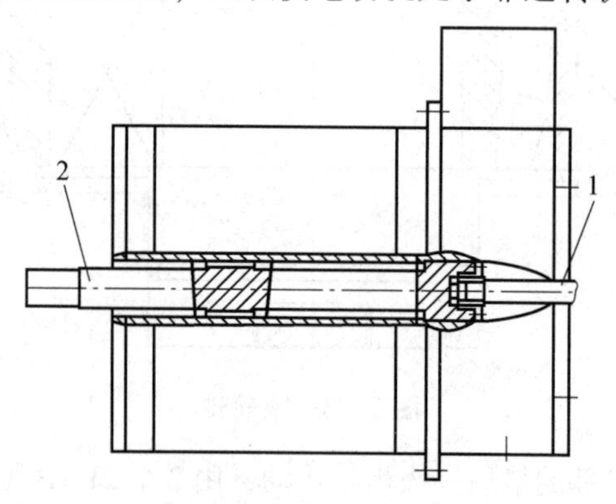

1—离合操作手柄；2—第一传动轴。

图 2-35　离合操作装置

3. 截齿喷雾系统

供水系统通过软管、接头将水送到摇臂的进水处，通过安装于摇臂行星减速装置内的内喷雾管将水从采空侧送到采煤侧，由分配盘将水分 3 路送至滚筒的端盘及螺旋叶片，最后由截齿前的喷嘴喷出，起到降低采煤工作面的煤尘含量及冷却截齿的作用。

截齿喷雾系统如图 2-36 所示。内喷雾管装在太阳轮和行星架的中心通孔内，靠滚筒的一端支撑在压盖上，压盖固定在滚筒轴座上，使内喷雾管与滚筒轴一起旋转，另一端支撑在耐磨衬套上，且端面装有耐磨圈。

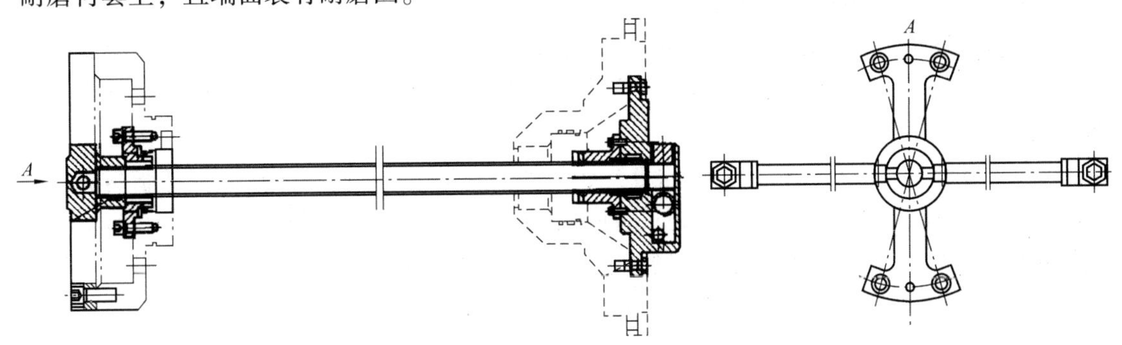

图 2-36　截齿喷雾系统

4. 行星密封

行星密封如图 2-37 所示，它的作用是防止摇臂齿轮腔的润滑油外泄，以及防止水进入摇臂齿轮腔。行星密封装在太阳轮和行星架的中心通孔内，依靠滚筒的一端支撑在滚筒轴座上且装有 O 形密封圈，另一端支撑在耐磨衬套及轴承座上。滚筒轴座固定在滚筒轴上，使行星密封管与滚筒轴一起旋转。一对背对背 O 形密封圈的作用是防止摇臂齿轮腔的润滑油外泄以及水进入摇臂齿轮腔。

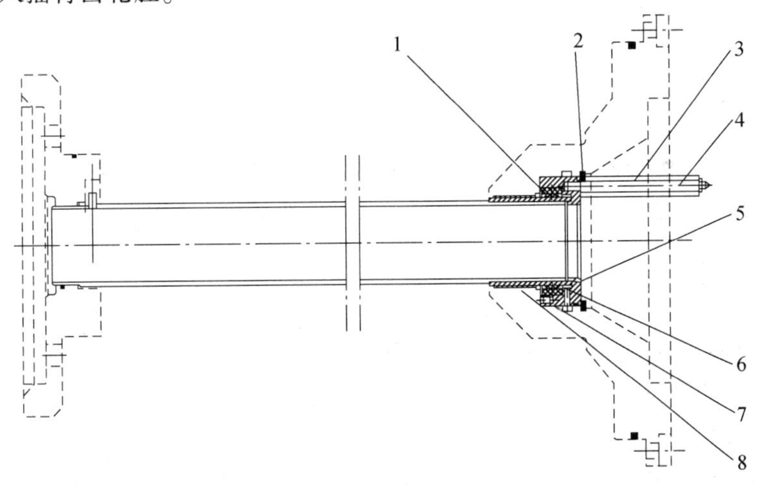

1—油封；2—O 形密封圈；3—注油接头；4—油嘴；5—密封座；6—外喷雾管；7—销；8—衬套。

图 2-37　行星密封

5. 冷却系统

由于摇臂齿轮箱内齿轮、轴承转速高，传递功率大，因此齿轮腔温升较高，易产生较大的热量，影响齿轮、轴承等重要零件的寿命，故在摇臂齿轮箱低速腔和高速腔装有水冷却器，以降低油温，保证各轴组可靠地运转。

截割电动机功率大，转速高，而且装在摇臂壳体内，不易散热，故也需对电动机进行冷却。截割电动机采用定子水套冷却，冷却水的流量不少于 2.1 m^3/h，冷却水的压力不大于 2 MPa，

如果冷却水的压力过高，容易使定子水套变形，截割电动机将无法拆卸。

6. 润滑

摇臂常用的润滑方式有以下 2 种。

(1)稀油润滑。当摇臂处于水平位置时，通过装于主机架采空侧的加油阀，用注油接头注入中极压工业齿轮油 N320，注到油位窗口的 1/2 为止。摇臂齿轮箱的齿轮、轴承采用飞溅润滑。

(2)锂基脂润滑。行星密封装配的 O 形密封圈需经常通过注油接头注入锂基脂润滑。电动机的前、后轴承室均设有注油孔，拧去注油孔上的螺塞，可定期给轴承注入锂基脂。电动机扭矩轴输出端与第一传动轴的花键副，需定期注入锂基脂润滑。

(二)截割滚筒

MG750/1800-WD 型电牵引采煤机的截割滚筒为了适应截割硬煤，增强了滚筒的耐磨强度，在排煤口叶片的排煤面上堆焊了耐磨层，以提高其耐磨性和工作可靠性。为了适应电牵引采煤机的需要，该滚筒采用多头螺旋叶片；为了提高开机率，充分发挥电牵引采煤机的效力，截割刀具采用镐型刀具，增加了端盘、叶片和壳体的厚度以提高滚筒的强度，增加其可靠性。滚筒的端盘采用碟形结构，以减少滚筒割煤过程中端盘与煤壁的摩擦损耗，减小采煤机前进过程中的牵引阻力。

采煤机设有内喷雾装置，以提高降尘效果。在滚筒的螺旋叶片上钻有径向小孔水道，每一个水道安装一只喷嘴，每只喷嘴布置在截齿之间，以便在煤尘尚未扩散之前就将其扑落，由此大大提高了降尘效果，端盘上也布置了多只喷嘴。

三、牵引部

牵引部由牵引传动箱和外牵引两个部件组成，由 1 台 90 kW 交流电动机驱动。为适应采煤机的需要，牵引电动机由交流变频器控制，实现无级调速。

(一)牵引传动箱

MG750/1800-WD 型电牵引采煤机共有 2 个牵引传动箱(见图 2-38)，分别布置在采煤机机身的左右两侧，与主机架组成一体并且完全互换。与每个牵引传动箱连接的外部牵引装置装有一个 11 齿的销轨轮，销轨轮与工作面输送机上的销轨相啮合，销轨轮的转动驱动采煤机沿着工作面输送机左右运行。

牵引传动箱可以安装在主机架两端的任何一端，但当左右牵引传动箱需要相互调换安装位置时，必须把牵引传动箱翻过来，并将注油接头与放油塞调换位置。牵引传动箱上下面分别有 3 个凹槽，由凹槽的底面与主机架定位块接触来保证牵引传动箱上下尺寸要求。牵引传动箱中间的直角梯形凹槽的直角边与主机架上的定位块接触，通过调紧主机架铰接架上的楔块装置，保证牵引传动箱左右位置的要求。牵引传动箱的后面有两个定位面，由它与主机架的挡块接触来保证牵引传动箱的前后位置。定位面接触后，再由 7 条螺柱用偏心螺母将牵引传动箱固定到主机架上。

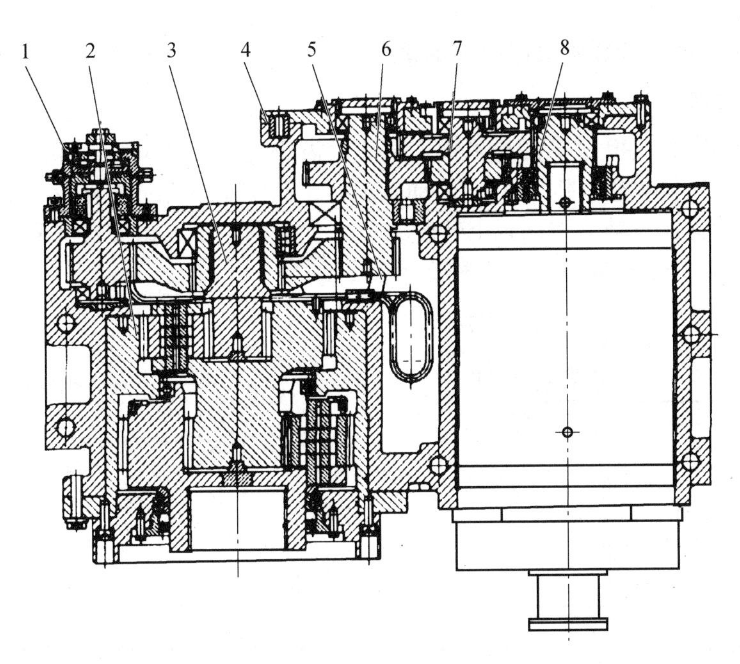

1—制动器；2—行星机构；3—太阳轮；4—侧盖；5—观察孔盖；
6—第三传动轴；7—第二传动轴；8—第一传动轴。

图 2-38　MG750/1800-WD 型电牵引采煤机牵引传动箱

每个牵引传动箱上都装有一个制动器，当采煤机得电电动机启动后，制动器仍为制动状态；只有采煤机牵引方向设定时，制动器立即打开，解除制动。当采煤机停止牵引时，制动器就起作用，防止采煤机下滑。

（二）牵引电动机性能参数

MG750/1800-WD 型电牵引采煤机牵引电动机的性能参数如表 2-3 所示。

表 2-3　MG750/1800-WD 型电牵引采煤机牵引电动机的性能参数

性能	单位	数值或说明	备注
额定功率	kW	90	—
额定转速	r/min	1 480	—
额定电压	V	380	—
冷却水量	m^3/h	≥1.2	—
冷却水压	MPa	≤3.5	—
传动比	—	184.5	—
润滑方式	—	飞溅式	—
齿轮油型号	—	极压齿轮油 N320	—
部件质量	kg	2 850	—

（三）传动系统

1. 第一传动轴

第一传动轴如图 2-39 所示。连接齿轮 B 的一端与牵引电动机输出轴以渐开线花键相连

接，两端由轴承支承在安装于箱体的轴承座上。

2. 第二传动轴

第二传动轴如图 2-40 所示。在该轴上有 2 个齿轮，第二传动轴与第一传动轴上的连接齿轮 B 相啮合，而小齿轮 D 则与第三传动轴(见图 2-41)上装配的齿轮 E 相啮合。两齿轮 C、D 之间由花键连接。第二传动轴上装配有 2 个支承点：一点由安装于箱体轴承座中的轴承支承，另一点由安装于箱体的轴承支承。

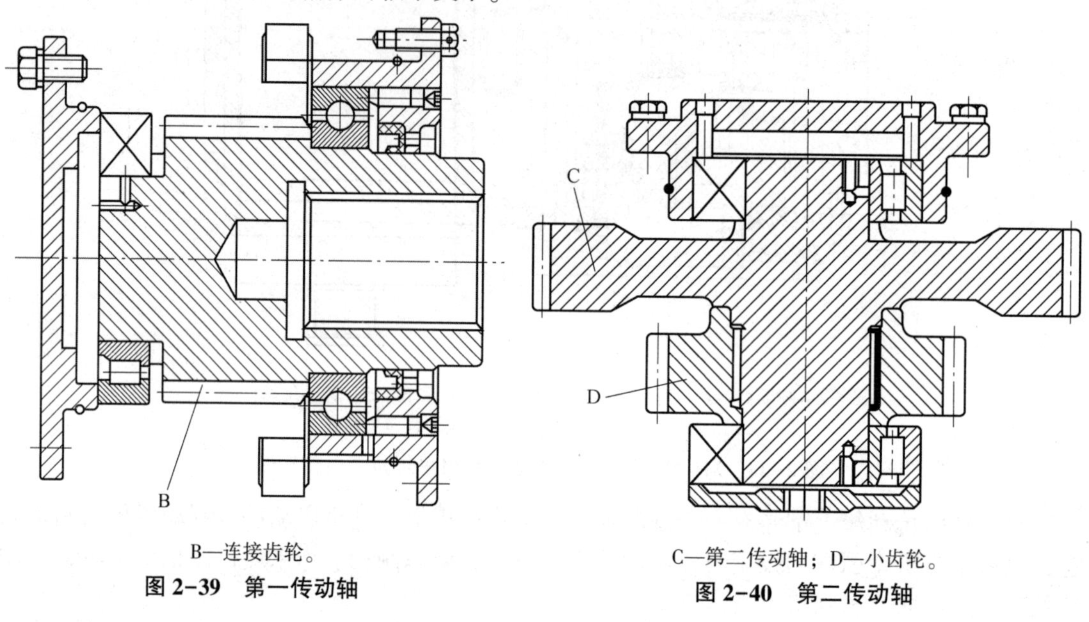

B—连接齿轮。

图 2-39　第一传动轴

C—第二传动轴；D—小齿轮。

图 2-40　第二传动轴

3. 第三传动轴

第三传动轴如图 2-41 所示。在该轴上有 2 个齿轮，齿轮 E 与第二传动轴上的小齿轮 D 相互啮合，第三传动轴 F 与太阳轮(见图 2-42)上装配的齿轮 G 相啮合。两齿轮 E、F 之间由花键连接。第三传动轴装配有 2 个支承点：一点由安装于箱体轴承座中的轴承支承，另一点由安装于箱体的轴承支承。

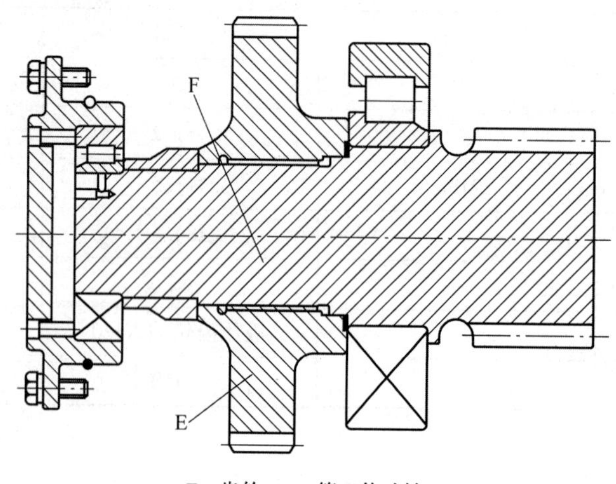

E—齿轮；F—第三传动轴。

图 2-41　第三传动轴

4. 太阳轮

太阳轮如图 2-42 所示，其上装配有 2 个齿轮 G、H，齿轮 G 与第三传动轴上装配的齿轮 F 相互啮合，齿轮 H 与行星机构(见图 2-43)中的行星齿轮 I 相互啮合。两齿轮 G、H 之间由花键连接。太阳轮装配有 1 个支承点，由安装于箱体的轴承支承。

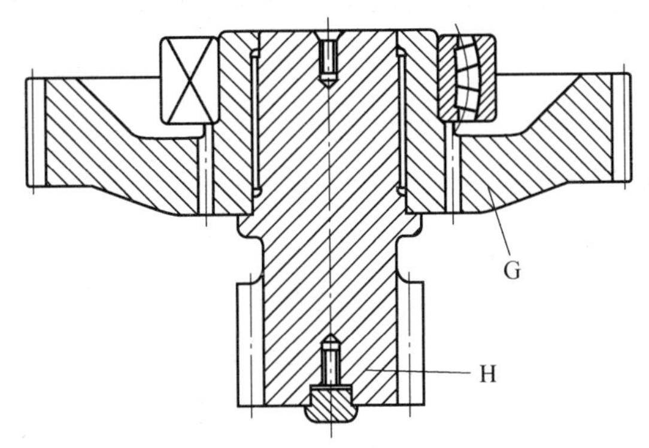

G、H—太阳轮上装配的齿轮。

图 2-42　太阳轮

5. 双行星减速器

双级行星减速器如图 2-43 所示，它具有较大的承载能力，第一级太阳轮和行星架均为浮动；第一、二级太阳轮均为 3 个行星轮，结构紧凑，传动比大。

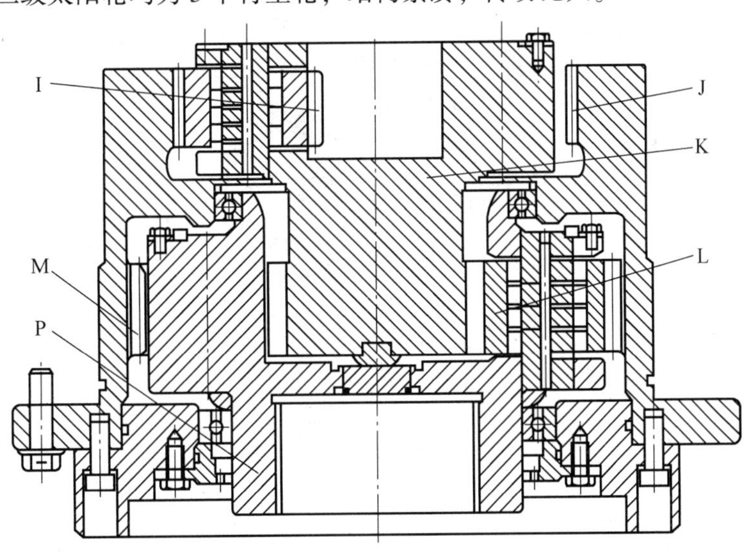

I、L—行星齿轮；J、M—内齿轮；K、P—行星齿轮架。

图 2-43　双行星减速器

第一级行星机构由 1 个太阳轮 H、3 个行星齿轮 I、双联内齿轮中的 1 个内齿轮 J、行星齿轮架 K 组成。其中太阳轮 H 和行星齿轮架 K 浮动。

第二级行星机构由 1 个太阳轮(即行星齿轮架 K)、5 个行星齿轮 L、双联内齿轮中的内齿轮 M、行星齿轮架 P 组成。行星齿轮架 P 两端分别安装有 2 个轴承，其中小轴承安装在内齿圈上，大轴承安装在轴承座上。

动力由第一级行星机构中的太阳轮 H 与安装在行星轮架 K 上的 3 个行星齿轮 I 相互啮合，3 个行星齿轮 I 又与双联内齿轮中的内齿轮 J 相啮合，因为内齿轮 J 固定在牵引传动箱箱体上，所以行星齿轮架 K 随之转动。行星齿轮架 K 一侧的齿轮同时作为第二级行星机构中的太阳轮，与安装在行星齿轮架 P 上的 5 个行星齿轮 L 相啮合，5 个行星齿轮 L 又与双联内齿轮中的内齿轮 M 相啮合，因为内齿轮 M 固定在牵引传动箱箱体上，所以行星齿轮架 P 随之转动。行星齿轮架 P 的主轴内花键通过外花键轴与外牵引中的驱动轮相互啮合，把从牵引电动机传来的动力传给驱动轮。

(四)制动器

制动器如图 2-44 所示。摩擦式制动器安装在牵引传动箱的采煤侧，位于箱体的传动中心线上，与太阳轮中装配的齿轮 G 相啮合。当采煤机断电停车或阀组停止向其供压力液时，碟形弹簧 7 恢复原状推动活塞 6 移动，通过压力板 12 将内外离合器板 15 压紧。内外离合器板通过花键与轴套 14 连接，轴套通过花键与轴齿轮 18 连接。当采煤机断电停车或阀组停止向其供液时制动器起作用，内外离合器板上产生的摩擦力阻止轴齿轮转动，从而销轨轮停止转动，采煤机不牵引，保证了采煤机的安全。

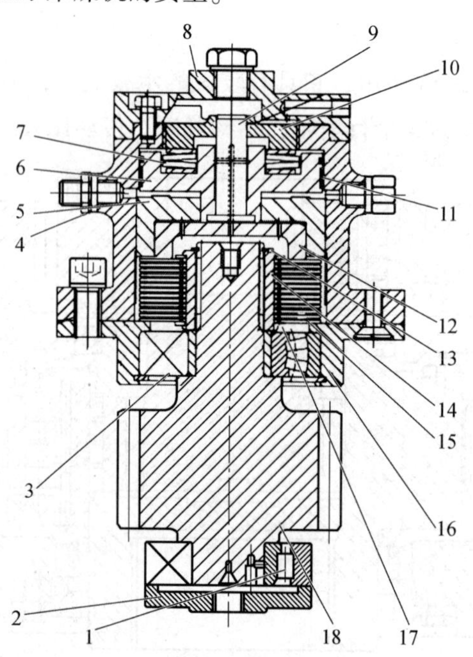

1—轴承；2—拔盖；3—轴承；4—接头；5—挡板；6—活塞；7—碟形弹簧；
8—止动板；9—销；10—端盖；11—支承环；12—压力板；13—挡圈；14—轴套；
15—内外离合器板；16—座盖；17—轴用卡环；18—轴齿轮。

图 2-44 制动器

采煤机牵引时，需要先松开制动器。当按下“牵电”按钮的同时，刹车电磁阀得电，压力油通过接头 4 进入制动器腔室内，压缩碟形弹簧，将内离合器板与外离合器板分离，此时轴齿轮即可随着太阳轮中装配的齿轮 G 转动，制动被解除。

(五)冷却系统

1. 牵引电动机的冷却

牵引电动机的冷却水口在采空侧电动机端盖处，其冷却方式与截割电动机相似，冷却水的流量不少于 2.1 m^3/h。为了保证电动机的水套不至于因水压过高而破裂，冷却水的压力应调定为不大于 2 MPa。

2. 牵引传动箱的冷却

在工作过程中，由于传动机构的高速转动及相互碰撞摩擦，牵引传动箱会产生大量的机械热量，必须对其进行冷却。在牵引传动箱的油箱的采煤侧的高速轴下方装有冷却器，冷却水经过冷却管后降低油箱的油温。冷却水的压力应调定为不大于 2 MPa。

(六)润滑系统

牵引传动箱的润滑系统如图 2-45 所示。牵引传动箱是从正面内齿圈上的注油口注入 N320 极压齿轮油，一般加注到油位计的刻线的 2/3 处即可。

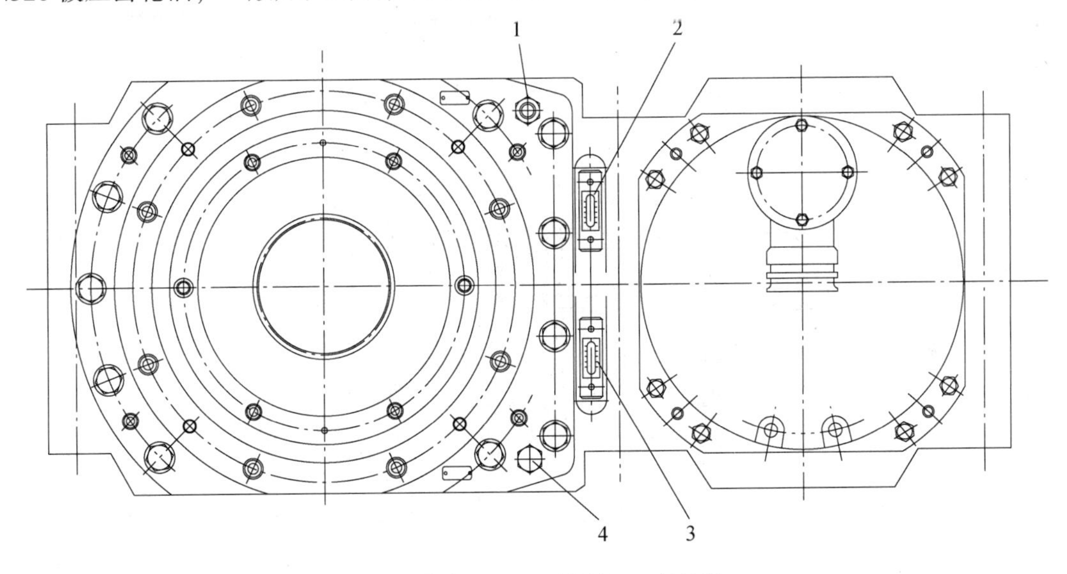

1—注油接头；2、3—油位计；4—放油塞。

图 2-45　牵引传动箱的润滑系统

四、附属装置

(一)破碎机

图 2-46 所示为 MG750/1800-WD 型电牵引采煤机配备的破碎机，图 2-47 所示为该破碎机的传动系统。安装在破碎机摇臂头部的电动机由电动机输出轴通过花键连接带动小齿轮轴 3，小齿轮轴 3 与齿轮 6 啮合带动齿轮 7，齿轮 6 与齿轮 7 均与花键轴 5 连接，齿轮 7 与通过定位销和螺钉与滚筒体连接的内齿圈啮合，从而将动力传递给滚筒，驱动滚筒旋转，从而进行破碎。

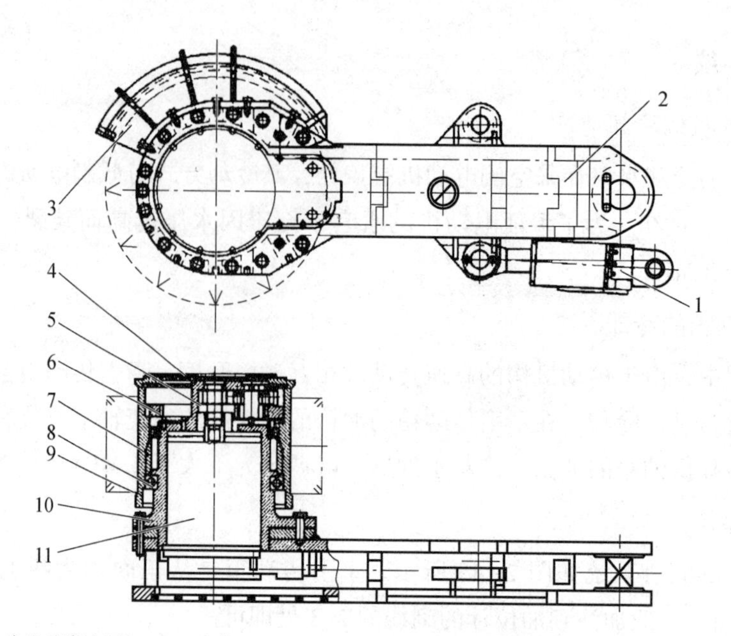

1—破碎机升降液压缸；2—壳体；3—护罩；4—滚筒末端盖板装置；5—齿轮箱；6—内齿圈；7—滚筒定位装置；8—滚筒；9—滚筒密封装置；10—轴承座；11—电动机。

图 2-46　MG750/1800-WD 型电牵引采煤机配备的破碎机

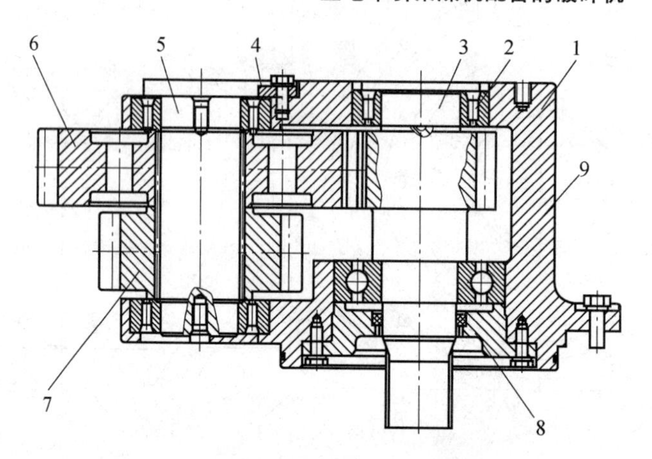

1—齿轮箱体；2、9—轴承；3—小齿轮轴；4—挡盖；5—花键轴；6、7—齿轮；8—旋转密封。

图 2-47　MG750/1800-WD 型电牵引采煤机配备的破碎机的传动系统

(二)调高液压缸

调高液压缸如图 2-48 所示，它是辅助液压系统的执行元件，它的伸长与收缩给摇臂的升降提供了动力，使摇臂在规定范围内上下摆动，并锁定在需要的位置，以满足采煤机采高和卧底量的要求。

调高液压缸由活塞杆、液压缸体、液控单向阀等组成。活塞杆与摇臂通过轴销连接，液压缸尾部缸座上的孔与主机架通过轴销相连接。

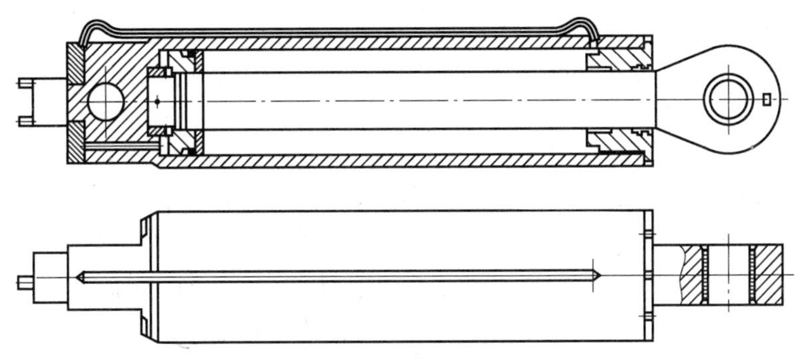

图 2-48　调高液压缸

(三)主机架

图 2-49 所示为主机架结构，其采空侧敞开，分为 4 个腔室，分别安装左右牵引部、泵站、控制箱。供水阀组与泵站安装在同一个腔室内。在主机架采煤侧及顶面设有窗口，以便螺栓连接、紧固，布设电缆、水管、油管，以及各部件的调整、维护等。

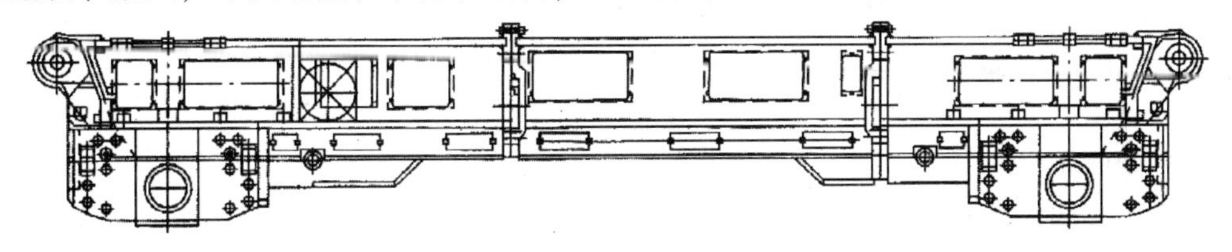

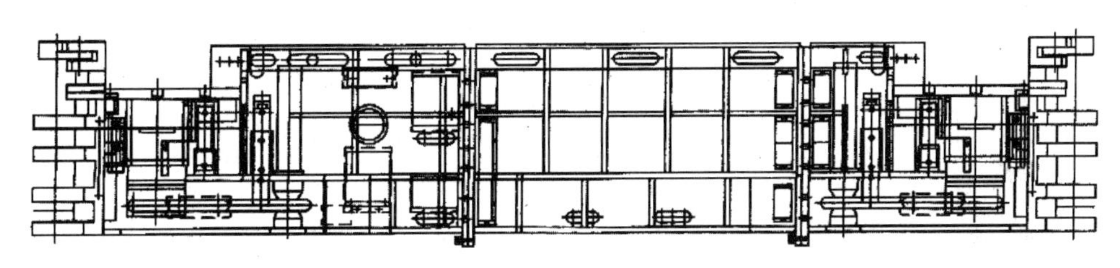

图 2-49　主机架结构

在主机架靠采煤侧两端装有支腿，采空侧两端装有外牵引装置，外牵引与主机架为定位盘定位，螺栓连接。支腿处装有平滑靴，外牵引处装有牵引轮及导向滑靴，与工作面输送机配合，实现采煤机的支撑、限位、导向及牵引。主机架的两端分别与左、右摇臂用销轴铰接，调高液压缸位于主机架下部采煤侧两端。

主机架为整体框架焊接结构，各部件均可方便地从采空侧单独装入或拆出，结构简单，强度大，刚性好。部件之间没有动力传递和连接，只有电缆、水管、油管等软连接，便于设备维护、检修。采煤机上的切割反力、牵引力，调高液压缸及破碎液压缸的支撑力，以及工作面输送机的支承、限位、导向的作用力均由主机架承受。

(四)喷雾冷却系统

喷雾冷却系统可以降低工作面粉尘含量，改善工人的工作条件，冷却截割电动机、牵引电动机、泵站电动机、破碎电动机、截割部、牵引部、泵站油箱和电气控制箱，当用于外喷雾时，可以冲淡瓦斯，湿润煤层，其结构如图 2-50 所示。

喷雾冷却系统主要由反冲洗过滤器组件、总流量/压力表组件、高压节流阀组件、减压阀组件、低压节流阀组件、排水组件、接头、软管、喷水块等组成。

来自喷雾泵站的水通过反冲洗过滤器的进水口进入采煤机，要求进水压力 6~7 MPa，流量 360 L/min，进入反冲洗过滤器组件的水经过滤后进入流量/压力表组件，进入高压节流阀组件后分 3 路，各水路的水量可调节。第一路经过节流阀进入左滚筒和左喷水块，用于左滚筒的内喷雾和左喷水块上的 3 个强力文丘里喷嘴；第二路经过节流阀进入右滚筒和右喷水块，用于右滚筒的内喷雾和右喷水块上的 3 个强力文丘里喷嘴；第三路经过节流阀进入减压阀组件后经减压进入低压节流阀组件，经低压节流阀组件后再分为水量可调节的 6 路冷却水路。

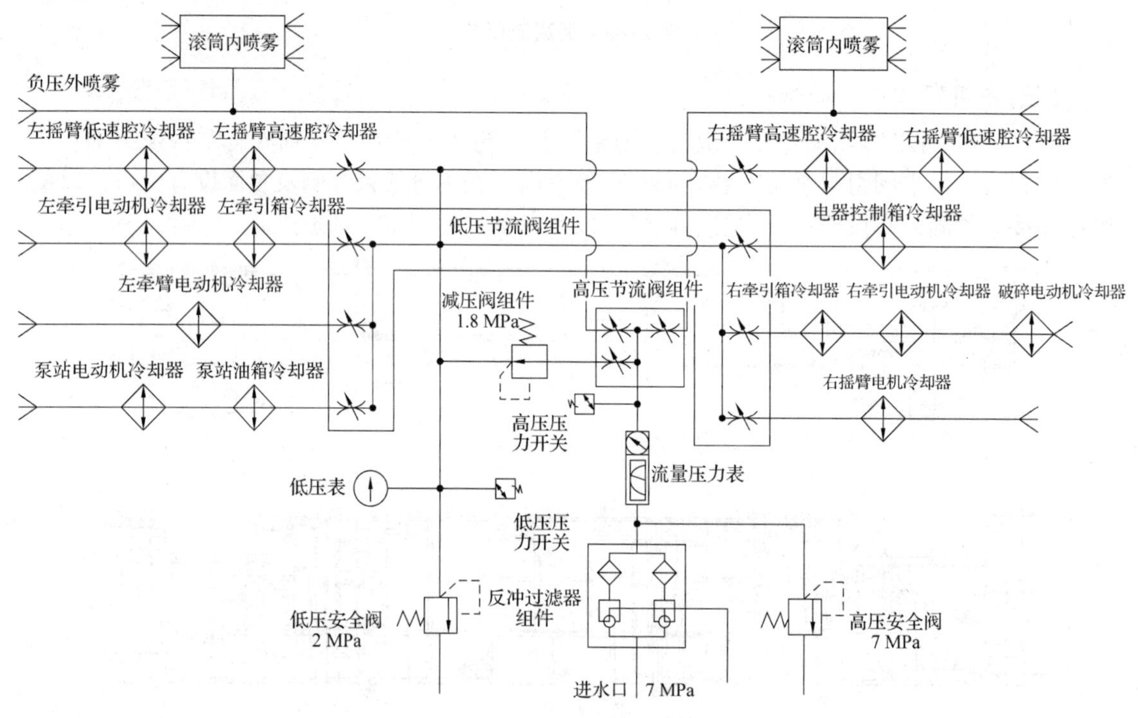

图 2-50 喷雾冷却系统结构

第六节 连续采煤机

房柱式采煤方法广泛应用于美国、加拿大、澳大利亚、印度、南非等国的煤矿开采。在我国，随着煤矿开采强度的不断加大，很多矿井存有大量的不规则块段、残采区以及“三下(建筑物下、铁路下、水体下)”压煤等资源，这些煤炭资源的开采是目前亟待解决的问题，而连续采煤机机械化开采作为一种先进的成熟采煤技术得以引进，取得了良好成效。连续采煤机(见图 2-51)是房柱式采煤法使用的主要回采设备，在结构上类似于巷道掘进机，它具有截割、装载、转载、调动行走和喷雾防尘等功能。

图 2-51　连续采煤机

连采成套设备(见图 2-52)以连续采煤机为主体，配套设备包括连续运输系统或梭车(在局部条件适宜的地区，也可配套采用其他柴油轮式运输设备)、履带行走支架和锚杆钻车等。连续采煤机可实现的截割厚度范围为 1.3~5.5 m，梭车运输能力可达到 15 t，并实现分体下井运输，配套锚杆钻车后，支护能力可以从两臂发展到十臂。

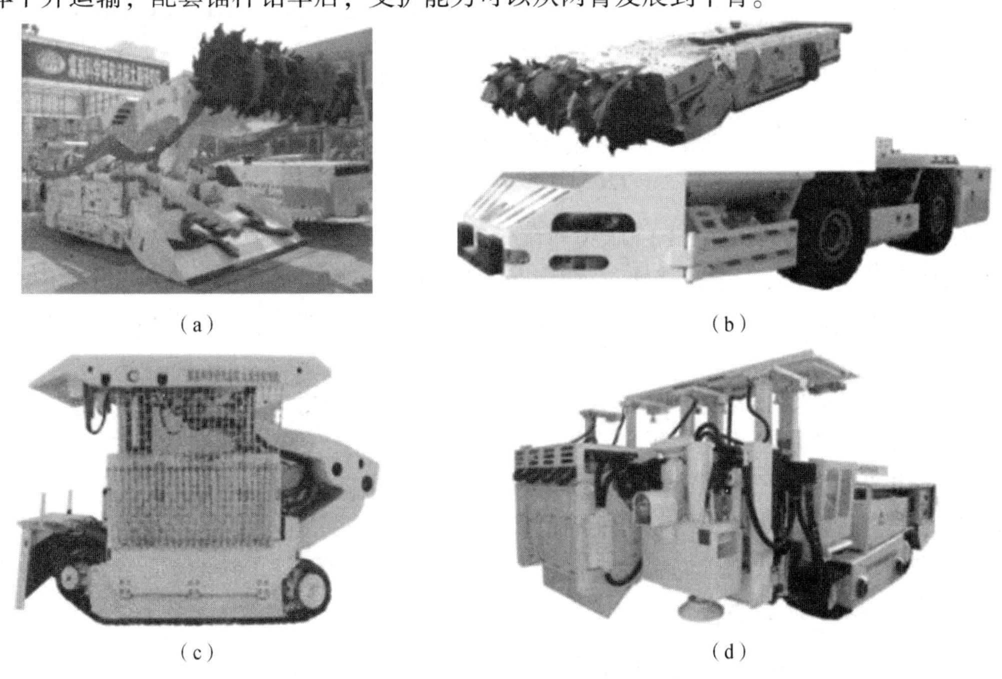

图 2-52　连采成套设备

(a)连续采煤机；(b)梭车；(c)履带行走支架；(d)锚杆钻车

我国目前使用的连续采煤机多为横滚筒式，均采用多电动机(2~7 台)驱动，总装机功率为 177~515 kW，截割部功率为 150~450 kW，滚筒直径为 800~1 500 mm，可以适应不同硬度和带有部分软岩的煤层。

不同系列的连续采煤机的结构虽然有所区别，但其基本特点是一致的。美国 JOY 公司生产的 12CM15 型连续采煤机的主要结构如图 2-53 所示，它是一种具有完全遥控功能的高产量连续采煤机，适用于中厚煤层。该机截割滚筒直径为 1 120 mm，截割宽度为 3 300 mm，最大截割高度为 3 685 mm，有 1 台宽 760 mm、运行速度为 2. 41 m/s、配有离心式装载拨盘的输送机。

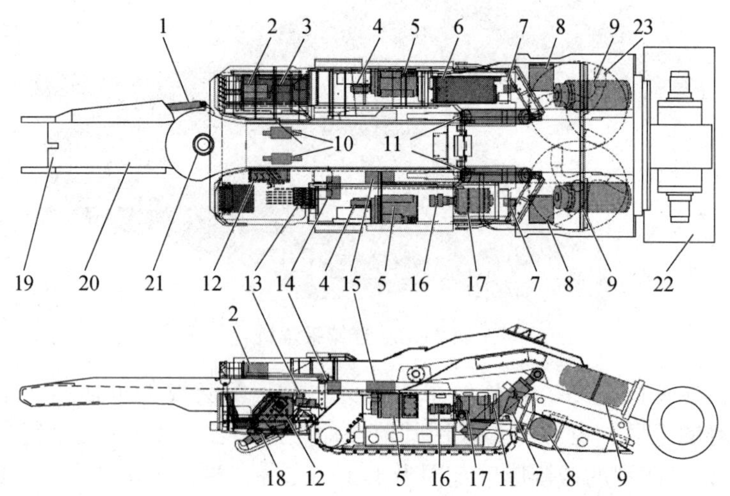

1—输送机摆动液压缸；2—集尘风机电动机；3—行走控制箱；4—行走制动器；5—行走电动机；6—截割控制箱；7—装载升降液压缸；8—装运电动机；9—截割电动机；10—输送机升降液压缸；11—截割臂升降液压缸；12—操作台；13—液压控制阀组；14—VDU 显示器；15—JNA 显示器；16—液压泵；17—液压泵电动机；18—稳定靴液压缸；19—输送机尾部链轮；20—刮板输送机；21—输送机回转轴；22—截割滚筒；23—装载耙爪。

图 2-53　12CM15 型连续采煤机的主要结构

12CM15 型连续采煤机有 2 台 170 kW 带限矩器保护的交流电动机，提供截割动力，截割电动机与截割臂中心线平行安装，均通过内置扭矩轴与齿轮箱的齿轮相接；还有 2 台 45 kW 的装运电动机，2 台 37 kW 的行走电动机，1 台 40 kW 油泵电动机，1 台 19 kW 集尘风机电动机。

12CM15 型连续采煤机主要由装运机构、行走机构、截割机构、液压系统、电气系统等组成。装运机构主要由装运电动机、装载耙爪、刮板输送机、输送机升降液压缸、输送机摆动液压缸等组成。装载耙爪将滚筒截割下的煤炭扒到刮板输送机上，刮板输送机再将煤炭装到运煤梭车上。行走机构主要由行走电动机、行走控制箱、行走制动器等组成。实现采煤机的行走、转向等动作。截割机构主要由截割电动机、截割控制箱、截割滚筒、截割臂升降液压缸等组成，实现破煤和落煤。

一、多电动机驱动，模块式布置

连续采煤机都采用多电动机分别驱动截割、装运、行走、冷却喷雾除尘及液压系统等，简化了传动系统，电动机多达 6~8 台。在总体布置上，将各机构的电动机、减速器及其控制装置全部安设在机架外侧，便于维护检修。设计上将工作机构及其驱动系统分开，构成简单、独立的模块式组合件，便于拆运、安装、维护及故障处理，从而达到缩短停机时间、减少维护、提高运行可靠性的目的。

二、横轴式滚筒，强力截割机构

连续采煤机一般采用横轴式滚筒截割机构，滚筒宽度大，截割煤体面积宽，落煤能力强，生产能力大，这是其区别于一般纵轴式部分断面掘进机的主要特点。

连续采煤机的截割滚筒上装有按螺旋线布置的齿座和锥形截齿，左、右截割滚筒分别由两台交流电动机经各自的减速器减速后同步驱动。电动机、减速器和截割滚筒安装在截割臂上，截割臂铰接在连续采煤机机架上并由两个升降液压缸驱动实现上下摆动，滚筒截割落煤。

由于水平布置截割滚筒宽度一般在 3 m 左右，为此将其分成左右外侧及中间 3 段。左右外侧滚筒由里向外，越靠近端盘截齿密度越大。截齿排列方式一般按相反的螺旋线方向布置，目的是使截落的煤向滚筒的中间段推移，以便直接落入滚筒下方的装载机构。连续采煤机三段滚筒的轴线多数采用水平直线布置方式，少数采用水平折线布置方式，左右外侧段的轴线与中间段轴线呈一夹角，使其呈倾斜截割煤体，其目的是保证三段滚筒截割煤体时不留煤芯或煤柱。

截割机构性能的好坏直接影响连续采煤机的生产能力、采掘速度和效率。目前，连续采煤机的装机总功率已增长到 723 kW，一般为 300~500 kW。装机总功率以截割电动机容量的增长最快，占装机总容量的 70%，最大可达 520 kW。新型连续采煤机已具备截割坚硬煤层的能力，正向提高截割效率、增大截割能力的强力截割方向发展。

三、侧式装载刮板输送机构

连续采煤机的装运机构由侧式装载机构、装煤铲板、刮板输送机及驱动装置组成。工作时，侧式装载机构在装煤铲板上收集从滚筒截落的煤，再经刮板输送机转载至连续采煤机后卸载。

侧式装载机构采用侧向取料连续装载方式，有链杆耙爪和圆盘耙杆两种。链杆耙爪或圆盘耙杆布置在装煤铲板两侧，形成左右装载机构，取料装载面宽，机构高度小，底部易清洁，动作连续，生产率高，适于配合横置滚筒宽面割煤工作。耙爪式装载机构是一种四连杆机构，耙集运动轨迹为一对对称倒腰形曲线，装煤效率较高；但其动负荷较大，铰接部位润滑条件差，易磨损。圆盘式装载机构的运动轨迹为一对圆形曲线，结构简单，工作平稳，但耙集范围较小。

装煤铲板配合侧式装载机构承接截落的煤，并将其装入刮板输送机，完成装运作业。装煤铲板倾斜放置在巷道底板上，后端与采煤机机架底座铰接，在两个液压缸作用下，可绕铰接点上下摆动，以适应装载条件变化和行走时底板的起伏。

刮板输送机机头部分别与装煤铲板铰接，机尾部分别在两个升降液压缸和一个摆动液压缸作用下实现上下升降和左右摆动，以调整机后卸载时的高度和左右位置。刮板传动多采用套筒滚子链，套筒滚子链与刮板采用十字形接头连接，以适应输送机机尾水平摆动的需要。在连续采煤机机身后部刮板输送机下方，装设有增加连续采煤机截割时整机稳定性的稳定靴，在液压缸的作用下支撑在巷道底板上。连续采煤机行走时，稳定靴抬起。

驱动装置由两台交流电动机经各自的减速器减速后分别驱动左右两侧装载机构，然后经同步轴驱动运输机构。

四、履带行走机构

连续采煤机采煤作业时调动比较频繁，截割滚筒的截割阻力较大，要求行走机构既要有较好的灵活性，又要有较大的稳定性，因此连续采煤机普遍采用电牵引履带行走机构。

电牵引履带行走机构由两套直流电动机、可控硅整流器、减速器和履带机构等组成。两套机构各自独立并分别驱动左、右两条履带。交流电源由机器的配电箱供给，经可控硅整流器整流，利用整流后输出电压的高低控制直流电动机的转速，再经减速器减速后使履带得到不同的行走速度。

在行走直流电动机与截割滚筒交流电动机之间装有闭环自动控制系统，由截割滚筒电动机负载的大小自动反馈控制行走直流电动机，以获得适用于不同硬度煤层条件下最佳的截割效果。

履带由行星齿轮输出轴的链轮驱动，由导向轮导向。履带板为铸造整体结构，面对底板侧铸有凸筋，以增加履带对巷道的附着力。履带行走机构通常利用装在行走电动机与减速器之间传动轴上的液压盘式制动器制动，以保证采煤机在上山截割时或在陡坡上电源中断时能够将机器制动住，防止下滑。

五、液压系统

连续采煤机的液压系统普遍为泵-缸开式系统。液压泵多为双联齿轮泵，由 1 台交流电动驱动。液压缸是实现截割臂、装煤铲板、刮板输送机稳定靴的升降或水平摆动以及行走履带制动闸动作的执行机构。控制方式有手动控制和电磁阀控制两种。

连续采煤机供水系统主要用于冷却液压油、电动机外壳、可控硅整流器、内外喷雾，湿式除尘和灭火，对供水的水质、流量和压力有较高的要求，系统比较复杂。

12CM15 型连续采煤机用水冷却电动机在截割过程中降尘，供水压力不低于 2 MPa，流量不低于 150 L/min。12CM15 型连续采煤机主溢流阀为液压系统提供安全保护，为液压元件提供安全保护，在达到预设定的压力值时，主溢流阀将打开，释放过高的压力。主溢流阀的压力设定值为 16.55~17.24 MPa。

六、电气系统

连续采煤机电气系统比较复杂，系统功能较多，系统的监控和保护比较完善。在动力部分，除行走部用低压水冷直流串激电动机外，截割、装运、液压泵以及除尘器风机的驱动均为高压水冷式三相交流电动机，主电路有可靠的过载、漏电和短路保护。

12CM15 型连续采煤机行走电动机的控制采用“双组 6 晶闸管系统Ⅱ型”。为了提高操作控制的灵敏性和机动性，以单片机为基础，用于左右两侧行走电动机电路的触发器，为机器直线行走提供对称的电压、线性度和反馈响应功能。触发器装在左整流器上，每个整流器与机器控制装置之间采用一种电缆插头连接，为了进行故障检查，可以交换两个整流器插头。采用一个固定变比的电流互感器作为反馈装置，它在有电流通过截割电动机时，向触发器发出信号，对正在运行的截割电动机进行控制。它有 1 个开关盒，装有 2 个回转开关，能单独调节最大掏槽速度和截割机构反馈两个参数，以适应采掘工况。此开关盒位于机器左后方的行走电控箱内。

12CM15 型连续采煤机配有 1 台 PLC。PLC 装于不锈钢保护盒内，由中央处理器(Central Processing Unit，CPU)、电源、数字模板、分析输出模板和数字输出模板组成。PLC 为机器的所有电路提供软件控制，并驱动触发器。PLC 还监测开关位置，提供所有机器诊断的软件控制。

电路控制硬件由主控箱、断路器箱、行走控制箱、截割控制器箱和4个分开的防爆箱组成。主控箱内装有机器控制开关和指示灯，位于驾驶室内；断路器箱装在主控开关的下方，把拖曳电缆与1CB主断路连接起来；行走控制箱装在机器左后方，它包括行走电动机真空接触器、风机电动机真空接触器、过载保护热继电器、PLC控制器、3CB和8CB断路器、牵引变压器和控制变压器、牵引电动机SCR模块和过载保护元件；截割控制器箱位于机器左前方，它包括截割电动机真空接触器、输送机和装载电动机真空接触器、输送机和截割电动机计时器及2CB断路器。

第七节　刨煤机

刨煤机是一种外牵引的浅截式采煤机，采用刨削的方式落煤，并通过煤刨的犁面将煤装入工作面刮板输送机。刨煤机截深较浅，牵引速度大，与刮板输送机组成一套具备落煤、装煤和运煤的机组，刨煤机组沿工作面全长布置。

刨煤机根据刨刀对煤作用力的性质可以分为静力刨煤机和动力刨煤机两种。静力刨煤机的煤刨结构简单，依靠锚链的牵引力落煤与装煤，煤越硬或刨深越大，要求牵引力越大，锚链的强度也越高。为了采硬煤，要求小的牵引力，因此出现了动力刨煤机。动力刨煤机煤刨带有使刨刀产生冲击或震动的驱动装置，以提高煤刨破碎硬煤的能力，但是煤刨结构复杂、能源输送困难。

一、刨煤机组成

刨煤机由刨煤部、输送部、液压推进系统、喷雾系统、电气系统和辅助装置等组成。

刨煤部是刨削煤壁进行破煤和装煤的刨煤机部件，由刨头驱动装置、刨头、刨链和辅助装置组成。刨头驱动装置由电动机、液力耦合器、减速器等组成。电动机有单速和双速之分，双速电动机使用在刨头高速运行、需要慢速启动和停止的刨煤机上。液力耦合器安装在电动机和减速器之间，使机头和机尾电动机的负载趋于均匀，改善启动性能，吸收冲击和振动，起到过载保护作用。减速器有展开式和行星式两种：展开式减速器常用于平行布置，行星式减速器则用于垂直布置。刨头由刨体和装有各种刨刀的旋转刀架组成，用于刨落煤层。刨链由矿用圆环链、接链环和转链环组成，用来牵引刨头。辅助装置有导链架、过载保护装置和缓冲器等。导链架用于刨链的导向，使形成闭环的上链和下链分别位于导链架的上、下链槽内，以免外露伤人和互相干涉。过载保护装置设在刨煤部传动系统内，能在过载时自动使外载荷释放，以免零部件遭受损坏。缓冲器装在刨煤机的两端，是刨头越程时吸收冲击能量的装置。

输送部是将刨头破落下来的煤运出工作面的刨煤机部件，由两套驱动装置、机架、过渡槽、中部槽、连接槽和刮板链等组成。机架的一侧安装刨头驱动装置，另一侧安装输送部驱动装置，组成刨煤机的机头和机尾。刨头驱动装置在机架上的安装方式有固定式和滑槽式两种，滑槽式是在机架侧有滑槽，刨头驱动装置可在机架上滑移并借助液压缸将刨链拉紧。

液压推进系统主要包括乳化液泵站、推进液压缸、阀组、管路和支撑柱等。在高档普采工作面，当刨头通过后逐段推进刨煤机，使刨头在下一个行程获得新的刨削深度，同时承受煤壁对刨头的反作用力。综采工作面由液压支架的推移系统实现刨煤机的推进，不再需要单独的液压推进系统。

喷雾系统沿工作面安装，能适时喷出水雾进行降尘，主要包括喷雾泵、控制阀组、喷嘴等零部件。

电气系统主要包括集中控制箱、真空双回路磁力启动器、可逆真空磁力启动器等。

辅助装置主要包括防滑装置、刨头调向装置和紧链装置。防滑装置是刨煤机用于倾斜煤层时，为防止在刨头上行刨煤时出现整机下滑现象而设置的。刨头调向装置是在刨煤机刨煤过程中出现上飘或下扎现象时，为调整刨头向煤壁前倾或后仰而设置的。紧链装置用于刨煤机的紧链，刨煤部的刨链和输送部刮板链都需要有一定的预紧力才能保证正常工作，预紧力可以通过操作紧链器来获得。

二、刨煤机工作原理

刨煤机结构如图 2-54 所示，其工作原理如下：由设在刮板输送机 5 两端的刨头驱动装置 4，使两端固定在刨头 6 上的刨链 1 运行，拖动刨头在工作面往返移动。刨头利用刨刀从煤壁落煤，同时利用犁面把刨落的煤装入刮板输送机，输送机驱动装置带动刮板链将煤运出工作面。推移液压缸 3 向煤壁推移刮板输送机和刨头。

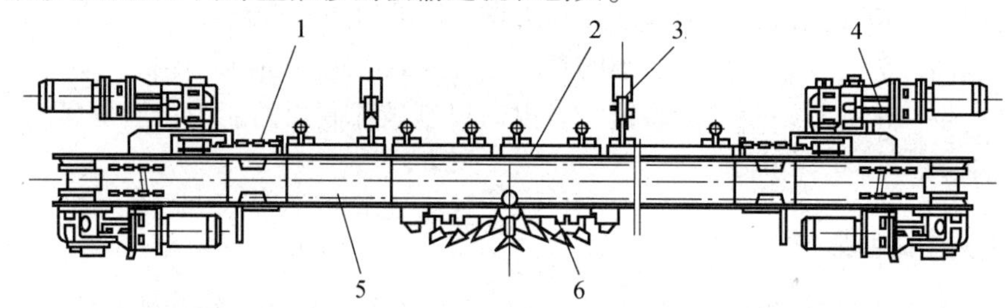

1—刨链；2—导链架；3—推移液压缸；4—刨头驱动装置；5—刮板输送机；6—刨头。

图 2-54　刨煤机结构

在刮板输送机两端设有防滑梁，输送机机头和机尾槽底面上的弧形铁支在防滑梁上侧，用支柱把防滑梁锚固，就可以防止刨煤机下滑。工作面推进一段距离后，把机头和机尾槽用支柱锚固就可以推移防滑梁。

三、刨煤机参数

(一)生产率

刨头生产率 Q_B 可按下式计算：

$$Q_B = 3\,600 H h v_B \rho \qquad (2-12)$$

式中，H——截割高度(m)；

h——截深(m)；

v_B——刨头运行速度(m/s)；

ρ——煤(岩)的实体密度(t/m^3)。

(二)刨速和链速

刨速和链速是决定刨煤机生产率及装载量的重要参数。实际采用的刨速为 0.4~2.0 m/s。

按刨削速度与刮板链速度之间的关系，刨煤方法可以分为普通刨煤法和超速刨煤法。

1. 普通刨煤法

刨速小于链速（$v_B<v_S$）的刨煤法称为普通刨煤法。其特点是输送机上某一点在刨头往返运行中只能装载一次。为使刨头下行刨煤时输送机不致超载太多，上行时不致欠载太多，一般取比值 $v_S/v_B\approx2$。

2. 超速刨煤法

刨速大于链速（$v_B>v_S$）的刨煤法称为超速刨煤法。这种刨煤法可实现重复装煤，即输送机上某一点在刨头往返运行中可以装载两次，甚至三次。若合理选择截深和速度比，就可以使输送机均匀满载，提高产量。

（三）刨头高度

为了适应不同截高，刨头上设有加高块。刨头高度应小于最小煤层厚度，应留有 250～400 mm 的余量，以便刨头顺利工作。

（四）定量推进和定压推进

定量推进和定压推进是对液压装置整体而言，选择依据主要是煤层的硬度。定量推进是根据煤的硬度确定一次推进度，可以自动推进也可由人工操作。人工控制易保持工作面平直，利于刨煤机运行，但效率低。定压推进是根据煤层条件计算出刨头所需的推进力，再根据推进力计算推进系统液压泵站的压力和千斤顶的推力。定压推进为自动推进，有利于提高刨煤机的产量，可为工作面自动化创造条件。

（五）刨链尺寸和刨头功率

刨链的牵引力包括刨削阻力、装煤力、摩擦阻力等，精确计算刨链尺寸和刨头功率比较困难，可凭经验选取。用于极薄煤层拖钩刨煤机的刨链用 ϕ 22×86 或 ϕ 26×92 矿用圆环链，功率为 80～200 kW；用于薄煤层滑行刨煤机的刨链用 ϕ 26×92 或 ϕ 30×108 矿用圆环链，功率为 200～320 kW；用于中厚煤层滑行刨煤机的刨链用 ϕ 30×108 或 ϕ 34×126 矿用圆环链，功率为 260～800 kW。

习题2

1. 采煤机械有哪些类型？
2. 滚筒采煤机主要由哪几部分组成？各部分的作用是什么？
3. 综合机械化采煤工作面的配套设备有哪些？采煤工艺过程是怎样的？
4. 机械化采煤工作面常用的自开切口方法有哪些？试说明采煤工作面中部斜切进刀法的步骤。
5. 常用的煤岩物理机械性质有哪些？
6. 试用密实核理论解释截齿在截割过程中载荷的变化规律。
7. 截割阻抗的意义是什么？怎样测定？
8. 采煤机械的截齿可以怎样分类？其安装方式有什么不同？
9. 截割比能耗的意义是什么？试分析降低截割比能耗的途径。
10. 简述电牵引采煤机的工作原理和优缺点。

11. 滚筒采煤机采用横向多电动机驱动的优点是什么？
12. 采煤机截割部常用的传动方式有哪几种？
13. 采煤机截割部传动系统有何特点？
14. 简述螺旋滚筒的主要结构和参数。其转向和旋向有何要求？
15. 确定螺旋滚筒直径和宽度的主要依据是什么？
16. 常见的螺旋叶片截齿配置方式有哪几种？
17. 影响螺旋滚筒装载性能的因素有哪些？
18. 滚筒端盘上截齿配置的要求是什么？
19. 滚筒与滚筒轴的连接方式有哪些？
20. 采煤机的无链行走机构有哪些类型？各有什么特点？
21. 采煤机设置降尘装置的作用是什么？
22. 采煤机常用防滑装置有哪些？
23. 试分析 MG750/1800-WD 型电牵引采煤机截割部结构。
24. MG750/1800-WD 型电牵引采煤机主要包括哪些辅助装置？
25. 简述连续采煤机的结构组成及其特点。
26. 刨煤机与滚筒采煤机相比有何优缺点？

第三章 采煤工作面支护设备

第一节 概 述

一、支护设备的用途和种类

采煤工作面支护设备用于支撑工作面顶板、阻挡顶板垮落的岩石掉入作业空间，保证工作面内机器和人员安全。

采煤工作面使用的支护设备主要有单体液压支柱和液压支架，与采煤机和工作面输送机分别组成高档普采和综采设备。

单体液压支柱与铰接顶梁配套使用，单体液压支柱使用高压液体进行升柱和支撑，减轻了工人的劳动强度，增强了工作面的安全性，使工作面的产量和效率有了一定的提高。

液压支架是以高压液体为动力，由金属构件和若干液压元件组成。液压支架的支撑、切顶、拉架和推移输送机等工序全部实现了机械化，改善了采煤工作面的工作条件、降低了工人的劳动强度，提高了工作面安全性、产量和效率，为实现工作面自动化创造了条件。

二、采煤工作面围岩

采煤工作面的围岩包括煤层顶板和底板，不同赋存条件的煤层具有不同的顶、底板岩层。为有效进行工作面顶板的控制，需要研究采煤工作面围岩的关系，把顶、底板岩石根据其不同特征进行分类，针对不同类型的顶、底板特点，采取不同的控制方法，选用不同类型的液压支架。

(一) 顶、底板的组成

采场围岩的顶、底板按照它和煤层的相对位置及其特征，可分为伪顶、直接顶、基本顶、直接底、基本底等。它们的机械性质和运动特征对工作面支护设备选型和支护参数选择至关重要。

1. 伪顶

伪顶直接位于煤层上方，是极易垮落的一层岩石，经常随采随垮。伪顶通常由炭质页岩和泥质页岩组成，有的是薄分层的砂质页岩，厚度一般为 0.2～0.4 m，最大厚度可达 1 m。

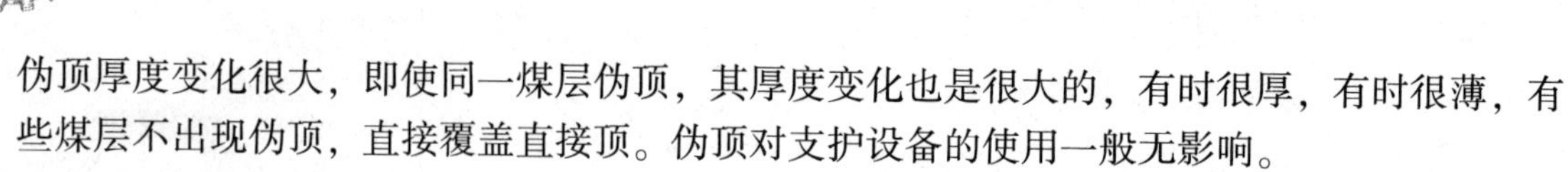

伪顶厚度变化很大，即使同一煤层伪顶，其厚度变化也是很大的，有时很厚，有时很薄，有些煤层不出现伪顶，直接覆盖直接顶。伪顶对支护设备的使用一般无影响。

2. 直接顶

直接顶是指位于伪顶或直接位于煤层（无伪顶）上方的一层或几层岩层，厚度为几米至十几米不等。我国多数矿区煤层的直接顶为泥质页岩、页岩、砂质页岩等较易垮落的岩层，一般随回柱或移架能较快地自由冒落。但有时砂质页岩的顶板回柱后在采空区也可能出现范围不大的悬顶，需要及时采取措施，加强管理，防止在回柱中推倒支架。直接顶下部的1.5~2.0 m厚的岩层称为直接顶的下位岩层，其稳定性对支护方式及支架类型选择有决定性的影响。

3. 基本顶

基本顶是指位于直接顶之上厚面坚实、节理裂隙和层理都不发育的整体岩层，通常由砂岩、厚层石灰岩或砂砾岩等构成。基本顶要在工作面向前推进一定距离、暴露一定面积后才垮落一次。基本顶来压垮落前的工作面压力显现强烈，支架受力加大，基本顶活动强烈与否和直接顶有密切关系。直接顶厚度大，采空区充填好，一般不会垮落，只出现一些弯曲下沉，对工作面影响不大。基本顶常能在采空区维持很大悬露面积而不随直接顶一起垮落，其垮落步距的长短对支护设备的载荷大小有决定性影响。

4. 直接底

直接位于煤层下面的岩层称为直接底。有的直接底常发生底板鼓起或滑帮现象，当直接底岩石不够坚硬时，支架易压入底板。直接底一般由页岩、砂页岩等组成，其抗压强度大小对支护设备的底座与底板的接触比压值有严格限制。

5. 基本底

位于直接底下面的岩层叫作基本底，采煤工作面的围岩在煤层采动后，因顶板出现变形断裂和垮落、煤体被压松和发生片帮、支护设备的载荷增大和底板鼓起等原因，易引起矿山压力显现。采煤工作面顶板和矿压显现如图3-1所示。

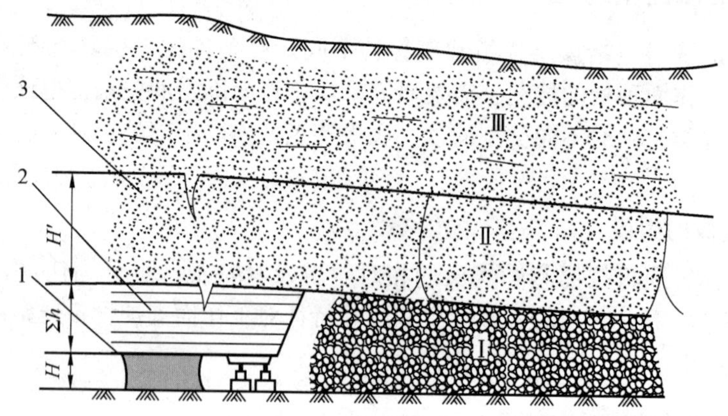

1—煤层；2—直接顶；3—基本顶；Ⅰ—垮落带；Ⅱ—裂隙带；Ⅲ—弯曲下沉带。

图3-1　采煤工作面顶板和矿压显现

(二)顶、底板稳定性特征及分类

1. 直接顶稳定性划分

直接顶是工作面支架首要的支护对象，对直接顶的稳定性评价是支架结构和支护参数选择的首要依据。我国将缓倾斜煤层回采工作面的直接顶分为以下 4 类。

1) 不稳定顶板

不稳定顶板俗称破碎顶板。这种顶板的直接顶基本上是松软易垮落的泥质页岩层，节理裂隙发达，容易破碎。爆破或割煤后悬露面积大的顶板时间不长就要垮落，必须进行及时支护和护帮。支护设备撤除后顶板立即垮落，采空区不留悬顶。

2) 中等稳定顶板

中等稳定顶板的直接顶基本上是中等强度的砂质页岩和强度较大的砂砾岩，下部直接顶的强度较高，局部较完整，有大量不发达的节理裂隙，层数不多，分层厚度不大。工作面向前推进后，顶板并不会立刻垮落。在推进一定距离后，无支护的顶板才会垮落。

3) 稳定顶板

稳定顶板即完整顶板，不易发生局部跨落。砂岩顶板、坚硬的砂质页岩顶板属于这一类顶板。

4) 坚硬顶板

坚硬顶板的直接顶为厚层的硬砂岩或砂砾岩，顶板完整无裂隙。支护设备撤除后，顶板能大面积悬露不垮落，甚至可以达到几千或几万平方米不垮落。一旦垮落，工作面和周围巷道会产生狂风，造成巨大破坏。

2. 基本顶分类

基本顶位于直接顶之上，是抗弯刚度较大、较难垮落的岩层或岩层组合，其运动特征对于综采工作面支架设计和选型有重要意义。基本顶断裂对工作面压力显现的影响程度取决于以下几个方面。

(1) 基本顶初次或周期来压步距。它是基本顶厚度、抗拉或抗压强度及被裂隙弱化程度的综合反映。

(2) 直接顶垮落后的充填程度。通常用直接顶厚度与截高的比值表示。

(3) 截高。在直接顶厚度一定的情况下，截高越大，矿压显现越强烈。

基本顶的级别可以根据基本顶来压强度分级来划分。基本顶来压强度分级取决于垮落带岩石对采空区充满程度 N(直接顶厚度 Σh 与采高 M 的比值)和基本顶来压步距 L，如表 3-1 所示。

表 3-1 基本顶来压强度分级

分级	Ⅰ	Ⅱ	Ⅲ	Ⅳ
基本顶来压显现	不明显	明显	强烈	极强烈
指标	$N>3\sim5$	$0.3<N\leqslant3\sim5$，$L=25\sim50$ m	$0.3<N\leqslant3\sim5$，$L>50$ m；$N\leqslant0.3$，$L=25\sim50$ m	$N\leqslant0.3$，$L>50$ m

当 $N>3\sim5$ 时，基本顶的垮落或错动对工作面支架受力无多大影响，为无周期来压或周期来压不明显的顶板。

当 $0.3<N\leqslant3\sim5$，且 $L=25\sim50$ m 时，基本顶的悬露与垮落都将对工作面支架有轻微影

响，称为周期来压明显的顶板。

当 $0.3<N\leq 3\sim 5$，且 $L>50$ m 或 $N\leq 0.3$，且 $L=25\sim 50$ m 时，基本顶的悬露与垮落都将对工作面支架有严重影响，称为周期来压严重的顶板。

当 $N\leq 0.3$，且 $L>50$ m 时，由于基本顶特别坚硬，因而常能在采空区悬露上万平方米而不垮落。当其垮落时，则在工作面形成剧烈的矿山压力显现，从而要求采取特殊措施加以控制。

3. 采煤工作面底板分类

为便于进行底板控制的优化设计，需对底板进行分类。底板分类的基本原则是以实测的底板允许极限载荷作为基本指标、底板压入刚度作为辅助指标对工作面底板进行分类，以此作为支架选型和围岩可控性分类的基本依据，避免支架或支柱在相应类别工作面出现压入现象。

第二节　液压支架的组成和工作原理

液压支架在工作过程中不仅要可靠地支撑顶板，维护一定的安全工作空间，而且要随工作面的推进进行拉架和推移输送机。因此，液压支架要实现升架、降架、推移输送机和移架4个基本动作。这些动作是利用乳化液泵站提供的高压乳化液，通过液压控制系统控制不同功能的液压缸来实现的。每架支架的进、回液管路都与连接泵站的工作面主供液管路和主回液管路并联，全工作面的支架共用一个集中的泵站作为液压动力源。工作面的每架支架形成各自独立的液压系统。

一、液压支架组成

液压支架主要由顶梁、立柱、掩护梁、底座、推移装置、阀件、管路系统、连接部件及各种附属装置组成，其外形如图 3-2 所示。综合各种类型的液压支架，它的组成可归纳为承载结构件、动力液压缸、控制操纵元件及辅助装置 4 部分。

图 3-2　液压支架外形

1. 承载结构件

承载结构件包括顶梁、掩护梁和底座。直接与顶板接触，并承受顶板载荷的支架部件叫作顶梁。阻挡采空区垮落矸石涌入工作面空间，并承受垮落矸石载荷以及顶板水平推力的支架部件称为掩护梁。底座是直接和底板相接触，传递顶板压力到底板的承压部件。

2. 动力液压缸

动力液压缸包括立柱和各种千斤顶。支撑在顶梁和底座之间直接承受顶板载荷的液压缸称为立柱。立柱是支架的主要承载部件，支架的支撑力和支撑高度主要取决于立柱的结构和性能。支架上除立柱以外的各种液压缸都称为千斤顶，如推移千斤顶、平衡千斤顶、侧推千斤顶和护帮千斤顶等。

3. 控制操纵元件

控制操纵元件包括控制阀和操纵阀等各种阀件，它们能够保证支架获得足够的支撑力和良好的工作特性，实现各种预定的动作，其种类和数量随支架结构和动作要求的不同而异。

4. 辅助装置

辅助装置包括护帮装置、挡矸装置、防倒防滑装置、照明及其他附属装置等。其作用是改善支架的工作条件，使其能够更加可靠地工作。

二、液压支架工作原理

液压支架是以乳化液泵站的高压液体为动力，通过液压系统控制功能不同的液压缸实现支架的支撑、降柱、移架、推移输送机 4 个基本动作。液压支架工作原理示意图如图 3-3 所示，其工作原理可分为控制原理和承载过程。

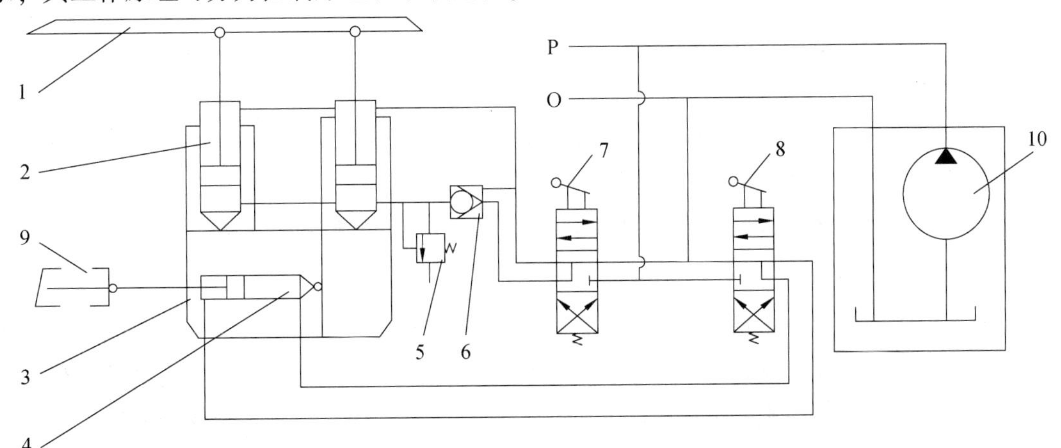

1—顶梁；2—立柱；3—底座；4—推移千斤顶；5—安全阀；6—液控单向阀；7、8—换向阀；9—刮板输送机；10—乳化液泵。

图 3-3 液压支架工作原理示意图

(一) 控制原理

当换向阀 7 处于升柱位置时，从乳化液泵站来的高压液体通过换向阀 7、液控单向阀 6 进入立柱 2 的下腔，立柱上腔回液，支架升起，撑紧顶板。当换向阀 7 处于降柱位置时，工作液体进入立柱的上腔，同时打开液控单向阀，立柱下腔回液，支架下降。

支架的前移和推移输送机是通过换向阀 8 和推移千斤顶 4 来进行的。移架时，先使支架卸载下降，再把换向阀 8 置于移架位置，从乳化液泵站来的高压液体进入推移千斤顶的前腔(即活塞杆腔)，后腔(即活塞腔)回液。这时，支架以输送机为支点前移。移架结束后，再把支架升起，使支架撑紧顶板。若将换向阀 8 置于推移输送机位置，高压液体进入推移千斤顶后腔(即活塞腔)，前腔(即活塞杆腔)回液。这时，输送机以支架为支点被推向煤壁。

(二)承载过程

支架的承载过程是指支架与顶板之间相互发生力学作用的过程，包括初撑、承载增阻和恒阻 3 个阶段。

1. 初撑阶段

在升架过程中，当支架的顶梁接触顶板，直到立柱下腔的液体压力逐渐上升到泵站工作压力时停止供液，液控单向阀立即关闭，这一过程为支架的初撑阶段。此时支架对顶板的支撑力为初撑力。支撑式支架的初撑力 P_c 为：

$$P_c = \frac{\pi}{4}D^2 p_b n \times 10^{-3}\ \text{kN} \tag{3-1}$$

式中，D——支架立柱的缸径(mm)；

p_b——泵站的工作压力(MPa)；

n——支架立柱的数量。

由式(3-1)可知，支架初撑力的大小取决于泵站的工作压力、立柱缸径和立柱的数量。合理的初撑力是防止直接顶过早因下沉而离层破碎、减缓顶板下沉速度、增加其稳定性和保证安全生产的关键。

2. 承载增阻阶段

支架初撑结束后，随着顶板的缓慢下沉，顶板对支架的压力不断增加，立柱下腔的液体压力逐渐升高，液压支架受到弹性压缩，并由于缸壁的弹性变形使缸径产生弹性变形，支架对顶板的支撑力也随之增大，呈现增阻状态，这一过程为支架的承载增阻阶段。

3. 恒阻阶段

随着顶板压力的进一步增加，立柱下腔的液体压力越来越高。当升高到安全阀的调定压力时、安全阀打开溢流，立柱下缩，液体压力随之降低。当液体压力降到安全阀的调定压力时，安全阀关闭。随着顶板的继续下沉，安全阀重复这一过程。由于安全阀的作用，支架的支撑力维持在某一恒定数值上，这是支架的恒阻阶段。此时，支架对顶板的支撑力称为工作阻力，它是由支架安全阀的调定压力决定的。支撑式支架的工作阻力 P 为：

$$P = \frac{\pi}{4}D^2 p_a n \times 10^{-3}\ \text{kN} \tag{3-2}$$

式中，p_a——支架安全阀的调定压力(MPa)。

支架的工作阻力标志着支架的最大承载能力。对于掩护式和支撑掩护式支架，其初撑力和工作阻力的计算还要考虑立柱倾角的影响。

支架工作时，其支撑力与时间的关系可用支架工作特性曲线表示，如图 3-4 所示。曲线上的 t_0、t_1、t_2 分别表示支架的初撑、承载增阻和恒阻阶段的时间。

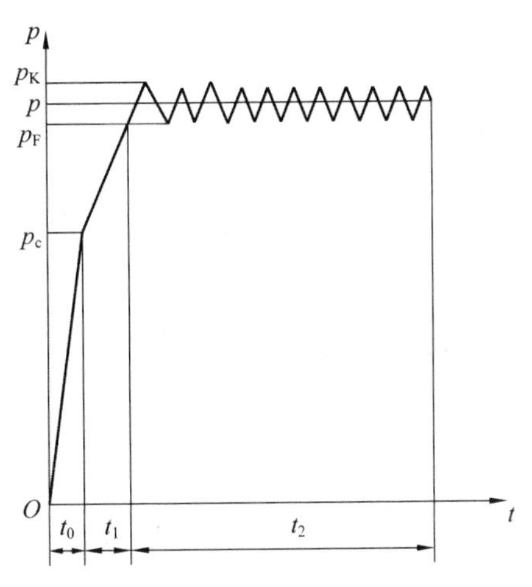

图 3-4　支架工作特性曲线

图 3-4 表明，支架在达到额定工作阻力以前具有增阻性，以保证支架对顶板有效的支撑作用；当支架达到额定工作阻力以后，支架能随顶板的下沉而向下收缩，即具有可缩性和恒阻性。支架的工作阻力是支架的一个重要参数，表示支架支撑力的大小。但由于支架的顶梁长短和间距大小不同，并不能完全反映支架对顶板的支撑能力，因此常用单位支护面积顶板上所受支架工作阻力的大小，即支护强度 q 来表示支架的支护性能：

$$q = \frac{p}{F} \times 10^{-3}\ \text{MPa} \tag{3-3}$$

式中，F——支架的支护面积(m^2)。

(三)拉架和推移输送机

支架和输送机的前移由底座上的推移液压缸来完成。需要拉架时，先降柱卸载，然后通过换向阀使高压液体进入推移液压缸的活塞杆腔，活塞腔回液，以输送机为支点，缸体前移，把整个支架拉向煤壁。

需要推移输送机时，支架支撑顶板，高压液体进入推移液压缸的活塞腔，活塞杆腔回液，以支架为支点，活塞杆伸出，把输送机推向煤壁。

第三节　液压支架的型号、类型和结构

一、液压支架的型号

液压支架的型号是液压支架的性能、技术参数、型号等的具体体现。液压支架产品型号主要由类型代号、第一特征代号、主要参数代号组成，如果难以区分，再增加第二特征代号和设计修改序号。如果仍难以区分，或需强调某些特征时，则再增加补充特征代号，液压支

架型号示例如图 3-5 所示。

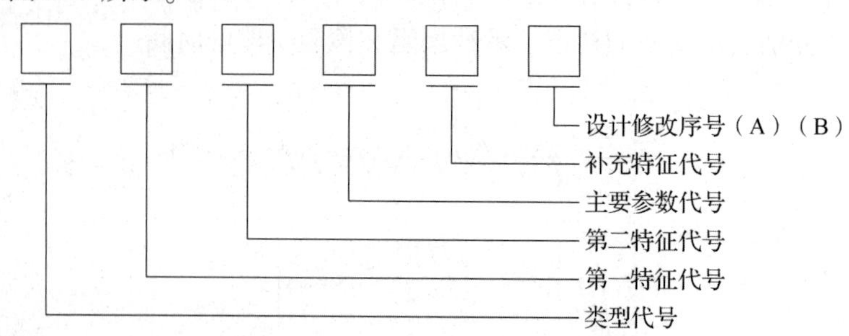

图 3-5　液压支架型号示例

液压支架的第一特征代号如表 3-2 所示，第二特征代号如表 3-3 所示。

表 3-2　液压支架的第一特征代号

用途	产品类型代号	第一特征代号	产品名称
一般工作面支架	Z	Y	掩护式支架
		Z	支撑掩护式支架
		D	支撑式支架
特种用途支架	Z	F	放顶煤支架
		P	铺网支架
		C	充填支架
		G	过渡支架
		T	端头支架
		Q	大倾角式支架

表 3-3　液压支架的第二特征代号

用途	产品类型代号	第一特征代号	第二特征代号	注解
一般工作面支架	Z	Y	Y	支掩掩护式支架
			—	支顶掩护式支架，平衡千斤顶设在顶梁与掩护梁之间
			Q	支顶掩护式支架，平衡千斤顶设在底座与掩护梁之间
		Z	—	四柱支顶支撑掩护式支架
			Y	二柱支顶二柱支掩支撑掩护式支架
			X	立柱 X 形布置的支撑掩护式支架
		D	—	垛式支架
			B	稳定机构为摆杆的支撑式支架
			J	节式支架

续表

用途	产品类型代号	第一特征代号	第二特征代号	注解
特殊用途支架	Z	F	D	单输送机高位放顶煤支架
			Z	中位放顶煤支架
			—	低位放顶煤支架
			G	放顶煤过渡支架
			T	放顶煤端头支架
		P	—	支撑掩护式铺网支架
			Y	排斥式铺网支架
			G	铺网过渡支架
			T	铺网端头支架
		G	—	支撑掩护式过渡支架
			Y	排斥式过渡支架
		T	—	偏置式端头支架
			J	中置式端头支架
			H	后置式端头支架
		Q	—	支撑掩护式大倾角支架
			Y	掩护式大倾角支架

支撑掩护式支架型号示例如图 3-6 所示。

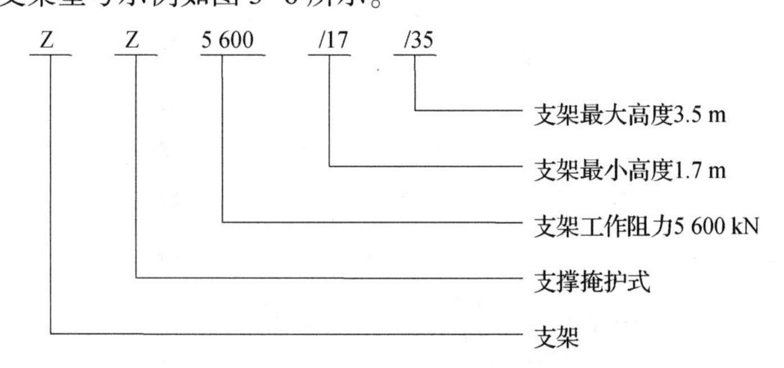

图 3-6　支撑掩护式支架型号示例

二、液压支架的类型

液压支架按其对顶板的支护方式和结构特点的不同，可分为支撑式、掩护式和支撑掩护式 3 种。另外，还有一些特种液压支架。

(一) 支撑式支架

支撑式支架利用立柱与顶梁直接支撑和控制工作面的顶板。其顶梁较长，长度多为 4 m 左右；立柱一般为 4~6 根，且呈垂直布置；支架后部有挡矸装置；采用箱式底座并有复位装置，保证支架的稳定性。这类支架的优点是支撑力大，作用点在支架的中后部，切顶性能好，作业空间和通风断面大；缺点是对顶板重复支撑次数较多，易压碎顶板，抵抗水平载荷的能力较差，支架之间不接触、不密封，容易漏矸，安全性差。这类支架适用于直接顶稳定或坚硬，基本顶周期来压明显或强烈，且水平力小，底板较硬的煤层。

支撑式支架按其结构和动作方式的不同，又可分为垛式支架和节式支架两种。垛式支架每架为一个整体，与输送机连接，并且互为支点、整体前移。节式支架由 2~3 个框节组成，移架时各节之间互为支点、交替前移，输送机用与支架相连的推移千斤顶推移。

图 3-7 所示为垛式支架结构。顶梁 5 为一个整体，通过铰接与斜梁 4 连接，斜梁、上连杆 2、下连杆 3 和底座 1 通过铰接构成四连杆机构，保证顶梁的稳定性，抵抗水平推力作用。4 根立柱 6 与顶梁和底座用球面铰连接，使立柱成为二力杆，只承受轴向载荷。

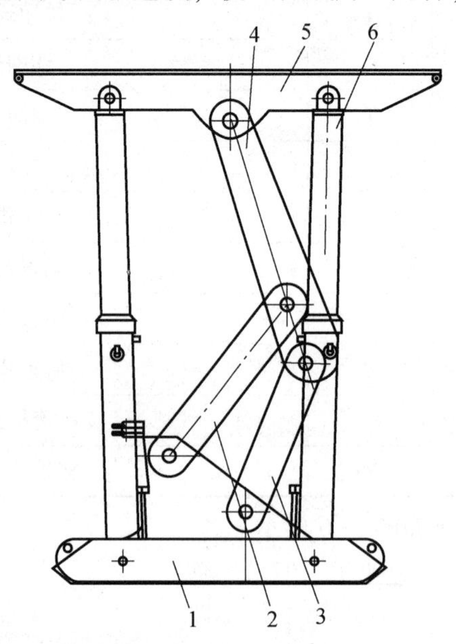

1—底座；2—上连杆；3—下连杆；4—斜梁；5—顶梁；6—立柱。

图 3-7 垛式支架结构

(二)掩护式支架

掩护式支架利用立柱、顶梁与掩护梁来支护顶板和防止垮落岩石进入工作面。其顶梁较短，立柱较少，多呈倾斜布置，增加支架的调高范围，掩护梁通过前后连杆与底座连接，形成四连杆机构，以保证稳定的梁端距和水平推力。这类支架掩护性和稳定性较好，调高范围大、但支撑力较小，切顶性能差，适用于顶板松散不稳定或中等稳定、底板较松软、基本顶周期压力不明显、瓦斯含量少的破碎顶板条件的煤层。

掩护式支架有一个较宽的掩护梁以挡住采空区的矸石进入作业空间，其掩护梁的上端与顶梁铰接，下端通过前后连杆与底座连接。底座、前后连杆和掩护梁形成四连杆机构，以保持稳定的梁端距和承受水平推力。立柱的支撑力间接作用于顶梁或直接作用于顶梁上，掩护式支架的立柱较少，一般是一排 2 根立柱，支架立柱为倾斜布置，以增加支架的调高范围。支架的两侧有活动侧护板，可以实现架间密封，通常顶梁较短，一般为 3.0 m 左右。掩护式支架的支撑力较小，切顶性能差，但因为顶梁短，支撑力集中在靠近煤壁的顶板上，所以支护强度较大、均匀，掩护性好，能承受较大的水平推力，对顶板反复支撑的次数少，能带压移架。但由于顶梁短，立柱倾斜布置，故作业空间和通风断面小。

图 3-8 所示为 ZY7600/25.5/55 掩护式液压支架。ZY7600/25.5/55 掩护式液压支架为二柱掩护式液压支架，采用电液控制系统。支架的支护高度为 2.55~5.50 m。顶梁 7 采用整体顶梁结构，前部设有伸缩梁 4 和二级护帮装置，一级护帮板 3 可翻转挑起维护顶板，支护性能较好；掩护梁 11 与前、后连杆 13、14 以及底座 15 构成四连杆机构，稳定性好，横向承载能力大，抗偏载能力强；掩护梁能有效阻挡采空区矸石进入工作面，掩护性能好；双伸缩立柱 9 的支撑力直接作用在顶梁上，支护强度较大；顶梁、掩护梁采用单向活动侧护板，采用刚性开底式底座，同时配置抬底机构，有利于排矸和排浮煤，防护装置完善，适应力强；采用大流量控制系统，推移机构采用反向推拉长推杆结构，移架、推移输送机力大，抬底机构可有效地防止底座前端扎底，从而更好地提高移架速度，减少清理浮煤的工作量；在顶梁或前顶合适的位置设置照明、通信装置。支架顶梁前端设有喷雾装置；在支架到达极限位置时设置有机械限位装置；采用电液控制液压系统，减轻劳动强度，增强安全性。

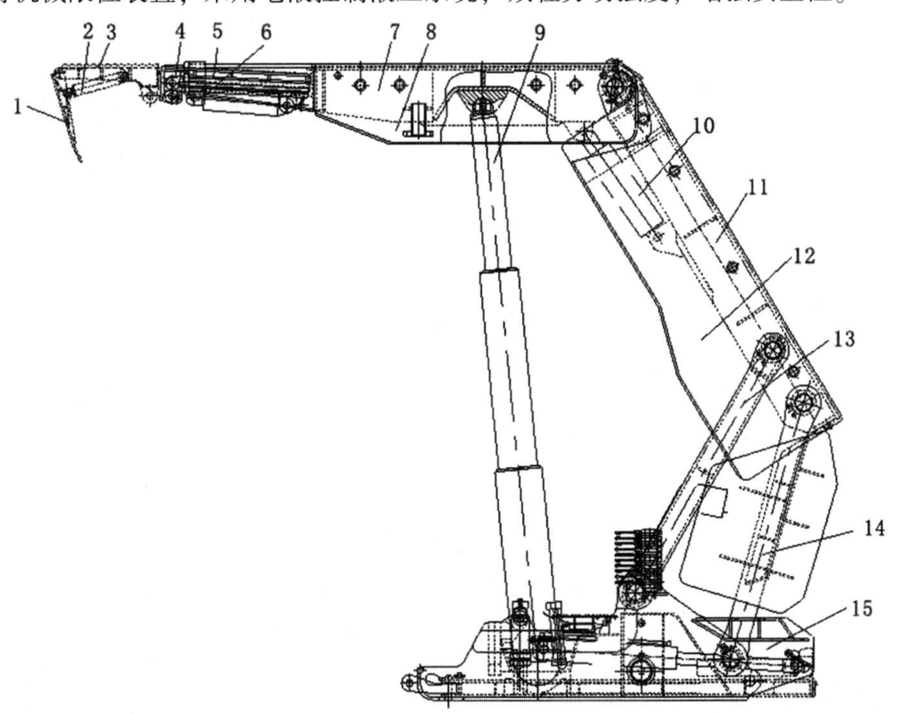

1—二级护帮板；2—二级护帮千斤顶；3—一级护帮板；4—伸缩梁；5—伸缩梁千斤顶；6—一级护帮千斤顶；7—顶梁；8—顶梁侧护板；9—双伸缩立柱；10—平衡千斤顶；11—掩护梁；12—掩护梁侧护板；13—前连杆；14—后连杆；15—底座。

图 3-8　ZY7600/25.5/55 掩护式液压支架

(三) 支撑掩护式支架

支撑掩护式支架在结构和性能上综合了支撑式和掩护式支架的特点，它以支撑为主，掩护为辅，顶梁由前梁与主梁构成，顶梁较长，立柱较多，立柱支撑在顶梁和底板之间，基本呈垂直或近垂直状态布置。掩护梁的上端与顶梁铰接，下端用连杆与底座相连接。这类支架的优点是支撑力较大，切顶性能较好，掩护性和稳定性都较好，通风断面大；缺点是结构较复杂，质量大。这类支架适用于直接顶中等稳定或稳定、基本顶有较明显的周期来压、底板中等稳定的煤层。支撑掩护式支架的立柱均为两排，立柱可前倾或后倾，也可倒“八”字形布置和交叉布置。

图 3-9 所示为 ZZ8800/25/50 型四柱支撑掩护式液压支架。该支架的支护高度为 2.5~5.0 m，工作阻力为 8 800 kN。支架的顶梁与掩护梁采用单侧活动侧护板，面对煤壁方向，支架左侧为活动侧护板，通过调节侧护板，使支架宽度可在 1 430~1 600 mm 范围内变化。支架采用整体加伸缩梁带二级护帮机构。底座为刚性分体底座，采用倒装式推移带抬底机构，推移机构采用整体箱式结构。支架适用于俯采、仰采的工作面，工作面走向倾角为 0°~15°，工作面倾角为 0°~15°。

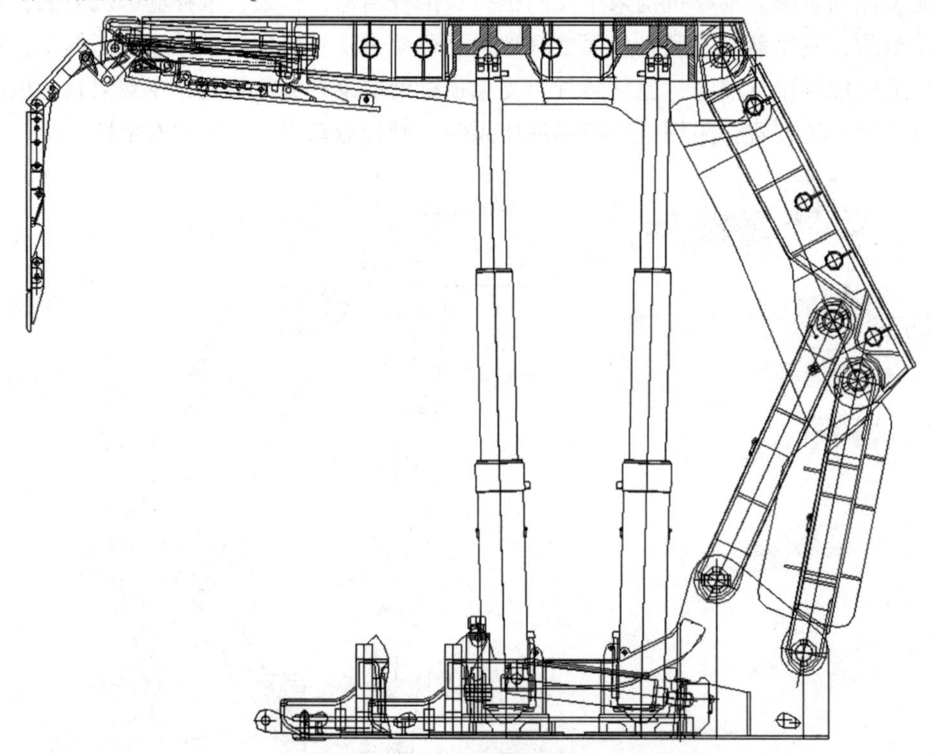

图 3-9 ZZ8800/25/50 型四柱支撑掩护式液压支架

(四)特种液压支架

特种液压支架是为满足某些特殊要求而发展起来的液压支架，在结构上属于上述 3 种基本支架的某一种。下面介绍几种常用的特种液压支架。

1. 放顶煤支架

放顶煤支架用于特厚煤层采用垮落开采时支护顶板和放顶煤。利用与放顶煤支架配套的采煤机和工作面输送机开采底部煤，上部煤在矿山压力的作用下将其压碎而垮落，垮落的煤通过放顶煤支架的尾梁和插板流入工作面输送机。

放顶煤支架适用于开采 5~20 m 的特厚煤层，煤层顶板为中等稳定以下。

图 3-10 所示为 ZF7500/20/38 型放顶煤液压支架。该支架为四柱支撑掩护式低位放顶煤支架，支护高度为 2~3.8 m，工作阻力为 7 500 kN，适用于煤层倾角为±15°的煤层条件，设有双伸缩立柱 15，工作行程可达 1 800 mm，采用邻架手动先导液压控制系统，便于观察顶板情况。由于 ZF7500/20/38 型放顶煤液压支架是一种双输送机运煤支架，因此在掩护梁 8 后部铰接了一个带插板的尾梁 13。尾梁有一定的摆动角度，用以松动顶煤，并维持一个落煤空间。尾梁中间有一个液压控制的放煤插板 14，用于放煤和破碎大煤块，具有连续的放煤口。尾梁和插板都是由钢板焊接而成的箱式结构。尾梁内设有滑道，插板安装在滑道内，操作插板千斤顶可以实现插板伸缩。插板放煤机构在关闭状态时，插板伸出，挡住矸石流入后部输送机；放煤时收回插板，利用尾梁千斤顶 12 和插板千斤顶 18 的伸缩调整放煤口进行放煤。

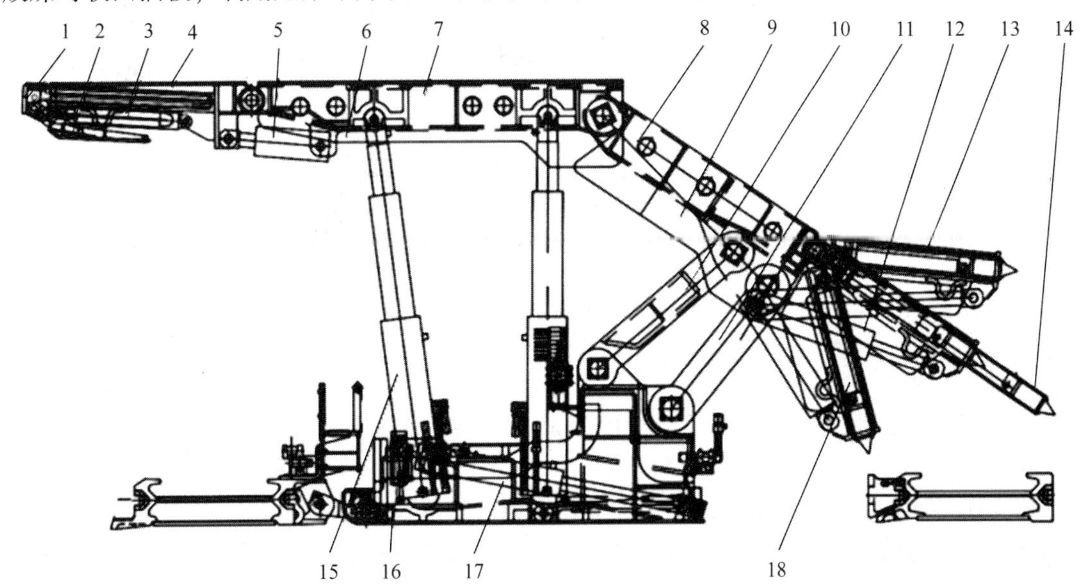

1—伸缩梁；2—护帮板；3—伸缩梁千斤顶；4—前梁；5—前梁千斤顶；6—顶梁侧护板；7—顶梁；8—掩护梁；9—掩护梁侧护板；10—前连杆；11—后连杆；12—尾梁千斤顶；13—尾梁；14—插板；15—双伸缩立柱；16—抬底千斤顶；17—推移千斤顶；18—插板千斤顶。

图 3-10　ZF7500/20/38 型放顶煤支架

2. 铺网支架

铺网支架是特厚煤层采用分层开采时既能支护顶板又能自动铺网的液压支架。它是在一般掩护式或支撑掩护式支架的基础上再增设铺网机构而成的。

图 3-11 所示为 ZP5400/20/40 铺网支架。该支架为四柱支撑掩护式铺网液压支架，由护帮板、伸缩梁、顶梁、掩护梁、前后连杆、底座、推移机构、铺网机构、液压系统等组成。该支架适用于倾角为-15°~+15°、高度为 2~4 m 的煤层。

铺网支架采用整体顶梁带伸缩梁及护帮板结构，护帮板可以挑平，对顶煤或顶板的适应能力强；整体顶梁前端支护力大，顶梁前端伸缩部具有防落煤及降尘装置，在采煤机割煤之后、拉架之前，可实现即时支护，提高支架支护性能，防止片帮和冒顶。顶梁与掩护梁设有单侧护板，支架面向煤壁左侧为活动侧护板；底座为刚性中部开挡，推杆为短推杆，在井下方便拆装。支架在正常采高时，掩护梁水平投影小，即掩护梁较短，背角较大，便于煤层顶板的垮落。该支架采用铺网装置，工作高效支架立柱采用机械加长杆形式，工作安全。

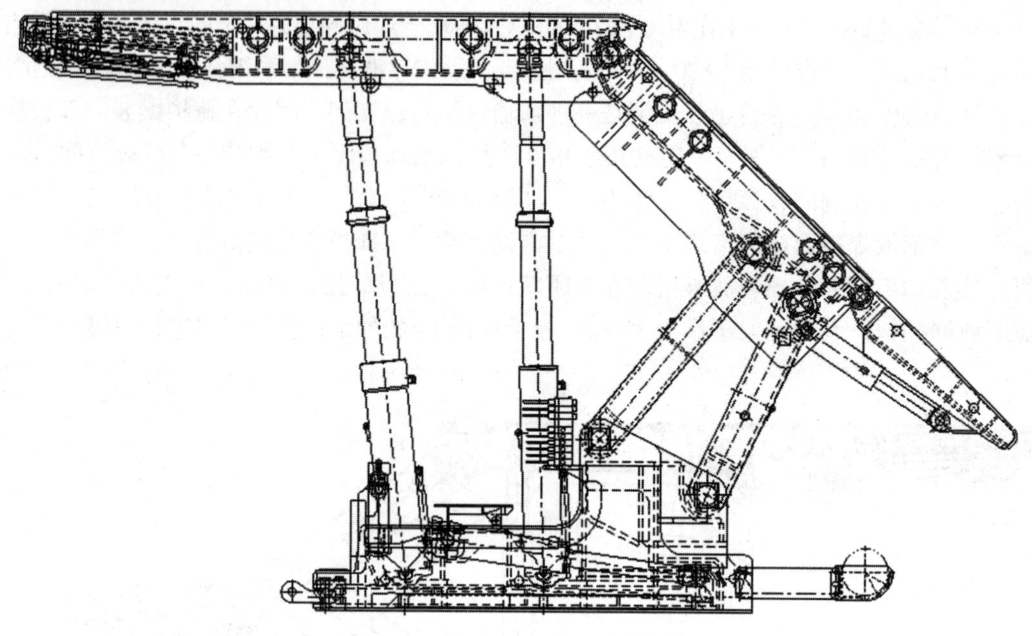

图 3-11　ZP5400/20/40 铺网支架

3. “三软”支架

“三软”支架是指适用于“三软”煤层的支架。“三软”煤层是指煤质软、顶板软、底板软的煤层。

图 3-12 所示为 ZY10000/26/55 型“三软”支架。该支架有具有一定行程的伸缩梁 3，可以立即支护暴露的顶板，同时伸缩梁上的护帮板可以维护煤壁；还设有提升底座的抬底千斤顶 13，以减小对底板的比压，防止陷底。

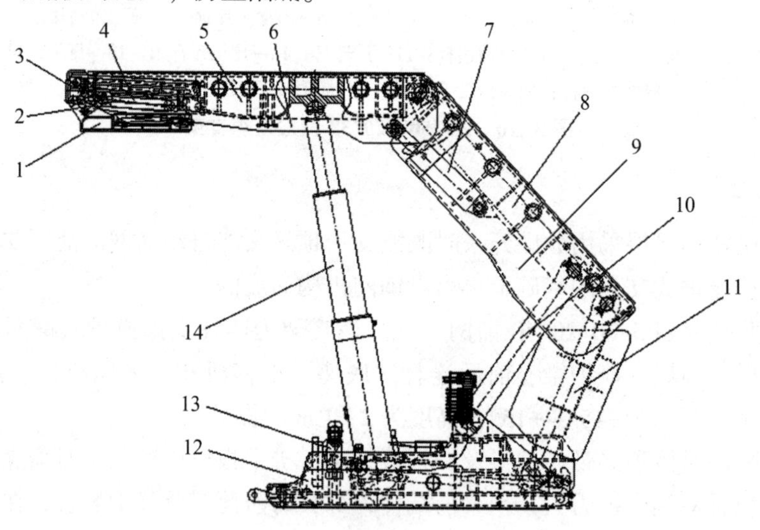

1—护帮板；2—护帮千斤顶；3—伸缩梁；4—伸缩梁千斤顶；5—顶梁；6—顶梁侧护板；7—平衡千斤顶；8—掩护梁；9—掩护梁侧护板；10—前连杆；11—后连杆；12—底座；13—抬底千斤顶；14—双伸缩立柱。

图 3-12　ZY10000/26/55 型“三软”支架

4. 端头支架

综采工作面端头是指工作面与回采巷道的交汇处，虽然占用面积不大，但端头区域围岩在多种支撑压力的作用下受采动影响最大，矿压显现复杂，因此对端头的支护要求和端头支架的技术要求均较高。

端头支架用来支护运输巷、回风巷与工作面连接处的顶板，隔离采空区的矸石进入工作空间，并实现端头支架自身前移、转载机和工作面输送机机头推移的机械化，因此要求端头支架与工作面和顺槽巷道设备的配套性强，支护面积大，支撑能力强，移置灵活方便。端头支架主要分为普通工作面端头支架和放顶煤端头支架。其中，普通工作面端头支架包括中置式、偏置式、后置式；放顶煤端头支架包括中置式和后置式。

图 3-13 所示为 ZYT11000/23/45D 型两柱掩护式端头支架。该支架采用电液控制系统的操作方式，支护高度为 2. 3~4. 5 m，适用于工作面走向倾角为±10°、工作面倾角为±10°的煤层条件，具有双人行通道，整体顶梁设有一级护帮板机构，单侧活动侧护板，保证支架之间的间隙，双作用双伸缩立柱、单平衡千斤顶，设有内进液式抬底座机构，倒装推移机构。

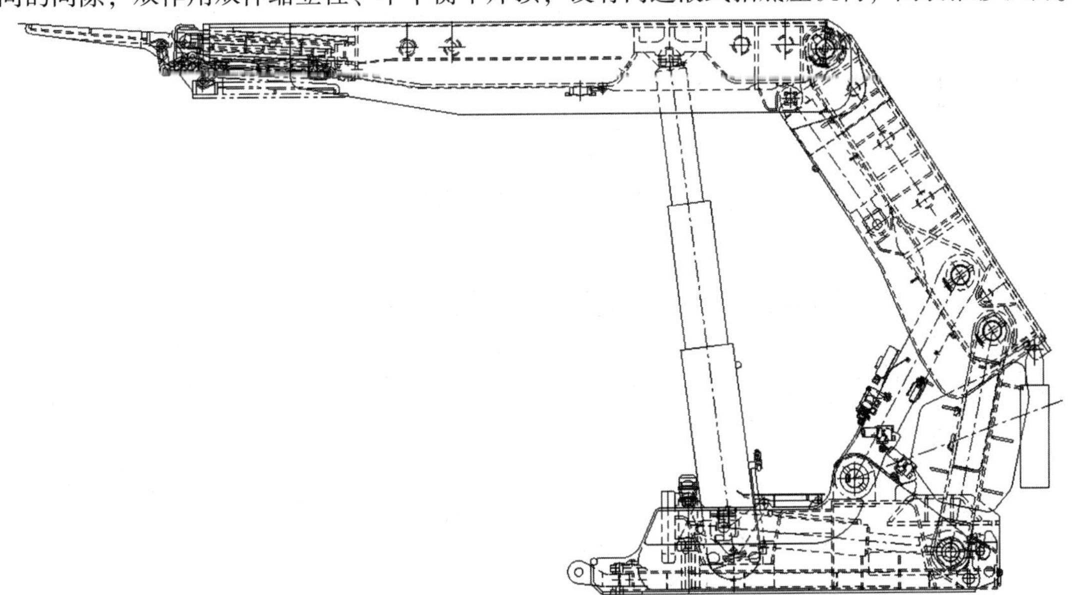

图 3-13　ZYT11000/23/45D 型两柱掩护式端头支架

端头支架后半部与支撑掩护式普通工作面支架相似，其顶梁是主要承载部件，后端与掩护梁铰接，有一定的切顶作用，掩护梁、底座、前连杆、后连杆组成四连杆机构，使支架在高度变化时顶梁纵向位移变化量较小，而且四连杆机构可使支架承受一定的水平力。掩护梁不但是抗扭的重要部件，而且和掩护梁侧护板一起作用，可有效地防止矸石窜入支架内，为行人的安全提供保证。

三、液压支架的结构

液压支架的结构如图 3-14 所示，主要包括顶梁、立柱、掩护梁、底座、四连杆机构、侧护装置、推移装置、护帮装置、防滑和防倒装置等。

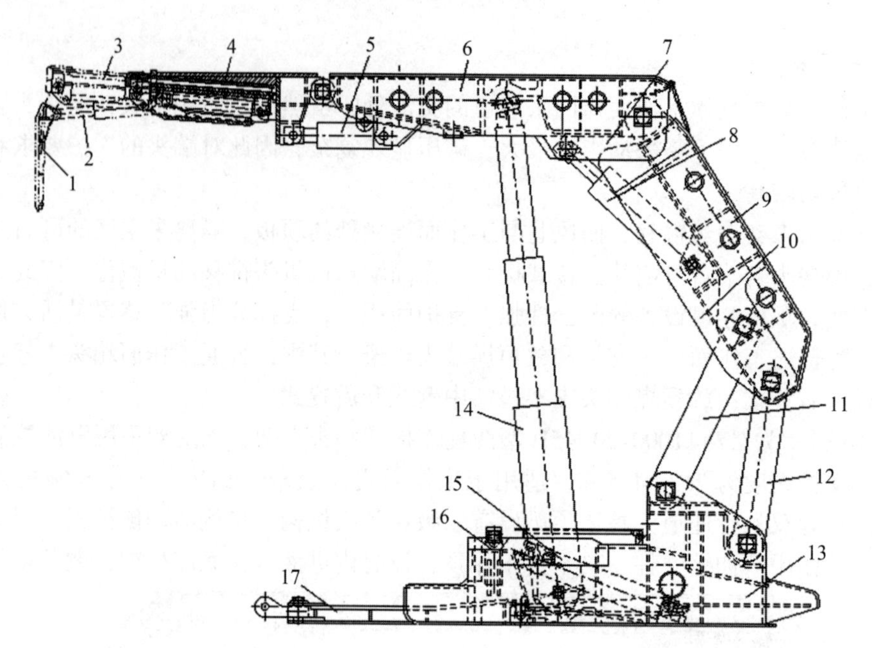

1—护帮板；2—护帮千斤顶；3—伸缩梁；4—前梁；5—前梁千斤顶；6—顶梁；
7—顶梁侧护板；8—平衡千斤顶；9—掩护梁；10—掩护梁侧护板；11—前连杆；12—后连杆；
13—底座；14—立柱；15—推移千斤顶；16—抬底千斤顶；17—推杆。

图 3-14 液压支架的结构

(一) 顶梁

顶梁是直接与顶板接触，承受顶板压力，并为立柱、掩护梁、挡矸装置等提供必要连接点的部件。顶梁的结构形式直接影响支架对顶板的支护性能。支架常用的顶梁有整体顶梁、铰接式顶梁和带伸缩梁顶梁。铰接顶梁的前段称为前梁，后段称为主梁，铰接顶梁一般简称顶梁。

整体顶梁(见图 3-15)结构简单，承载能力及可靠性好。整体顶梁对顶板载荷的平衡能力较强，前端支撑力较大，可设置全长侧护板，有利于提高顶板覆盖率，改善支护效果，减少支架间漏矸。这种结构的顶梁对顶板的适应性较差，一般用于平整的顶板。为改善接顶效果和补偿焊接变形，整体顶梁前端一般上翘 1°~3°。

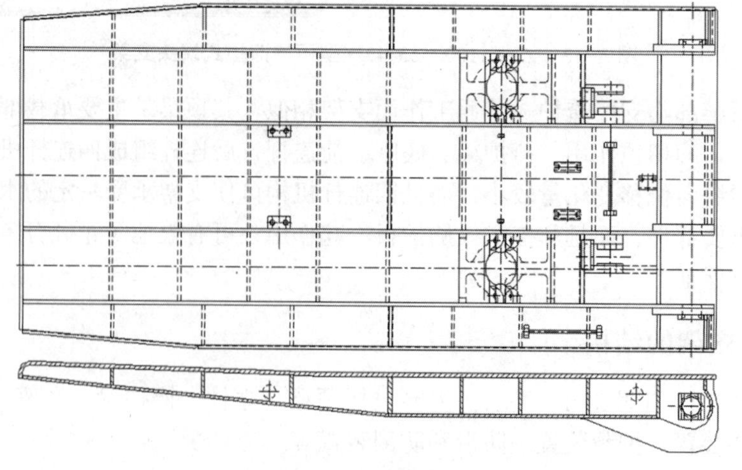

图 3-15 整体顶梁

铰接式顶梁(见图 3-16)前梁千斤顶的一端连接在主梁上，另一端连接在前梁上，用来控制前梁的升降，支撑靠近煤壁处的顶板。同时，还可以调整前梁的上、下摆角，以适应顶板起伏不平的变化。这种顶梁对顶板的适应性较好，但前梁千斤顶必须有足够的支撑力和连接强度。

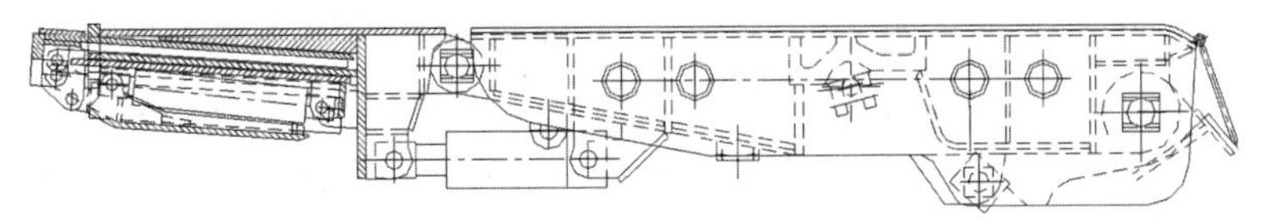

图 3-16　铰接式顶梁

带伸缩梁顶梁如图 3-17 所示，为使支架实现“立即”支护，增加组合顶梁的长度，使控顶距增大，可以在顶梁上设置伸缩梁。伸缩梁千斤顶通过铰接一端连接顶梁，另一端连接伸缩梁，通过控制伸缩梁千斤顶控制伸缩梁的伸出和缩回，在伸缩梁的末端设有托梁，可安装护帮装置。伸缩梁一般是为了实现超前支护而设置的，其伸缩值可以根据使用要求确定，一般为 600~800 mm。

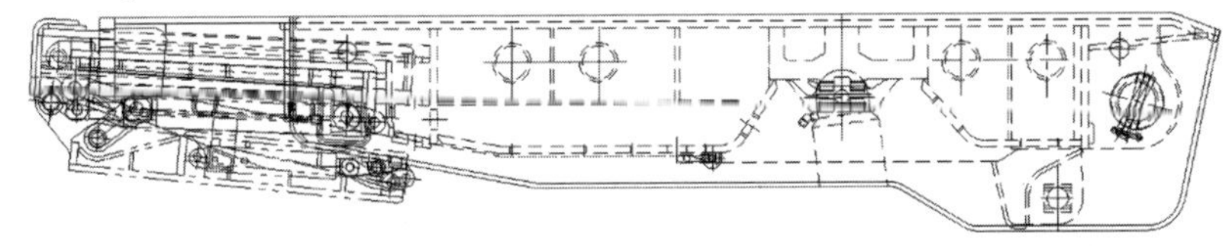

图 3-17　带伸缩梁顶梁

(二)掩护梁

掩护梁是掩护式和支撑掩护式支架的重要承载构件，其作用是隔离采空区，掩护工作空间，防止采空区垮落的矸石进入工作面；同时，承受采空区部分垮落矸石的纵向载荷以及顶板来压时作用在支架上的横向载荷。当顶板不平整或者支架倾斜时，掩护梁还将承受扭转载荷。

图 3-18 所示为掩护梁结构。掩护梁主要由筋板、弧板、弯盖板和吊耳组成，一端与顶梁铰接，另一端与前后连杆铰接。掩护梁、前后连杆、底座通过铰接形成四杆机构，保证支架的整体结构性能。

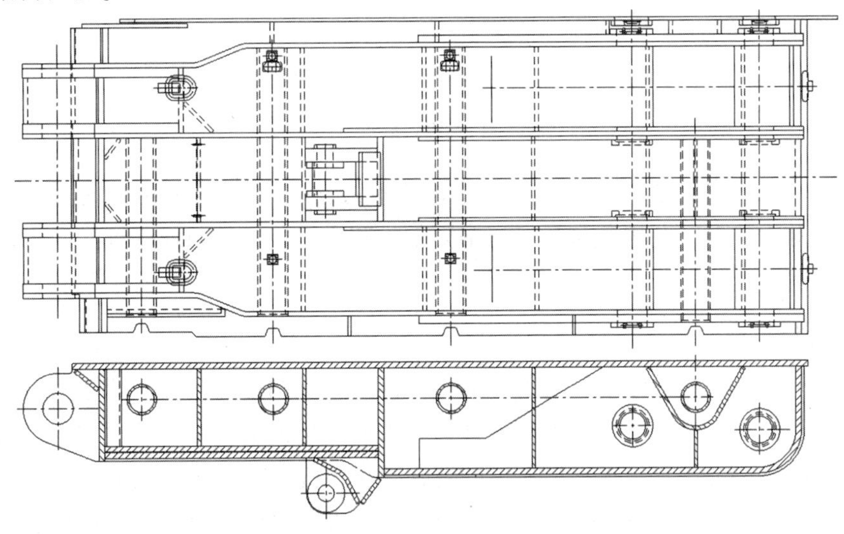

图 3-18　掩护梁结构

掩护梁是钢板焊接的箱式结构。掩护梁上端与顶梁铰接，下端多焊有与前、后连杆铰接的耳座。梁内均焊有固定侧护千斤顶及弹簧的套筒，梁上两侧挂有侧护板。

(三)底座

底座(见图 3-19)是将支架承受的顶板压力传至底板并稳固支架的承载部件，也是构成四连杆机构的四杆件之一。因此，要求底座应具有足够的强度和刚度，对底板的起伏不平的适应性要强，对底板的平均接触比压要小，要有一定的质量和面积来保证支架的稳定性，还要有一定的排矸能力。底座要有足够的空间为立柱、推移装置和其他辅助装置提供必要的安装条件；要便于人员操作和行走；能起一定的挡矸作用，具有一定的排矸能力；要有一定的质量，以保证支架的稳定性等。常用的液压支架底座有整体式和分体式两种。

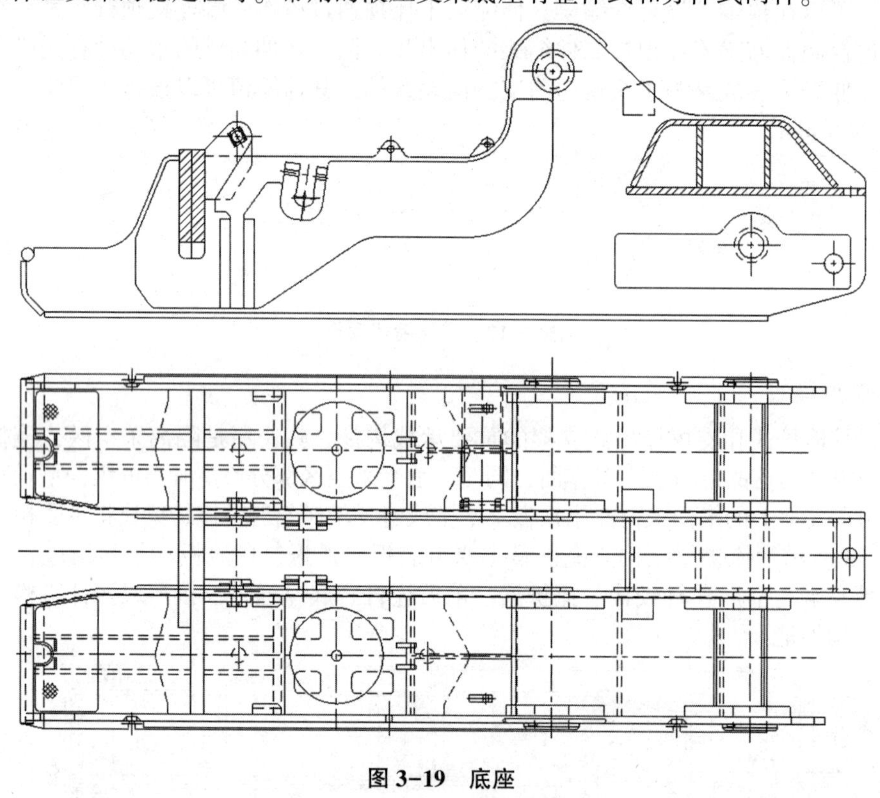

图 3-19　底座

底座前端均做成滑橇形，可减小支架的移动阻力，避免移架时出现"啃底"现象。底座与立柱均采用球面接触，并用限位板或销轴限位，防止因立柱偏斜而受到横向载荷，或防止支架在升降过程中立柱脱出柱窝。

(四)四连杆机构

液压支架的掩护梁与底座之间用前、后连杆连接形成四连杆机构。四连杆机构的作用有以下两点：一是当支架升降时，借助四连杆机构可使支架顶梁前端点的运动轨迹呈近似双纽线，从而使支架顶梁前端点与煤壁间距离的变化减少，提高管理顶板的能力；二是使支架能承受较大的水平力。为了保持支架梁端距的稳定，一般应控制梁端摆动幅度为 30~80 mm，液压支架的纵向稳定性完全是由四连杆机构决定的，而不取决于立柱的多少。

前后连杆(见图 3-20)作为四连杆机构重要的组成部分，其设计的合理性决定着支架的主要性能。前后连杆要求加工工艺简单，抗扭能力强。

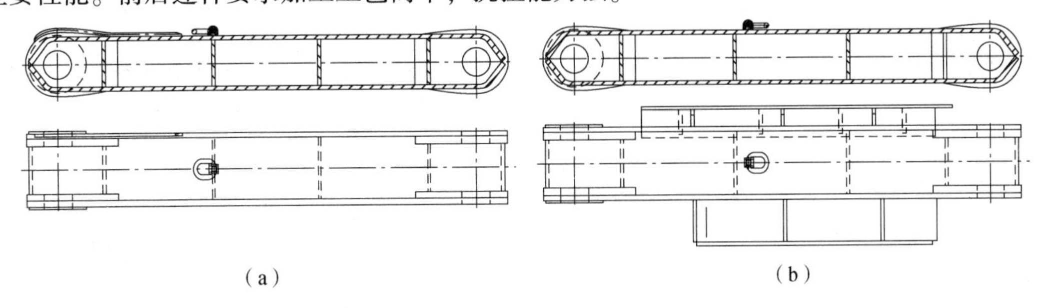

图 3-20　前后连杆

(a)前连杆；(b)后连杆

(五)侧护装置

侧护装置的作用是消除支架间隙，防止顶板破碎矸石落入支架下方的工作空间内。支架侧护装置一般由侧护板、弹簧筒、侧推千斤顶、导向杆和连接销轴等组成。侧护装置的伸缩动作是在支架卸载后进行的，由侧推千斤顶和伸缩弹簧控制。

顶梁侧护板(见图 3-21)高度一般为 250~500 mm，薄煤层支架取下限，大采高支架取上限。掩护梁侧护板和后连杆侧护板高度一般根据支架最大高度时，侧护板水平尺寸等于移架步距加 100~200 mm 搭接量的原则来确定。

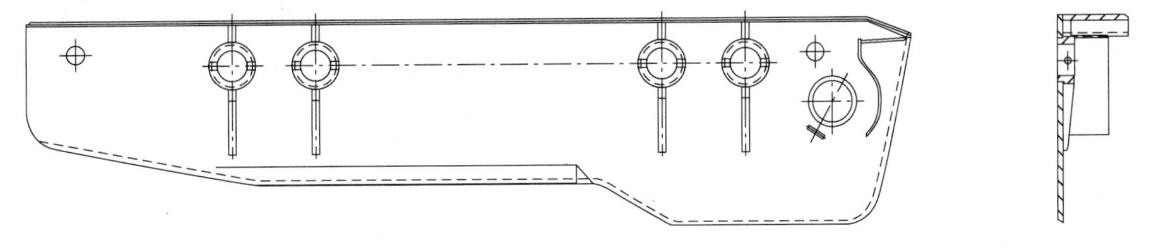

图 3-21　顶梁侧护板

(六)推移装置

推移装置是液压支架必备的辅助装置，负担着推移输送机和移架任务。推移装置由推移杆、推移液压缸和连接头等主要零部件组成。其中，推移杆是决定推移装置形式和性能的关键部件。推移杆的常用形式有正拉式短推移杆和长推移杆两种。

正拉式短推移杆(见图 3-22)是由钢板组焊而成的箱形结构件，结构简单、可靠，质量轻。

长推移杆常用形式有框架式、整体箱式和铰接式。整体箱式长推移杆(见图 3-23)采用狭长形箱体结构，根据其受交变应力的影响，箱体高度由前到后逐步提高，强度逐步增大，满足推移输送机拉架要求，结构简单、可靠，质量轻，前连接耳设置为双耳结构，包头形式，与连接头通过销轴可靠连接，后连接耳与推移千斤顶活塞杆通过销轴限位，保证两者之间连接后的摆动适应性。

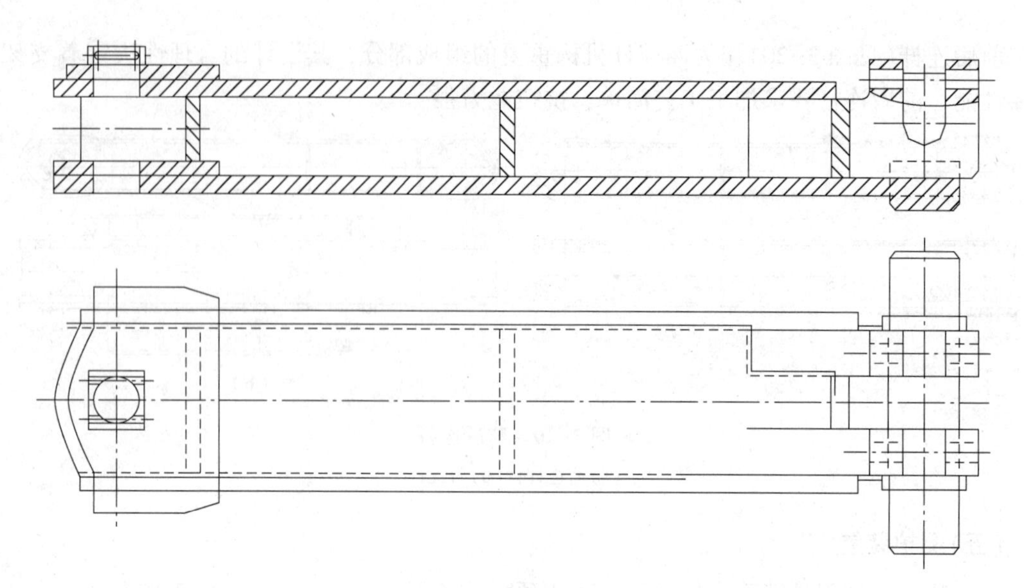

图 3-22　正拉式短推移杆

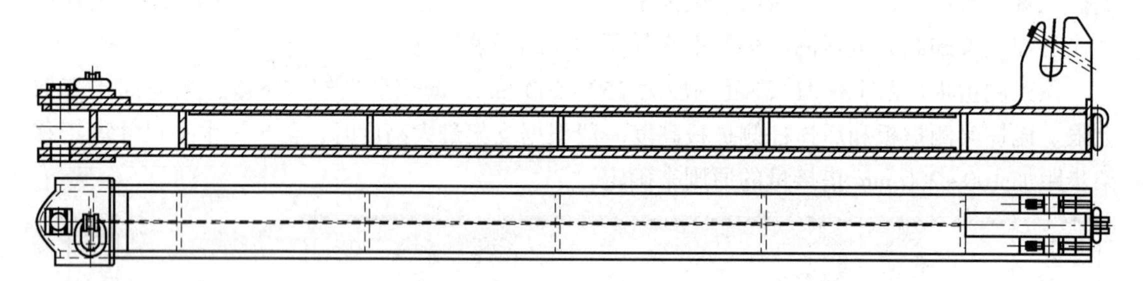

图 3-23　整体箱式长推移杆

(七)护帮装置

当截割高度超过 2.5 m，煤层节理发育、质软或顶板压力较大时，往往会导致煤壁片帮和梁端冒顶，影响综采效率和工作面安全，特别是在破碎顶板、松软煤层条件下，问题更为严重，因此需要护帮装置。

护帮装置安装在顶梁前端下部，一般由护帮千斤顶和护帮板组成。支架的护帮板用于贴紧煤壁，向煤壁施加一个支撑力，防止片帮。一旦出现片帮，护帮板可伸入煤壁线以内，临时支护顶板，避免引发冒顶，同时可挡住片帮煤不进入人行道，防止片帮继续扩大。采煤机经过后挑起护帮板，可实现超前支护。

护帮装置的主要类型有简单铰接式和四连杆式，如图 3-24 所示。简单铰接式护帮板铰接在顶梁的前端，千斤顶直接与护帮板连接。这种形式的护帮板结构简单，但挑起力矩小，当顶梁带伸缩梁时，厚度较大，难以实现挑起。四连杆式护帮板与顶梁的铰接方式和简单铰接式相同，但在千斤顶与护帮板间增加了一个四连杆机构，实现护帮和挑起支护顶板，保证收回到预定的角度。四连杆机构把千斤顶的作用力有效地传递到煤壁和顶板上，这种护帮板的挑起力矩大，但结构相对复杂。

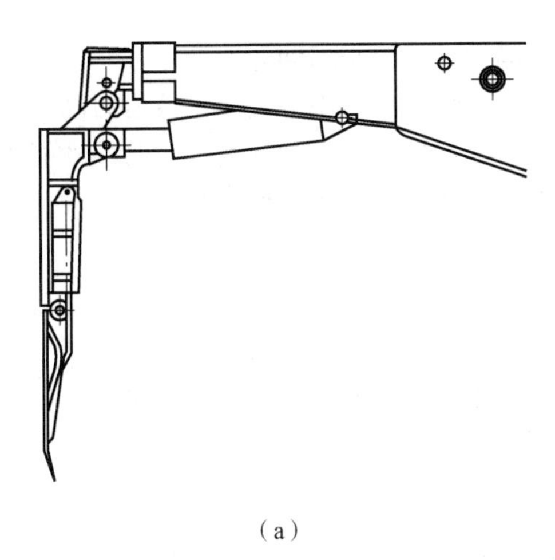

(a)

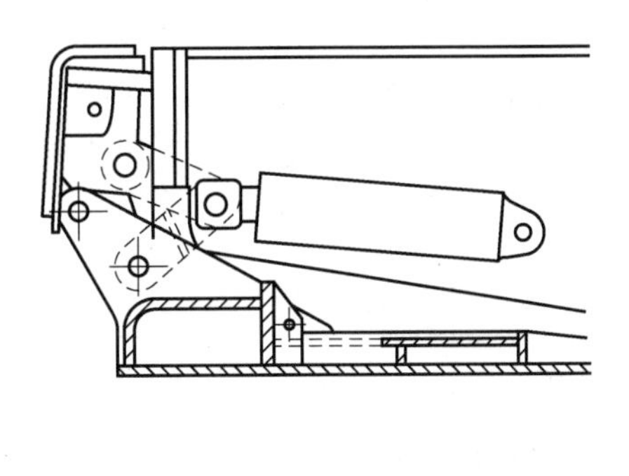

(b)

图 3-24　护帮装置

(a)简单铰接式；(b)四连杆式

(八)防滑和防倒装置

当工作面倾角较大时，需要采用防滑和防倒装置。防滑和防倒装置是利用装设在支架上的防滑、防倒千斤顶在调架时产生一定的推力，以防支架下滑、倾倒，并进行架间调整的一种装置。

图 3-25 所示为 3 种防滑和防倒装置。图 3-25(a)所示是在支架的底座旁边装设一个与防滑橇板相连的防滑调架千斤顶。移架时，千斤顶推出，推动橇板顶在邻架的导向板上，起导向防滑作用，而顶梁之间装有防倒千斤顶防止支架倾倒。图 3-25(b)所示与上述情况基本相同。两个防倒千斤顶装在底座箱的上部，通过其动作达到防滑、防倒和调架的作用。图 3-25(c)所示是在相邻两支架的顶梁或掩护梁与底座之间装一个防倒千斤顶，通过链条或拉杆分别固定在各支架的顶梁和底座上，用防滑调架千斤顶调架，用防倒千斤顶防倒。

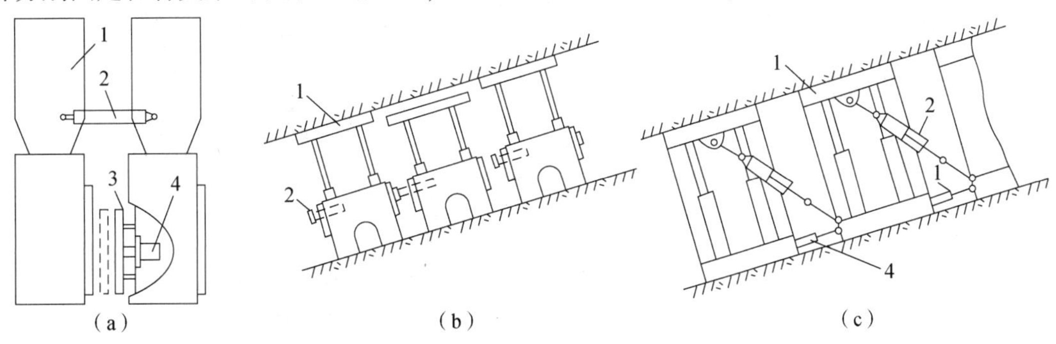

1—顶梁；2—防倒千斤顶；3—撬板；4—防滑调架千斤顶。

图 3-25　防滑和防倒装置

第四节　液压支架的液压元件和液压系统

液压支架的液压系统属于泵-缸开式系统。该支架系统简单，操作方便，其动作有升架、降架、平衡千斤顶推拉、推移输送机、移架和侧护板伸出与缩回等。

液压支架的液压系统为一泵多缸系统，其供液距离长，压力损失大，供液压力高，工作介质是黏度小、润滑性能差的乳化液，故液压元件的密封性能、结构强度和耐腐蚀性能等都要求较高。其作业环境恶劣，空间狭窄，拆装和维修不便，但液压元件的数量、品种、规格较多。

一、主要液压元件

液压支架的主要液压元件有立柱、液压千斤顶、操纵阀、液控单向阀、安全阀等。

(一) 立柱和液压千斤顶

在液压支架上，把支撑在顶梁和底座之间能承受顶板载荷的液压缸称为立柱，其余的液压缸都叫作千斤顶，如前梁千斤顶、平衡千斤顶、推移千斤顶、侧推千斤顶、护帮千斤顶等。

1. 立柱

立柱用来承受顶板载荷并调节支护高度，图 3-26 所示为双作用双伸缩立柱，外活柱与缸体构成一级缸，又与内活柱构成二级缸。油口 10 进压力液，开始由油口 12 排液，外活柱伸出。当一级缸行程结束后，一级缸活塞腔压力升高，打开底阀，压力液进入二级缸活塞腔，油口 11 排液，内活柱伸出。降柱时，油口 11、12 同时进压力液，油口 10 排液，一级缸先下降，当顶杆碰到凸台 9 时，底阀 6 打开二级缸排液下降。双作用双伸缩立柱调高范围大，操作方便灵活，但结构复杂，加工要求和成本较高，多用于薄煤层和大采高支架上。

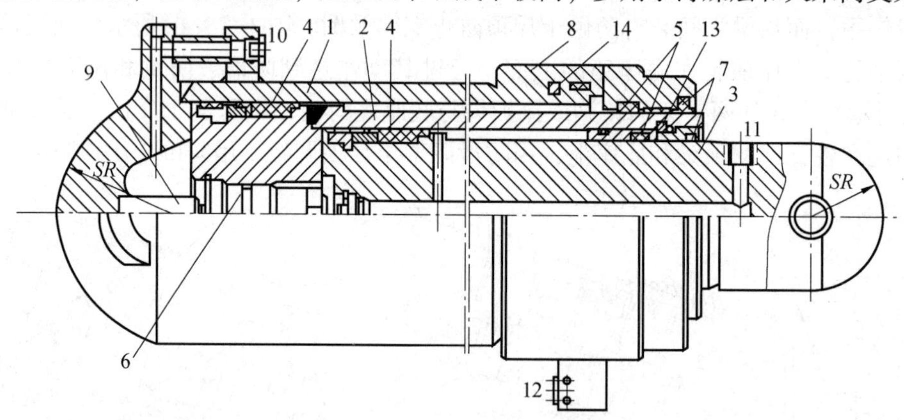

1—缸体；2—外活柱；3—内活柱；4—鼓形圈；5—蕾形密封圈；6—底阀；7—防尘圈；
8—缸盖；9—凸台；10~12—油口；13—对开卡环；14—钢丝。

图 3-26　双作用双伸缩立柱

2. 液压千斤顶

图 3-27 所示为浮动活塞式推移千斤顶，活塞 6 浮套在活塞杆 8 上，内孔有密封圈 4 和活塞杆 8 密封，外表面用密封圈 5 与缸孔密封。高压液体进入活塞腔时，活塞被推向右移，并不带动活塞杆运动，直到距离套 7 接触导向套 13 后，活塞腔压力升高，活塞杆才被推出。当活塞杆腔进液时，液压力推动活塞左移，活塞通过双半圆卡环 3 带动活塞杆缩回。采用浮动活塞式推移千斤顶，能达到移架力大于推移输送机力的要求。

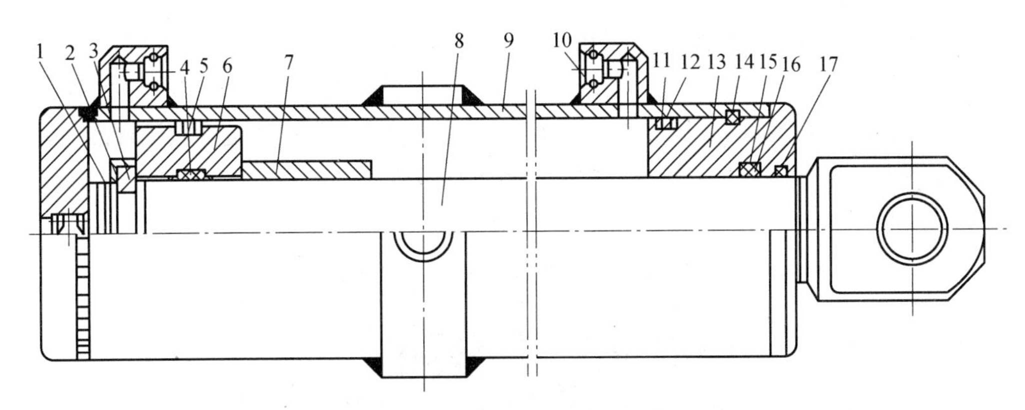

1—弹簧卡圈；2—压盘；3—双半圆卡环；4、5—密封圈；6—活塞；7—距离套；8—活塞杆；9—缸体；10—供液管接头；11、15—O 形密封圈；12、16—挡圈；13—导向套；14—连接钢丝；17—防尘圈。

图 3-27　浮动活塞式推移千斤顶

(二)操纵阀

操纵阀用来控制、转换立柱和千斤顶的进、回液通路，是实现支架完成各种动作的操纵机构。因此，操纵阀的机能、通路和位数除必须满足支架动作的要求外，还必须密封性能好，工作可靠，操作方便。操纵阀主要是片式组合操纵阀，如 ZC 型、BZF 型等，这种操纵阀都是由几片组合而成的，每片分别控制支架的一组立柱或千斤顶，每片都由两个两位三通阀组成，相当于一个 Y 形机能的三位四通阀。

图 3-28 所示为 ZC 型操纵阀，采用管式连接。该阀由首片、尾片和若干中片组合而成，每片控制一种液压缸的两个动作。ZC 型操纵阀 A 腔通进液管，B 腔通回液腔。操作时，转动手把 9，通过杠杆 8，压杆 7 推动顶杆 5 左移，打开阀球 2，同时装在压杆内的阀垫 6 将顶杆右端封闭，高压液体通过接头进入液压缸的活塞腔，而另一腔的液体经接头和上半部分阀的 B 腔排入回液管。反向转动手把，则动作相反。

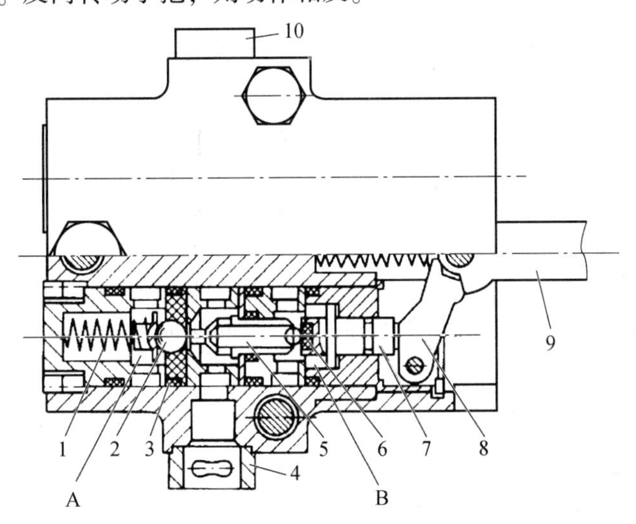

1—弹簧；2—阀球；3—阀座；4、10—接头；5—顶杆；6—阀垫；7—压杆；8—杠杆；9—手把。

图 3-28　ZC 型操纵阀

图 3-29 所示为 BZF 型操纵阀，采用管式连接。P 腔通供液管、O 腔通回液管，A、B 两腔分别通液压缸的活塞腔和活塞杆腔。操作时，转动手把 12、杠杆 11 推动顶杆 10 左移，阀杆 3 的右端被阀垫 6 封闭的同时，离开阀座 4 向左移动，高压液体进入液压缸的一腔，另一腔的液体则通过操纵阀另一侧阀杆的中心孔排入回液管。

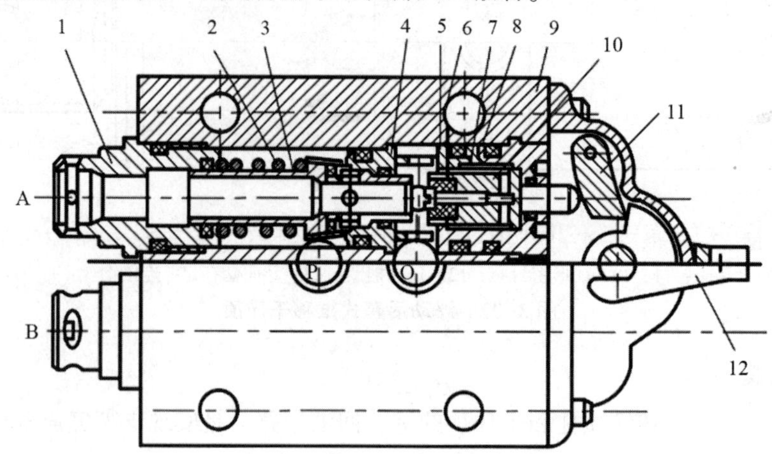

1—接头；2、7—弹簧；3—阀杆；4—阀座；5—导套；6—阀垫；8—压紧螺套；9—阀体；10—顶杆；11—杠杆；12—手把。

图 3-29　BZF 型操纵阀

(三) 液控单向阀

液控单向阀用来在支架工作过程中封闭立柱或千斤顶的承载腔，要求液控单向阀密封可靠，开启压力小，动作灵敏，液阻小。液控单向阀有球阀式、锥阀式、圆柱滑阀式、平面密封式等类型。

图 3-30 所示为液控单向阀，采用板式连接，使用时用螺栓将阀体与连接板相连。需要升柱时，压力液从操纵阀升柱口通过阀接板进入阀体 1 空腔，克服弹簧力推开阀芯 15，高压液体进入立柱活塞腔，立柱升柱；当停止供液时，阀芯在弹簧力的作用下，恢复原位，活塞腔的液体不能逆流而封闭。需要降柱时，压力液从操纵阀降柱口进入阀体推杆后部，推杆克服弹簧力打开阀芯，活塞腔中的液体从操纵阀升柱口流回油箱。

(四) 安全阀

安全阀用来限定立柱或千斤顶承载腔的最大压力，防止支架的主要承载结构件过载，确保支架的恒阻工作特性。液压支架主要使用平面密封的弹簧式安全阀和圆柱面密封的滑阀弹簧式安全阀。

图 3-31 所示的 FAD600/50 安全阀为一种立柱用大流量安全阀，安装于液压支架的立柱液压缸外侧面上，左右立柱液压缸外侧分别安装一个，连接于立柱液压缸的下腔。当顶梁受到煤层压力使立柱下腔的压力高于安全阀调定压力时，阀门开启泄压。因此，它具有控制立柱的最高工作压力从而达到保护立柱的功能，是煤矿液压支架液压控制系统中保护支架的关键部件，其性能直接关系到整个液压支架的安全及寿命。

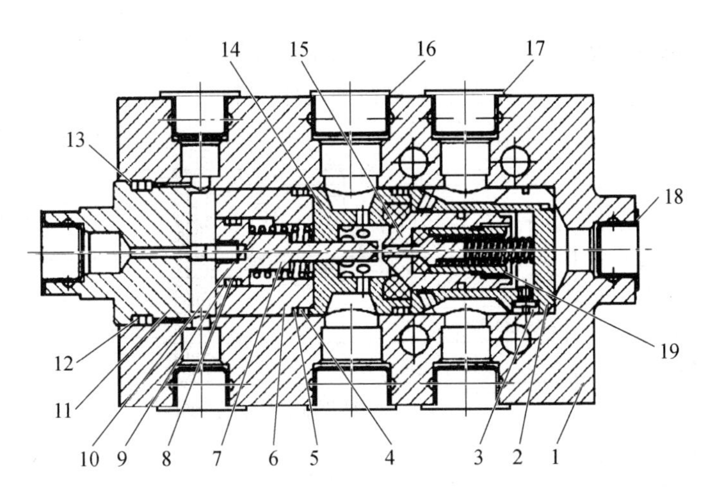

1—阀体；2—导向阀；3—减压套；4—O 形密封圈；5—支撑环；6—液压缸；7—活塞；
8—活塞密封圈；9—活塞挡圈；10—主弹簧；11—接头；12—接头密封圈；
13—接头挡圈；14—阀座组件；15—阀芯；16—出油口堵帽；17~19—堵帽。

图 3-30　液控单向阀

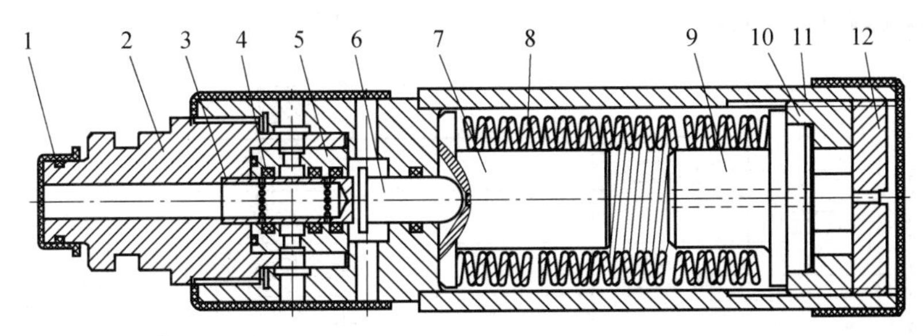

1—O 形密封圈；2—接头；3—阀芯；4—密封圈；5—导向活塞；6—顶杆；7—前弹簧支撑座；
8—复合弹簧；9—后弹簧支撑座；10—螺纹堵头；11—外壳；12—锁紧螺母。

图 3-31　FAD600/50 安全阀

二、液压系统

液压支架的液压系统可分为手动控制系统和自动控制系统两类。

(一) 手动控制系统

手动控制系统要求操作者沿工作面跟随采煤机依次操作支架。目前，液压支架大部分都采用手动控制系统。液压支架可以本架操作，也可以邻架操作。本架操作即操作者在本架内控制操纵阀使支架动作。这种方式比较简单，管路较少，但不利于操作者观察顶板和支架的动作情况。邻架操作即操作者在相邻支架内控制操纵阀，使支架动作。这种方式便于操作者观察顶板和支架的动作情况，可提高移架速度和安全性。

图 3-32 所示为支架手动先导邻架控制系统原理示意图。支架手动先导邻架控制系统由手动先导阀、多芯管和换向主阀组成，具有控制多路液流方向功能，通过控制各个液压千斤顶动作，完成液压支架的各项动作功能。支架手动先导邻架控制系统是一种先导式液压开关量控制系统，通过控制手动先导阀操作手柄，手动先导阀阀芯换向，来自乳化液泵站的高压液体便经过手动先导阀，通过相应的多芯管的小管路，输出液压控制信号，进入主阀阀体，

驱动主阀相应阀芯移动，实现主阀阀芯换向，系统的高压液体便经过主阀阀芯流出，进入相应的液压缸，液压缸动作，实现对液压支架各种动作控制。

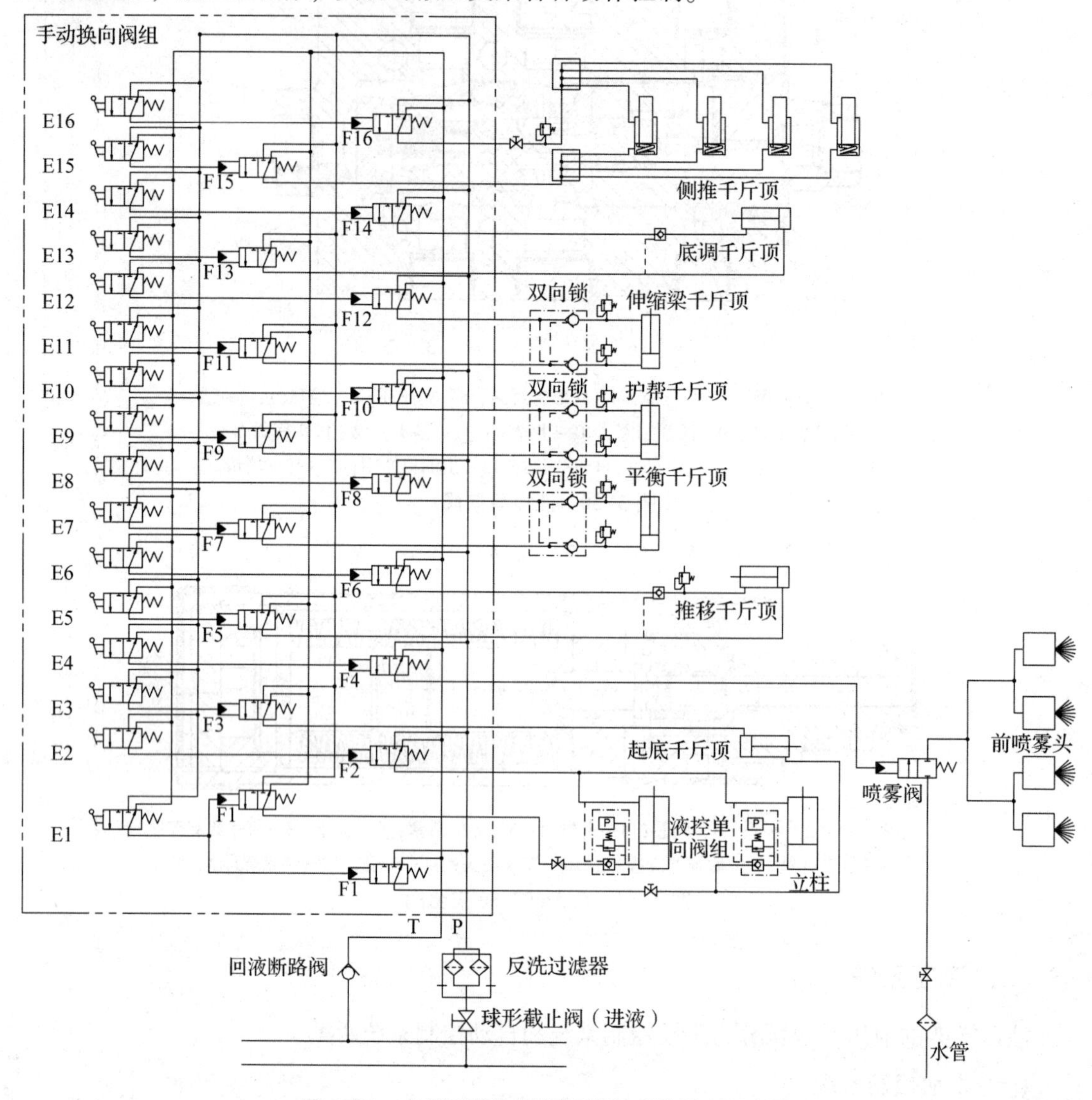

图 3-32　支架手动先导邻架控制系统原理示意图

1. 换向主阀组

换向主阀组的每个功能口都由一个二位三通手动换向阀和一个液控二位三通换向阀组成。当向上操作手动换向阀手柄时，系统的高压液体通过手动换向阀流出，进入换向主阀，驱动主阀阀芯换向，液压管路中的高压液体便经过主阀流出，进入相应的液压缸，从而实现液压支架的相应功能。当松开手动换向阀的操作手柄时，二位三通换向阀复位关闭，主阀阀芯复位，主阀控制口与进液口断开，与回液口连通。将手动先导液控换向主阀组各控制口并联，进液均为系统压力，从而提供了多样的组合和控制方式。

2. 手动先导阀

图 3-33 所示为自锁式手动先导阀。将手柄扳到位置后，松开手柄，手柄不会自动复

位，可以保持动作的连续性。一般井下实际操作中，由于刮板输送机的质量大，因此一台支架很难完成推移输送机的动作，必须由几台支架同时进行才能完成。如果采用一般式手动先导阀，一名支架操作工只能操作一台支架，就需要几名支架操作工同时完成几台支架的推移输送机动作。如果采用自锁式手动先导阀，一名支架操作工可以通过几台支架同时推移输送机进行动作。

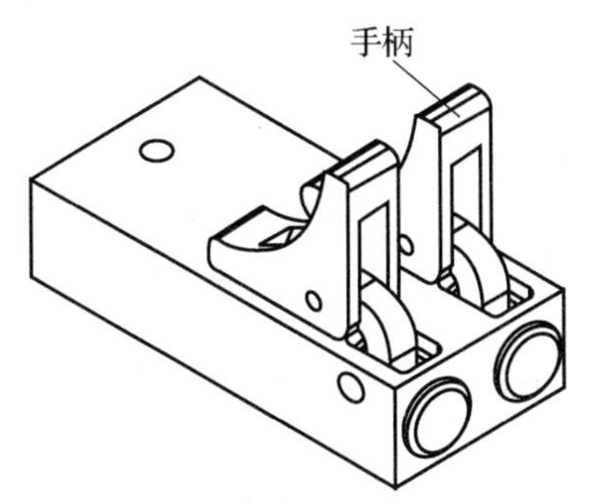

图 3-33　自锁式手动先导阀

3. 多芯管

多芯管(见图 3-34)是手动先导阀和主阀组的连接管路，由多根细芯橡胶管、一根粗芯橡胶管和管路接头组成。

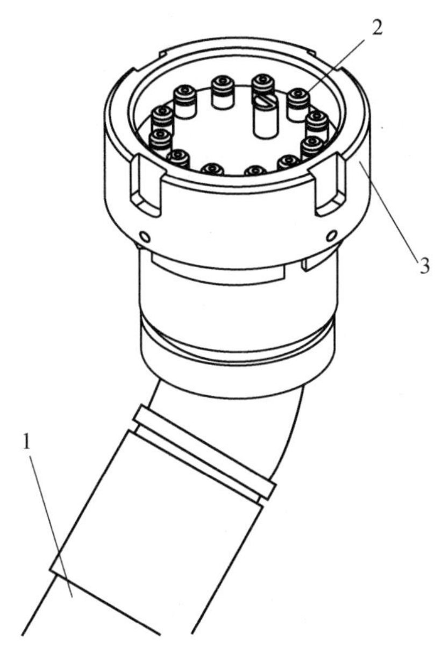

1—粗芯橡胶管；2—细芯橡胶管；3—管路接头。

图 3-34　多芯管

(二)自动控制系统

自动控制系统的工作流程是液压支架控制器给出信号后，电磁先导阀换向，输出液体驱动换向主阀阀芯移动，系统高压液体进入支架液压缸，使支架完成相应的动作。自动控制系统使支架能更好地与采煤机协调配合，加快移架速度，保证支架达到额定初撑力，改善顶板管理，减轻工人的劳动强度，增强安全性。因为操作工不跟机作业，所以应用于薄煤层和大倾角煤层其优点就更为突出。

支架电液自动控制系统原理示意图如图 3-35 所示。完整的液压支架电液自动控制系统由井下实时电液控制系统、巷道控制中心和井上远程监控中心 3 部分组成，其中井下实时控制部分为基本配置。各单机设备通过现场总线进行通信，达到彼此交换数据、相互控制的目的。井下和井上的数据采用标准的 TCP/IP 协议族利用光纤进行传输，服务器客户端采用先进的开放式 OPC 技术进行数据存取。

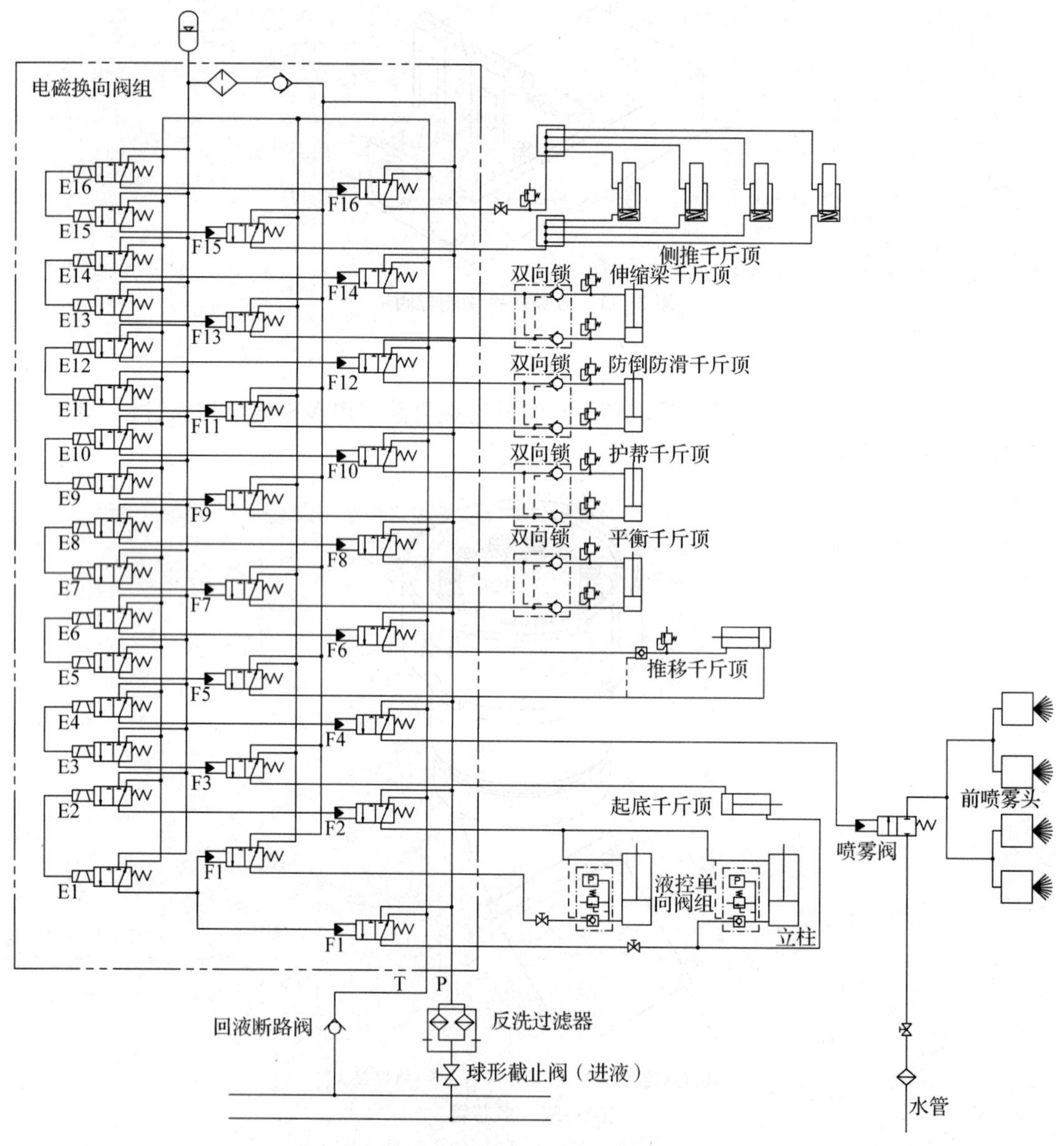

图 3-35　支架电液自动控制系统原理示意图

电液自动控制系统的数据传输及监控部分主要由井上服务器、地面监控计算机、远程数据传输装置、井下控制中心计算机等组成。井下工作面实时控制主要由支架控制器、隔离耦合器、隔爆兼本安型直流稳压电源、红外线发射器、压力传感器、行程传感器、红外线接收传感器、数据接口转换器、电磁阀驱动器、电液控换向主阀及各种辅助阀组成。

第五节　单体液压支柱和铰接顶梁

一、单体液压支柱

单体液压支柱主要用于高档普采工作面支护顶板，也可在综采工作面用作端头支护或临时支护。单体液压支柱按供液方式不同，分为内注式和外注式两种：内注式单体液压支柱所用工作液体为液压油，靠人工摇动支柱本身的手摇泵，升起活柱，获得初撑力；外注式单体液压支柱所用工作液体为乳化液，依靠设在运输巷中的泵站供给高压液体，升起活柱，获得初撑力。二者都具有恒阻工作特性。单体液压支柱适用于煤层倾角小于 25°、底板不宜过软、顶板垮落后不影响支柱回收的地质条件。

活塞式单体液压支柱如图 3-36 所示，它是一种外注式单体液压支柱，由工作面乳化液泵站供给支柱压力液来支撑顶板，工作分升柱和初撑、承载和溢流、卸载降柱等过程。

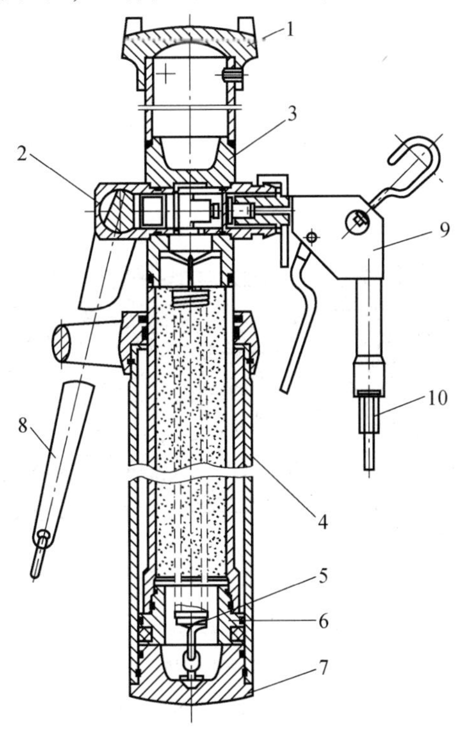

1—顶盖；2—三用阀；3—活柱；4—缸体；5—复位弹簧；
6—活塞；7—底座；8—卸载手把；9—注液枪；10—泵站供液管。

图 3-36　活塞式单体液压支柱

(一) 升柱和初撑

进行升柱和初撑时，先将注液枪插入支柱三用阀的注液孔中，然后操作注液枪手把，从乳化液泵站来的高压液体由三用阀中的单向阀进入支柱下腔，活柱升起。当支柱撑紧顶板不再升高时，松开注液枪手把，拔出注液枪。这时，支柱内腔的压力为泵站压力，支柱给予顶

板的支撑力为初撑力。

（二）承载和溢流

当顶板压力超过三用阀中安全阀限定的工作压力时，安全阀打开，液体外溢，支柱内腔压力随之降低，支柱向下伸缩。当支柱所受载荷低于额定工作阻力时，安全阀关闭，腔内液体停止外溢。由于上述溢流现象在支柱支护过程中重复出现，因此支柱的载荷始终保持在额定工作阻力左右。

（三）卸载降柱

扳动卸载手把，打开卸载阀，柱内的工作液体排出柱外，活柱在自重和复位弹簧的作用下缩回，完成卸载降柱过程。

外注式单体液压支柱结构简单、维修方便、初撑力可靠、升柱速度快、工作行程大、质量轻；但需要有一套泵站和管路系统，环节多，灵活性差。

二、单体液压支柱配套部件

（一）三用阀

三用阀如图 3-37 所示，它由单向阀、安全阀和卸载阀等组成。进液单向阀起注液升柱的作用，并保证支柱的增阻特性；安全阀起过载溢流的作用，并保证支柱的恒阻特性；卸载阀起卸液降柱的作用。

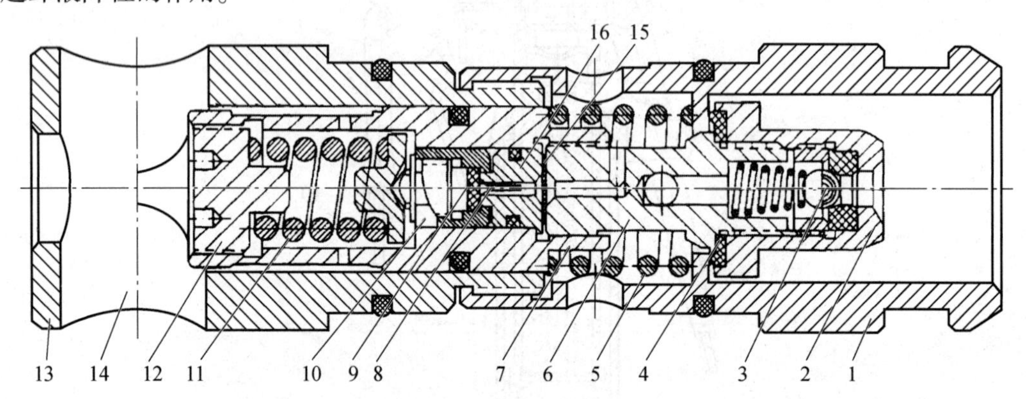

1—右阀体；2—阀体；3—注液钢球；4—卸载阀阀垫；5—卸载弹簧；6—连接螺杆；7—安全阀阀套；8—安全阀阀针；9—安全阀阀垫；10—导向套；11—安全阀弹簧；12—调压螺钉；13—左阀体；14—卸载手把安装孔；15—过滤网；16—阀座。

图 3-37 三用阀

单向阀由注液钢球 3、小弹簧、尼龙阀座和阀体 2 等组成。安全阀为平面密封式，由安全阀阀针 8、安全阀阀垫 9、阀座 16、导向套 10、安全阀弹簧 11 等组成。卸载阀主要由连接螺杆 6、卸载阀阀垫 4、卸载弹簧 5 等组成。卸载时，扳动卸载手把，安全阀阀套 7 右移，压缩卸载弹簧，使卸载阀阀垫与右阀体 1 内的台阶脱开，活柱内的高压液体从此间隙中排出，支柱下降。

(二) 注液枪

注液枪如图 3-38 所示，它是向支柱供液的工具，注液升柱时，将注液管 1 插入三用阀阀体中，并将锁紧套卡在三用阀的环形槽中。扳动手把 12，顶杆 11 右移而打开单向阀，工作液体便经单向阀、注液管进入支柱。注液结束后，松开手把，单向阀关闭，顶杆复位，残存在单向阀和注液管的高压工作液体经顶杆与密封圈和防挤圈 9 之间的间隙泄出柱外，这样注液枪才能取下。

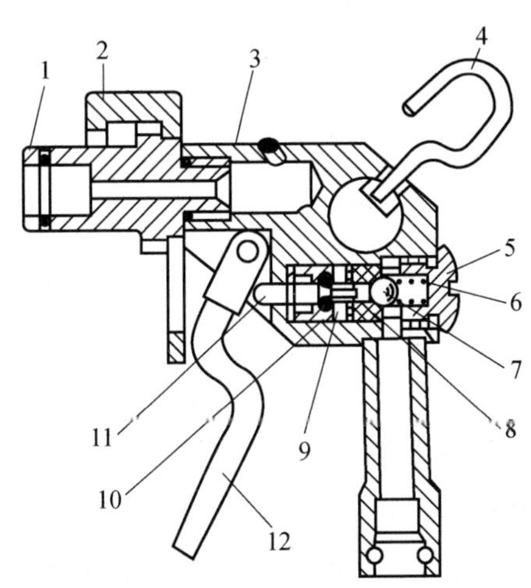

1—注液管；2—锁紧套；3—枪体；4—挂钩；5—螺钉；6—单向阀复位弹簧；
7—阀芯；8—阀座；9—密封圈和防挤圈；10—隔离套；11—顶杆；12—手把。

图 3-38　注液枪

三、铰接顶梁

单体液压支柱与铰接顶梁配合使用，才能有效地实现顶板支护。目前，广泛使用的铰接顶梁为 HDJA 型铰接顶梁，如图 3-39 所示。梁身的断面为箱形结构，用扁钢组焊而成。

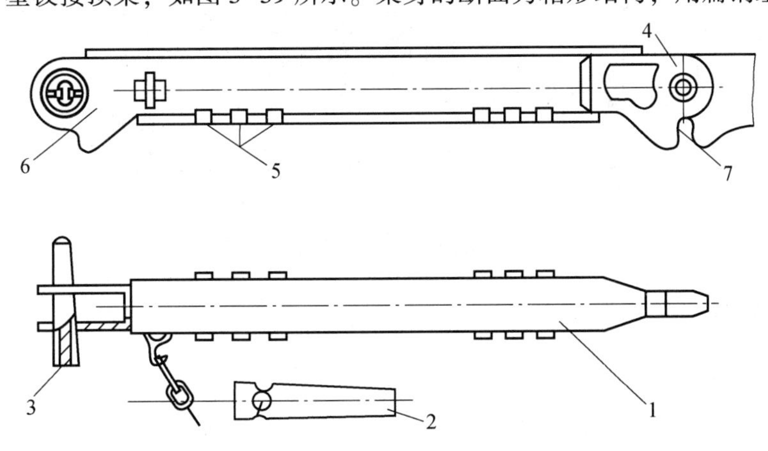

1—梁身；2—楔子；3—销子；4—接头；5—定位块；6—耳子；7—夹口。

图 3-39　HDJA 型铰接顶梁

架设顶梁时，先将要安设的顶梁右端接头插入已架设好的顶梁一端的耳子中；然后用销

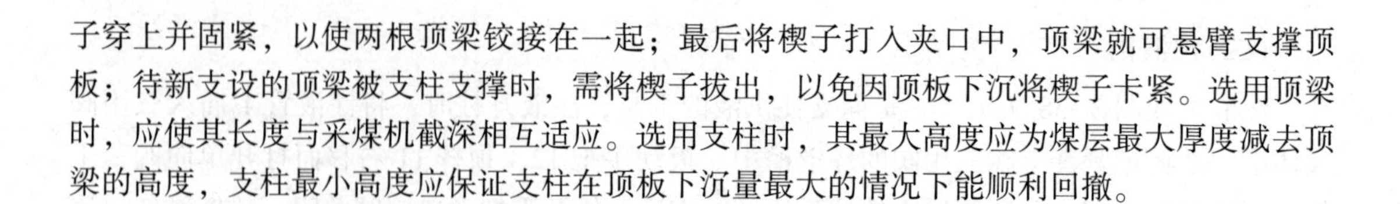

子穿上并固紧，以使两根顶梁铰接在一起；最后将楔子打入夹口中，顶梁就可悬臂支撑顶板；待新支设的顶梁被支柱支撑时，需将楔子拔出，以免因顶板下沉将楔子卡紧。选用顶梁时，应使其长度与采煤机截深相互适应。选用支柱时，其最大高度应为煤层最大厚度减去顶梁的高度，支柱最小高度应保证支柱在顶板下沉量最大的情况下能顺利回撤。

第六节 泵 站

一、乳化液泵站

(一)功用和组成

乳化液泵站是向液压支架和单体液压支柱输送高压乳化液的设备，是液压支架的动力源，其工作性能直接影响液压支架的工作性能和使用效果。因此，要求乳化液泵站应能满足支架的工作特性，能在空载下启动，具有可靠的过滤装置和蓄能器，以减缓脉动和提高系统工作的稳定性。乳化液泵站设在巷道内，远距离向采煤工作面供液。

乳化液泵站由乳化液泵组和乳化液箱组成，一般是二泵一箱，其中一台泵工作，另一台泵备用。对于高产工作面，也可用三泵两箱组成泵站。乳化液泵站具有一套压力控制和保护装置，包括自动卸载阀、截止阀、溢流阀、蓄能器和压力表等。图 3-40 所示为 BRW400/31.5 型乳化液泵组，乳化液泵、电动机、蓄能器等固定于滑橇式的底拖上。

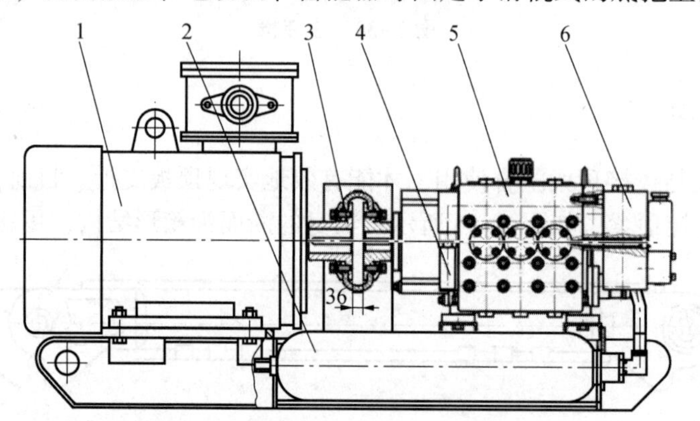

1—电动机；2—蓄能器；3—联轴器；4—安全阀；5—乳化液泵；6—卸载阀。

图 3-40 BRW400/31.5 型乳化液泵组

(二)乳化液泵

1. 乳化液泵结构与工作原理

BRW400/31.5 型乳化液泵如图 3-41 所示，其主要由曲轴、高压缸套等组成。BRW400/31.5 型乳化液泵为卧式五柱塞往复泵，选用四级防爆电动机驱动，经一对斜齿轮减速后，带动五曲拐曲轴 1 旋转，再经连杆 3、滑块 4 带动柱塞 8，在高压缸套内做往复运动。当柱塞往后运动时，乳化液在负压作用下，经泵头的吸液阀吸入；当柱塞往前运动时，乳化液由泵头的排液阀压出，从而使电能转换成液压能，输出高压乳化液供给液压支架工作时使用。

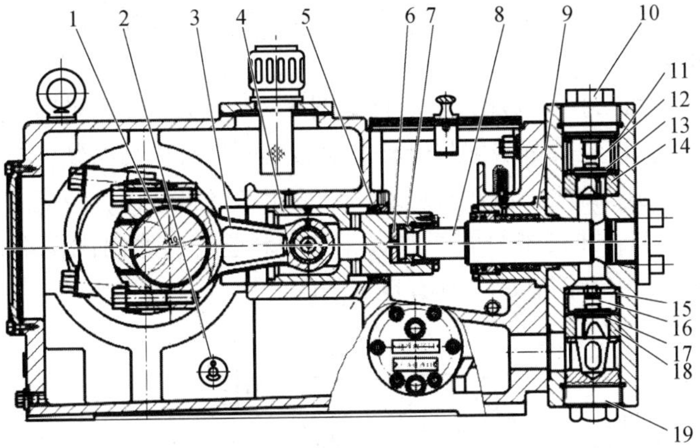

1—曲轴；2—磁性过滤器；3—连杆；4—滑块；5—隔离腔油封；6—承压块；7—半圆环；
8—柱塞；9—高压缸套；10—排液阀螺堵；11—排液阀套；12—排液阀弹簧；13—排液阀阀芯；
14—排液阀阀座；15—吸液阀阀套；16—吸液阀弹簧；17—吸液阀阀芯；18—吸液阀阀座；19—吸液阀螺堵。

图 3-41　BRW400/31.5 型乳化液泵

2. 乳化液泵型号组成及其代表意义

乳化液泵型号组成及其代表意义如图 3-42 所示。

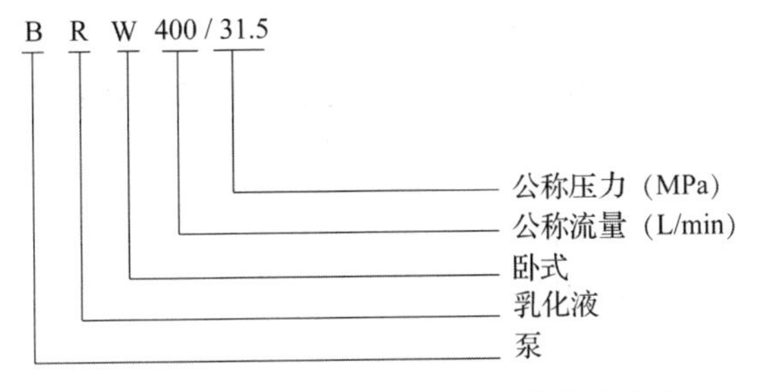

图 3-42　乳化液泵型号组成及其代表意义

3. 乳化液泵组成

1) 曲轴箱组件

BRW400/31.5 型乳化液泵曲轴箱是安装曲轴、齿轮、连杆、滑块、高压缸套、泵头的基架，又是主要的受力构件，采用高强度铸铁，铸成整体箱形结构，使其具有足够的强度和刚性。曲轴选用优级锻钢制成；轴瓦为钢背高锡铝合金瓦；齿轮采用优质合金钢，经加工与热处理后制成，齿面具有足够的硬度与较高的转动精度；连杆采用球墨铸铁，大头为剖分式结构，便于组装与拆卸，小头采用圆柱销连接，使其工作可靠。曲轴箱内设有冷却润滑系统，安装在齿轮箱上的齿轮泵，经箱体下方的网式滤油器吸油，排出的压力油经设在箱体吸液腔的油冷却器冷却后，进入曲轴的中心孔中，再由曲轴的横向小孔喷出到连杆大头的轴瓦上进行润滑。在箱体下方设有磁性过滤器，以吸附悬浮在润滑油中的铁粉杂质。在进液腔盖的上方设有放气孔，以排放腔内空气。

2) 泵头组件

泵头是泵的液力端，BRW400/31.5 型乳化液泵由 5 个分离的泵头组成，泵头下部安装吸液阀，上部安装排液阀，吸、排液阀均为锥阀，用不锈钢制成。高压集液块将5个分离的泵头的高压排液汇聚在一起，并经装在一侧的卸载阀输出，在靠电动机一侧装有安全阀。

3）高压缸套组件

BRW400/31.5型乳化液泵高压缸套组件如图3-43所示。柱塞采用优质钢制成，并在表面喷镀硬质耐磨材料，再经精密磨削与研磨，使其表面具有极高的硬度与光洁度，从而使柱塞具有良好的耐磨性与防腐性。柱塞密封采用三道矩形密封结构，装配时，三道矩形圈的接口位置应互相错开120°，并在密封圈间放置一个塑料垫片，密封圈两端是厚的垫片，中间是较薄的垫片，导向套用青钢制成，具有良好的耐磨性。

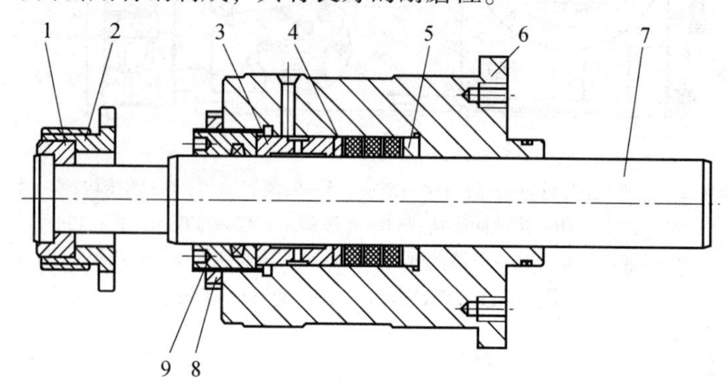

1—半圆环；2—锁紧螺套；3—导向套；4—垫片；5—衬垫；6—高压缸套；7—柱塞；8—锁紧螺母；9—压紧螺母。

图3-43　BRW400/31.5型乳化液泵高压缸套组件

4）安全阀

BRW400/31.5型乳化液泵安全阀如图3-44所示。安全阀是泵的过载保护元件，为锥形结构的直动式安全阀。它的开启压力为泵的调定压力的110%~115%。调整碟形弹簧的作用力，就可以改变阀的开启压力。

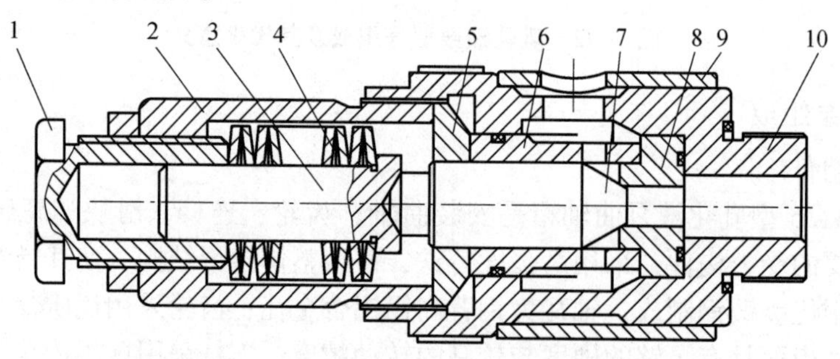

1—调整螺套；2—套筒；3—导杆；4—碟形弹簧；5—承压块；6—阀套；7—阀芯；8—阀座；9—保护套；10—阀体。

图3-44　BRW400/31.5型乳化液泵安全阀

5）卸载阀

BRW400/31.5型乳化液泵卸载阀如图3-45所示。卸载阀主要由两套并联的单向阀、主阀和一个先导阀组成。其工作原理是泵输出的高压液体进入泄压阀后，分成4条液路：第一条冲开单向阀直接向工作面液压支架供高压乳化液，该液路为主供液路，又称主回路；第二条冲开单向阀的高压液体，经 $\phi6$ mm 的小孔与上节流堵，到达先导阀滑套的下腔，给阀杆一个向上的液压推力，但阀杆上还作用一个向下的弹簧力，调整此弹簧力的大小，就能改变卸载压力的大小，该液路为上控制液路；第三条来自泵的高压液，经中间的 $\phi6$ mm 的小孔与中节流堵进入先导阀阀杆的下腔，再经下节流堵进入推力活塞的下腔，给推力活塞一个向上的推力，迫使主阀关闭，该液路为下控制液路；第四条当推力活塞没有向上的推力时，来自泵的液体就直接经由主阀回至液箱，此条液路为卸载回路。

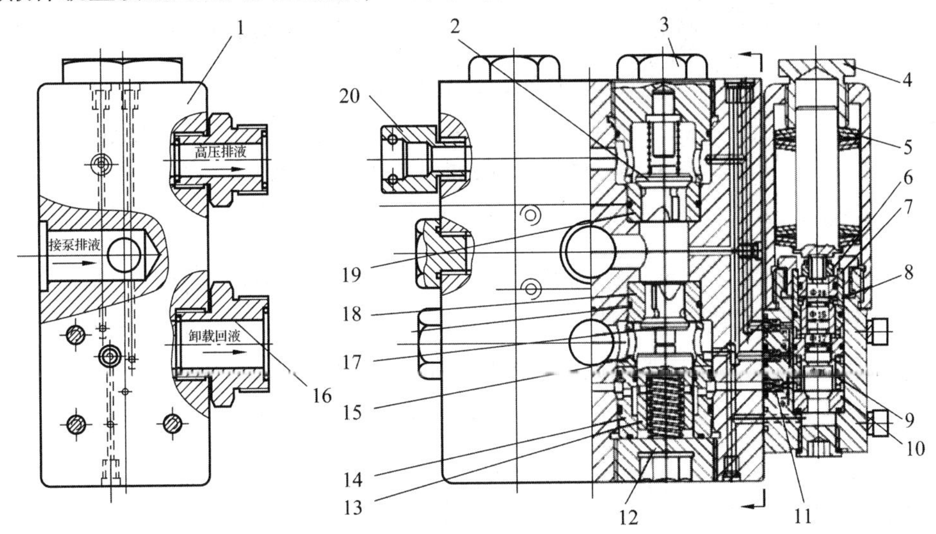

1—阀体；2—单向阀阀芯；3—单向阀螺堵；4—调整螺套；5—碟形弹簧；6—锁紧螺母；7—活塞套；8—滑套；9—先导阀阀杆；10—先导阀阀座；11—节流堵；12—主阀螺堵；13—推力活塞；14—导向套；15—压套；16—接头；17—主阀阀芯；18—主阀阀座；19—单向阀阀座；20—接头。

图 3-45 BRW400/31.5 型乳化液泵卸载阀

当液压支架停止用液时，管路系统的液体压力就会立即升高，同时也会通过上控制回路，使作用在阀杆上的向上液压力增大，当液压力增大到大于作用在阀杆上的向下的弹簧力时，阀杆就会在液压力的作用下而向上移动，于是阀杆的下腔与液箱相通，其压力降至 0。因为推力活塞的下腔与阀杆的下腔相通，所以推力活塞下腔的压力也降至 0，主阀因失去依托而被开启，泵的排液经由主阀直接回到液箱，因而泵处在空载状态下运行，此过程即为泵的卸载过程。因为主阀开启时，单向阀在液压力与弹簧力的作用下立即关闭，所以液压系统仍旧保持在高压状态，使先导阀的阀杆继续维持在开启状态，因此泵也就保持在空载运行状态。

当液压支架重新用液或系统漏液使系统的压力下降时，同时也会使经上控制回路作用在先导阀阀杆上的液压力下降；当液压力小于碟形弹簧的弹簧力时，阀杆就会在弹簧力的作用下向下运动，直至关闭，从而使推力活塞的下腔，重新建立起压力，于是推力活塞将主阀关闭，泵的排液经单向阀重新恢复向系统供液。卸载阀调定压力是通过调节先导阀的调整螺套，即调整碟形弹簧的弹簧力来实现的。

6）蓄能器

图 3-46 所示为 NXQ-L25/320-A 型皮囊式蓄能器，其主要作用是补充高压系统中的漏

损，从而减少卸载阀的动作次数，延长液压系统中液压元件的使用寿命，同时还能吸收高压系统中的压力脉动。

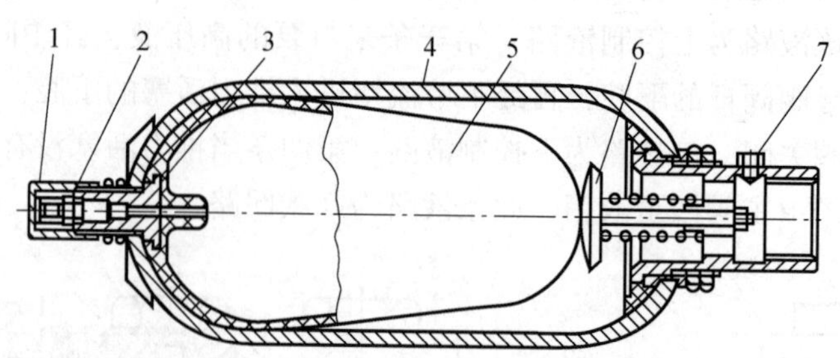

1—保护帽；2—充气阀；3—充气阀座；4—壳体；5—皮囊；6—托阀；7—放气螺钉。

图 3-46　NXQ-L25/320-A 型皮囊式蓄能器

7) 联轴器

BRW400/31.5 型乳化液泵采用轮胎式联轴器，它由两个半联轴器、轮胎环、压紧板、加强环等组成。轮胎环有很好的弹性和较高的机械强度，具有抗振、耐挠曲的优点。因此，它既能传递较大的扭矩，又能吸收振动，减少冲击。

(三) 乳化液箱

1. 乳化液箱结构与工作原理

乳化液箱是储存、回收、过滤和沉淀乳化液的设备。RX400 型乳化液箱如图 3-47 所示，它由乳化液箱体、自动配液器、磁性过滤器、吸液截止阀、交替阀、高压过滤器、蓄能器、回液过滤器、压力表、高低压胶管等组成。

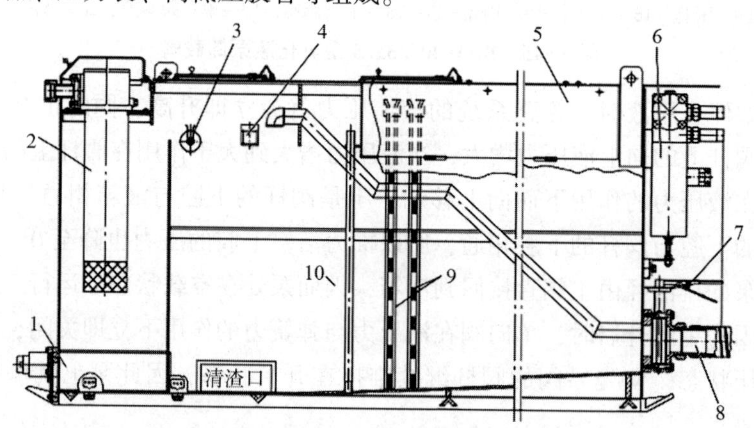

1—回液过滤器；2—高压过滤器；3—磁性过滤器；4—吸液截至阀；5—蓄能器；6—自动配液装置；7—交替阀；8—高低压胶管；9—滤网；10—乳化液箱体。

图 3-47　RX400 型乳化液箱

乳化液箱由 3 个室组成，即沉淀室、过滤室、工作室。每室底部都设有放油塞，更换乳化液时，可将放油塞拧掉放尽液体。在箱体两侧设有清渣盖，打开此盖可清除沉淀室内的污物，便于清理。储油腔内有乳化油，供配液用，当乳化液箱需配液时，自动配液器工作，配制的乳化液进入乳化液箱的沉淀室，经沉淀后进入过滤室，经磁性过滤器和滤网过滤后，洁净的乳化液直接进入工作室，供泵吸液用。打开吸液截止阀，工作室的乳化液通过吸液软管至泵的吸液口进入乳化液泵，泵排出的高压乳化液经高压过滤器进入交替阀。交替阀上6个面设有5个出口，左右两端可连接两高压过滤器，上出口连接压力表，下出口为高压液体去支架的供液口，后面出口连接蓄能器，用于吸收液体的压力脉动和稳定泵的卸载动作。两只回液断路器经箱内两根钢管与沉淀室相通，供泵的卸载阀卸载回液，使泵的卸载回液直接进入沉淀室。乳化液箱的吸液截止阀、高压过滤器、回液断路器均为左右对称分布，可一套工作，另一套备用，或两套同时工作。

2. 乳化液箱组成

1) 乳化液箱体

乳化液箱体既是乳化液的储存室，又是各种液压元件的安装基架，它由钢板焊接而成，具有足够的强度和刚度。乳化液箱体的后部是支架回液及新配制的乳化液的沉淀室，在上方有一隔离腔为乳化油的储油腔，乳化液箱体中部是过滤室，前部为乳化液工作室，乳化液箱体上方设有活动盖板，以保证吸液的通畅。在过滤室内，设有一根溢流管用于高液位时的溢流。乳化液箱体内近底部焊有两根钢管连接回液断路器与沉淀室。

2) 高压过滤器

RX400型乳化液箱的高压过滤器采用ZUI-H630×80F，流量为630 L/min，压力为31.5 MPa，过滤精度为80 μm，内部设旁通阀，当滤网堵塞到一定程度时，旁通阀自动打开。

3) 吸液截止阀

吸液截止阀由供液蝶阀组成，板式连接，由于乳化液箱上设有两套吸液截止阀，便于一套工作、另一套检修备用，不影响正常工作。

4) 回液断路器

回液断路器由断路阀组成，工作时插上回液软管，其快速接头端顶开断路阀芯，使回液与乳化液箱的沉淀室相通。拔出回液软管，阀芯在弹簧力的作用下复位至关闭状态，从而封存箱内乳化液。

5) 交替阀

交替阀的作用是当两台乳化液泵交替工作时，自动切断高压系统与备用泵的通路，或供两台泵同时工作。交替阀由两组单向阀反向构成，其工作原理是：当一端有高压液体进入时，此端单向阀打开，而另一端单向阀在液压力的作用下关闭，从而切断高压系统与备用泵的通道，当两端同时供液时则两单向阀同时开启。

6) 回液过滤器

工作面液压支架的回液经回液过滤器过滤后，方可进入乳化液箱的储油腔，以防脏物进入泵的吸液端。

7) 自动配液器

自动配液器由水过滤器、液控单向阀、配液阀、浮球阀、安全阀、减压器等组成，如图3-48所示。其作用是自动将乳化油和水按照一定的比例配成乳化液。配液装置要求的供水压力不大于3 MPa，不小于0.3 MPa，若水压太低，则吸不上乳化油，或吸入乳化油的量不足，达不到所需配比。乳化液的浓度一般控制在3%~5%。

自动配液器的工作过程是：开启进水后，压力为0.2~3 MPa的中性水经过滤后到减压阀6，减压阀将出口压力调定在(0.3 ±0.05)MPa。当液面低至浮球阀4开启时，液控单向阀2打开减压后的0.3 MPa清水流至配液阀3，到调节浓度为所需值；当浮球随液面升至调定的液位时，浮球阀关闭，使液控单向阀关闭，配液阀停止配液。

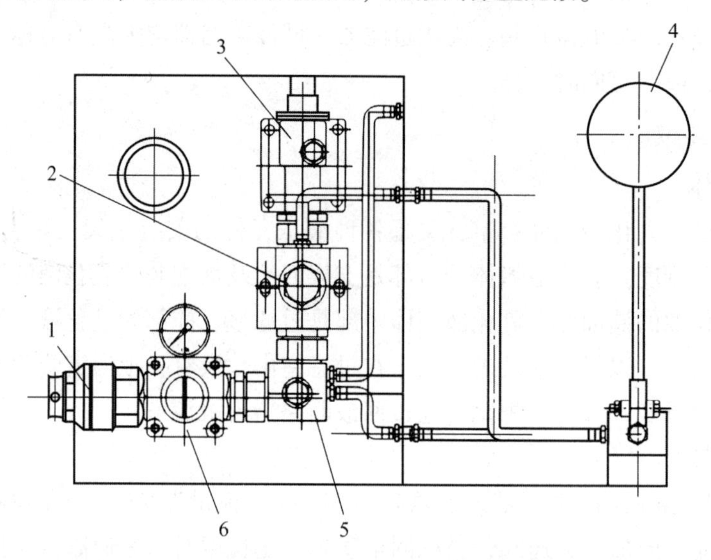

1—水过滤器；2—液控单向阀；3—配液阀；4—浮球阀；5—安全阀；6—减压阀。

图3-48 自动配液器

(四)乳化液泵站液压系统

图3-49所示为乳化液泵站液压系统，主要由2台乳化液泵、可自动配液箱及控制装置等组成。通常情况下一台泵向工作面支架液压系统供液，另一台泵备用。

低压乳化液从液箱经打开的吸液截止阀14吸入乳化液泵，通过乳化液泵1将压力提高后，排出的高压乳化液经安全阀2、卸载阀4、高压过滤器6、交替阀8通过输液管向工作面液压系统供液。在输液管与工作面供液管之间，连接有蓄能器9及压力表10。卸载阀的卸载回液管路与液箱相连，系统返回的乳化液经过回液过滤器7返回液箱。

为防止液压系统供液压力超过规定值，保护乳化液泵和液压系统的安全，在泵的供液管路上加装了安全阀。安全阀正常工作情况下处于关闭状态，当系统压力突然升高，达到35.4 MPa时，安全阀迅速开启进行保护。

乳化液泵与液箱相连的吸液口处加装了吸液截止阀，它的作用是对不工作的备用乳化液泵进行隔离。与输液管相连的两个蓄能器5改善了支架液压系统及高压乳化液泵的工况，减少压力脉动，使卸载阀的动作频率减少，提高了寿命及可靠性。

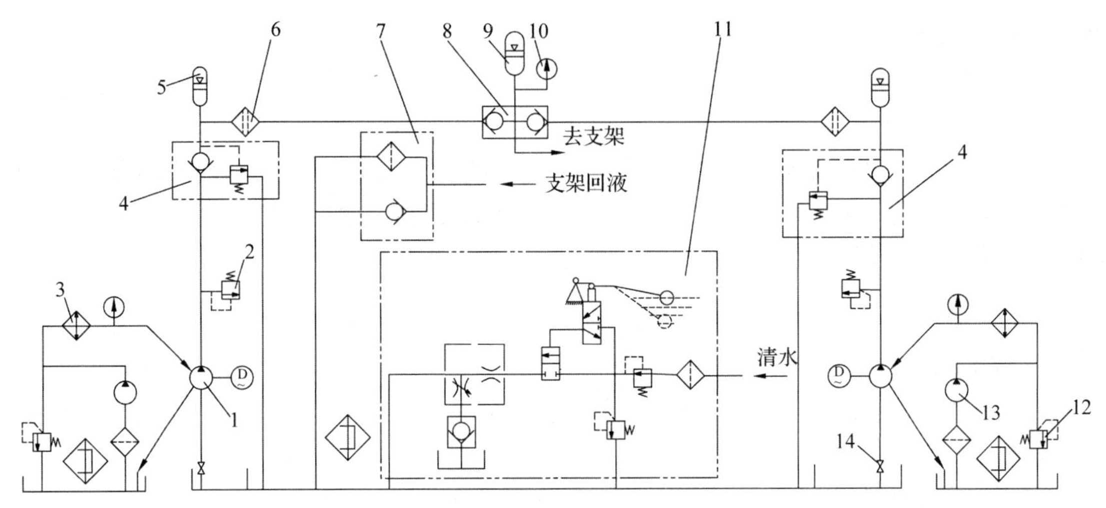

1—乳化液泵；2—安全阀；3—油冷却器；4—卸载阀；5—蓄能器(25 L)；
6—高压过滤器；7—回液过滤器；8—交替阀；9—蓄能器(40 L)；10—压力表；
11—自动配液阀；12—溢流阀；13—齿轮泵；14—吸液截止阀。

图 3-49　乳化液泵站液压系统

(五)乳化液泵站主要参数计算

1. 泵站压力

泵站压力必须满足立柱初撑力和千斤顶最大推力所要求的乳化液工作压力。

所需泵站压力 p_b 为：

$$p_b \geqslant k_1 p_m \text{ MPa} \tag{3-4}$$

式中，p_m——根据立柱初撑力或千斤顶最大推力算得的最大工作压力(MPa)；

k_1——从泵站到支架的管路压力损失系数，一般取 1.1~1.2。

2. 泵站流量

泵站流量应按支架沿工作面的移架速度能跟上采煤机的工作牵引速度为原则来确定。

所需乳化液泵的流量 Q_b 为：

$$Q_b \geqslant k_2 \left(\sum Q_i\right) \frac{v_q}{A} \times 10^{-3} \text{ L/min} \tag{3-5}$$

式中，$\sum Q_i$ ——一架支架全部立柱和千斤顶同时动作所需的乳化液体积(cm^3)；

v_q ——采煤机的最大工作牵引速度(m/min)；

A——相邻支架的中心距(m)；

k_2——从泵站到支架的管路泄漏损失系数，一般取 1.1~1.8。

应根据乳化液泵的技术特征，选择稍大于上述 p_b、Q_b 值的乳化液泵型号。

3. 电动机功率

驱动乳化液泵的电动机功率 N 为：

$$N = \frac{p_b Q_b}{60\eta_b} \text{ kW} \tag{3-6}$$

式中，η_b——乳化液泵的总效率。

二、喷雾泵站

(一)功用和组成

喷雾泵站是为采煤机提供喷雾降尘，为摇臂提供液压和冷却用水，实现内外喷雾的矿用高压喷雾降尘设备。喷雾泵站由 2 台喷雾泵与 1 台水箱组成，它们固定在喷雾泵站底座上。电动机、联轴器、喷雾泵等安装于滑橇式底拖上，组成喷雾泵组。

(二)喷雾泵

1. 喷雾泵结构与工作原理

喷雾泵主要由曲轴箱、钢套组件、泵头组件等组成。在泵头的排液腔一侧装有安全阀，另一侧装有卸载阀。

BPW315KB 型喷雾泵的结构为卧式三柱塞往复式柱塞泵，由 1 台三相交流四极防爆电动机驱动，经联轴器由一对齿轮减速增扭后带动三曲拐的曲轴旋转，通过连杆、滑块，使柱塞在高压缸套内做往复直线运动；柱塞向后运动时，液体经吸液阀被吸入高压缸套的工作腔；柱塞向前运动时，液体经排液阀后排出，将电能转换成液体的压力能，从而输出高压液，并经高压输液管和工作喷嘴雾化，供冷却与喷雾降尘用。

2. 喷雾液泵组成

1) 曲轴箱组件

曲轴箱由箱体、曲轴、齿轮、连杆滑块、磁性过滤器等主要零部件组成。

箱体是安装曲轴、齿轮、连杆、滑块、高压缸套、泵头等零部件的基架，又是主要受力构件，它采用整体箱形结构，具有足够的强度与刚性。用高强度铸铁铸造成型后，再经机械加工后制成。曲轴选用优质合金钢制成，轴瓦为钢背高锡铝合金瓦；齿轮采用优质合金钢，齿形经精加工后，再对齿面进行辉光离子氮化处理，因而具有很高的硬度和强度；连杆大头采用剖分式结构，以便于装拆，小头采用圆柱销连接，工作可靠。在箱体的曲轴下方设有磁性过滤器，以吸附润滑油中悬浮的铁质粉末；在进液腔盖的上方设有放气螺堵，以放尽腔内空气；在进液腔盖的下方设有防冻放水螺堵，可放净进液腔内的液体。

2) 泵头组件

泵头组件是泵的液力端，并作为泵的配液机构。在泵头体的下部装有 3 组吸液阀，在其上部装有 3 组排液阀。泵头体采用优质钢锻制而成，吸、排液阀均采用不锈钢制成。

3) 高压缸套组件

BPW315KB 型喷雾泵高压缸套组件是泵的液力端主要工作部件，它由柱塞、柱塞密封圈、导向铜套与高压缸套等主要零件组成。柱塞采用优质合金钢，经氮化处理后具有极高的硬度，因而它具有优良的耐磨性和防腐性能。柱塞密封采用多层矩形软密封结构，装配时每层密封的接口应互相错开 120°，在两层密封圈的中间还夹有一个塑料隔离圈。导向铜套采用耐磨性较好的青铜制成。

4) 安全阀

安全阀是泵的过载保护元件，采用锥形阀的结构，安全阀的调定压力为泵的公称压力的 110%～115%。

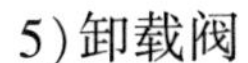

5)卸载阀

BPW315KB 型喷雾泵卸载阀是泵的第一级压力保护元件。它由单向阀、主阀和先导阀等组成。它的作用是使液压系统内的压力保持在规定的范围内，在系统压力低于卸载阀的调定压力时，来自泵的液流由进液口进入卸载阀，顶开单向阀经卸载阀的流出口，而输入液压系统，该回路称为主回路；在系统压力等于或大于卸载阀的调定压力值时，卸载阀就产生一个卸载动作，来自泵的液流进入卸载阀后，顶开主阀而直接流回水箱，该回路称为卸载回路。当系统压力低于卸载阀的调定压力值时，卸载阀又产生一个恢复向系统供液的动作，使泵重新向系统提供高压液。

6)蓄能器

BPW315KB 型喷雾泵采用胶囊式蓄能器，其主要作用是吸收高压系统中液体的压力脉动，从而减少震动；同时，还可向高压系统中补充液体以减少卸载阀的动作次数，延长液压系统中液压元件的使用寿命。

习题3

1. 简述顶、底板稳定性特征及分类。
2. 简述液压支架的主要液压元件及其功能。
3. 试分析液压支架的工作原理和液压支架的支撑与承载过程。
4. 液压支架有哪几种类型？在结构和性能上各有哪些特点？
5. 试分析放顶煤支架的结构特点。
6. 端头支架的作用及其主要组成部分是什么？
7. 简述液压支架的结构组成及其特点。
8. 试分析双伸缩立柱的工作原理。
9. 简述液压支架液压系统的组成和分类。
10. 液压支架电液控制系统由哪几部分组成？试分析其工作原理。
11. 简述单体液压支柱的结构特点及其工作原理。
12. 说明三用阀和注液枪的功用。
13. 乳化液泵站的功用和组成是什么？
14. 简述乳化液泵站液压系统的工作过程。

第四章 综采工作面设备配套技术

第一节 概 述

一、综采工作面设备配套目的

综采工作面设备配套是综采工作面单机设计、采区设计和采煤工艺设计的依据，是实现综采工作面高产、高效和安全生产的关键环节。因此，必须要解决配套设备各单机间的能力匹配和空间几何关系配套问题，使成套设备的性能与采煤工艺和工作面条件相互适应。综采设备只有结合综采工作面的实际情况，选择技术性能可靠、参数合理、经济合理的设备进行配套，使综采设备配套工作在采煤、运输和支护等环节得到最佳匹配效果，这样才能实现工作面的最大生产能力和安全生产，特别要把工作面“三机”——采煤机、刮板输送机和液压支架——配套工作做好。

综采工作面设备总体配套的目的是使综采工作面设备适合特定的煤层地质条件，在采煤、支护和运输等环节之间保证有最佳匹配效果，满足综采工作面开采生产能力要求，提高综采工作面的开机率，最大限度地发挥成套装备与技术的综合效能，实现综采工作面的安全生产和高产高效。随着综采工作面设备数量和机型增多，综采工作面设备总体配套显得尤为重要，“三机”配套工作做得越扎实，设备配套优化越完善，设备性能就会发挥得越充分，综采工作面生产效率就越高，对安全高效生产的保障就越有利。

二、综采工作面设备配套内容

(一)综采工作面“三机”几何关系配套

综采工作面设备间相互联结尺寸与空间位置关系的配套主要包括以下方面。

(1)刮板输送机与支架相互关联尺寸，如推移机构与输送机连接销轴、销孔大小、连接头的制备等。

(2)刮板输送机与平巷转载机相对位置尺寸。

(3)刮板输送机与过渡支架相对位置。

(4)刮板输送机与液压支架顶梁相对位置及空间尺寸。

(5)液压支架顶梁的梁端距。

(6)过渡支架与端头支架的相对位置以及端头支架与转载机的相对位置。

(7)端头支架与平巷中其他辅助设备的相对位置。

(8)防滑、防倒装置与液压支架、刮板输送机的关联尺寸及相对位置。

(9)采煤机与刮板输送机及支架间的相对静止或运动位置关系。

(10)采煤机牵引方式与刮板输送机配套关系。

以上相互位置的关系必须考虑周全，否则将影响工作的高效进行。综采工作面设备配套尺寸关系如图 4-1 所示。

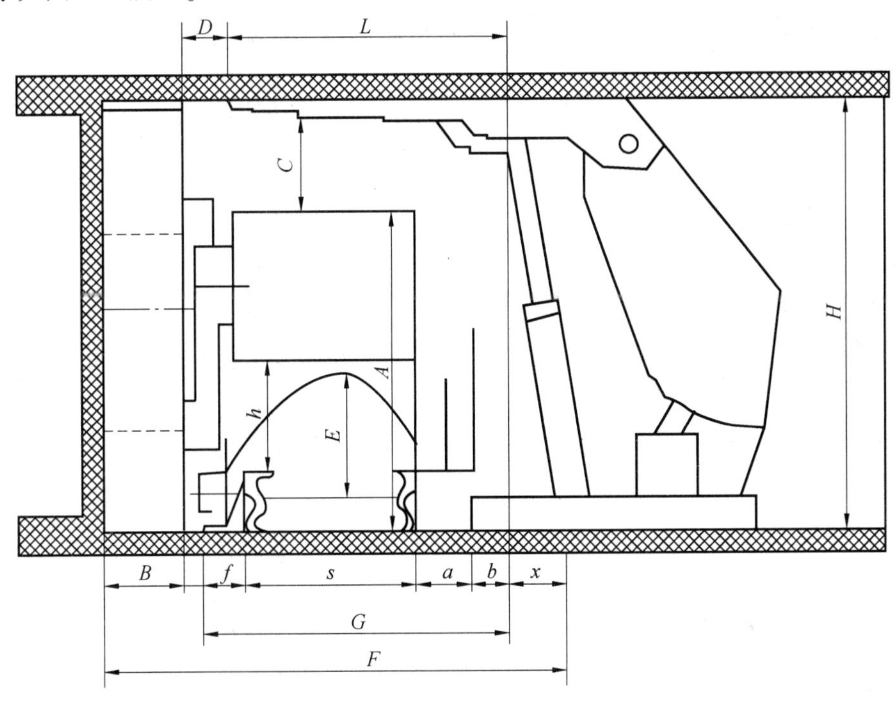

图 4-1　综采工作面设备配套尺寸关系

从安全角度出发，支架前柱到煤壁的无立柱空间宽度 F 应越小越好，其尺寸组成为：

$$F = B + e + G + x \tag{4-1}$$

式中，B——截深，即采煤机滚筒的宽度(mm)；

e——煤壁与铲煤板之间的空隙距离(mm)，为了防止采煤机在输送机弯曲段工作时滚筒切割铲煤板，取 $e = 100 \sim 200$ mm；

x——立柱斜置产生的水平增距，可按立柱最大高度的投影计算(mm)；

G——输送机宽度(mm)。

输送机宽度 G 的组成为：

$$G = f + s + a + b \tag{4-2}$$

式中，f——铲煤板的宽度(mm)，一般为 150~240 mm；

s——输送机中部槽的宽度，由输送机型号确定(mm)；

a——电缆槽和导向槽的宽度(mm)，通常为 360 mm；

b——前柱与电缆槽之间的距离(mm)，为了避免输送机倾斜时挤坏电缆，保障司机的操作安全，取 $b=200\sim400$ mm。

由于底板截割不平，输送机产生偏斜，为了避免采煤机滚筒截割到顶梁，支架梁端与煤壁应留有无支护的间隙 D，一般为 200~400 mm，煤层薄时取小值，厚时取大值。

从前柱到梁端的长度 L 应为：

$$L = F - B - D - x \tag{4-3}$$

在空间高度上，支架最小高度 H 可表示为：

$$H = A + C + t \tag{4-4}$$

式中，t——支架顶梁厚度(mm)；

A——采煤机机身高度、输送机高度和采煤机底托架高度 h 之和(mm)，采煤机高度要保证过煤高度 $E=250\sim300$ mm；

C——采煤机机身上部的空间高度，此空间高度一是为了便于司机观察和操作，二是为了留有顶板下沉量，以便采煤机能顺利通过(mm)。

(二)综采工作面“三机”性能配套

“三机”性能配套主要解决综采设备性能间互相协调与制约的问题，充分发挥设备性能以满足生产的需要，如采煤机摇臂与刮板输送机头尾的匹配与自开切口斜切进刀的需要，刮板输送机挡煤板与支架推移千斤顶的连接方式，液压支架的移架速度与采煤机牵引速度匹配等。

另外，性能配套中还要特别注意各种配套设备技术指标中的电源电压、液压系统压力等应在设备配套时尽量统一，以减少送往工作面的水管及电缆等管线品种、规格，使其便于布置、使用、维修和管理。

(三)综采工作面“三机”生产能力配套

同一种系统中配套设备间都存在一定的生产能力关系，工作面生产能力取决于采煤机的落煤能力，刮板输送机、液压支架和其他设备的生产能力都要大于采煤机的生产能力，通常按富余 20%考虑。要保证综采工作面高产，工作面刮板输送机的生产能力应大于采煤机的平均落煤能力，液压支架移架速度大于采煤机牵引速度。生产能力计算如下。

1. 工作面所需的小时生产能力

根据煤矿设计的年产吨煤量，计算出全年 276 个工作日的日生产能力，工作面需要的小时生产能力 Q_h 为：

$$Q_h = \frac{Q_d k}{NMts} \tag{4-5}$$

式中，Q_d——工作面日生产能力(t/d)；

k——生产不均衡系数，通常为 1.1~1.25；

N——日作业班数；

M——每日的检修班数；

t——每班工作时数；

s——时间利用系数，一般为 0.2~0.3。

2. 核算采煤机可实现的生产能力

采煤机可实现的生产能力 Q_s 为：

$$Q_s = 60v_1 HB\rho \tag{4-6}$$

式中，v_1——牵引速度(m/min)；

H——平均采高(m)；

B——截深(m)；

ρ——煤的密度(t/m³)，一般取 1.45 t/m³。

3. 核算工作面刮板输送机可实现的生产能力

工作面刮板输送机可实现的生产能力 Q_c 为：

$$Q_c = 3\ 600F\psi\sigma v_2 \tag{4-7}$$

式中，F——中部槽货载截面积(m²)；

ψ——装满系数，一般为 0.65~0.90；

σ——装载的松散容量(t/m³)；

v_2——刮板输送机链速(m/s)。

(四)综采工作面“三机”寿命配套

寿命配套是指各种设备必要的大修周期而言，即各种综采设备的大修周期理论上应当相同，但实际上只能要求它们接近。否则，在工作面生产过程中交替更换设备进行大修，或者设备带病运转，将影响工作面的正常生产和损坏设备。

为了核算综采工作面“三机”寿命配套性，一般对液压支架以使用时间来衡量，对采煤机以连续割煤长度来衡量，而对刮板输送机以过煤量来衡量。为此，应根据设备设计制造水平和采煤工作面生产水平综合考虑综采“三机”设备寿命配套。在配套过程中，发现某种设备不能满足生产所需要的寿命时，应找出问题和解决措施，实现寿命上的配套要求。设备寿命问题涉及现代化设计方法和实测数据分析以及设备的可靠性研究等，应将信息科学、计算机技术和控制理论应用于综采设备，实现对设备工作状态监测、故障诊断、运行参数的控制，才能提高综采设备的可靠性，保证工作面持续稳定高产。

第二节　采煤机选型

采煤机是综采成套设备的主机，采煤机选型是综采设备选型配套的首要问题。影响采煤机选型的主要因素是煤层的力学特性和厚度。为了使用好采煤机，需要了解确定采煤机主要技术性能参数的方法，对采煤机的技术参数做出正确的选择。

一、采煤机选型影响因素

采煤机的工作参数规定了其适用范围和主要技术性能，既是设计采煤机的主要依据，又是综采成套设备选型的依据。实际选型过程中，通常根据现场的状况进行选型。

(一)煤的坚硬度

采煤机适用于开采坚固性系数$f<4$的缓倾斜及急倾斜煤层。对$f=1.8\sim2.5$的中硬煤层,可采用中等功率的采煤机;对黏性煤层以及$2.5<f<4$的中硬以上的煤层,应采用大功率采煤机。坚固性系数只反映煤体破碎的难易程度,不能完全反映采煤机滚筒上截齿的受力大小。有些国家采用截割阻抗A表示煤体抗机械破碎的能力,截割阻抗标志着煤岩的力学特征。

(二)煤层厚度

采煤机的最小截高、最大截高、过煤高度、过机高度等都取决于煤层厚度。煤层厚度分为以下4类。

(1)极薄煤层:煤层厚度小于0.8 m。最小采高为0.65~0.8 m时,只能采用爬底板式采煤机。

(2)薄煤层:煤层厚度为0.8~1.3 m。最小采高为0.75~0.90 m时,可选用骑刮板输送机式采煤机。

(3)中厚煤层:煤层厚度为1.3~3.5 m。开采这类煤层的采煤机在技术上比较成熟,根据煤的坚硬度等因素,可选择中等功率或大功率采煤机。

(4)厚煤层:煤层厚度在3.5 m以上。由于大采高液压支架及采煤、运输设备的出现,厚煤层一次采全高综采工作面取得了较好的经济效益。适用于大采高的采煤机应具有调斜功能,以适应大采高综采工作面地质及开采条件的变化;此外,由于落煤块度较大,采煤机和输送机应有大块煤破碎装置,以保证采煤机和输送机的正常工作。

煤层厚度与采煤机装机功率的关系如表4-1所示。

表4-1 煤层厚度与采煤机装机功率的关系

煤层厚度/m	采煤机装机功率/kW	
	单滚筒	双滚筒
0.6~0.9	~50	~100
0.9~1.3	50~100	100~150
1.3~2.0	100~150	150~200
2.0~3.0	150~200	200~300
3.0~4.5	—	300~450
4.5~6.3	—	450~900

(三)煤层倾角

煤层按倾角分为近水平煤层(<8°)、缓倾斜煤层(8°~25°)、倾斜煤层(25°~45°)和急倾斜煤层(>45°)。

当煤层倾角大于15°时,应使用制动器或安全绞车作为防滑装置。由于无链牵引采煤机在全工作面滚轮始终与齿条或齿轨啮合,且牵引部设有制动装置,采煤机不会下滑,因此应优先选用无链牵引采煤机。

(四)顶、底板性质

顶、底板性质主要影响顶板管理方法和支护设备的选择,因此在选择采煤机时,应同时考虑选择何种支护设备。例如，不稳定顶板，控顶距应当尽量小，应选用窄机身采煤机和能超前支护的支架。底板松软时，不宜选用拖钩刨煤机和爬底板式采煤机，而应选用靠输送机支撑与导向的滑行刨煤机、骑刮板输送机的滚筒采煤机和对底板接触比压小的液压支架。

二、采煤机主要工作参数确定

(一)截割高度和下切深度

采煤机工作时，在工作面底板以上形成空间的高度称为截割高度。采煤机的截割高度应与煤层厚度的变化范围相互适应。考虑到顶、底板上的浮煤和顶板下沉的影响，工作面的实际截割高度要减小，一般比煤层厚度 H_t 薄 0.1~0.3 m。为保证采煤机正常工作，截割高度 H 范围为：

$$H_{max} = (0.9 \sim 0.95)H_{t,\ max} \qquad H_{min} = (1.1 \sim 1.2)H_{t,\ min} \tag{4-8}$$

下切深度是滚筒处于最低工作高度时，滚筒截割到工作面底板以下的深度。要求一定的下切深度是为了适应工作面调斜时割平底板，或采煤机截割到输送机机头和机尾时能割掉过渡槽的三角煤。下切深度一般取 100~300 mm。

(二)截深

采煤机截割机构每次切入煤体内的深度称为截深。它决定工作面每次推进的步距，是决定采煤机装机功率和生产率的主要因素，也是支护设备选型配套的一个重要参数。

截深与截割高度有很大关系，截割高度较小，工人行走艰难时，采煤机牵引速度受到限制。为了保证适当的生产率，宜用较大的截深。反之，当截割高度很大时，煤层容易片帮，顶板施加给支护设备的载荷也大，此时限制生产率的主要因素是运输能力。截深的选择还要考虑煤层的压张效应，当被截割的煤体处于压张区内时，截割功率明显下降。当滚筒截深为煤层厚度的 1/3 时，截割阻力比未被压张煤的截割阻力小 1/3~1/2。为了充分利用煤层压张效应，中厚煤层大功率电牵引采煤机的截深一般取 0.8 m 左右，部分截深已达 1.0 m。加大截深的目的是提高生产率，减少液压支架的移架次数，但加大截深会造成工作面控顶距加大，因此必须提高移架速度和牵引速度，做到及时支护。由于在薄煤层中工作条件差，牵引速度不能太大，为了提高生产率，在顶板条件允许时，可将截深加到 1.0 m。在厚煤层中，受输送机生产率的限制，可将截深适当减小到 0.6 m，这样对缩小控顶距、避免冒顶和片帮事故有好处。

(三)生产率

1. 理论生产率

采煤机的理论生产率也就是最大生产率，是指在额定工况和最大参数条件下工作的生产率。理论生产率 Q_t 为：

$$Q_t = 60HBv_q\rho \tag{4-9}$$

式中，H——工作面平均截割高度(m)；

B——截深(m)；

v_q——采煤机割煤时的最大牵引速度(m/min)；

ρ——煤的容重(t/m^3)，一般取 1.45 t/m^3。

采煤机的实际生产率比理论生产率低得多。采煤机的生产率主要取决于采煤机的牵引速度，生产率与牵引速度成正比。牵引速度的快慢受到很多因素的影响，如液压支架移架速度、输送机的生产率，以及瓦斯涌出量和通风条件等。

2. 技术生产率

考虑采煤机进行必要的辅助工作，如调动机器、更换截齿、开切口、检查机器和排除故障等所占用时间后的生产率，称为技术生产率 Q，其计算式为：

$$Q = k_1 Q_t \tag{4-10}$$

式中，k_1——与采煤机技术上的可靠性和完备性有关的系数，一般为 0.5~0.7。

3. 实际生产率

实际使用中，考虑了工作中发生的所有类型的停机时间，如处理输送机和支架的故障，处理顶、底板事故等，从而得到采煤机的实际生产率 Q_2，其计算式为：

$$Q_2 = k_2 Q \tag{4-11}$$

式中，k_2——采煤机在实际工作中的连续工作系数，一般为 0.6~0.65。

为满足工作面开采实际生产能力要求，采煤机实际生产能力要大于工作面设计生产能力 10%~20%。

（四）牵引速度

牵引速度又称行走速度，是采煤机沿工作面移动的速度，它与截割电动机功率、牵引电动机功率、采煤机生产率的关系都近似成正比。采煤机割煤时，牵引速度越高，单位时间内的产煤量越大，电动机的负荷和牵引力也相应增大。在采煤过程中，需要根据被破落煤的截割阻抗和工况条件的变化，经常调整牵引速度的大小。当截割阻力变小时，应加快牵引速度，以获得较大的切削厚度，增加产量；当截割阻力变大时，则应降速牵引速度，以减小切削厚度，防止电动机过载，保证机器正常工作。为此，牵引速度应是无级的，且能随截割阻力的变化自动调速。

牵引速度是影响采煤机生产率的最主要参数。牵引速度有两种：一种是截割时的牵引速度；另一种是调动时的牵引速度。前者由于截割阻力是随机的且变化较大，需通过对牵引速度的调节来控制电动机的功率变化范围和大小，通过自动调速使电动机功率保持近似恒定，防止过载；后者为减少调动时间，增加截割时间，速度较高。电牵引采煤机截割时的牵引速度一般可达到 10~12 m/min，调动时最大的牵引速度可达 54.5 m/min。

选择工作牵引速度时，首先应考虑采煤机的生产能力应与采区运输设备的运输能力相适应，以便使采下的煤能顺利地运出去；此外，还应考虑采煤机的负荷，以免机器过载。

1. 根据工作面设计生产能力选择

由式(4-9)可得牵引速度 v_q 为：

$$v_q = \frac{Q_t}{60HB\rho} \tag{4-12}$$

另外，选择牵引速度时还应考虑滚筒截齿的最大切削厚度。对于一定的滚筒转速和允许的截齿切削厚度，可用下面公式求出允许的工作牵引速度：

$$v_q = \frac{mnt}{1\,000} \tag{4-13}$$

式中，t ——采煤机允许的截割切削厚度(mm)；

m ——滚筒每一截线上的截齿数；

n ——滚筒转速。

2. 匹配关系约束

采煤机牵引速度和液压支架移架时间的匹配关系如表 4-2 所示。

表 4-2 采煤机牵引速度和液压支架移架时间的匹配关系

采煤机牵引速度/($m \cdot min^{-1}$)	6	7	8	9	10	11	12	13	14
支架单架移架时间/s	13.6	11.6	10.0	9.0	8.2	7.5	7.0	6.3	5.8

(五)割煤速度

割煤速度也叫截割速度，是指滚筒截齿齿尖的圆周切线速度。割煤速度由截割部传动比、滚筒转速和滚筒直径决定，对采煤机的功率消耗、装煤效果、煤的块度和煤尘大小等有直接影响。为了减少滚筒截割时产生的细煤和粉尘、增大块煤率，应降低滚筒转速。滚筒转速对滚筒截割和装载过程的影响都比较大，但是对粉尘生成和截齿使用寿命影响较大的是割煤速度而不是滚筒转速。滚筒采煤机的割煤速度一般为 3.5~5.0 m/s，少数机型只有 2.0 m/s 左右。滚筒转速是设计截割部的一项重要参数，新型采煤机直径 2.0 m 左右的滚筒转速多为 25~40 r/min，直径小于 1.0 m 的滚筒转速可高达 80 r/min。

满足工作面生产能力要求的采煤机平均割煤速度 v_j 公式为：

$$v_j = \frac{L_s + 2L' + L_m}{1\,440K_{rkj}B\rho(C_1H_tL_s + C_2H_fL_f)/A' - 3t_d} \tag{4-14}$$

式中，L_s ——工作面长度(m)；

L' ——刮板输送机弯曲段长度(m)；

L_m ——采煤机两滚筒中心距(m)；

K_{rkj} ——采煤机平均日开机率；

C_1——采煤机割煤采出率；

H_t ——采煤机采高(m)；

C_2——顶煤回收率；

L_f ——放顶煤区段长度(m)；

H_f ——顶煤厚度(m)；

A' ——工作面单产(t/d)；

t_d ——采煤机方向运行时间(min)。

(六)牵引力

牵引力又称行走力，是驱动采煤机行走的力。影响牵引力的因素很多，煤质越坚硬，牵引速度越高，采煤机越重，工作面倾角越大，牵引力就越大。实际选型时，精确地计算牵引力既不可能，也没有必要。

(七)装机功率

装机功率是截割电动机、牵引电动机、破碎机电动机、液压泵电动机、喷雾泵电动机等所有电动机功率的总和。装机功率越大，采煤机适应的煤层就越坚硬，生产率也越高。滚筒采煤机总消耗功率 P 包括割煤功率 P_j、装煤功率 P_z 和牵引功率 P_q。对于双滚筒采煤机，其总功消耗功率为：

$$P = 2P_j + 2P_z + P_q$$

另一种计算装机功率的方法：

$$P = Q_tH_w \tag{4-15}$$

式中，Q_t ——采煤机理论生产率(t/h)；

H_w ——比能耗(kW · h/t)。

比能耗越小，截割功率和牵引功率越小，装机功率也越小。比能耗与牵引速度近似成反比，呈双曲线关系。牵引速度增大到一定值时，比能耗最小，块煤率更高，煤尘更少，生产率也更高，此时采煤机达到最佳截割性能。

考虑到功率储备，采煤机的实际装机功率 P_d 一般为：

$$P_d = (1.2 \sim 1.3)P \tag{4-16}$$

(八)滚筒直径

采用双滚筒可以双向采煤，也可以自开切口，滚筒直径一般为采高的 0.55~0.6 倍。滚筒系列(mm)包括 750、800、900、1 000、1 100、1 250、1 400、1 600、1 800、2 000、2 300、2 600、3 200 等。

(九)机面高度

机面高度是采煤机的重要参数，根据采煤机采高范围不同，采煤机一般有几种不同的机面高度，都通过采用不同的底托架及输送机获得：

$$H_{t,\ max} = A - \frac{H'}{2} + L_y \sin \alpha'_{max} + \frac{D'}{2} \tag{4-17}$$

$$H_{t,\ min} = A - \frac{H'}{2} + L_y \sin \alpha'_{min} + \frac{D'}{2} \tag{4-18}$$

式中，A ——机面高度(mm)；

H' ——电动机高度(mm)；

L_y ——摇臂长度(mm)；

α'_{max}、α'_{min} ——摇臂向上最大、最小倾角(°)；

D' ——采煤机滚筒直径(mm)。

(十)卧底量

采煤机割煤时，为适应底板的起伏不平，卧底量 K 一般为 100~300 mm，也可根据机面高度来确定：

$$K_{max} = A - \frac{H'}{2} - L_y \sin \beta'_{max} - \frac{D'}{2} \tag{4-19}$$

$$K_{min} = A - \frac{H'}{2} - L_y \sin \beta'_{min} - \frac{D'}{2} \tag{4-20}$$

式中，β'_{max}、β'_{min} ——摇臂向下最大、最小倾角(°)。

第三节　液压支架选型

一、液压支架选型影响因素

(一)煤层厚度

煤层厚度不但直接影响支架的高度和工作阻力，而且还影响支架的稳定性。当煤层厚度超过 2.5 m，顶板有侧向推力时，一般不宜采用支撑式支架。当煤层厚度大于 2.5～2.8 m（软煤取下限、硬煤取上限）时，应选用抗水平推力强且带护帮装置的掩护式或支撑掩护式支架。当煤层厚度变化较大时，应选用调高范围较大的掩护式或双伸缩立柱支架。

（二）煤层倾角

煤层倾角主要影响支架的稳定性，倾角大时易发生倾倒、下滑等现象。当煤层倾角大于 10°～15°（淋水大的工作面取下限，淋水少的工作面取上限）时，应设防滑和调架装置；当倾角超过 18°时，应同时具有防滑防倒装置。

（三）底板性质

底板承受支架的全部载荷，对支架的底座影响较大，底板的软硬和平整性，基本上决定了支架底座的结构和支撑面积。选型时，要验算底座对底板的接触比压，其值要小于底板的允许比压，对于砂岩底板，允许比压为 1.96～2.16 MPa，软底板为 0.98 MPa 左右。

（四）瓦斯涌出量

对于瓦斯涌出量大的工作面，支架的通风断面应满足通风的要求，选型时要进行验算。

（五）地质构造

地质构造十分复杂，断层十分发育，煤层厚度变化又较大，顶板允许暴露面积和时间分别在 5 m^2 和 20 min 以下时，暂不宜采用液压支架。

（六）设备成本

能同时选用几种架型时，应优先选用价格便宜的支架。在相同条件下，支撑式支架质量最小，造价也最便宜，而支撑掩护式支架则质量最大、价格最贵。

（七）特种支架

对于特定的开采要求，应选用相应的特种液压支架，如放顶煤支架、铺网支架等。

二、液压支架主要工作参数确定

（一）支护强度和工作阻力

1. 直接顶载荷 Q_1

直接顶载荷 Q_1 的计算式为：

$$Q_1 = \sum h \cdot L_1 \cdot \gamma \tag{4-21}$$

式中，$\sum h$ ——直接顶厚度（m）；

L_1——悬顶距（m）；

γ ——体积力（N/m^3）。

悬顶距 L_1 可视为支架的控顶距 L，则：

$$Q_1 = \sum h \cdot L \cdot \gamma \tag{4-22}$$

其支护强度为：

$$q_1 = \sum h \cdot \gamma \tag{4-23}$$

2. 基本顶载荷 Q_2

一般情况下，以直接顶载荷的倍数估算基本顶载荷 Q_2。例如，在多数矿井的测定中，以一般工作面为准，周期来压时形成的载荷不超过平时载荷的两倍。因此，可得出下述关系：

$$p = q_1 + q_2 = n\sum h \cdot \gamma \tag{4-24}$$

式中，p ——考虑直接顶及基本顶来压时的支护强度(MPa)；

q_2——Q_2 对应的支护强度(MPa)；

n ——基本顶来压与平时压力强度的比值，又称为增载系数，一般取 2。

取 $\sum h = \frac{M}{K-1}$(M 为采高，K 为碎胀系数)，则：

$$p = 2 \times \frac{M\gamma}{K-1} \tag{4-25}$$

K 值一般取破碎时的碎胀系数 1.25~1.5，可得支护强度 p 为：

$$p = 2 \times (2 \sim 4)M\gamma \tag{4-26}$$

支架支撑顶板的有效工作阻力 R 为：

$$R = pF \times 10^3 \text{ kN} \tag{4-27}$$

式中，F——支架的支护面积(m^2)。

F 的计算式为：

$$F = (L + C)(B + K) \tag{4-28}$$

式中，L——支架顶梁长度(m)；

C——梁端距(m)；

B——支架顶梁宽度(m)；

K——架间距(m)。

(二)支架高度

一般情况下，应首先确定支架适用煤层的平均截高，然后确定支架高度。

支架最大结构高度为：

$$H_{max} = M_{max} + S_1 \tag{4-29}$$

支架最小结构高度为：

$$H_{min} = M_{min} - S_2 \tag{4-30}$$

式中，M_{max}——煤层最大截割高度(mm)；

M_{min}——煤层最小截割高度(mm)；

S_1——考虑伪顶垮落的最大厚度(mm)，大采高支架取 200~400 mm，中厚煤层支架取 200~300 mm，薄煤层支架取 100~200 mm；

S_2——考虑周期来压时的下沉量、移架时支架的下降量和顶梁上、底板下的浮矸厚度之和(mm)，大采高支架取 500~900 mm，中厚煤层支架取 300~400 mm，薄煤层支架取 150~250 mm。

支架的最大高度与最小高度之差为支架的调高范围。调高范围越大，支架适用范围越广，但过大的调高范围会给支架结构设计造成困难，使其可靠性降低。

（三）支架的伸缩量和伸缩比

根据支架的伸缩量，可以确定立柱的行程。在工作面采高变化较大时，要用双伸缩立柱或采用机械加长段。液压支架最大结构高度与最小结构高度之比称为伸缩比，其计算式为：

$$K=\frac{H_{max}}{H_{min}} \tag{4-31}$$

伸缩比 K 反映了支架对采高变化的适应能力，K 越大，表示适应煤层变化的能力越大。采用单伸缩立柱时，伸缩比为 1.6 左右。薄煤层中，K 值为 2.5~3.0；中厚煤层中，K 应不小于 1.4。两柱掩护支架的 K 可达 3.0，支撑掩护支架的 K 可达 2.0~2.5。

（四）初撑力

支架的初撑力是指在泵站工作压力作用下，支架全部立柱升起，顶梁与顶板接紧时支架对顶板的支撑力。初撑力的作用是减缓顶板的早期下沉速度，增加顶板的稳定性，使支架尽快进入恒阻状态。

初撑力 P_c 计算公式为：

$$P_c=\frac{\pi}{4}D^2 p_b n\cos\alpha\times10^{-3}\ \mathrm{kN} \tag{4-32}$$

式中，D——支架立柱的缸径(mm)；

p_b——泵站的工作压力(MPa)；

n——每架支架立柱的数量；

α——立柱对顶板垂线的倾斜度(°)。

支架初撑力的大小取决于泵站的工作压力、立柱缸径和立柱的数量，其大小对支架的支护性能和设备成本有直接影响。提高初撑力对顶板管理是有益的，较高的初撑力可使支架较快地达到工作阻力。但是提高初撑力又必须选用较高压力的乳化液泵站，以及耐压较高的管路、液压元件和系统，使设备成本增加。

（五）梁端距和顶梁长度

梁端距是指移架后顶梁端部至煤壁的距离。它是考虑工作面顶板起伏不平造成输送机和采煤机倾斜，以及采煤机割煤时垂直分力使摇臂和滚筒向支架倾斜，为避免割顶梁而留的安全距离。支架高度越大，梁端距也应越大。一般来说，大采高支架梁端距应取 350~480 mm，中厚煤层支架梁端距应取 280~340 mm，薄煤层支架梁端距应取 200~300 mm。

顶梁长度受支架类型、配套采煤机截深、刮板输送机尺寸、配套关系及立柱缸径、通道要求、底座长度、支护方式等因素的制约。减小顶梁长度有利于减小控顶面积，增大支护强度，减少顶板反复支护次数，保持支架结构紧凑，减轻质量。

（六）底座宽度和底座比压

底座宽度一般为 1.1~1.2 m。为提高横向稳定性和减少对底板的比压，厚煤层可加大到 1.3 m 左右。底座中间安装推移装置的槽宽与推移装置的结构和千斤顶缸径有关，一般为 300~380 mm。

支架的底板比压也是确定支架性能的一个重要参数，特别是遇到软底板煤层时，对底板比压应予以重视，架型结构和底座结构要随之产生相应变化。

（七）中心距和宽度

支架中心距一般与工作面一节刮板输送机中部槽长度相同。目前，液压支架的中心距大部分采用 1.75 m。大采高支架为提高稳定性，中心距可采用 2.05 m 与 2.35 m；轻型支架为适应中小煤矿工作面快速搬家的要求，中心距可采用 1.5 m。

支架宽度是指顶梁的最小和最大宽度。宽度的确定应考虑支架的运输、安装和调架要求。支架顶梁一般装有活动侧护板，侧护板行程一般为 170~200 mm。当支架中心距为 1.5 m 时，最小宽度一般取 1 400~1 430 mm，最大宽度一般取 1 570~1 600 mm。当支架中心距为 1.75 m 时，最小宽度一般取 1 650~1 680 mm，最大宽度一般取 1 850~1 880 mm。

（八）覆盖率

支架覆盖率是顶梁接触顶板的面积与支架支护面积的比值，用 δ 表示：

$$\delta = \frac{BL}{(L + C)(B + K)} \times 100\% \tag{4-33}$$

覆盖率的大小与顶板性质有关，不稳定顶板不小于 85%，中等稳定顶板不小于 75%，稳定顶板不小于 60%。

（九）拉架力和推移输送机力

拉架力与支架结构、质量，煤层厚度，顶板性质等有关。一般来说，薄煤层支架的拉架力为 100~150 kN，中厚煤层支架的拉架力为 150~300 kN，厚煤层支架的拉架力为 300~400 kN。推移输送机力一般为 100~150 kN。

三、液压支架适用条件

液压支架架型的选择主要取决于液压支架的力学特性能否适应矿井的顶、底板条件和地质条件。

（一）掩护式支架适用条件

掩护式支架多用于顶板比较破碎的工作面，通常适用于基本顶来压强度较低（动载系数 $K_d<1.5$）、周期来压步距较为稳定、顶板比较破碎、顶板压力较小、底板比较坚硬、采高较大但不易片帮的煤层。为扩大掩护式支架的使用范围，可通过提高支架初撑力和切顶能力，改进并完善梁端支护和防片帮装置，借此提高对基本顶来压的适应能力，改善梁端支护，防止煤壁片帮。

（二）支撑掩护式支架适用条件

支撑掩护式支架的优点为：适应基本顶来压能力强（$K_d>1.5$）；由于实际初撑力和支护强度高，支护效率高、效果好；顶梁尾部支撑能力大，切顶能力强，有利于控制坚硬顶板；底座前端比压小，适于松软底板。其不足之处主要是由于顶梁较长，前端支撑能力略低于掩护式支架。从矿压特点看，支撑掩护式支架适用条件比掩护式支架宽。支撑掩护式支架可适于Ⅰ~Ⅳ级基本顶、2~4 类直接顶板。

（三）支撑式支架适用条件

支撑式支架仅适用于基本顶来压强度大、水平推力小的稳定或坚硬顶板。

各类顶板使用支架架型及支护强度如表 4-3 所示。

表 4-3　各类顶板使用支架架型及支护强度

<table>
<tr><td colspan="2">基本顶级别</td><td colspan="3">Ⅰ</td><td colspan="3">Ⅱ</td><td colspan="4">Ⅲ</td><td colspan="2">Ⅳ</td></tr>
<tr><td colspan="2">直接顶级别</td><td>1</td><td>2</td><td>3</td><td>1</td><td>2</td><td>3</td><td>1</td><td>2</td><td>3</td><td>4</td><td colspan="2">4</td></tr>
<tr><td colspan="2">液压支架型</td><td>掩护</td><td>掩护</td><td>支撑</td><td>掩护</td><td>掩护或支撑掩护</td><td>支撑</td><td>支撑掩护</td><td>支撑掩护</td><td>支撑或支撑掩护</td><td>支撑或支撑掩护</td><td colspan="2">支撑(采高<2.5 m)或支撑掩护(采高>2.5 m)</td></tr>
<tr><td rowspan="4">液压支架支护强度/($\mathrm{kN\cdot m^{-2}}$)</td><td>采高 1 m</td><td colspan="3">300</td><td colspan="3">1.3×300</td><td colspan="4">1.6×300</td><td>>2×300</td><td rowspan="4">应结合深孔爆破、软化顶板等措施处理采空区</td></tr>
<tr><td>采高 2 m</td><td colspan="3">350(250)</td><td colspan="3">1.3×350(250)</td><td colspan="4">1.6×350</td><td>>2×350</td></tr>
<tr><td>采高 3 m</td><td colspan="3">450(350)</td><td colspan="3">1.3×450(350)</td><td colspan="4">1.6×450</td><td>>2×450</td></tr>
<tr><td>采高 4 m</td><td colspan="3">550(450)</td><td colspan="3">1.3×550(450)</td><td colspan="4">1.6×550</td><td>>2×550</td></tr>
</table>

注：1. 表中括号内数字系掩护式支架顶梁上的支护强度。

2. 表中数字 1.3、1.6、2 为增压系数。

3. 表中采高为最大采高。

第四节　刮板输送机选型

刮板输送机是一种有挠性牵引机构的连续输送机械，简称输送机。它的牵引构件是刮板链，承载装置是中部槽。在综采工作面，为了与采煤机、液压支架配合使用，在中部槽的采空侧设有挡煤板及挡煤板座、齿条和销轨。

刮板输送机的作用不仅是作为煤的输送工具或兼用于输送矸石材料，而且是电牵引采煤机的运行轨道，是综采综放工作面内不可缺少的主要设备。刮板输送机的机械性能将直接影响工作面的生产运行状况。刮板输送机主要用于采煤工作面和采区运输巷，也可在煤仓、半煤岩巷道掘进工作面使用，还可用在地面生产系统和选煤厂等地方。

一、刮板输送机选型影响因素

刮板输送机主要技术性能参数包括输送能力、铺设长度和总装机功率，可靠性指标则用整机寿命和无故障连续运行时间表示。输送机的性能在特定的安装条件下能够实现煤矿工作面的单产期望指标；输送机可靠性应保证在一次工作面安装运行期间无大修，基础部件无更换。

(一)输送机性能

(1)由工作面的预期年产量或日产量，参照输送机的设计输送能力，可以大致确定输送机型号范围。

(2)输送机的输送能力应大于采煤机的生产能力。

(3)工作面的实际铺设长度通常应小于输送机的设计长度。输送机的输送能力是工作面长度和倾角的函数，当工作面长度或倾角变化时，应对输送能力进行调整。尤其是工作面铺设长度超过设计长度时更要注意，应避免出现输送机能力不足。

(4)输送机的中部槽高度应与开采条件相互适应。较薄煤层和高档普通机械化开采应选用高度较矮的中部槽，高产高效综合机械化开采一般不受中部槽高度的限制。

(5)工作面煤炭的可采储量应与输送机的寿命相互适应。

(6)要根据链子负荷情况决定链子数目，结合煤质硬度选择链子结构形式。煤质较硬、块度较大时优先选用双边链，煤质较软时可选用单链和双中心链。

(7)性能相同的输送机建议选择圆环链规格较大的输送机，可大幅度减少圆环链断链事故的频次。

(8)现代输送机选型倾向于具有较大的功率储备。

(9)单电动机功率大于 375 kW 的输送机建议采用 3 300 V 电压供电。

(10)输送机的结构和尺寸应满足与其他设备总体配套要求。

(二)输送机可靠性

输送机的可靠性主要考核指标是输送机的整机寿命和无故障连续运行时间。输送机的整机寿命在性能选型中已得到解决，延长输送机的无故障连续运行时间的关键是降低输送机的故障率。

(1)输送机应留有足够的功率储备。

(2)圆环链应选购质量稳定厂商的产品。在输送机总体尺寸允许的前提下，选配高一个规格的圆环链可有效减少不可预测故障的发生。

(3)输送机配置可有效进行机械保护的传动装置，可削减瞬间冲击负荷对于传动系统的冲击幅值，减少断链事故的发生。这类传动装置有摩擦限矩离合器、CST 液黏传动减速器和液力耦合器等传动装置。

(4)在输送机的减速器等关键部位配置实时监控装置，自动监测关键部位的工作状态，可为输送机检修提供数据依据。

(5)输送机配置可伸缩机尾，尤其是配置可随链张力变化自动调整行程的伸缩机尾，可以使刮板链在适度张紧的状态下工作，有利于输送机正常运行，延缓机件的磨损。

(6)为了配合滚筒采煤机斜切进刀开切口，应优先选用短机头和短机尾，但机头架和机尾架中板的升角不宜过大，以减少通过压链块时的能耗。

(7)与无链牵引的采煤机配套时，机身附设结构形式与采煤机的行走轮齿相互咬合。

(8)为了防止重型刮板输送机下滑，应在机头机尾安装防滑锚固装置。

(9)刮板输送机中部槽两侧应附设采煤机滑靴或行走滚轮跑道，为防止采煤机掉道，还应设有导向装置。在输送机靠煤壁一侧附设铲煤板，以清理机道的浮煤。此外，为了配合采煤机行走时能自动铺设拖移电缆和水管，应在输送机靠采空区一侧附设电缆槽。

二、刮板输送机选型参数确定

刮板输送机选型计算主要内容包括运输能力的计算、运行阻力与电动机功率的计算和刮板链强度的验算。

(一)运输能力的计算

运输能力计算示意图如图 4-2 所示，刮板输送机重端每段每单位的货载质量为 q，当刮板链以速度 v 沿箭头方向运行 1 s 后，就有长度为 v 的货载从机头 A 处运出，其每秒运输能力 m(kg/s)为：

$$m = qv \tag{4-34}$$

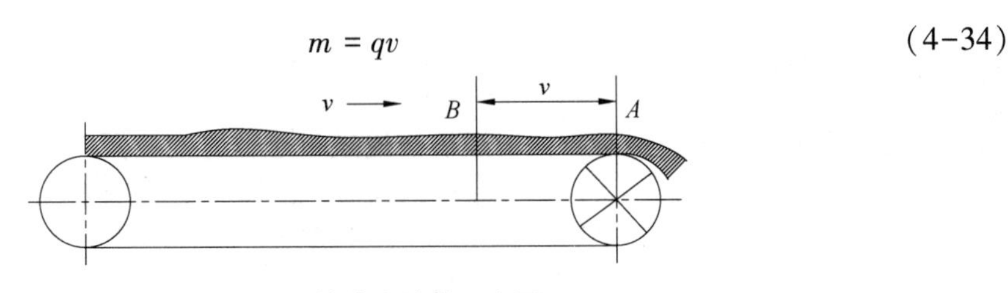

图 4-2　运输能力计算示意图

每小时运输能力 m(t/h)为：

$$m = \frac{3\,600qv}{1\,000} = 3.6qv \tag{4-35}$$

式中，q ——输送机单位长度上货载质量(kg/m)；

v ——刮板链运行速度(m/s)。

q 与溜槽结构尺寸及货载断面积有关，则 1 m 长的溜槽内的货载质量 q(t)为：

$$q = 1\,000F\rho \tag{4-36}$$

式中，ρ ——煤的松散密度(t/m^2)，计算时一般取 0.85~1；

F ——中部槽装载断面积(m^2)。

其中，中部槽装载断面积 F(m^2)与形式和结构尺寸有关，还与松散的动堆积角 β' 有关。中部槽装载断面如图 4-3 所示，其面积可用下式计算：

$$F = Bh_1 + \left[\frac{(B + b)^2\tan\beta'}{2} - \frac{b\tan\beta}{2}\right] \tag{4-37}$$

式中，β ——静止时煤在中部槽中的堆积角度(°)，一般取 30°~40°；

β' ——运动时煤在中部槽中的堆积角度(°)，一般取 20°~30°；

B ——中部槽宽度(m)；

h_1——上槽高度(m)；

b ——挡煤板至中部槽边缘距离(m)。

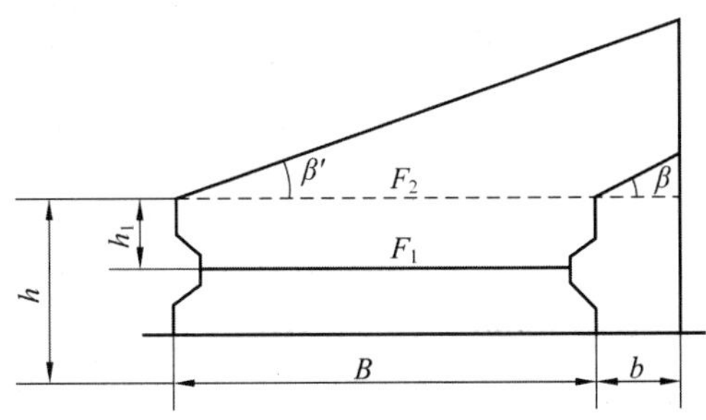

图 4-3　中部槽装载断面

因输送机在运行中刮板链有冲击振动的现象，故货载只能装满溜槽断面的一部分，为此可以在计算中计入一个装满系数 ψ，其值如表 4-4 所示。因此，1 m 溜槽内货载的质量 q(t)为：

$$q = 1\,000F\rho'\psi \tag{4-38}$$

刮板输送机的小时运输能力 m(t/h)为：

$$m = 3\,600F\rho'\psi v_1 \tag{4-39}$$

式中，v_1——刮板链与采煤机的相对运行速度(m/s)。炮采时，$v_1=v$；机采时，$v_1=v\pm\frac{v_2}{60}$。v_2 为采煤机的牵引速度(m/min)，采煤机与输送机运行方向相同时取“-”，相反时取“+”。

表 4-4　装满系数 ψ 值

输送情况	水平及向下运输	向上运输		
		5°	10°	15°
装满系数	0.9~1	0.8	0.6	0.5

(二)运行阻力与电动机功率的计算

1. 运行阻力的计算

为了计算电动机功率，要计算输送机运行阻力。刮板输送机的运行阻力包括煤及刮板链子在溜槽中移动的阻力；倾斜运输时，货载及刮板链子的自重分力；刮板链绕过两边链轮时链条弯曲的附加轴承阻力；传动装置的阻力；可弯曲刮板输送机在机身弯曲时的附加阻力。这些阻力在计算时可分解为直线段运行阻力和弯曲段运行阻力，然后可利用逐点计算法计算刮板链各特殊点的张力及链轮的牵引力。

所谓的“逐点计算法”，就是将牵引机构在运行中所遇到的各种阻力，沿着牵引机构的运行方向逐次计算的方法。计算原则是从主动轮的分离点开始，沿着运行方向在各个特殊点上依次标号(1，2，3，4，…)，若前一点的张力为已知，则下一点的张力等于它前一点的张力加上这两点之间的运行阻力，用公式表示即：

$$S_i=S_{i-1}+W_{(i-1)i} \tag{4-40}$$

式中，S_i——牵引机构 i 点的张力(N)；

S_{i-1}——牵引机构在 $(i-1)$ 点的张力，即 i 点前一点的张力(N)；

$W_{(i-1)i}$——牵引机构 $(i-1)$ 点与 i 点之间的运行阻力(N)。

逐点计算法中，所谓特殊点指由直变曲或曲变直的连接点，也是阻力开始变化之点。例如，图 4-4 中的 1、2、3、4 点就是牵引机构的特殊点。

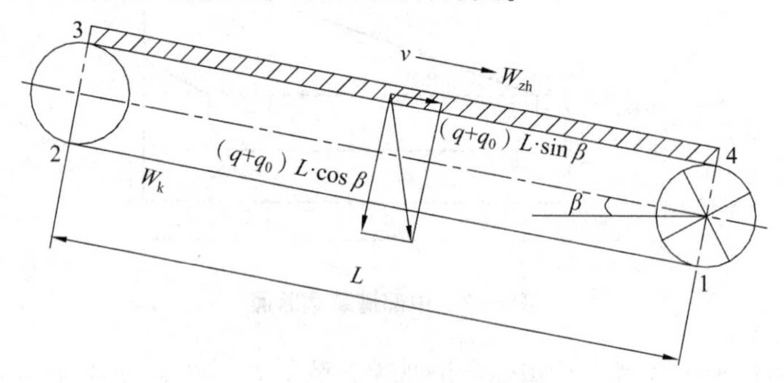

图 4-4　刮板输送机运行阻力

1)直线段运行阻力

重力与拉力的关系如图 4-5 所示，斜面上重力为 G 的物体，其重力分解为下滑分力 $G\sin\beta$ 和对斜面的正压力 $G\cos\beta$。设 f 为物体与斜面间的摩擦系数，则移动物体所需要的力 W 为：

$$W = fG\cos\beta \pm G\sin\beta \tag{4-41}$$

向上移动物体时取“+”，向下移动物体时取“-”。

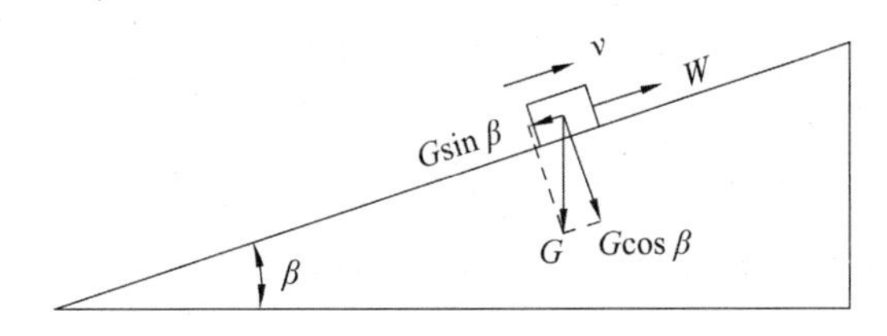

图 4-5　重力与拉力的关系

对于运输设备来说，往往不是图示那样简单的平面滑动，而是组合件的复杂运动。运动中可能同时有若干个接触面上受到阻力，既有滑动，又有滚动。在计算其运行阻力时，为将各个接触面上的阻力都能同时考虑进去，就不能用一个单纯的摩擦系数来计算，为了简化计算，可以确定一个总的系数，并考虑阻力系数。

阻力系数的概念仍是物体移动式的摩擦阻力与正压力值比，其数值与运输设备的构造及工作条件有关。煤及刮板链在溜槽中移动的阻力系数如表 4-5 所示。

表 4-5　煤及刮板链在溜槽中移动的阻力系数

类型	阻力系数	
	煤在溜槽中的移动阻力系数 ω	刮板链在溜槽中的移动阻力系数 ω_0
单链刮板输送机	0. 4~0. 6	0. 25~0. 4
双链刮板输送机	0. 6~0. 8	0. 2~0. 35

注：1. 单链并列式刮板输送机的阻力系数可适当加大一些。

2. 上表给出的阻力系数为工作面底板平坦、输送机铺设平直条件下的数值；在底板不平坦、输送机铺设不平直的条件下，可适当加大一些。

在图 4-4 中，设刮板链单位长度质量为 q_0，货载在溜槽中单位长度质量为 q，输送机铺设倾角为 β，整个输送机铺设长度为 L，则刮板输送机的直线段阻力计算如下。

重段阻力 W_{zh} 为：

$$W_{zh} = g(q\omega + q_0\omega_0)L\cos\beta \pm g(q + q_0)L\sin\beta \tag{4-42}$$

式中，q_0——刮板链单位长度质量(kg/m)；

q——货载单位长度质量(kg/m)；

ω_0，ω——刮板链及煤与溜槽间的阻力系数，其值按表 4-5 选取。

空段阻力为 W_k 为：

$$W_k = gLq_0(\omega_0\cos\beta \mp \sin\beta) \tag{4-43}$$

向上移动物体时取“+”，向下移动物体时取“-”。

2) 曲线段运行阻力

牵引机构绕经运输设备的曲线段时，如刮板链绕经链轮、胶带绕经滚筒等，都会产生运行阻力，这种运行阻力称为曲线段运行阻力。它主要由牵引机构的刚性阻力、滑动与滚动阻力、回转体的轴承阻力、链条与链轮轮齿间的摩擦阻力组成，这些阻力计算起来相当烦琐，故通常采用经验公式来计算。

刮板链绕经从动链轮时曲线段运行阻力为与从动链轮相遇点张力 S'_y 的 0.05～0.07 倍，即：

$$W_{从} = (0.05 \sim 0.07)S'_y \tag{4-44}$$

式中，$W_{从}$——从动链轮曲线段运行阻力(N)；

S'_y——与从动轮或从动滚筒相遇点的张力(N)。例如，图 4-4 中 2 点的张力为 S_2。

刮板链绕经主动链轮时的曲线段运行阻力为主动链轮相遇点张力 S_y 与相离点张力 S_1 和的 0.03～0.05 倍，即：

$$W_{主} = (0.03 \sim 0.05) \cdot (S_y + S_1) \tag{4-45}$$

对于可弯曲刮板输送机，刮板链在弯曲的溜槽中运行时，弯曲段产生附加阻力，弯曲段的附加阻力可按照直线段运行阻力的 10%考虑。

2. 牵引力及电动机功率计算

1)最小张力点的位置及最小张力值的确定

在按照逐点计算法计算牵引机构上各特殊点的张力来确定设备的牵引力，从而计算电动机功率时，刮板链上最小张力点的位置及数值的大小，在计算中必须确定。最小张力点的位置与传动装置的布置方式有关。

对于单端布置传动装置的布置方式，水平运输时，最小张力点一定在主动链轮的分离点，$S_1 = S_{min}$。在图 4-6(a)所示的布置方式中，工作面刮板输送机是倾斜向下运输，且重段阻力为正值，根据逐点计算法计算可知：

$$S_2 = S_1 + W_k$$

$$W_k = gLq_0(\omega_0 \cos\beta + \sin\beta)$$

因为 $W_k > 0$，所以 $S_1 = S_{min}$。

由此可知，对于单端布置传动装置的具有挠性牵引机构的运输设备，在电动机运转状态下，当 $W_k > 0$ 时，主动链轮或主动滚筒的分离点为最小张力点，即 $S_1 = S_{min}$；当 $W_k < 0$ 时，S_2 为最小张力点，即 $S_2 = S_{min}$。

对于两端布置传动装置的布置方式，最小张力点的位置要根据不同情况进行分析。在图 4-6(b)所示的布置方式中，当重段阻力为正值时，每一传动装置主动链相遇点的张力均大于其分离点的张力，因此可能的最小张力点是主动轮分离点 1 或 3 点，这需由两端传动装置的功率比值及重段、空段阻力的大小来定。

设 A 端电动机台数为 n_A 台，B 端为 n_B 台，总电动机台数为 $n = n_A + n_B$，各台电动机特征都相同，牵引机构总牵引力为 W_0，则 A 端牵引力为 $W_A = \frac{W_0}{n}n_A$，B 端牵引力 $W_B = \frac{W_0}{n}n_B$。

由逐点计算法计算得：

$$S_2 = S_1 + W_k$$

$$S_2 - S_3 = W_A = \frac{W_0}{n}n_A$$

$$S_1 + W_k - S_3 = \frac{W_0}{n}n_A$$

$$S_3 = S_1 + W_k - \frac{W_0}{n} n_A \tag{4-46}$$

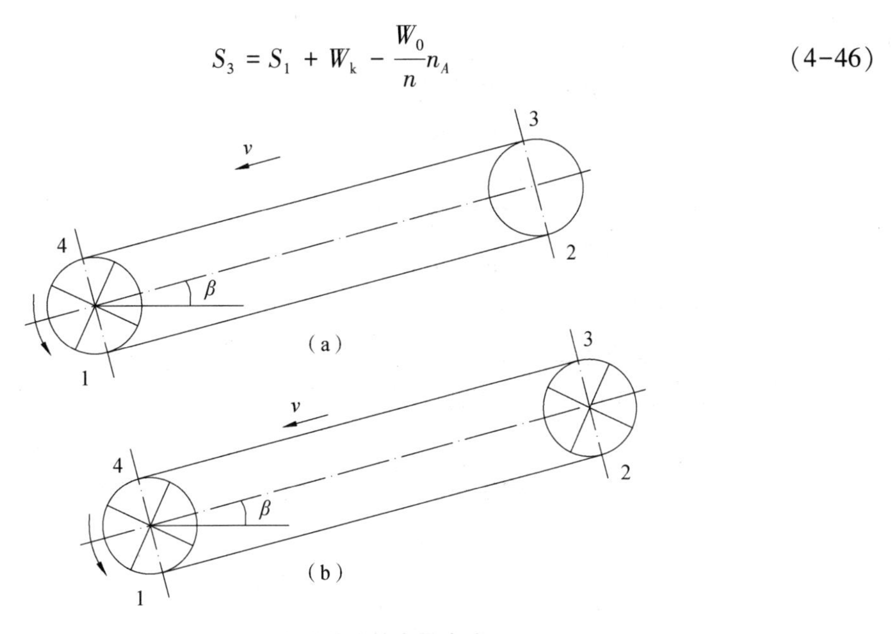

图 4-6　传动装置的布置方式

结论：当 $W_k - \frac{W_0}{n} n_A > 0$ 时，$S_3 > S_1$，最小张力在 1 点，$S_1 = S_{min}$；当 $W_k - \frac{W_0}{n} n_A < 0$ 时，$S_3 < S_1$，最小张力在 3 点，$S_3 = S_{min}$。

为了限制刮板链垂度，保证链条与链轮啮合平稳运行，刮板链每条链子最小张力点的张力一般可取 2 000~3 000 N，可由拉紧装置来提供。

2) 牵引力

如图 4-6 所示布置的双链刮板输送机，其主动链轮的分离点 1 为最小张力点，由逐点计算法计算得：

$$S_1 = S_{min} = 2 \times (2\ 000 \sim 3\ 000)\ \mathrm{N}$$

$$S_2 = S_1 + W_k$$

$$S_3 = S_2 + W_{从} = S_2 + (0.05 \sim 0.07) S_2 = (1.05 \sim 1.07) S_2$$

$$S_4 = S_3 + W_{zh} = (1.05 \sim 1.07) S_2 + W_{zh}$$

主动链轮的牵引力为：

$$W_0 = (S_4 - S_1) + W_{主} = (S_4 - S_1) + (0.03 \sim 0.05)(S_4 + S_1) \tag{4-47}$$

由逐点计算法计算比较麻烦，各牵引力也可粗略计算，即曲线段运行阻力按照直线段运行阻力的 10% 考虑，则牵引力为：

$$W_0 = 1.1(W_{zh} + W_k) \tag{4-48}$$

对于可弯曲刮板输送机，在计算运行阻力时，还要考虑由于机身弯曲导致刮板链和溜槽侧壁之间的摩擦而产生的附加阻力。为了简化计算，该附加阻力用一个附加阻力系数 ω_f 计入，故可弯曲刮板输送机的总牵引力为：

$$W_0 = 1.1\omega_f(W_{zh} + W_k) = 1.21(W_{zh} + W_k) \tag{4-49}$$

式中，ω_f ——附加阻力系数，一般取 1.1。

3. 电动机功率计算

对于定点装煤的输送机，电动机轴上的功率 N 为：

$$N = \frac{W_0 v}{1\,000\eta} \tag{4-50}$$

式中，η —传动装置的效率，一般为 0.8~0.85。

由式(4-50)计算所得到的电动机轴上的功率确定电动机功率及安装台数，还应考虑15%~20%的备用功率。

(三)刮板链强度的验算

要验算刮板链的强度，需先算出链条最大张紧力的张力值，最大张力的计算与传动装置的布置方式有关。

对于一端布置传动装置的输送机，链子的最大张力点一般是在主动链轮的相遇点。最大张力点张力 S_{max} 可使用逐点计算法求出，也可使用下式来简便计算：

$$S_{max} = W_0 + S_{min} \tag{4-51}$$

式中，W_0——主动链轮牵引力(N)，可按式(4-48)或式(4-49)计算。

对于两端布置传动装置的情况，则必须严格按照逐点计算法计算出最大张力点的张力。

确定了链子的最大张力点的张力后，以此最大张力来验算链子的强度。刮板链的抗拉强度以安全系数 k 来表示。

对于单链输送机，应满足：

$$k = \frac{S_p}{S_{max}} \geqslant 4.2 \tag{4-52}$$

对于双链输送机，应满足：

$$k = \frac{2\lambda S_p}{S_{max}} \geqslant 4.2 \tag{4-53}$$

式中，k ——刮板链抗拉强度安全系数；

S_p ——单条刮板链的破断力(N)；

λ ——两条链子负荷分配不均匀系数，模锻链 $\lambda = 0.65$，圆环链 $\lambda = 0.85$。

习题4

1. 综采工作面设备配套内容有哪些？
2. 采煤机、输送机和液压支架配套的基本参数有哪些？具体的配套原则是什么？
3. 简述采煤机选型时考虑的因素。
4. 解释液压支架的初撑力、工作阻力、调高范围、伸缩比、支护强度的概念。
5. 刮板输送机选型时的影响因素有哪些？

第五章 掘进机械

第一节 凿岩机械

煤矿中掘进巷道所使用的钻孔机械主要是凿岩机械，它是利用冲击破碎岩石的原理来工作的。在工作时，凿岩机械需完成两个基本动作：击钎和转钎。凿岩机械包括凿岩机、凿岩台车和液压锚杆钻车。

一、凿岩机

凿岩机主要由冲击机构、转钎机构、排屑机构和润滑机构4个部分组成，其中最重要的构件是冲击机构的缸体和钎子。

(一)工作原理

凿岩机工作原理如图5-1所示，其主要机构是一个在缸体1内做往复运动的活塞2，称为冲击机构。在气压力作用下，使活塞不断冲击钎子的钎杆3的尾端；每冲击一次，使钎子的钎头4的钎刃凿入岩石一定深度，形成一道凹痕，凹痕处岩石被粉碎。活塞返回行程时，在凿岩机的转钎机构作用下，使钎子回转一定角度β，然后活塞再次冲击钎尾，又使钎刃在岩石上形成第二道凹痕；同时，相邻凹痕间的两块扇形面积的岩石被剪切下来。凿岩机以很高的频率使活塞不断冲击钎尾，并使钎子不断回转，这样就在岩石上形成直径等于钎刃长度的钻孔。随着钎子不断向前钻进，岩孔内的岩粉必须及时清除，否则钎刃无法有效工作，甚至会使钎头卡住，凿岩机不能正常工作。因此，凿岩机上还设有除粉机构，一般靠压力水经钎子中心孔进入孔底，将岩粉变成岩浆从岩孔排出，这样既能除岩粉，又能冷却钎头。由此可见，凿岩机的破岩刀具是一根细长的钎子，凿岩机的推进机构一般与凿岩机本体分开。

当使用钻爆法掘进巷道时，首先在工作面岩壁上钻凿出许多直径为34~42 mm、深度为1.5~2.5 m的炮眼，然后在炮眼内装入炸药进行爆破。凿岩机就是一种在岩壁上钻凿炮眼用的钻眼机械，或称为钻眼机具。

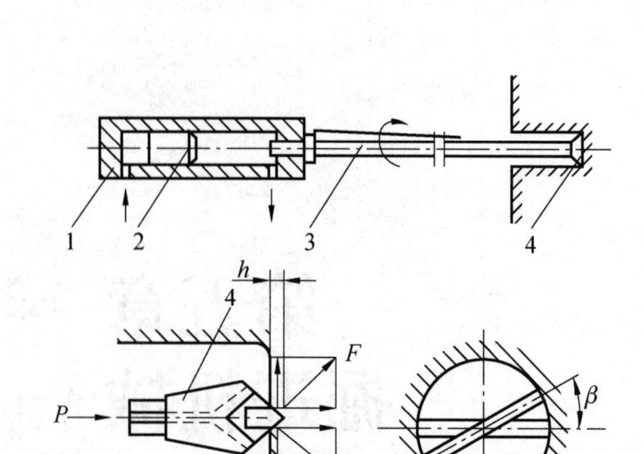

1—缸体；2—活塞；3—钎杆；4—钎头。

图 5-1 凿岩机工作原理

(二)钎子

钎子是凿岩机械破碎岩石和形成岩孔的刀具，由钎杆和钎头两部分组成。钎杆与钎头连接方式有两种：一种是锥面摩擦连接，另一种是螺纹连接。锥面摩擦连接加工简单、拆装方便，只要锥面接触紧密，钎头和钎杆不会轻易脱落。

钎头按刃口形状不同，可分一字形、十字形和 X 形等。最常用的是一字形钎头，其主要优点是凿岩速度快和容易修磨，但在有裂隙的岩石中钎子易被夹住。在钎刃处镶嵌硬质合金片，以提高钎刃耐磨性。

钎杆由专用钎子钢制成，断面呈有中心孔的六角形。钎杆尾部六方侧面需用锻钎机加工并经热处理，以便插入凿岩机的转动套内配合、传递扭矩。钎尾端面承受凿岩机活塞的频繁冲击，要求既有足够的表面硬度，又有良好的韧性。为防止活塞过早磨损，钎尾端面硬度应比活塞硬度低。钎杆中心孔供通水用，以便清除岩孔内的岩粉。清除岩粉用的水经此中心孔，由钎头两侧面小孔流入钻孔底部。钎杆尾部插入凿岩机的钎套后，用钎卡卡住钎杆凸肩，防止拔钎子时与凿岩机脱开，或防止凿岩机空打时钎子由凿岩机的转动套中脱出，钎尾部的长度必须与凿岩机内转动套的长度尺寸相适应，以便活塞始终冲击钎尾，不致冲击转动套。

(三)凿岩机分类

凿岩机的种类很多，各类凿岩机的构造、工作原理基本类似，只是在动力方式上有所不同。按动力不同，可分为风动凿岩机、液压凿岩机、电动凿岩机和内燃凿岩机。风动凿岩机又称为风钻，使用压缩空气为动力，结构简单，安全可靠，在矿山中应用最多。液压凿岩机使用高压液体作为动力，其优点是动力消耗少，能量利用率高，凿岩速度快；但由于机重较大，一般与凿岩台车配合使用，技术要求和维护费用较高。电动凿岩机用电作动力，效率较高，但可靠性较差，由于可实现动力单一化，多用在小煤矿。内燃凿岩机多用于野外作业，在煤矿应用时废气净化和防爆问题较难解决。

风动凿岩机按照支撑、推进和安装方式的不同，可分为手持式、气腿式、伸缩式和导轨式。

手持式凿岩机质量一般小于25 kg，手持作业，适用于钻较浅的小炮眼，钻孔直径不超过40 mm，孔深不超过3 m。

气腿式凿岩机带有起支承及推进作用的气腿，质量小于30 kg，钻孔深度2~5 m，钻孔直径34~42 mm。气腿式凿岩机外形如图5-2所示，钎子1的尾端装入凿岩机的机头钎套内，注油器3连接在风管5上，使压缩空气中混有油雾，对凿岩机2内零件进行润滑，水管4供给清除岩粉用的水，气腿6支撑着凿岩机并给以工作所需的推进力。

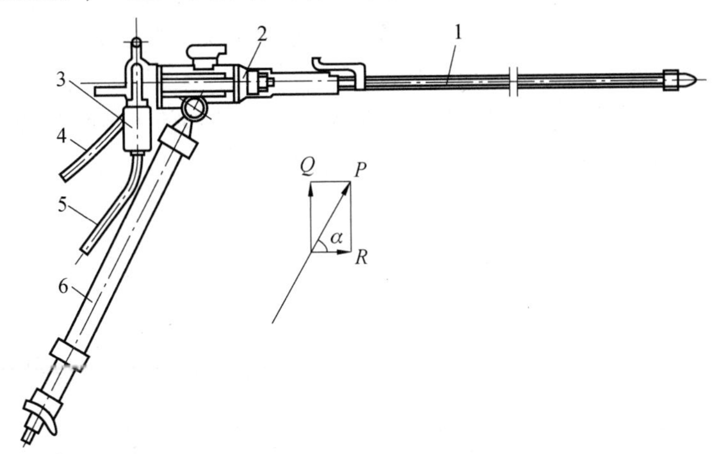

1—钎子；2—凿岩机；3—注油器；4—水管；5—风管；6—气腿。

图5-2　气腿式凿岩机外形

伸缩式凿岩机的气腿与凿岩机主体刚性固定呈一条直线，适用于打60°~90°的向上炮眼，也可用于打锚杆孔和挑顶炮眼。

导轨式凿岩机质量为30~100 kg，一般装在凿岩台车或架柱导轨上使用，以便改善作业条件，减轻劳动强度和提高凿岩效率。其钻孔深度为5~20 m，钻孔直径可达75 mm。

(四) 凿岩机性能参数

凿岩机的主要性能参数有活塞每次冲击钎尾所做的功，即冲击功；冲击频率；每次转钎角度；转钎扭矩和凿岩机质量等。在其他性能参数一定的情况下，凿岩效率与冲击功、冲击频率的大小成正比。但冲击功的大小受钎杆和钎头所镶硬质合金片的强度限制，不能任意加大。冲击频率高是凿岩机工作时产生噪声和振动的主要原因，故无减振装置的手持式凿岩机冲击频率不应超过1 800~1 900次/min，其他凿岩机当冲击频率超过2 500次/min时，必须设置消声器。凿岩机的转钎扭矩用来克服凿岩过程中作用在钎头和钎杆上的岩石的阻力矩，以保证钎子转动，进行连续作业。

二、凿岩台车

凿岩台车是将一台或几台凿岩机连同推进器一起安装在特制的钻臂或台架上，并配以行走机构，使凿岩作业实现机械化。用钻爆法掘进较大断面岩石巷道时，使用凿岩台车可以大大提高凿岩效率，减轻工人的劳动强度，改善工人的劳动条件，还可以与装载机、转载机和运输设备配套组成岩巷掘进机械化作业线。

液压凿岩机由于机型重，推力大，凿岩速度快，没有相应的凿岩台车就不能发挥其效能，煤矿中使用的一般为钻臂式平巷凿岩台车。按照凿岩台车钻臂的数目，即安装凿岩机的台数不同，可分为双臂式、三臂式和多臂式；按行走机构的不同，可分为轨轮式、轮胎式和履带式；按照钻臂调位方式的不同，可分为直角坐标调位方式和极坐标调位方式。

(一)工作原理

凿岩台车一般采用导轨式液压凿岩机，钻臂用于支承和推进凿岩机，可自由调节方位，以适应炮孔位置的需要。为完成平巷掘进，凿岩台车应实现下列运动。

(1)行走运动，以便凿岩台车进出工作面。

(2)推进器变位和钻臂变幅运动，实现在断面任意位置和任意角度钻眼。

(3)推进运动，使凿岩机沿钻孔轴线前进和后退。

(二)结构

CTJ-3 型凿岩台车的结构如图 5-3 所示，主要结构是推进器和钻臂。

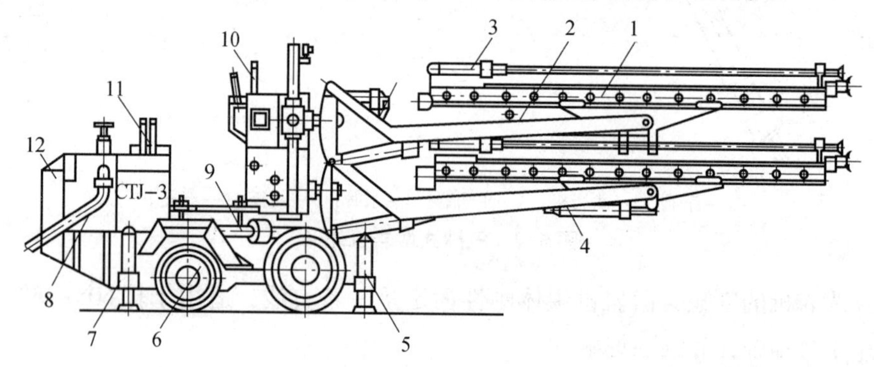

1—推进器；2—侧钻臂；3—YGZ-70 型外回转凿岩机；4—中间钻臂；5—前支撑油缸；6—轮胎行走机构；7—后支撑油缸；8—进风管；9—摆动机构；10—操纵台；11—司机座；12—配重。

图 5-3　CTJ-3 型凿岩台车的结构

1. 推进器

推进器是导轨式凿岩机的轨道，并给凿岩机以工作所需要的轴向推力。CTJ-3 型凿岩台车分别在两个侧钻臂和中间钻臂的前端安装由活塞式气动马达驱动的螺旋推进器(见图 5-4)。

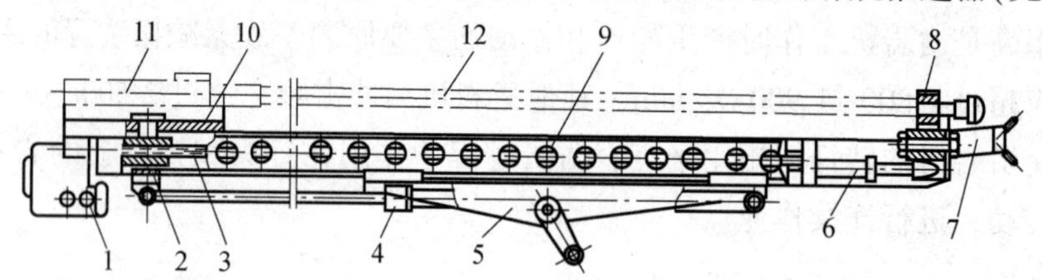

1—风动马达；2—螺母；3—丝杠；4—补偿油缸；5—托盘；6—扶钎油缸；7—顶尖；8—扶钎器；9—导轨；10—凿岩机底座；11—凿岩机；12—钎子。

图 5-4　CTJ-3 型凿岩台车螺旋推进器

凿岩机 11 用螺栓固定在底座 10 上，装在底座下的螺母 2 与推进器丝杠 3 相结合，当风动马达 1 驱动丝杠转动时，凿岩机就在导轨 9 上向前或向后移动。风动马达的功率为 0.75 kW，推进器推进力为0.75 kN，推进行程为2.5 m。调节风动马达进气量，可使凿岩机获得不同的推进速度。

推进器导轨9下面设有补偿油缸4，其缸体与导轨托盘5铰接，活塞杆与导轨铰接。伸缩补偿油缸就可以调节推进器导轨在导轨托盘上的位置，使导轨前端的顶尖7顶紧岩壁，以减少凿岩机工作过程中钻臂的振动，增加推进器的工作稳定性。凿岩机底座与导轨间、导轨与导轨托盘间均有尼龙滑垫，以减少移动阻力和磨损。在导轨前端还装有剪式扶钎器8，当凿岩机开始钻炮孔时，用扶钎器夹持钎子12的前端，以免钎子在岩面上滑动；钎子钻进一定深度后，松开扶钎器以减少阻力。扶钎器的两块卡爪平时由弹簧张开，扶钎时，由扶钎油缸6将其活塞杆上的锥形头插入两块卡爪之间，使其剪刀口合拢。

2. 钻臂

钻臂用于支撑推进器和凿岩机，并可调整推进器的方位，使之可在全工作面范围内进行凿岩。CTJ-3型凿岩台车的两个侧钻臂和中间钻臂结构基本相同，其工作原理如图5-5所示。

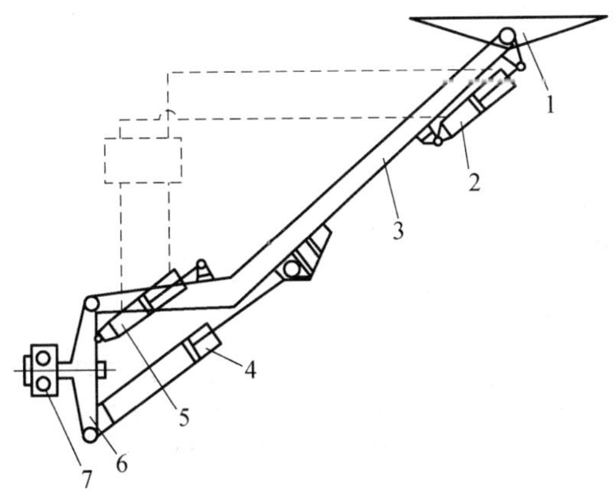

1—推进器托盘；2—俯仰角油缸；3—钻臂架；4—钻臂油缸；5—引导油缸；6—钻臂座；7—回转机构。

图5-5　CTJ-3型凿岩台车钻臂工作原理

钻臂架3的前端与推进器托盘1铰接，利用俯仰角油缸2调整导轨的倾角，所以凿岩机钻出的炮眼倾角可以调整。利用钻臂油缸4调整钻臂架3的位置，即可调整凿岩机位置的高低，钻凿不同高度的炮眼。钻臂架的后端与钻臂座6铰接，钻臂座安装在回转机构7水平轴的水平出轴上，此轴为一齿轮轴，在回转机构中的齿条油缸带动下，可使钻臂座连同钻臂一起绕此轴线在360°范围内回转，因此，由回转机构改变凿岩机的回转角度，钻臂油缸改变凿岩机的回转半径就可以确定炮眼位置，使凿岩机能在一定圆周范围内钻凿不同位置的炮眼。钻臂的这种调位方式称为极坐标调位方式，其主要优点是在炮孔定位时操作程序少，定位时间短。另外，利用摆动机构还可以使各钻臂水平摆动，使凿岩机可以在巷道的转弯处进行凿岩作业。

为了适应直线掏槽法掘进的需要，CTJ-3型凿岩台车设有液压平行机构。利用液压平行机构可以使钻臂在不同位置时导轨的倾角基本保持不变，凿岩机可钻出基本平行的掏槽炮眼，这对于提高爆破效果和节省调整凿岩机位置的作业时间都有好处。

3个钻臂的回转机构通过摆动机构9(见图5-3)与行走车架相连，凿岩台车用4个充气胶轮行走，前轮是主动轮，后轮是转向轮。前轮由活塞式风动马达经三级齿轮减速器驱动。台车后部设有配重 12 以保持稳定。当凿岩台车工作时，利用支撑油缸 5、7 支撑在底板上，使车轮离开底板以增加机器工作的稳定性。

整个凿岩台车的动力是压缩空气，由管道 8 供应。一台功率 6 kW、1 000 r/min 的活塞式风动马达带动一台单级叶片泵为所有油缸提供压力油，操纵手把集中在操纵台 10 上。

三、液压锚杆钻车

(一) 工作原理

随着采煤工作面机械化程度的提高，采煤速度大大加快，煤矿用液压锚杆钻车和采煤工作面的准备也必须相应加快。CMM5-20 煤矿用液压锚杆钻车如图 5-6 所示，它主要是为煤矿综采及高档普采工作面巷道掘锚服务的机械设备。CMM5-20 煤矿用液压锚杆钻车可实现连截割面的及时支护和截割物料的连续运输，真正实现了掘锚同步，因此在煤矿中应用广泛。为了截割破落整个工作面的煤岩，必须平行于工作面连续移动其工作机构进行多次切割，才能最后形成要求的巷道断面尺寸。液压锚杆钻车具有生产效率高、适应性强、操作方便等优点。

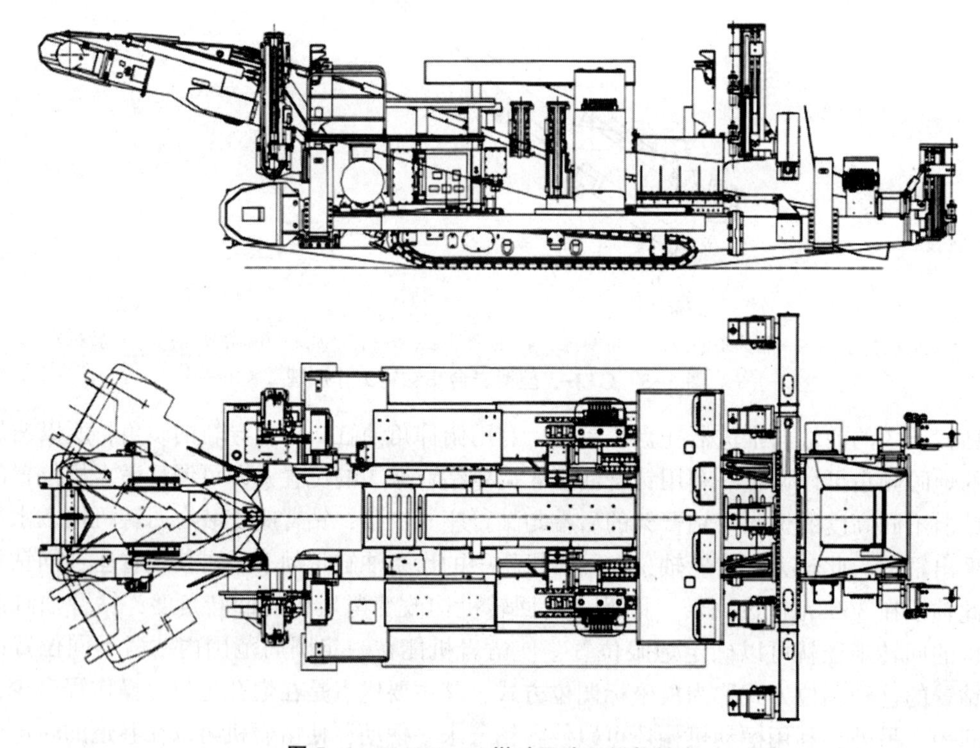

图 5-6 CMM5-20 煤矿用液压锚杆钻车

CMM5-20 煤矿用液压锚杆钻车掘进部分属于断面纵轴悬臂式钻机，具有截割功率大、适用范围广的特点。它通过第二输送机，可与自卸车、梭车、带式输送机等配置，实现切割、装载和运输连续作业。液压锚杆钻车包括行走机构、输送装置、液压系统、截割机构、装运机构、锚护装置、电控系统和喷雾降尘系统等部分。

(二)主要结构

CMM5-20 煤矿用液压锚杆钻车主要进行锚杆支护作业，主要结构有行走机构、输送装置和液压系统等。

1. 行走机构

CMM5-20 煤矿用液压锚杆钻车采用两轮一带行走机构(见图 5-7)，无支重轮和导向轮，降低了故障率，提高了整机稳定性。左右履带行走机构对称布置，分别驱动。每个行走机构分别由液压马达提供动力，驱动减速器(见图 5-8)带动履带行走。

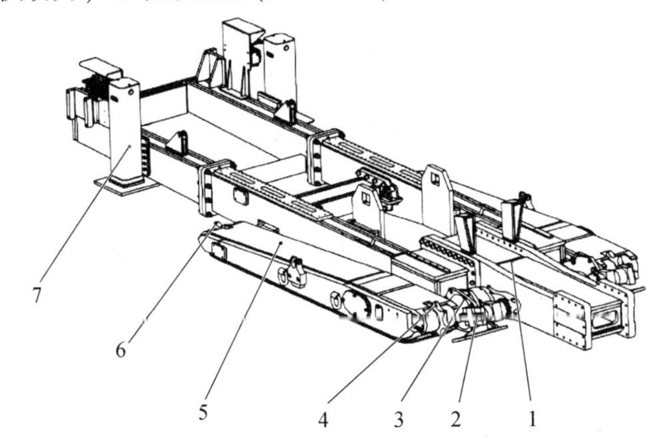

1—主机架；2—液压马达；3—行走减速器；4—主动轮；5—履带架；6—从动轮；7—前支腿组件。

图 5-7　CMM5-20 煤矿用液压锚杆钻车行走机构

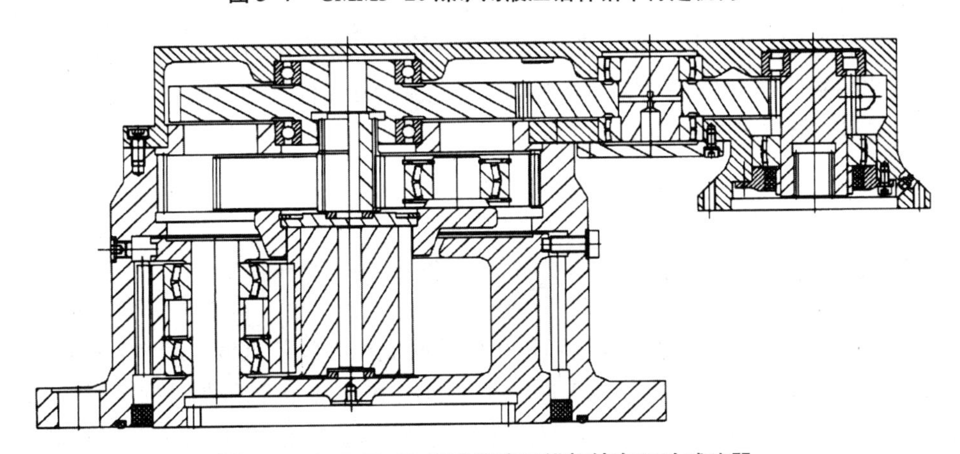

图 5-8　CMM5-20 煤矿用液压锚杆钻车驱动减速器

履带行走机构由履带架、主动轮、从动轮、液压马达及行走减速器等组成。履带链通过张紧油缸张紧。设备采用负载敏感控制的恒功率变量泵，行走速度可在 0~12 m/min 调整。

2. 输送装置

输送装置(见图 5-9)的主要作用是输送截割物料，其主要由张紧装置、刮板减速器、刮板链、电动机、摆动刮板机、摆动油缸、升降油缸等组成。前部呈料斗状，通过升降油缸，可以相对尾部转动，从而保证前方运输过来的物料完全被运输出去。

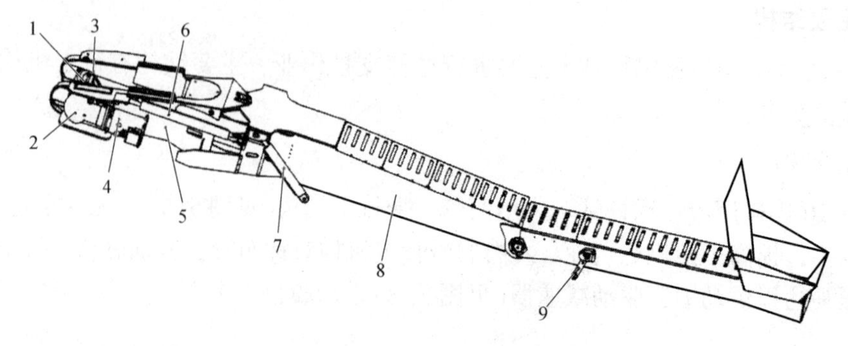

1—张紧装置；2—刮板减速器；3—刮板链；4—电动机；5—摆动刮板机；
6—摆动油缸；7—升降油缸；8—中部刮板机；9—前部刮板机。

图 5-9　输送装置

3. 液压系统

液压系统主要通过多组多路阀控制顶锚杆机、帮锚杆机、锚索机等部件的动作，以及控制各油缸的动作，使各部件工作相互协调，完成各工况需求。

有两组多路阀和平衡控阀组(以下称锚杆机阀组)分别安装在左、右帮锚杆机总成的支架焊接上。它控制左、右帮锚杆机锚杆钻机的钻进、短(长)进给、装锚杆、顶板、平移和摆转等动作。

还有两组锚杆机阀组分别安装在后配套电气平台和后配套液压平台的操作台上。它控制左锚索机和右锚索机的钻进、短(长)进给、装锚杆、顶板、平移和摆动等动作。

另外有三组锚杆机阀组和一组多路阀安装在顶锚杆机操作平台的操作台上，其中三组锚杆机阀组可以控制顶锚杆钻机的钻进、短(长)进给、装锚杆、顶板、平移和摆转等动作，另一组多路阀控制着机器的前进与后退。

第二节　装载机械

将采落的煤或岩石装入矿车或巷道输送机中的机械称为装载机械，简称装载机。把爆破下来的煤(岩)装到运输设备中的装载工序，是掘进过程中最繁重和费时的工序。如果用人工装载，要占用全部掘进工作量 65% 左右。因此，在钻爆法掘进工作面发展装载机械化，对于减轻工人的劳动强度、提高掘进效率和降低掘进费用具有重要的意义。

装载机械的类型很多，按其工作机构的形式来分有耙斗、铲斗、爪式和抓斗式等；其行走方式有轨轮、履带和轮胎 3 种。近年来，人们还将凿岩台车和装载机结合成一体，形成既能钻孔、又能装载的钻装机。

耙斗装载机是用耙斗作装载机构的装载机，适用于矿山平巷和倾角 30°以下斜井巷道或拐弯及拐弯角度达到 90°的巷道掘进装岩，并且能同时进行掘进工序的平行作业，提高掘进速度。

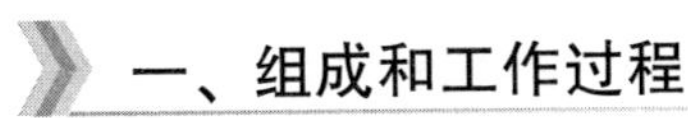

一、组成和工作过程

各种型号的耙斗装载机结构虽有不同，但其工作原理基本相同。P 系列耙斗装载机主要用于巷道掘进中配备矿车或箕斗进行装岩作业，适用于各种煤矿、非金属矿、金属矿、铁路、涵洞、水利等建设工程。

耙斗装载机主要由耙斗、传动机构(电动机、绞车、操纵机构)、台车、料槽(进料槽、中间槽、卸料槽)、导向轮、附件(尾轮、固定楔、撑脚)、电气设备等部分组成。P-90B 型耙斗装载机如图 5-10 所示。

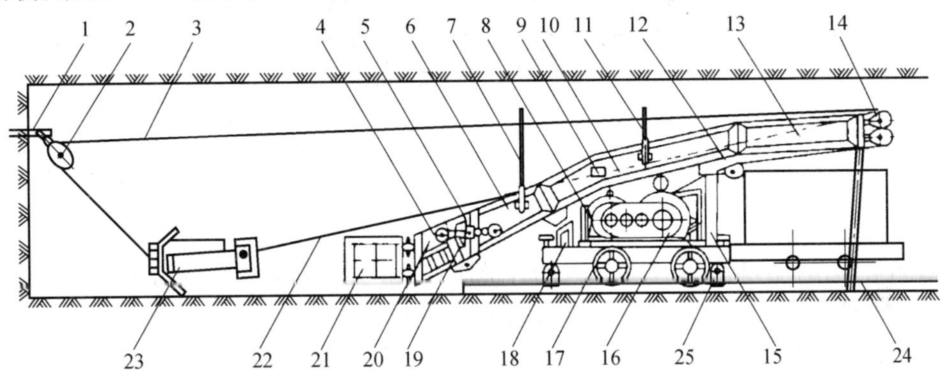

1—固定楔；2—尾轮；3—返回钢丝绳；4—簸箕口；5—升降螺杆；6—连接槽；7，11—钎杆；8—操纵机构；9—按钮；10—中间槽；12—托轮；13—卸料槽；14—导向轮；15—支柱；16—绞车；17—台车；18—支架；19—护板；20—进料槽；21—簸箕挡板；22—钢丝绳；23—耙斗；24—撑脚；25—卡轨器。

图 5-10　P-90B 型耙斗装载机

P-90B 型耙斗装载机的行走机构为轨轮式，移动时依靠绞车 16 作用在轨道上移动自行牵引。耙斗 23 在钢丝绳 22 的牵引下从工作面的料堆耙取岩石，把岩石打进进料槽 20，岩石沿料槽的簸箕口 4、连接槽 6 和中间槽 10 运到卸料槽 13，从卸料口装入矿车，实现装岩过程，钢丝绳反向牵引将耙斗拉回到工作面的料堆上。如此往复循环，直至装满矿车为止。

二、主要部件结构

1. 耙斗

耙斗在工作钢丝绳及返回钢丝绳的牵引下往返运动和向后拉动机器，直接扒取岩石的斗状构件，其性能直接影响耙斗装载机的工作效率。

耙斗如图 5-11 所示，它主要由斗齿和斗体组成。斗体用钢板焊接而成，斗齿 7 与斗体铆接。斗齿有平齿和梳齿之分，多使用平齿。斗齿材料为 ZGMn13，磨损后可更换。尾帮 2 后侧经牵引链 8 和钢丝绳接头 1 连接，拉板 4 前侧与钢丝绳接头 6 连接。绞车上工作钢丝绳和返回钢丝绳分别固定在钢丝绳接头 6 和 1 上。

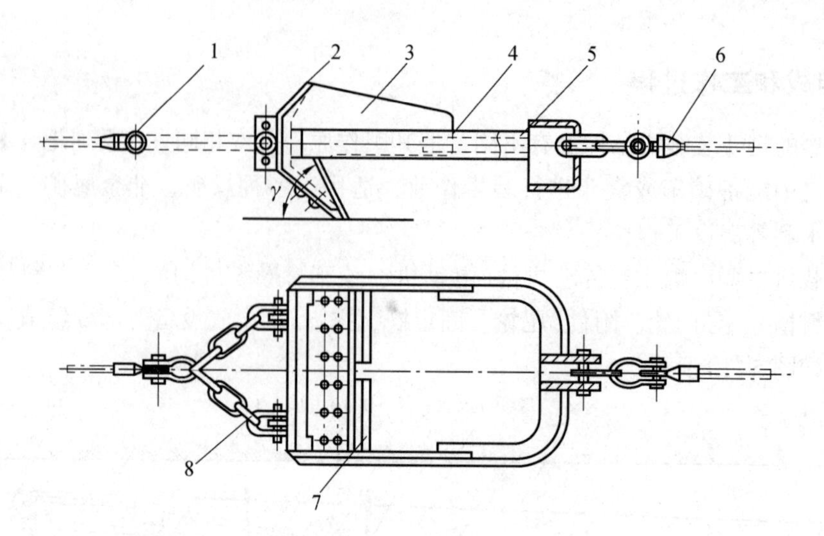

1，6—钢丝绳接头；2—尾帮；3—侧板；4—拉板；5—筋板；7—斗齿；8—牵引链。

图 5-11　耙斗

耙斗依靠自重插入料堆，重力越大越容易插入，但重力过大，消耗的功率增加，容易刮入底板，增加牵引阻力。耙斗质量一般根据岩石的坚硬度、齿刃宽度（耙斗宽度）及岩石块度决定，以耙斗的单位宽度质量表示，耙装硬岩和大块物料时为 500~600 kg/m，耙装软岩和松散物料时为 300~400 kg/m。

2. 传动机构

P-90B 型耙斗装载机的传动机构采用双滚筒式绞车，绞车采用行星齿轮式传动，绞车传动系统由电动机、减速器、工作滚筒、空程滚筒、刹车闸带、辅助刹车等组成，如图 5-12 所示。该传动系统能保证耙斗做往复运动，并迅速变换方向。为了提高耙斗装载机的生产效率，空行的速度比耙装时快，因此两个滚筒的转速各不相同。

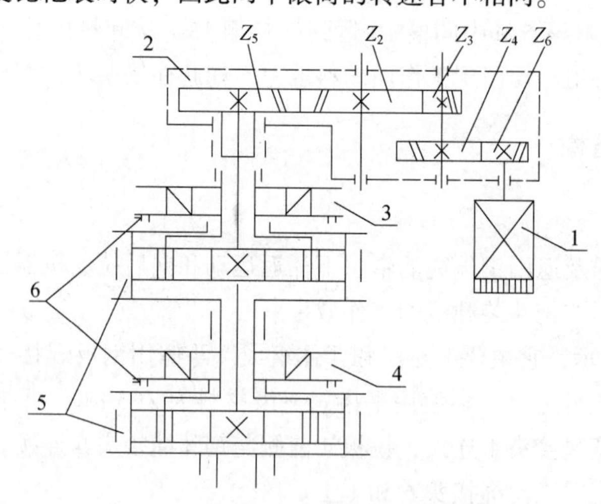

1—电动机；2—减速器；3—工作滚筒；4—空程滚筒；5—刹车闸带；6—辅助刹车；

Z_2~Z_6—减速器内齿轮。

图 5-12　绞车传动系统

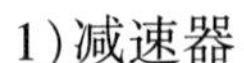

1)减速器

减速器由箱体、齿轮、轴、轴承、盖等组成。本装载机采用的是一种两级减速器，可将电动机的旋转运动传到最后一级齿轮的花键轴上。为了使进轴与出轴之间有足够的距离，故在第二级中增加一过渡齿轮。减速器的两端分别与电动机及工作滚筒连接。

2)工作滚筒

工作滚筒由卷筒、中心轮、行星齿轮、内齿轮、行星轮架及轴承等组成。在行星齿轮架上装有3个行星齿轮，行星齿轮既与中心轮相啮合，又与内齿轮相啮合，行星轮架上的轴用键与卷筒内孔固定。花键轴旋转后通过中心轮上的花键孔带动中心轮旋转，中心轮带动行星齿轮，再由行星齿轮带动内齿轮旋转。内齿轮本身是一个闸轮，外面装有刹车闸带，刹紧刹车闸带使内齿轮不转，这时行星齿轮除自转外还要绕中心轮公转，这样就带动行星轮架转动。因为卷筒固定在行星轮架的轴上，所以卷筒将钢丝绳卷入。工作滚筒上所用的钢丝绳直径为17 mm，钢丝绳长度最长不得超过50 m。

3)空程滚筒

空程滚筒结构与工作滚筒一样，不同的是空程滚筒上所用的钢丝绳直径为15.5 mm，长度约为工作滚筒上所用钢丝绳长度的1.5倍，中心轮和行星齿轮的齿数也与工作滚筒的不同。

4)刹车闸带

刹车闸带由钢带、石棉带、圆柱销、铆钉等组成，石棉带磨损后要及时调换。工作滚筒和空程滚筒各有一副刹车闸带，尺寸相同。

5)辅助刹车

辅助刹车由手把、套筒、弹簧、闸瓦等组成。刹紧刹车闸带时，滚筒开始转动，放松时滚筒停止转动，但由于惯性作用，滚筒实际上还要转动，这样盘绕在滚筒上的钢丝绳容易乱，甚至很快损坏。辅助刹车起到保护钢丝绳的作用。工作时需要先利用弹簧调节压紧力到合适。辅助刹车正常工作时始终是处于刹紧状态的，但手动放绳和收绳时要松开辅助刹车，否则太重。第二次使用时，耙岩仍应按上述过程调整好。

3. 台车

台车由车架、轮对、碰头等组成，是耙斗装载机的机架及行走部分，并承载耙斗装载机的全部质量。台车上安装有电动机、绞车、操纵机构，并装有支撑中间槽的支架和支柱。台车前、后部装有4套卡轨器，用以耙斗装载机工作时固定台车。

台车操纵机构由两组操纵杆、连杆、轴承座、轴、调整螺杆等组成。调整螺杆的一端与绞车闸带连接，通过操纵杆控制闸带的开合对绞车的两个滚筒分别进行操纵。操纵杆可安装在机器左右任何一侧。

4. 料槽

料槽由进料槽、中间槽和卸料槽等组成，是容纳耙取物的部分，耙斗扒取岩石，依次通过进料槽、中间槽，从卸料口卸入矿车。进料槽的中部安装有升降装置，用于调节簸箕口的高低。簸箕口靠自重紧贴底板，簸箕口与两侧的挡板用销连接，与连接槽之间通过钩环连接。簸箕挡板的作用是引导耙斗进入料槽，又可防止岩石向两侧散失。中间槽安装在台车的支架和支柱上，进料槽、卸料槽分别在前后与中间槽用螺栓连接。中间槽有两个弯曲部分，是最易磨损的地方，均装有可拆卸的耐磨弧形板。卸料槽在靠近端部的位置开有卸料口。卸料槽的尾部装有滑轮组，钢丝绳从卷筒引出，绕过滑轮组后分别接在耙斗的前部和后部，以便往返牵引耙斗。在卸料槽的后部还安装有弹簧碰头，用以减轻耙斗卸载时的冲击。

5. 导向轮

导向轮安装在耙斗装载机卸料槽的端部及台车两支柱间的横梁上用于引导，改变钢丝绳从绞车滚筒出来以后的方向，达到耙斗往复运动的目的。它由侧板、绳轮、心轴、滚动轴承等组成，并采用防尘结构，以延长其使用寿命。

6. 尾轮

尾轮主要由绳轮、侧板、吊钩、心轴等组成。尾轮用于耙斗往返、弯道上改变钢丝绳方向和向后拉动机器。

7. 固定楔

固定楔如图 5-13 所示，它由一个紧楔和一个尾部带锥套的钢丝绳环组成。固定楔固定在迎头上，用于吊挂尾轮，供出矸和牵引机器前进用。在弯道中使用和平行作业出矸及清理侧帮时，则固定在侧帮上。

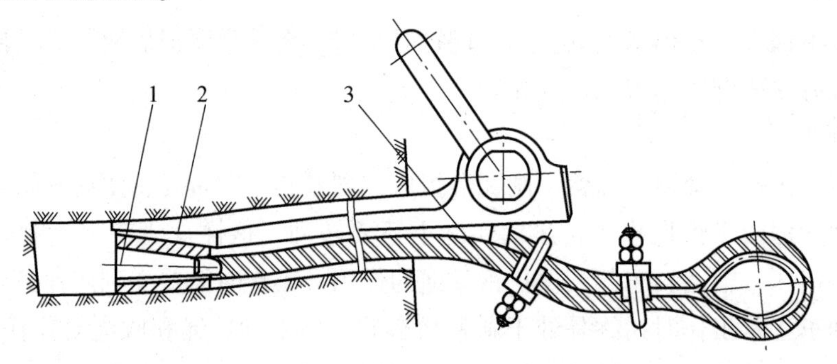

1—软楔；2—硬楔；3—绳夹。

图 5-13 固定楔

8. 撑脚

撑脚主要由梯形左右螺杆和螺母等组成，安装在卸料槽尾部一侧，用于支撑槽子尾部以保持工作时的稳定性。

9. 电气设备

采用的各电气设备均为矿用隔爆型产品，可用于有瓦斯及煤尘爆炸危险的矿井中，由能适应掘进迎头电压波动较大工作条件的隔爆控制箱、照明灯、控制按钮、电动机等组成。P-90B 型耙斗装载机电气原理如图 5-14 所示。

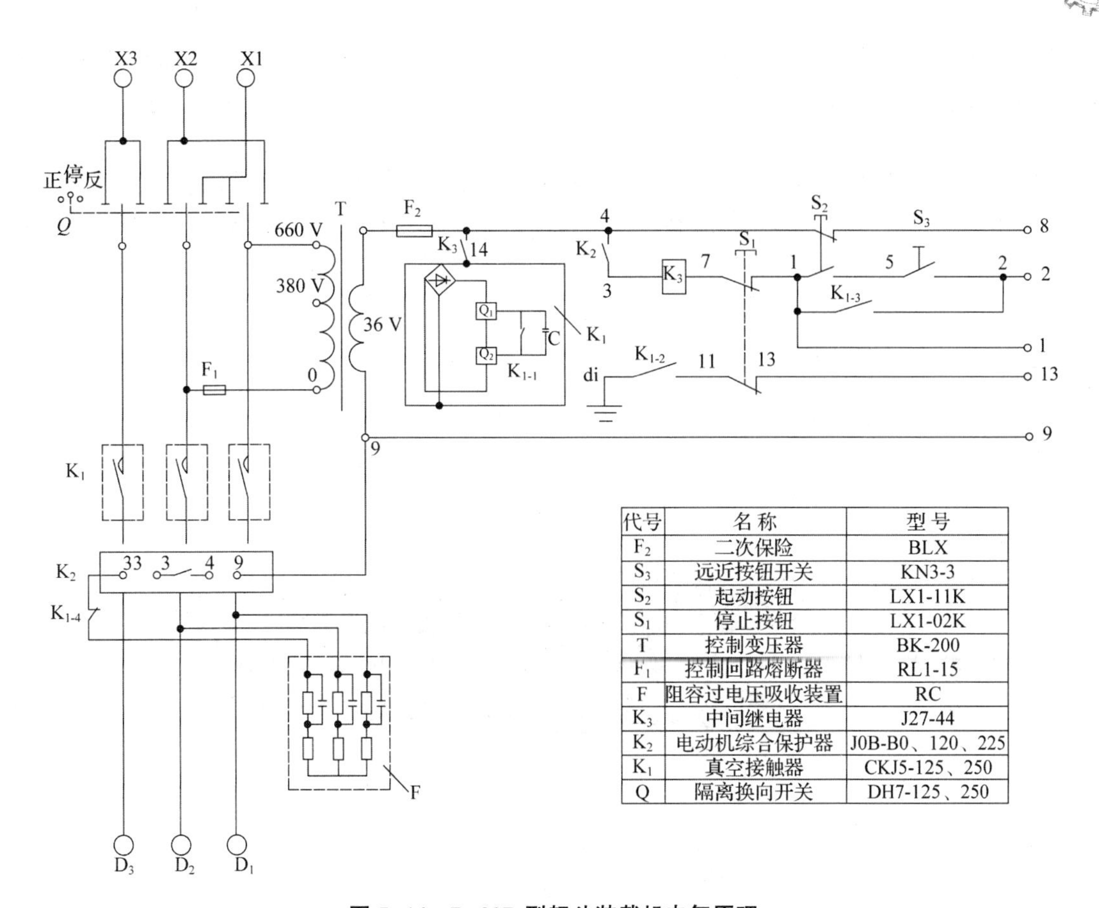

代号	名称	型号
F_2	二次保险	BLX
S_3	远近按钮开关	KN3-3
S_2	起动按钮	LX1-11K
S_1	停止按钮	LX1-02K
T	控制变压器	BK-200
F_1	控制回路熔断器	RL1-15
F	阻容过电压吸收装置	RC
K_3	中间继电器	J27-44
K_2	电动机综合保护器	J0B-B0、120、225
K_1	真空接触器	CKJ5-125、250
Q	隔离换向开关	DH7-125、250

图 5-14 P-90B 型耙斗装载机电气原理

第三节 掘进机

一、概述

随着采煤工作面机械化程度的提高，采煤速度大大加快，巷道掘进和回采工作面的准备工作也必须相应加快。只靠钻爆法掘进巷道已满足不了要求，采用掘进机法，使破落煤岩、装载运输、喷雾降尘等工序同时进行，是提高掘进速度的有效措施。

按照工作机构切割工作面的方式，掘进机可分为部分断面巷道掘进机和全断面巷道掘进机。部分断面巷道掘进机主要用于煤和半煤岩巷道的掘进，其工作机构一般由一悬臂及安装在悬臂上的截割头所组成。工作时，经过工作机构上下左右摆动逐步完成全断面煤岩的破碎。全断面巷道掘进机因体积大，主要用于铁路、公路隧道及大型水利涵洞施工，其工作机构沿整个工作面同时进行破碎岩石并连续推进，煤矿应用较少。

二、部分断面巷道掘进机

部分断面巷道掘进机是指工作机构仅能同时截割工作面煤岩断面的一部分。为了截割破落整个工作面的煤岩，必须平行于工作面连续移动其工作机构进行多次切割才能最后形成要求的巷道断面尺寸。由于部分断面巷道掘进机具有掘进速度快、生产效率高、适应性强、操作方便等优点，因此在煤矿中应用广泛。

EBZ200A 型掘进机如图 5-15 所示，它属于部分断面纵轴悬臂式掘进机，具有截割功率大，适用范围广的特点。部分断面巷道掘进机通过第二输送机，可与自卸车、梭车、带式输送机等配套，实现切割、装载和运输连续作业。包括截割机构、装运机构、本体部、后支撑部、行走机构、液压系统、水路系统、电气系统和喷雾降尘系统等。

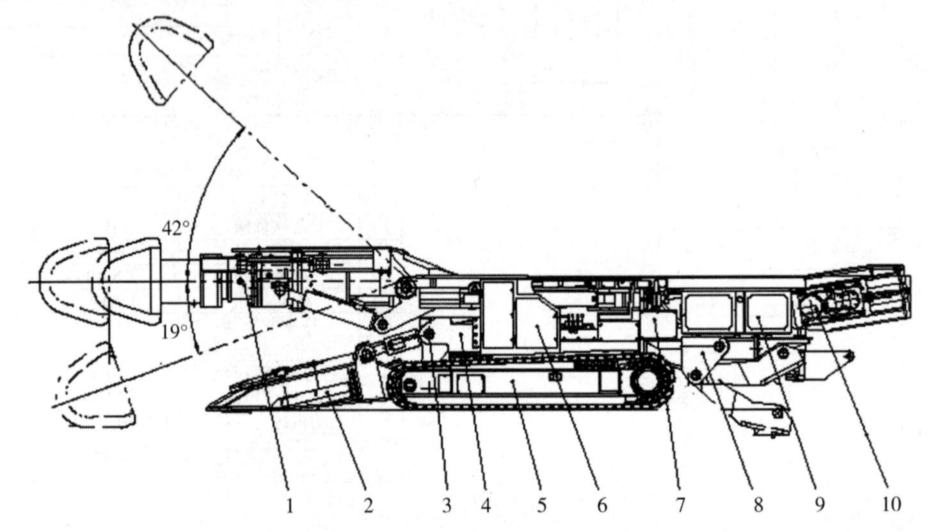

1—截割机构；2—铲板部；3—润滑系统；4—本体部；5—行走机构；6—液压系统；7—水路系统；8—后支撑部；9—电气系统；10—输送机。

图 5-15　EBZ200A 型掘进机

(一) 截割机构

截割机构如图 5-16 所示，它主要由截割头、伸缩部、截割减速器及截割电动机组成。

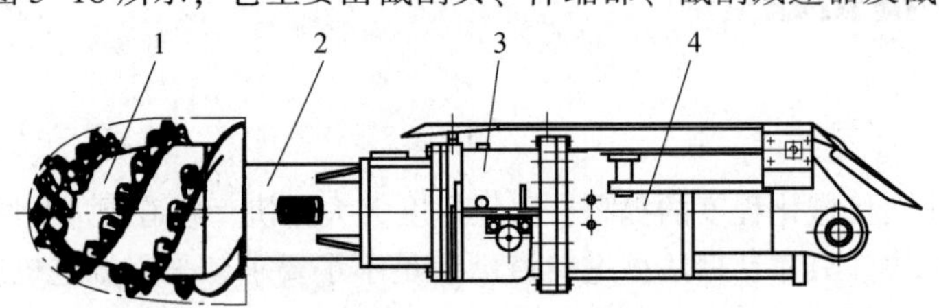

1—截割头；2—伸缩部；3—截割减速器；4—截割电动机。

图 5-16　截割机构

1. 截割头

截割头为铸造件，呈圆锥台形，在其圆周按不同的点和角度螺旋排列焊接有 39 把截齿座。截割头体腔内为水腔，与内喷雾喷嘴相通，喷嘴固定在齿座上，通过齿座上的水路与截割头体内腔相通。同时，喷嘴的安装是完全沉在齿座内的。截割头与截割头轴用渐开线花键和两个高强度螺栓相连接，由渐开线花键完成力的传递，使主轴带动截割头旋转。

截割头上的截齿有径向扁截齿和镐形截齿两种。在煤巷中，可采用镐形截齿或径向扁截齿；在半煤岩巷道中，一般采用径向扁截齿。喷嘴的喷雾是从前一个齿的齿座上喷出来，喷到同一螺旋线下一个齿的齿尖处。同一螺旋线上相邻的齿座间焊有钢板来加强齿座的抗冲击能力。截齿与齿座间有间隙，保证截齿在齿座内转动灵活，没有卡阻现象。

2. 伸缩部

伸缩部如图 5-17 所示，它位于截割头和截割减速器中间，即悬臂段。通过伸缩油缸，使截割头具有 0.7 m 的伸缩行程。

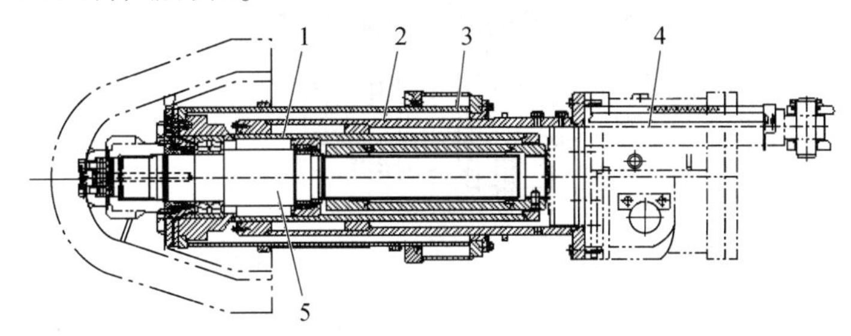

1—伸缩内筒；2—伸缩外筒；3—伸缩保护筒；4—伸缩液压缸；5—截割头轴。

图 5-17　伸缩部

3. 截割减速器

截割减速器如图 5-18 所示，它是两级行星齿轮传动，和伸缩部用高强度螺栓连接，由箱体、减速齿轮、行星齿轮架、输入/输出轴联轴器构成。

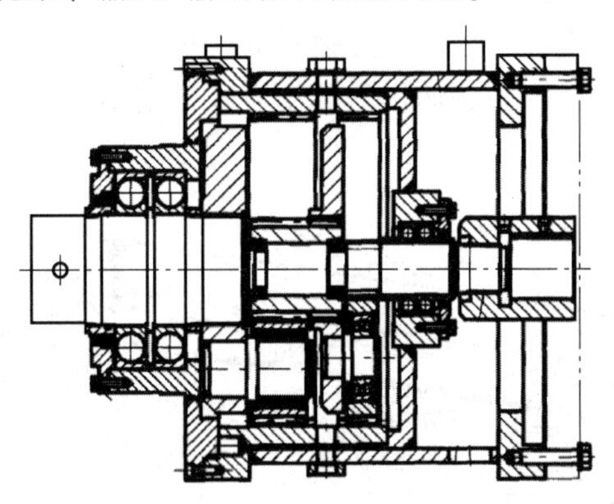

图 5-18　截割减速器

4. 截割电动机

EBZ200A 型掘进机所使用的截割电动机为双速水冷电动机，它可以使截割头获得两种转速，它与截割减速器通过定位销和高强度螺栓连接。截割电动机输出扭矩通过花键套传至截割减速器，经由输出轴输出到截割臂，通过花键套传至截割头轴，输出到截割头。

(二)装运机构

1. 铲板部

铲板部如图 5-19 所示，它由侧铲板、主铲板、从动轮装置和铲板驱动装置组成。通过两个低速大扭矩液压马达直接驱动弧形三齿星轮，截割落料通过铲板装载到第一运输机。铲板部主要功能是收集和装载物料，并起支撑作用。

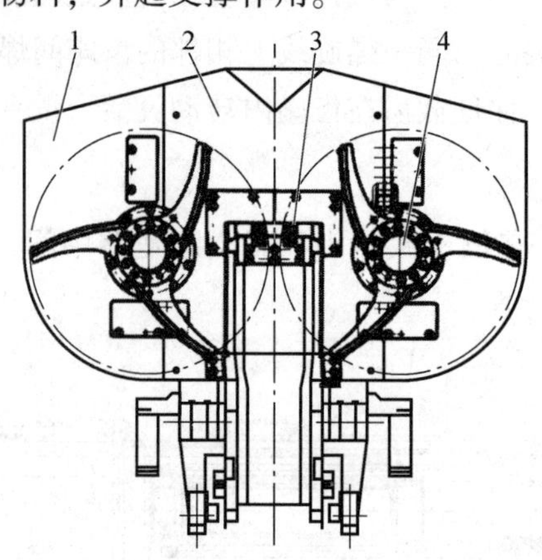

1—侧铲板；2—主铲板；3—从动轮装置；4—铲板驱动装置。

图 5-19　铲板部

铲板驱动装置由星轮、马达座、旋转盘、马达等组成，通过同一油路下的两个控制阀各自控制一个液压马达，对弧形六齿星轮进行驱动，从而获得均衡的流量，确保星轮在平稳一致的条件下工作，提高工作效率，降低故障率。

2. 第一运输机

EBZ200A 型掘进机的第一运输机(见图 5-20)位于机体中部，采用中双链刮板式运输机。运输机分前中部槽、后中部槽，用高强度螺栓连接，运输机前端通过销轴与铲板连接，后端通过铰接支板安装在后支承上。第一运输机的底板呈直线形状，可保证运输顺畅，并提高中部槽及刮板的使用寿命。第一运输机的驱动方式是使用两个液压马达直接驱动链轮，带动刮板链组实现物料运输。

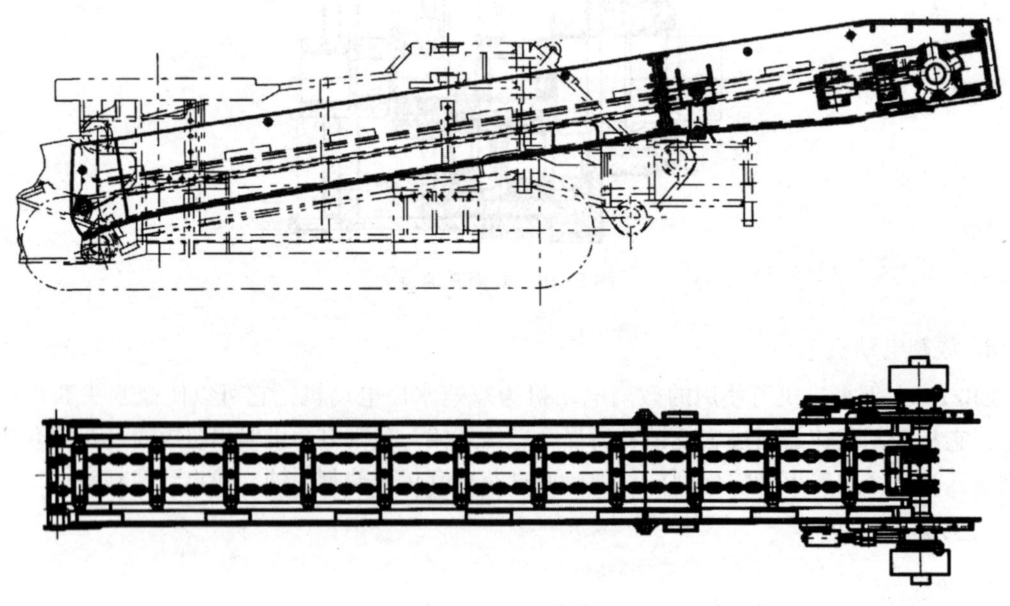

图 5-20　第一运输机

(三)本体部

本体部(见图5-21)由回转台、回转轴承及本体架组成。本体架采用整体箱式焊接结构，本体部的右侧通过高强度螺栓连接液压系统的泵站，左侧连接液压系统的操纵台，左、右侧下部分别装有行走机构，在前面上部通过回转台和油缸连接截割机构，前面下部通过油缸和销轴连接铲板，第一运输机从中间横穿，后面连接后支撑部。

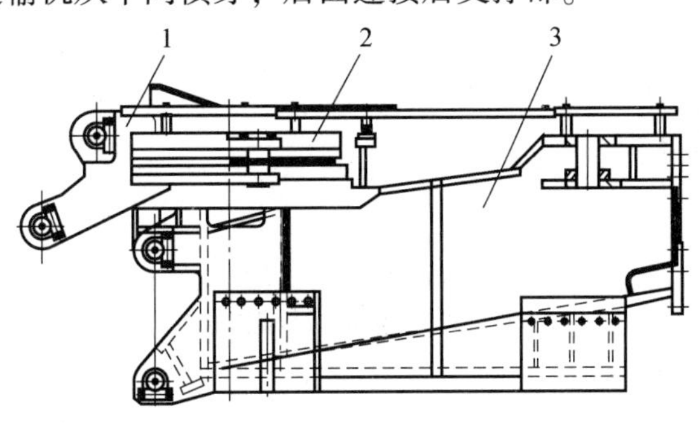

1—回转台；2—回转轴承；3—本体架。

图5-21　本体部

(四)后支撑

后支撑部(见图5-22)的作用是减少在截割时机体的振动，提高工作稳定性并防止机体横向滑动。在后支撑部架体两边分别装有升降支撑器，利用油缸实现支撑。后支撑部架体用高强度螺栓通过键与本体相连接，后支撑部的后面与第二运输机连接，电控箱、泵站都固定在后支撑部支架上。

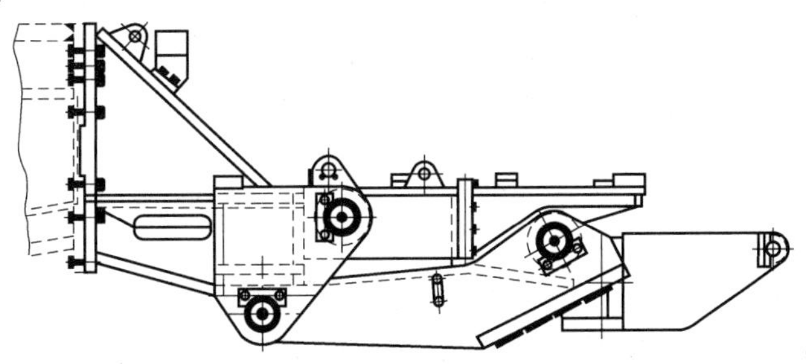

图5-22　后支撑部

(五)行走机构

悬臂式掘进机均采用履带式行走机构(见图5-23)，用来实现机器的调动，并牵引转载机，以对悬臂不可伸缩式掘进机提供掏槽时所需要的推进力。此外，机器的质量和掘进作业中产生的截割反力也通过该机构传递到底板上。EBZ200A型掘进机的行走机构主要由定量液压马达、行星减速器、履带链、支重轮、张紧轮组、张紧液压缸、履带架等组成。定量液压马达通过减速器及驱动轮带动履带链实现行走。履带链与履带架体通过支重轮采用滚动式摩擦，减小了行走阻力。履带张紧机构由张紧轮组和张紧液压缸组成，履带的松紧程度是靠张紧液压缸推动张紧轮组来调节的。张紧液压缸为单作用形式，张紧轮伸出后靠卡板锁定。

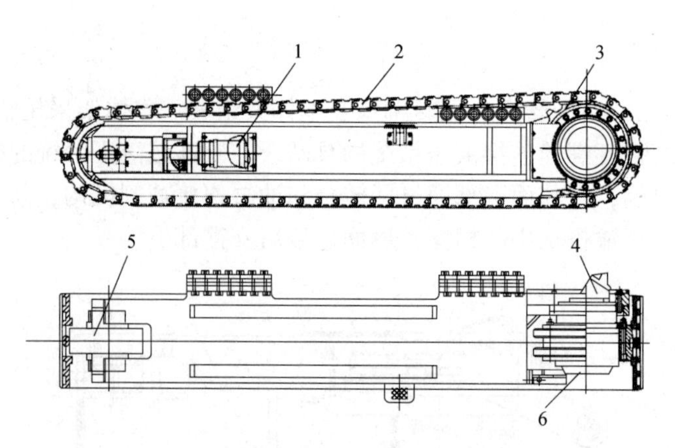

1—张紧液压缸；2—履带链；3—驱动轮；4—定量液压马达；5—张紧轮组；6—行星减速器。

图 5-23　履带式行走机构

(六)液压系统

部分断面掘进机工作机构需水平和上、下摆动，装载机构和转载机构的升降和水平摆动以及机器的支撑等均采用液压泵-液压缸系统来实现。另外，除工作机构采用电动机单独驱动外，装运机构、转载机构和履带行走机构用液压泵-液压马达系统驱动。EBZ200A 型掘进机液压系统由液压缸(包括截割头升降液压缸、截割头回转液压缸、截割头伸缩液压缸、铲板液压缸、后支撑液压缸、履带张紧液压缸、第一运输机张紧液压缸)、马达(包括星轮马达、行走马达、运输马达、内喷雾马达)、操纵台、泵站以及相互连接的油管等组成。EBZ200A 型掘进机液压系统是一个开式回路系统，液压系统设定双保护，泵设定压力为 18 MPa，多路换向阀设定压力为 22 MPa。液压系统的功能有行走马达驱动、星轮马达驱动、第一运输机马达驱动、内喷雾泵马达驱动、截割头的移动、铲板的升降、后支撑器的升降、履带和第一运输机的张紧，并为锚杆机提供两个动力接口。

(七)水路系统

水路系统分内、外喷雾水路。外来水经一级过滤后分为两路：第一路经进水直接通往喷水架，由雾状喷嘴喷出；第二路经二级过滤、减压、冷却后再分成为两路。其中，一路经截割电动机后喷出；另一路经水泵加压后由截割头内喷出，起到冷却截齿及降尘的作用。

(八)电气系统

EBZ200A 型掘进机电气系统主要由 KXJ4-300/1140E 矿用隔爆兼本质安全型电控箱、CX4-4/12 矿用本质安全型操作箱、BALI-36/127/150 矿用隔爆型电铃、EBJAZ-5/127 矿用隔爆型急停按钮、DGY35/24B 矿用隔爆型机车照明灯、YBUD-200/110-4/8 掘进机用隔爆型三相异步电动机(截割电动机)、DYB-90A 泵站用隔爆型三相异步电动机(油泵电动机)、BYD11-160-8050 隔爆型电滚筒(二运电动机)、GJC4 低浓度甲烷传感器组成。掘进机电气系统是整机的重要组成部分，与液压系统配合，可实现整机的各种生产作业；同时对截割电动机、油泵电动机、二运电动机的工况及回路的绝缘情况进行监控和保护。

电控箱主要用于控制掘进机的截割电动机、油泵电动机、二运电动机的启动、停止，所控制电动机工作电压为 1 140 V；对掘进机的电铃、照明灯、总急停、割急停按钮及低浓度甲烷传感器提供控制信号，具有低压漏电保护功能；以 PLC 过载为核心，对油泵电动机、截割电动机、二运电动机的过压、欠压、短路、超温、过流、三相不平衡、电动机绝缘进行监控和保护，同时显示各电动机运行状态、工作电压、截割电动机负荷和各种故障信息。

（九）喷雾降尘系统

为降低工作面粉尘，部分断面巷道掘进机均设置有外喷雾或内外喷雾结合的喷雾降尘系统。EBZ200A 型掘进机喷雾系统具有内外喷雾，可以强化外喷雾。

喷雾降尘系统虽然可以在一定程度上降低粉尘含量，但是由于喷嘴在截割过程中易堵塞、易损坏，降尘效果不好，不能保证应有的空气净化程度。为提高降尘效果，掘进机除采用喷雾降尘外，还采用各种集尘器除尘。其工作原理是：先利用风机使集尘器内产生负压，将工作面含尘空气吸入集尘器，然后采用湿式或干式方法分离吸尘，最后将净化过的空气排入巷道中。

第四节 掘锚一体机

一、概述

几十年以来，在掘进设备的配套上。我国大多数公司一直使用掘进机及其配套设备，虽然从技术、生产组织、生产工艺等多方面采取了相关措施来提高工作面的综掘水平、增加装机功率、提高生产效率等，但综掘工作面的自动化、机械化尚没有根本性的改变，依然存在工人的劳动强度大、作业环境较差、工作效率不高等问题，与综采装备及国外采矿掘进先进技术相比，存在着较大差距。采掘比例失调矛盾比较突出，煤巷成巷速度慢已对工作面的正常接续产生了重大影响。因此，研制自动化程度高、生产能力强、劳动强度低、安全性能好的煤巷快速施工成套设备势在必行。

掘锚一体化技术代表当今世界采矿业综掘的最高水平和发展趋势。近几年，掘锚一体机作为煤矿综采工作面巷道掘锚服务的机械设备，主要适用于煤及半煤岩巷的掘进。掘锚一体机使连续掘进与锚杆钻车合二为一，具有自动化程度高、掘锚平行作业、配置临时支护装置等特点，在解决截割、装运、行走、转载一体化的基础上，实现掘进、锚杆支护同步作业，极大提高了掘进速度。掘锚一体机月平均进尺达到 1 500 m，可以改善巷道锚杆的支护效果，提高锚杆支护作业的安全性，改善工人的作业环境，降低工人的劳动强度。

二、EJM270/4-2 型掘锚一体机结构

EJM270/4-2 型掘锚一体机是为了适应长壁开采工艺的需要，加快巷道掘进速度而设计的锚掘一体化快速掘进机。它的外形类似传统的煤层连续采煤机，但其具有独特的设计和优点。它配装双顶板锚杆机总成、左帮锚杆机总成和右帮锚杆机总成，所有顶板锚杆机和两台侧帮锚杆机都布置在靠近截割滚筒后面，这种设计使得掘锚一体机能同时进行掘进和打锚杆工作。

EJM270/4-2 型掘锚一体机主要由截割装置、滑移架、行走机构、装载装置、输送装置、除尘系统等组成，如图 5-24 所示。

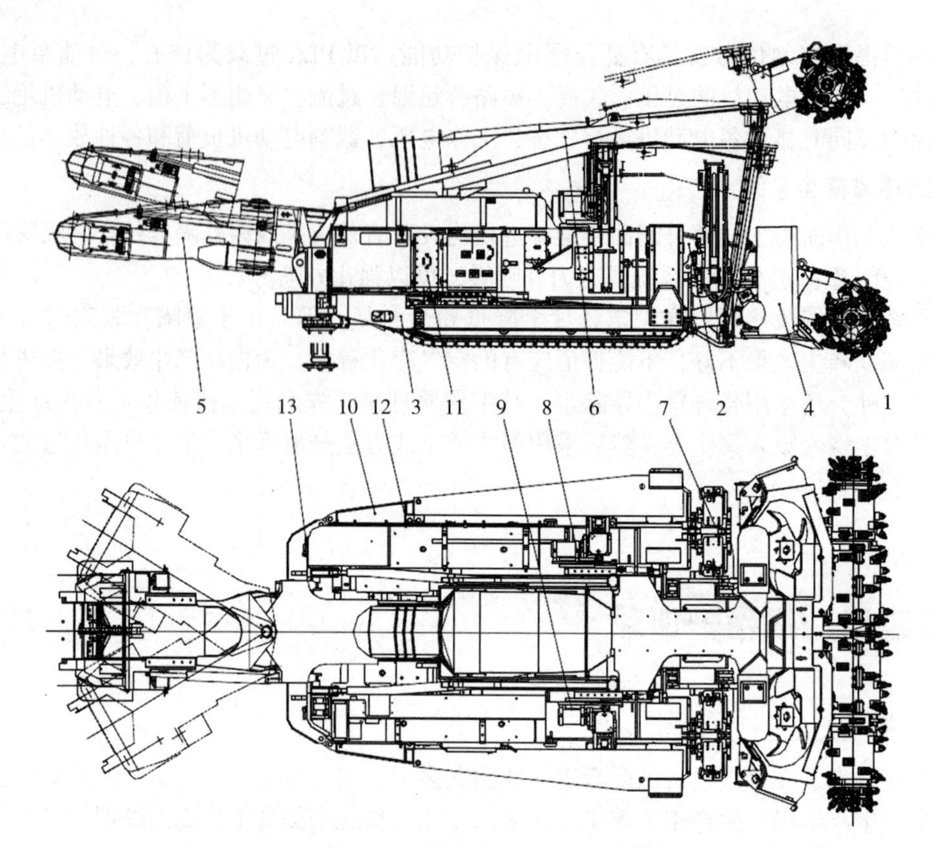

1—截割装置；2—滑移架；3—行走机构；4—装载装置；5—输送装置；
6—除尘系统；7—双顶锚杆机总成；8—左帮锚杆机总成；9—右帮锚杆机总成；
10—走台平台；11—电气系统；12—液压系统；13—水路系统。

图 5-24　EJM270/4-2 型掘锚一体机

1. 截割装置

截割装置包括截割大臂、电动机、截割滚筒以及截割减速器，如图 5-25 所示。

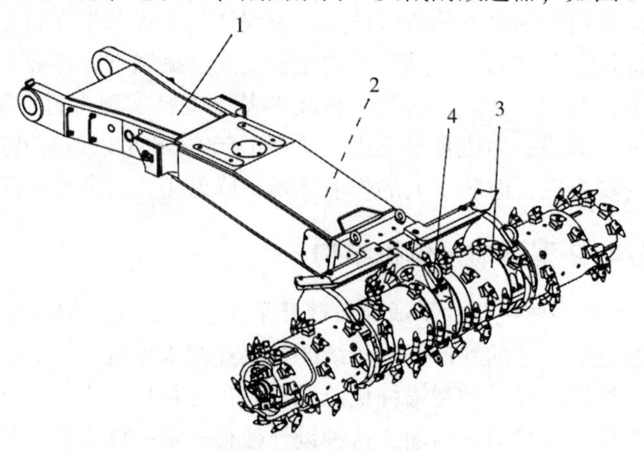

1—截割大臂；2—电动机；3—截割滚筒；4—截割减速器。

图 5-25　截割装置

截割大臂是整体钢结构件，靠截割大臂的升降油箱进行操作。截割减速器由一级直齿轮、一级伞齿轮和二级行星齿轮组成，如图 5-26 所示。电动机功率为 270 kW，通过截割减速器带动截割滚筒转动，及截割大臂的升降运动，实现煤层的截割。截割滚筒的直径为 1 150 mm，分为 4 个部分，可以左右各伸缩 150 mm，其周围呈螺旋线分布 126 把截齿且左右对称布置。在截割滚筒的后面装有一个加压喷水系统，用来除尘和冲洗截刀。

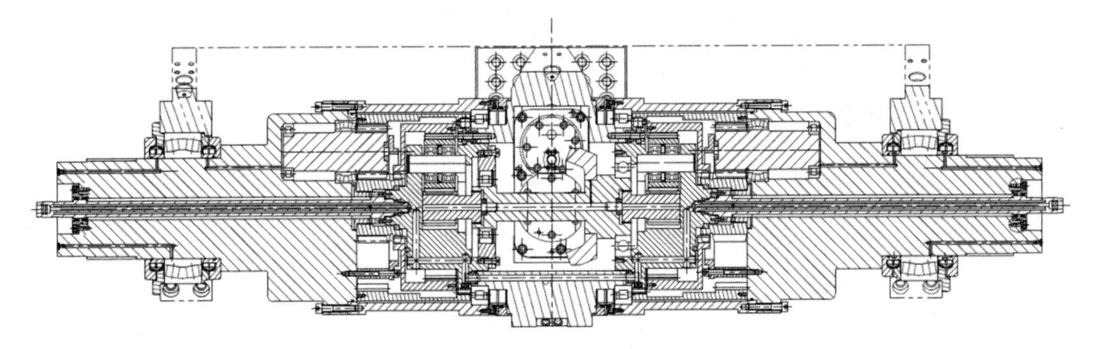

图 5-26　截割减速器

2. 滑移架

滑移架为钢结构件，通过举升油缸与截割大臂连接，如图 5-29 所示。这种水平滑移架允许截割装置连同运输机一起推进，不受主机架的影响，使得截割和打锚杆能够同时进行。掏槽油缸 3 推动滑移架整体移动，实现截割装置的掏槽和拢料动作，举升油缸 5 内置行程传感器，方便调整掏槽深度。其上安装的旋转编码器 1 能够实时监测截割大臂的旋转角度，反映截割滚筒的位置。

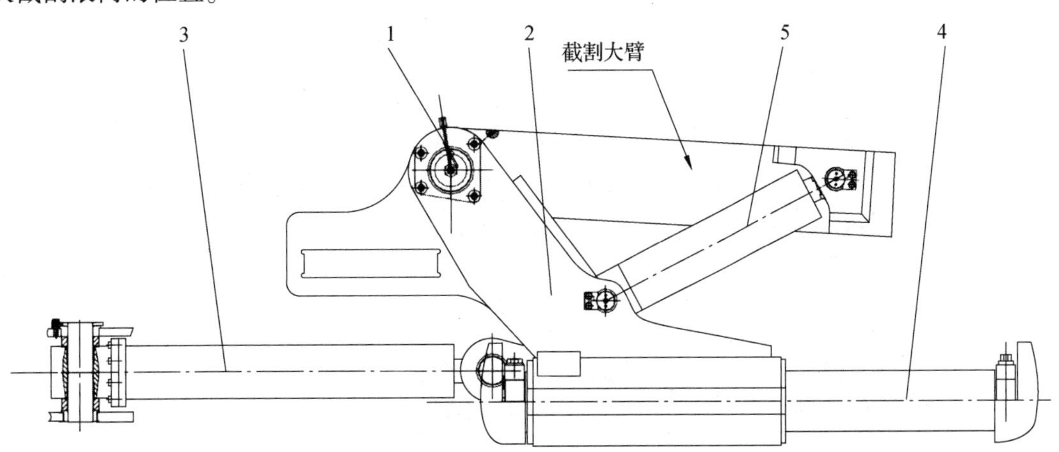

1—旋转编码器；2—滑移架结构；3—掏槽油缸；4—导向柱；5—举升油缸。

图 5-27　滑移架

3. 行走机构

EJM270/4-2 型掘锚一体机采用两轮带行走机构(见图 5-28)，无支重轮和导向轮，降低了故障率，提高了整机稳定性，左右履带行走机构对称布置，分别驱动。

履带行走机构由履带架、主动轮、从动轮、液压马达及行走减速器(见图 5-29)等组成。履带链通过张紧油缸张紧。设备采用负载敏感控制的恒功率变量泵，行走速度可在 0~12 m/min 调整。

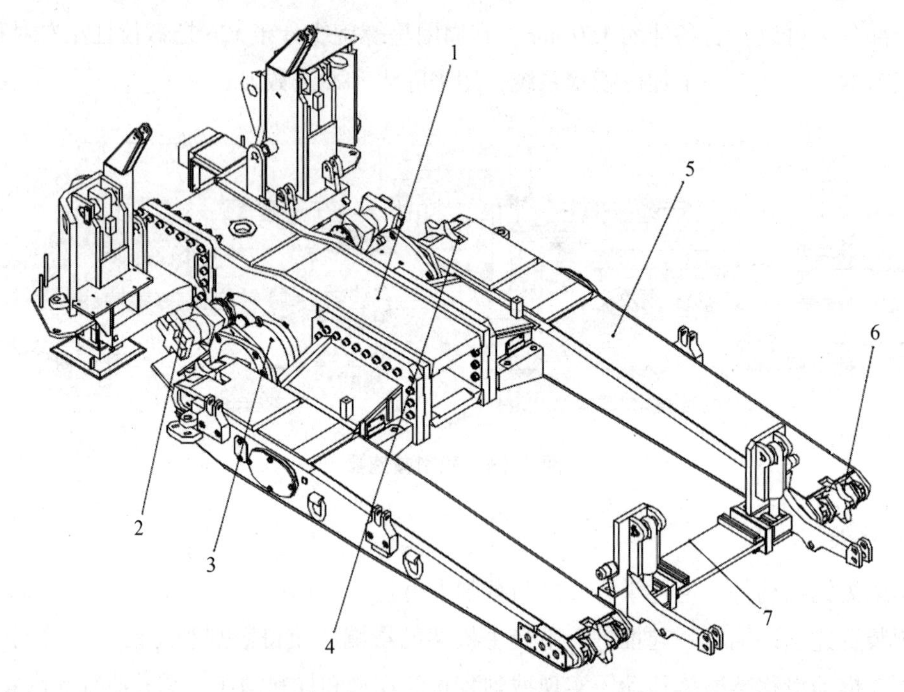

1—主机架；2—液压马达；3—行走减速器；4—主动轮；5—履带架；6—从动轮；7—装运提升机构。

图 5-28　EJM270/4-2 型掘锚一体机两轮带行走机构

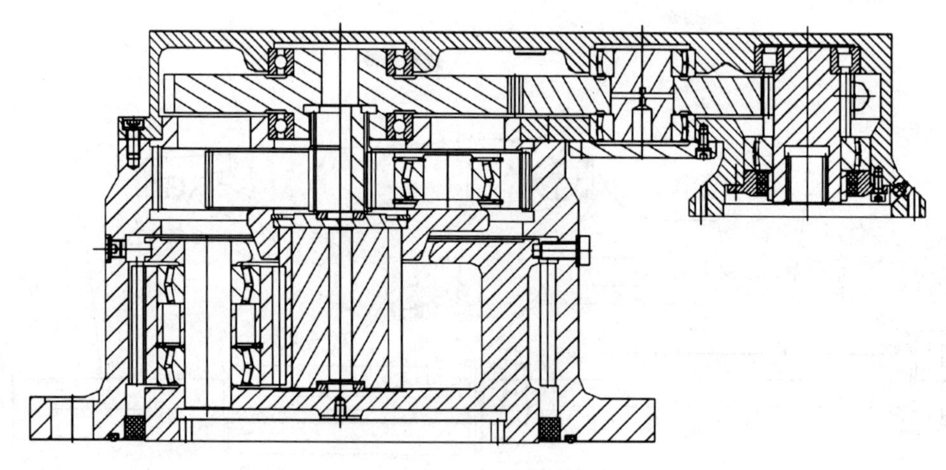

图 5-29　行走减速器

4. 装载装置

EJM270/4-2 型掘锚一体机的装载装置主要由铲板及左右对称的驱动装置组成，如图 5-30 所示。通过电动机驱动减速器，带动星形装载轮转动(转速为 50 r/min)，从而达到装载煤岩的目的，装载能力为 25 t/min。该机构具有运转平稳、连续装煤、工作可靠、事故率低等特点。

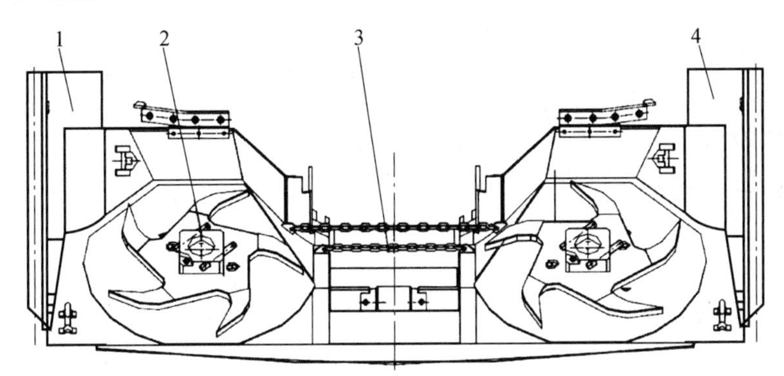
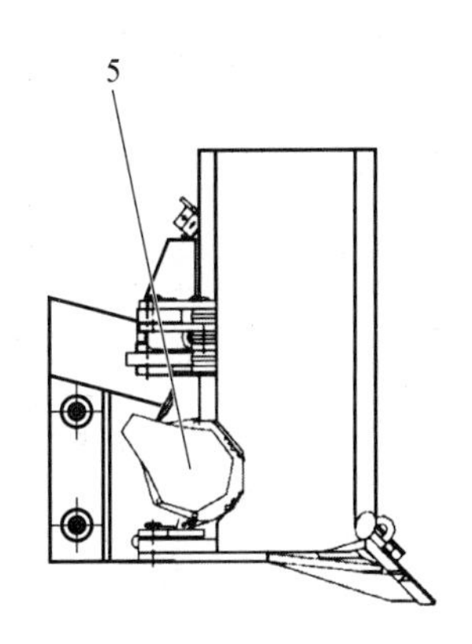

1—右侧门板；2—星形装载轮；3—装载主体结构；4—左侧门板；5—驱动装置。

图 5-30　EJM270/4-2 型掘锚一体机装载装置

装载装置安装于整机的前端，通过销轴与输送装置连接，输送装置的升降带动装载装置动作，在整机行走过程中避免装载装置底部碰到地面。在工作过程中，左右侧门板通过油缸的控制能够实现伸缩动作，从而达到最大截割宽度拢料的目的。

5. 输送装置

输送装置如图 5-31 所示，其主要作用是输送截割物料，由张紧装置、刮板减速器、刮板链、电动机、摆动刮板机、摆动油缸等组成。输送机形式为中单链刮板式，以功率为 2×36 kW 的电动机驱动，刮板链速为 2.2 m/s，输送能力为 25 t/min。前端通过升降油缸可以相对尾部转动，以便于在移动过程中将装载装置升起，避免与地面碰撞。

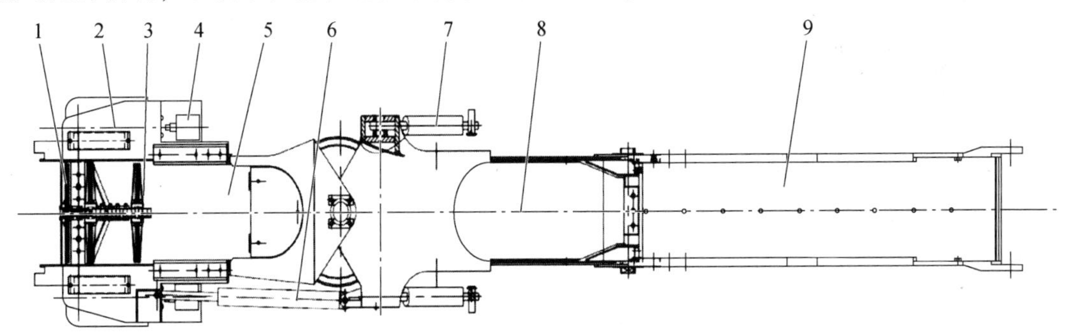

1—张紧装置；2—刮板减速器；3—刮板链；4—电动机；5—摆动刮板机；6—摆动油缸；

7—后提升油缸；8—中部刮板机；9—前部刮板机。

图 5-31　输送装置

6. 除尘系统

除尘系统(见图 5-32)是为了保障煤巷内工作环境的清洁而设计的部件，主要是通过液压马达驱动风扇吸风的作用将截割产生的尘埃吸入除尘器内，通过二次水淋降尘，把清洁的空气排入整机的尾部，从而保证工作人员的操作环境。

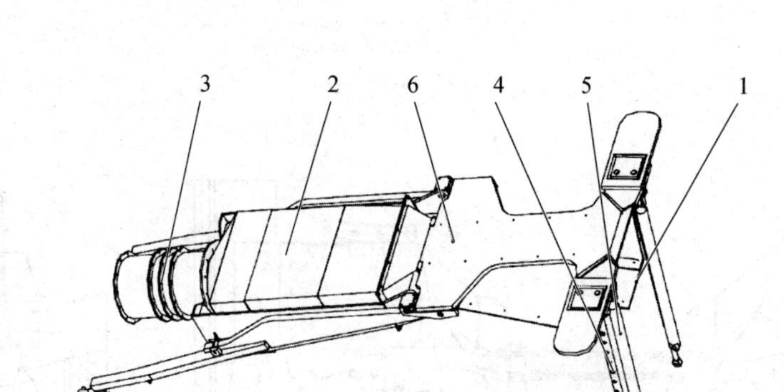

1—吸气口；2—除尘器；3—除尘风机；4—前支撑；5—提升油缸；6—除尘支架。

图 5-32　除尘系统

习题5

1. 简述凿岩机的钻孔原理。
2. 凿岩机主要由哪几部分组成？
3. 凿岩台车需要实现哪些动作？如何实现这些动作？
4. 试述耙斗装载机的主要组成部分和工作过程。
5. 简述 EBZ200A 型掘进机的结构组成与特点。

第二篇

运输提升机械

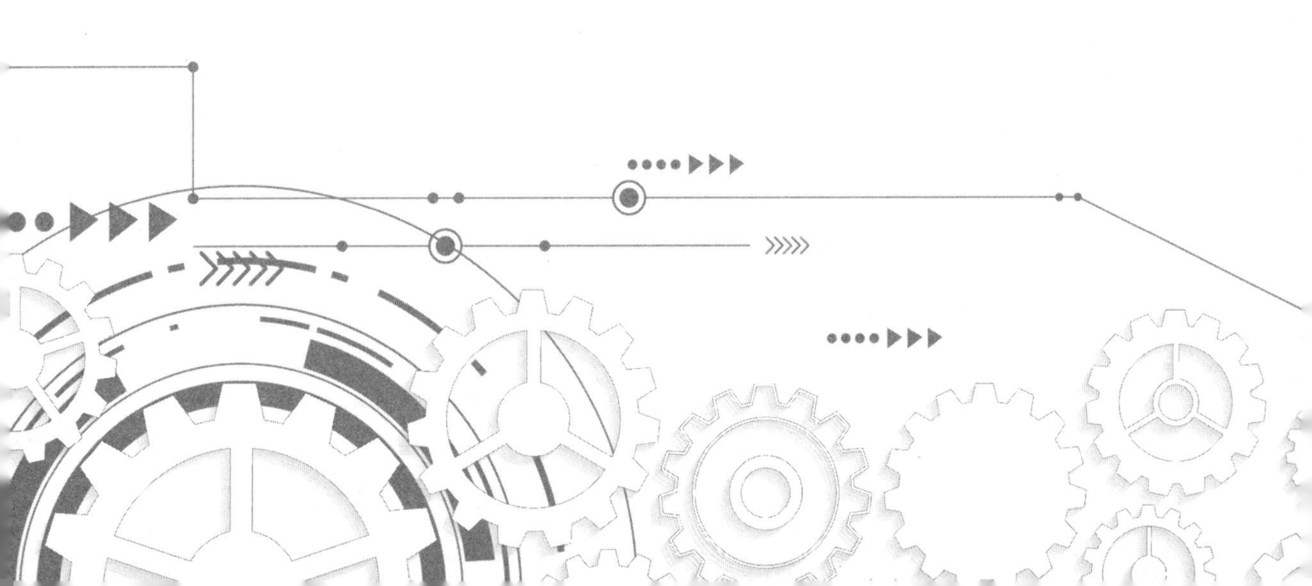

第六章
刮板输送机

第一节 概 述

一、刮板输送机的主要组成部分与工作原理

刮板输送机是目前国内外缓倾斜长壁式采煤工作面唯一的煤炭运输设备。不同类型的刮板输送机，其组成部件的形式和布置方式不同，但主要结构基本相同。图 6-1 所示为刮板输送机外形。

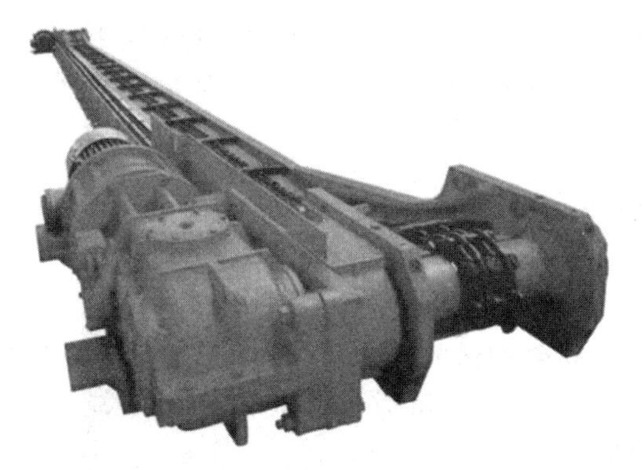

图 6-1 刮板输送机外形

刮板输送机主要由机头传动部(包括机头架组件、机头左右连接垫架、链轮组件、舌板组件、拨链器等)、传动装置(包括减速器、输出齿轮组件、弹性块、电动机联轴盘、连接罩等)、机尾组件(包括固定架体、活动架体、限位装置、回煤罩、链轮组件、拨链器、舌板组件、右连接垫架等)、阻链器、过渡槽、抬高槽、中部槽、开天窗槽、刮板链、销轨、电缆槽、过渡电缆槽、机头推移梁、机尾推移梁、过渡溜槽推移梁、各部分挡板等组成。SGZ900/1050 型刮板输送机如图 6-2 所示，传动装置属于单侧双驱动，动力部等装在机头架、机尾的采空侧。

刮板输送机的工作原理是：由绕过机头链轮和机尾链轮的无级循环刮板链子作为牵引机构，以溜槽作为承载机构，电动机经联轴器、减速器将动力传递给机头和机尾链轮，由链轮带动刮板链按需要的方向连续运转，将装在溜槽中的货载从机尾运到机头处卸载转运，完成输送煤炭的任务。刮板输送机上部溜槽是输送机的工作槽，下部溜槽是刮板链的回空槽。

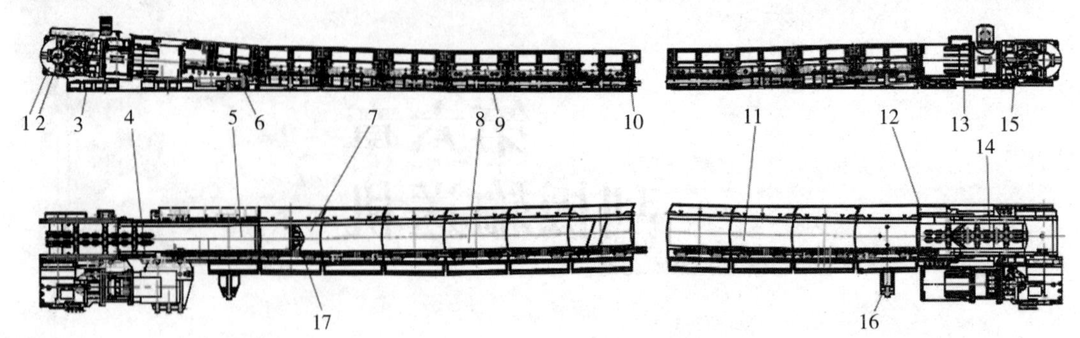

1—机头传动部；2—机头挡板，3—机头推移梁；4—过渡槽前挡板；5—机头过渡槽；
6—过渡槽右铲板；7—机头抬高槽；8—中部槽；9—电缆槽；10—哑铃销组件；11—机尾抬高槽；
12—机尾挡板；13—机尾传动部；14—刮板链；15—机尾推移梁；16—加长推移梁组件；17—阻链器。

图 6-2 SGZ900/1050 型刮板输送机

刮板输送机适用于缓倾斜长壁式回采工作面输送煤炭，煤层倾角不超过 25°，对于作为采煤机轨道配合机组采煤的刮板输送机，煤层倾角一般不超过 10°。刮板输送机的主要用途是将采下的煤炭运出工作面，在机头处卸载到巷道转载机上；作为采煤机的安装基础与液压支架相连接，完成采煤过程中的推移动作。此外，在巷道、联络巷、采区平巷和上(下)山也可使用刮板输送机运送煤炭。

刮板输送机的优点是：运输能力不受货载块度和湿度的影响；机身高度小，便于装载；机身伸长或缩短方便；移置容易；机体坚固，既能用于爆破工作面，又能用于综采工作面。

刮板输送机的缺点是：工作阻力大，耗电量大，溜槽磨损严重，维修和使用不当时易断链，运输距离也受到一定限制。

二、刮板输送机的主要类型和系列

(一) 刮板输送机的主要类型

刮板输送机类型很多，按牵引链的结构可分为片式套筒链、可拆模锻链和焊接圆环链刮板输送机；按输送链数目及布置方式可分为边双链、中双链、单链及三链刮板输送机(见图 6-3)；按溜槽的布置方式和结构可分为并列式、重叠式、敞底溜槽式和封底溜槽式刮板输送机；按传动方式可分为电力传动和液压传动刮板输送机。

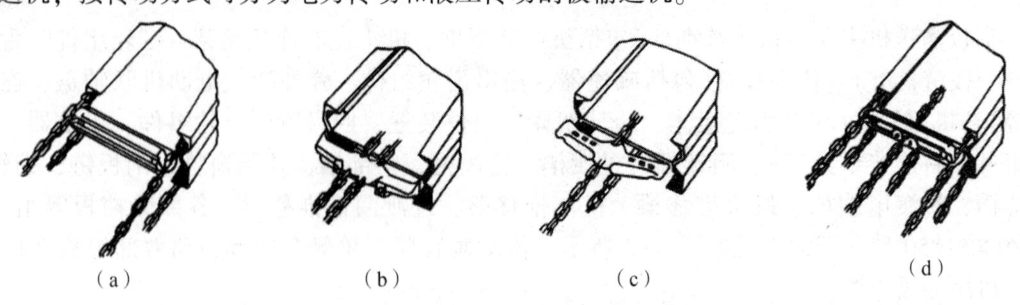

图 6-3 输送链的数目及布置方式

(a)边双链；(b)中双链；(c)中心单链；(d)三链

（二）刮板输送机型号与基本参数系列

刮板输送机的型号由产品系列代号和派生机型代号等组成，用阿拉伯数字和汉语拼音字母混合编制。例如，SGZC730/264 刮板输送机型号含义如图 6-4 所示。

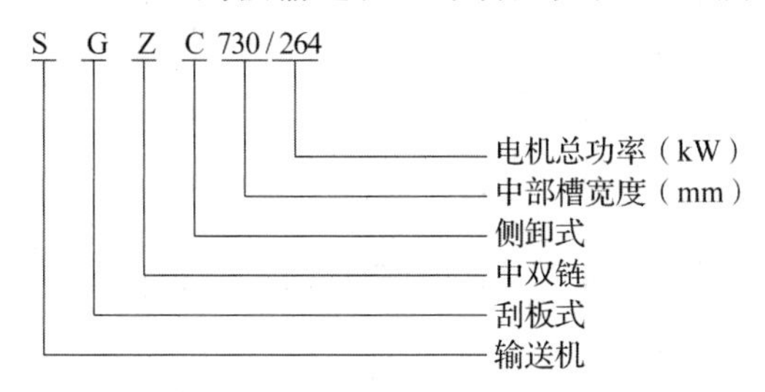

图 6-4　SGZC730/264 刮板输送机型号含义

矿用刮板输送机基本参数系列如表 6-1 所示。

表 6-1　矿用刮板输送机基本参数系列

项目												
运输量/(t·h⁻¹)	30	40	60	80	100	150	200	250	300	400	450	500
	600	700	800	900	1 000	1 200	1 500	2 000	2 500	3 000	—	—
设计长度/m	50	60	80	100	120	150	180	200	250	300	350	420
中部槽外宽宽度/mm	630	730	764	800	830	900	1 000	1 200	1 250	1 350		
中部槽内宽宽度/mm	770	800	880	1 000	1 200							
刮板链速度	最小刮板链速度为 0.53 m/s，最大刮板链速度为 1.5 m/s											
轧制槽帮和冷压槽帮高度/mm	125	150	(180)	190	222							
铸造槽帮高度/mm	250	(255)	260	270	280	(286)	290	(296)	310	325	330	345
单速电动机额定功率/kW	7.5	11	15	18.5	22	30	40	55	75	90	110	132
	150	201	250	315	375	400	450	525	650	700	800	—
双速电动机额定功率/kW	40/22	55/28	75/37	90/45	110/55	132/66						
	160/80	200/100	250/125	376/188	400/200	450/225						

注：括号内的功率值是旧值，尽可能不要采用，新设计的刮板输送机已不采用括号内的功率。

为了适应煤炭工业综合机械化采煤发展的需要，很多煤机企业通过引进国外先进技术，加强制造工艺研究，不但能生产适用于我国薄煤层、中厚煤层、厚煤层的各种型号可弯曲刮板输送机，而且成功研制了能将工作面的煤炭直接卸到顺槽巷道带式输送机上面且不需要转载的、能转 90°弯的垂直转弯刮板输送机和侧卸式刮板输送机。各种刮板输送机的技术参数如表 6-2～表 6-12 所示。

表 6-2　薄煤层系列刮板输送机技术参数

型号	设计长度/m	输送量/$(t\cdot h^{-1})$	链速/$(m\cdot s^{-1})$	装机功率/kW	中部槽规格($L\times W\times H$)/mm	圆环链规格		配套采煤机
						规格($d\times t$)/mm	强度/kN	
SGB630/180	160	450	0.99	2×90	1 500×630×222	22×86	610	MG150/375-W；MG170/390-WD；MG170/410-WD；MG132/320-W；MG130/312-WD
SGB630/220	200	450	1	2×110	1 500×630×222	22×86	610	
	200	450	1	2×110	1 500×630×250	22×86	610	
SGB630/264	240	450	1	2×132	1 500×630×222	22×86	610	
	240	450	1	2×132	1 500×630×250	22×86	610	

表 6-3　薄煤层 730 系列中双链刮板输送机技术参数

型号	设计长度/m	输送量/$(t\cdot h^{-1})$	链速/$(m\cdot s^{-1})$	装机功率/kW	中部槽规格($L\times W\times H$)/mm	圆环链规格		配套采煤机
						规格($d\times t$)/mm	强度/kN	
SGB730/320	200	550	1.02	2×160	1 500×730×230	26×92	850	MG180/420-BWD
SGB730/400	220	550	1.02	2×200	1 500×730×230	26×92	850	

注：薄煤层 730 系列中双链刮板输送机适用于煤矿井下薄煤层综采工作面，适应煤层高度 0.9~2.0 m，年产 70 万~90 万 t。

表 6-4　中厚煤层 630 系列边双链刮板输送机技术参数

型号	设计长度/m	输送量/$(t\cdot h^{-1})$	链速/$(m\cdot s^{-1})$	装机功率/kW	中部槽规格($L\times W\times H$)/mm	圆环链规格		配套采煤机
						规格($d\times t$)/mm	强度/kN	
SGZ630/150	200	250	0.868	2×75	1 500×630×190	18×64	410	MG80/200-BW；MG100/240-BW(BWD，BW1)；MG132/310-BW
SGZ630/180	240	250	0.85	2×90	1 500×630×190	22×86	610	
	190	350	0.85	2×90	1 500×630×208	22×86	610	MG180/420-BWD；MG100/240-BW(BWD，BW1)；MG132/310-BW；MG140/325-BWD；MG200/448-BWD
	160	350	1.06	2×90	1 500×630×208	26×92	850	

续表

型号	设计长度 /m	输送量 /(t·h^{-1})	链速 /(m·s^{-1})	装机功率 /kW	中部槽规格 ($L×W×H$)/mm	圆环链规格 规格($d×t$)/mm	圆环链规格 强度/kN	配套采煤机
SGZ630/220	250	250	0.99	2×110	1 500×630×190	22×86	610	同 SGZ630/150 配套采煤机
	220	350	0.96	2×110	1 500×630×208	22×86	610	MG180/420 - BWD；MG100/240 - BW（BWD，BW1）；MG132/310-BW；MG140/325-BWD，MG200/448-BWD
	210	350	0.92	2×110	1 500×630×208	26×92	850	
SGZ630/264	240	350	0.96	2×132	1 500×630×208	22×86	610	
	250	350	0.92	2×132	1 500×630×208	26×92	850	

注：中厚煤层 630 系列边双链刮板输送机适用于煤矿井下中厚煤层高档普采、综采工作面，适应煤层高度 1.3~2.9 m，年产 50 万~70 万 t。

表 6-5 中厚煤层 630 系列中双链刮板输送机技术参数

型号	设计长度 /m	输送量 /(t·h^{-1})	链速 /(m·s^{-1})	装机功率 /kW	中部槽规格 ($L×W×H$)/mm	圆环链规格 规格($d×t$)/mm	圆环链规格 强度/kN	配套采煤机
SGZ630/180	150	450	0.92	2×90	1 500×630×222	26×92	850	MG150/375-W；MG170/390-WD；MG170/410-WD；MG132/320-W；MG130/312-WD
	160	450	0.96	2×90	1 500×630×252	26×86	610	
	150	450	0.92	2×90	1 500×630×252	22×92	850	
SGZ630/220	180	450	0.93	2×110	1 500×630×222	26×92	850	
	195	450	0.97	2×110	1 500×630×252	22×86	610	
	180	450	0.93	2×110	1 500×630×252	26×92	850	
SGZ630/264	215	450	0.93	2×132	1 500×630×222	26×92	850	
	230	450	0.97	2×132	1 500×630×252	22×86	610	
	215	450	0.93	2×132	1 500×630×252	26×92	850	
SGZ630/320	260	450	0.93	2×160	1 500×630×222	26×92	850	
	260	450	0.93	2×160	1 500×630×252	26×92	850	
SGZ630/400	320	450	0.94	2×200	1 500×630×252	26×92	850	

注：中厚煤层 630 系列中双链刮板输送机适用于煤矿井下中厚煤层高档普采、综采（综放）工作面，适应煤层高度 1.3~2.9 m，年产 50 万~70 万 t。

表 6-6　中厚煤层 730 系列中双链刮板输送机技术参数

型号	设计长度/m	输送量/(t·h^{-1})	链速/(m·s^{-1})	装机功率/kW	中部槽规格($L \times W \times H$)/mm	圆环链规格		配套采煤机
						规格($d \times t$)/mm	强度/kN	
SGZ730/220	160	500	0.93	2×110	1 500×730×260	26×92	850	MG150/375-WD；MG200/501-WD；MG250/580-WD；MG300/701-WD；MG300/730-WD；MG200/255-NWD；MG300/355-NWD；MG250/305-NWD；MG300/700-WD；MG200/456-AWD
SGZ730/264	195	500	0.93	2×132	1 500×730×260	26×92	850	
SGZ730/320	190	700	0.93	2×160	1 500×730×275	26×92	850	
SGZ730/400	240	700	0.94	2×200	1 500×730×275	26×92	850	
	240	700	0.94	2×200	1 500×730×290	26×92	850	
SGZ730/500	280	700	0.97	2×250	1 500×730×275	30×108	1 130	

注：中厚煤层 730 系列中双链刮板输送机适用于煤矿井下中厚煤层综采(综放)工作面，适应煤层高度 1.4~3.8 m，年产 80 万~100 万 t。

表 6-7　中厚煤层 764 系列中双链刮板输送机技术参数

型号	设计长度/m	输送量/(t·h^{-1})	链速/(m·s^{-1})	装机功率/kW	中部槽规格($L \times W \times H$)/mm	圆环链规格		配套采煤机
						规格($d \times t$)/mm	强度/kN	
SGZ764/264	130	900	0.93	2×132	1 500×764×275	26×92	850	MG300/700-WD；MG300/730-WD；MG300/701-WD；MG250/601-WD；MG200/456-AWD
SGZ764/320	160	900	0.93	2×160	1 500×764×275	26×92	850	
SGZ764/400	200	900	0.94	2×200	1 500×764×275	26×92	850	
	190	900	0.97	2×200	1 500×764×275	30×108	1 130	
SGZ764/500	210	1 000	1.1	2×250	1 500×764×275	30×108	1 130	
	210	1 000	1.1	2×250	1 500×764×290	30×108	1 130	
SGZ764/630	260	1 000	1.1	2×315	1 500×764×275	30×108	1 130	
	260	1 000	1.1	2×315	1 500×764×290	30×108	1 130	

注：中厚煤层 764 系列中双链刮板输送机适用于煤矿井下中厚煤层综采(综放)工作面，适应煤层高度 1.8~3.8 m，年产 100 万~120 万 t。

表 6-8　中厚、厚煤层 800 系列中双链刮板输送机技术参数

型号	设计长度 /m	输送量 /(t·h^{-1})	链速 /(m·s^{-1})	装机功率 /kW	中部槽规格 (L×W×H)/mm	圆环链规格		配套采煤机
						规格(d×t)/mm	强度/kN	
SGZ800/750	200	1 500	1.31	2×375	1 500×800×310	34×126	1 450	MG400/940-WD；MG500/1130-WD；MG420/1020-WD
SGZ800/800	220	1 500	1.31	2×400	1 500×800×310	34×126	1 450	
	220	1 500	1.31	2×400	1 750×800×310	34×126	1 450	
SGZ800/1050	300	1 500	1.21	2×525	1 500×800×310	34×126	1 450	
	300	1 500	1.21	2×525	1 750×800×310	34×126	1 450	

注：中厚、厚煤层 800 系列中双链刮板输送机适用于煤矿井下中厚、厚煤层综采(综放)工作面，适应煤层高度 1.8~4.5 m，年产 160 万~180 万 t。

表 6-9　中厚、厚煤层 830 系列中双链刮板输送机技术参数

型号	设计长度 /m	输送量 /(t·h^{-1})	链速 /(m·s^{-1})	装机功率 /kW	中部槽规格 (L×W×H)/mm	圆环链规格		配套采煤机
						规格(d×t)/mm	强度/kN	
SGZ830/630	200	1 200	1.32	2×315	1 500×830×310	34×126	1 450	MG300/700-WD；MG300/730-WD；MG300/701-WD；MG200/456-AWD
SGZ830/750	240	1 200	1.31	2×375	1 500×830×310	34×126	1 450	
SGZ830/800	250	1 200	1.31	2×400	1 500×830×310	34×126	1 450	
	250	1 200	1.31	2×400	1 750×830×310	34×126	1 450	
SGZ830/1050	340	1 200	1.21	2×525	1 500×830×310	34×126	1 450	
	340	1 200	1.21	2×525	1 750×830×310	34×126	1 450	

注：中厚、厚煤层 830 系列中双链刮板输送机适用于煤矿井下中厚、厚煤层综采(综放)工作面，适应煤层高度 1.7~4.2 m，年产 120 万~160 万 t。

表 6-10　中厚、厚煤层 900 系列中双链刮板输送机技术参数

型号	设计长度/m	输送量/(t·h^{-1})	链速/(m·s^{-1})	装机功率/kW	中部槽规格(L×W×H)/mm	圆环链规格		配套采煤机
						规格(d×t)/mm	强度/kN	
SGZ900/1050	250	1 800	1. 21	2×525	1 500×900×310	34×126	1 450	SL300 艾克夫；MG400/940-WD；MG500/1180-WD；MG420/1020-WD；MG610/1400-WD
	250	1 800	1. 21	2×525	1 750×900×310	34×126	1 450	
SGZ900/1400	310	1 800	1. 27	2×700	1 500×900×345	38×137	1 820	
	310	1 800	1. 27	2×700	1 750×900×365	38×137	1 820	

注：中厚、厚煤层 900 系列中双链刮板输送机适用于煤矿井下中厚、厚煤层综采(综放)工作面，适应煤层高度 1. 9~4. 5 m，年产 250 万~300 万 t。

表 6-11　厚煤层 1000 系列中双链刮板输送机技术参数

型号	设计长度/m	输送量/(t·h^{-1})	链速/(m·s^{-1})	装机功率/kW	中部槽规格(L×W×H)/mm	圆环链规格		配套采煤机
						规格(d×t)/mm	强度/kN	
SGZ1000/1050	200	2 200	1. 27	2×525	1 500×1 000×345	38×137	1 820	MG420/1020-WD；MG450/1040-WD(WD1)；MG450/1200-WD(WD1)；MG500/1180-WD；MG610/1400-WD；MG650/1560-WD；MG700/1660-WD；MG750/1920-WD；7LS6；7LS6C(657/658)；SL900；SL1000
	200	2 200	1. 27	2×525	1 750×1 000×365	38×137	1 820	
SGZ1000/1400	230	2 200	1. 27	2×700	1 500×1 000×345	38×137	1 820	
	230	2 200	1. 27	2×700	1 750×1 000×365	38×137	1 820	
	250	2500	1. 3	2×700	1 500×1 000×345	42×146	2 220	
	250	2 500	1. 3	2×700	1 750×1 000×365	42×146	2 220	
SGZ1000/1710	250	3 000	1. 3	2×855	1 750×1 000×355	42×146	2 220	
	250	3 000	1. 3	2×855	1 750×1 000×355	48×152	3 150	
SGZ1000/2000	250	3 500	1. 3	2×1 000	1 750×1 000×355	42×146	2 220	
	250	3 500	1. 3	2×1 000	1 750×1 000×355	48×152	3 150	
SGZ1000/2565	325	3 500	0~1. 89	3×855	1 750×1 000×355	42×146	2 220	
	325	3 500	0~1. 89	3×855	1 750×1 000×355	48×152	3 150	

续表

型号	设计长度/m	输送量/(t·h^{-1})	链速/(m·s^{-1})	装机功率/kW	中部槽规格(L×W×H)/mm	圆环链规格		配套采煤机
						规格(d×t)/mm	强度/kN	
SGZ1000/3000	350	4 000	0~1.89	3×1 000	1 750×1 000×355	48×152	3 150	
	350	4 000	0~1.89	3×1 000	2 050×1 000×360	48×152	3 150	
SGZ1000/3600	400	4 000	0~1.89	3×1 200	2 050×1 000×360	48×152	3 150	
	400	4 000	0~1.89	3×1 200	2 050×1 000×360	50BB	3 140	

注：厚煤层 1000 系列中双链刮板输送机适用于煤矿井下厚煤层综采(综放)工作面，卸载方式端卸或交叉侧卸，适应煤层高度 2.3~5.4 m，年产 300 万 t 以上。

表 6-12 厚煤层 1200、1250、1350 系列中双链刮板输送机技术参数

产品系列	设计长度/m	链速/(m·s^{-1})	装机功率/kW	额定电压/V	中部槽长度/mm	圆环链规格/mm	配套采煤机
1200 系列	≤400	0~1.89	2×(855、1 000、1 200)	3 300	1 750、2 050	紧凑链：42、48、52	MG700/1660-WD；MG750/1920-WD；MG800/2040-WD；MG1000/2660-WD；7LS7；7LS8 SL900；SL1000
			3×(700、855、1 000)			宽带链：42BB、50BB	
1250 系列	≤400	0~1.89	2×(855、1 000、1 200)	3 300	1 750、2 050	紧凑链：42、48、52	
			3×(700、855、1 000、1 200)			宽带链：50BB、56BB	
1350 系列	≤400	0~1.89	2×(1 000、1 200、1 500、1 600)	3 300	1 750、2 050	紧凑链：52、56、60	
			3×(1 000、1 200、1 500、1 600)			宽带链：56BB、60BB	

注：厚煤层 1200、1250、1350 系列中双链刮板输送机适用于煤矿井下厚煤层综采(综放)工作面，卸载方式端卸或交叉侧卸，年产 600 万 t 以上。

(三)侧卸式刮板输送机

目前，使用较多的工作面刮板输送机大都是从机头端部向巷道中的转载机上卸载。为避免卸载后空段刮板链带回煤，机头需要一定的卸载高度，这样会影响采煤机运行到工作面端部自开切口；同时，为了便于工作面端头管理，要求输送机卸载端与转载机机尾搭接处的垂直高度要尽量低，机构要合理。侧卸式刮板输送机成为解决这一问题的基本机型。

1. 侧卸式刮板输送机工作原理

侧卸式刮板输送机的工作原理和端卸式刮板输送机一样，都属于无极闭合循环式的连续输送机，其刮板链条为运送物料的牵引工作机构，侧卸式刮板输送机的卸载方式为侧面卸载方式，不同于端卸式刮板输送机的机头端面卸载式。

侧卸式刮板输送机的类型较多，按输送机相对于转载机的位置分为重叠侧卸式和交叉侧卸式两种。重叠侧卸式是输送机位于转载机溜槽上方(见图6-5)；交叉侧卸式是输送机上链位于转载机上、下链条的中间(见图6-6)。交叉侧卸式有利于降低机头传动部的高度，有利于端头支护。

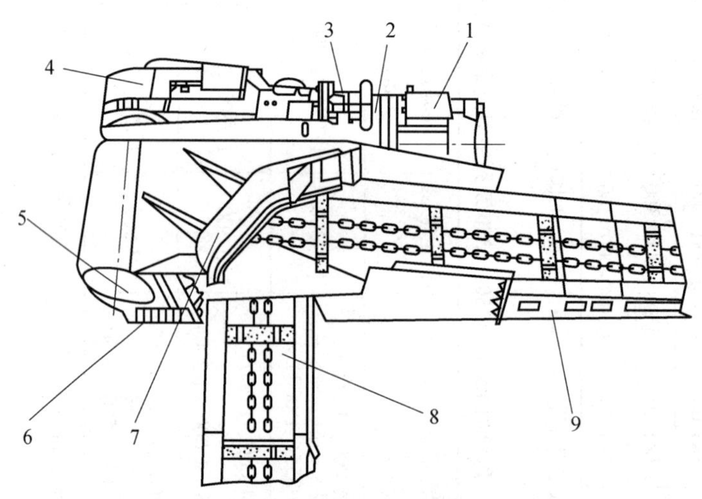

1—电动机；2—联轴器；3—紧链装置；4—减速器；
5—侧卸机头架；6—底座；7—犁煤板；8—转载机；9—过渡槽。

图6-5 重叠侧卸式刮板输送机机头部

重叠侧卸式刮板输送机一般为主、副双侧卸载式，其煤流由三部分组成：70%～80%的煤流顺犁煤板方向从机头架主卸载面流入转载机，18%～24%的煤流从机头副卸载面流入转载机，2%～6%的煤流随刮板链绕过链轮从底板上的栅孔漏入转载机。单向侧卸式刮板输送机没有副卸载口，其煤流仅有两部分：80%～85%的煤流从主卸载面流入转载机，剩下的煤流随刮板链从底栅孔漏入转载机。

交叉侧卸式刮板输送机的煤流由两部分组成：85%～90%的煤流顺犁煤板流入转载机上链道，剩下煤流随刮板链由底栅孔漏入转载机下链道后返至上链道运走。交叉侧卸式刮板输送机机头和转载机机尾构成一体，有利于端头支护和整体推移侧卸机头和转载机。

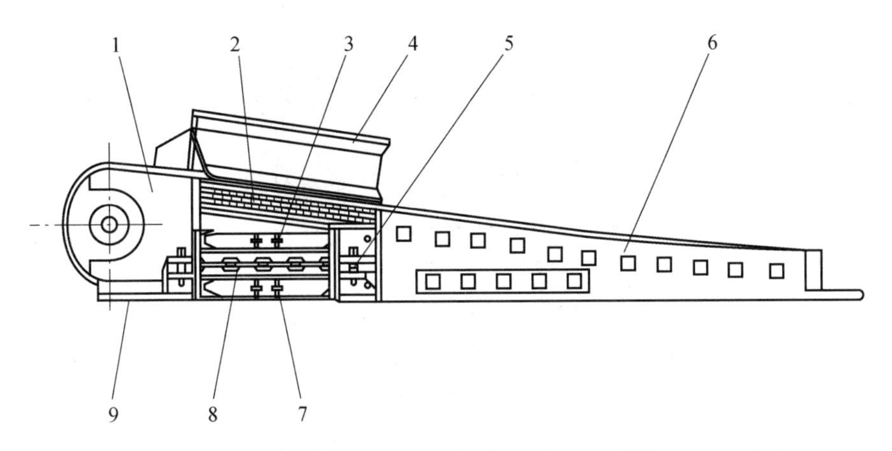

1—交叉侧卸机架；2—输送机上链；3—转载机上链；4—犁煤板；5—连接销；
6—过渡槽；7—转载机下链；8—输送机下链；9—底座。

图 6-6　交叉侧卸式刮板输送机头部

2. 侧卸式刮板输送机特性

(1)侧卸式刮板输送机主煤流沿犁煤板方向导入转载机，使卸载方向同转载机运煤方向一致，煤流畅通；不像端卸式的卸载方向同转载机运煤方向有 90°的急拐弯，因而容易引起煤流停顿和堵塞现象；堵塞严重时，不仅拉回煤现象增多，而且容易引起大块煤堆积后造成断链停车事故。

(2)侧卸式刮板输送机的煤流顺着侧卸机头架的主、副卸载面平滑流入转载机，无端卸式卸载高度的要求，也没有煤炭抛落到转载机上的撞击，有利于运送大块煤，提高块煤质量，降低了对转载机的撞击和煤尘飞扬，有利于保护设备。

(3)侧卸式刮板输送机具有底板栅孔，将刮板链带回的回煤漏入转载机，使侧卸式刮板输送机拉回煤量降低；而端卸式刮板输送机没有底栅孔，随刮板链的粉煤全部作为回煤一直在底链道随刮板链拉回机尾处，造成拉回煤严重，回煤功率损耗严重。

(4)侧卸式刮板输送机由于回煤功率消耗少，因此拉煤功率相应增大。在相同装机功率的情况下，侧卸式刮板输送机具有比端载式刮板输送机生产能力大的特点。

(5)侧卸煤流的动能很少损失，即被转载机利用；而端卸式煤流的动能必须在转载机上降为零后，再拐 90°急弯才能沿转载机方向运行，使转载机因对煤流的重复启动而多损失 10%以上的功率。

(6)侧卸式机头布置在顺槽巷道，有利于采煤机自开缺口，相应的转载机靠巷道“上帮”布置，人行空间大，操作维修方便、安全。

第二节　刮板输送机的主要部件结构、特点及作用

一、机头传动部

机头传动部如图 6-7 所示，分为机头架组件和传动装置。

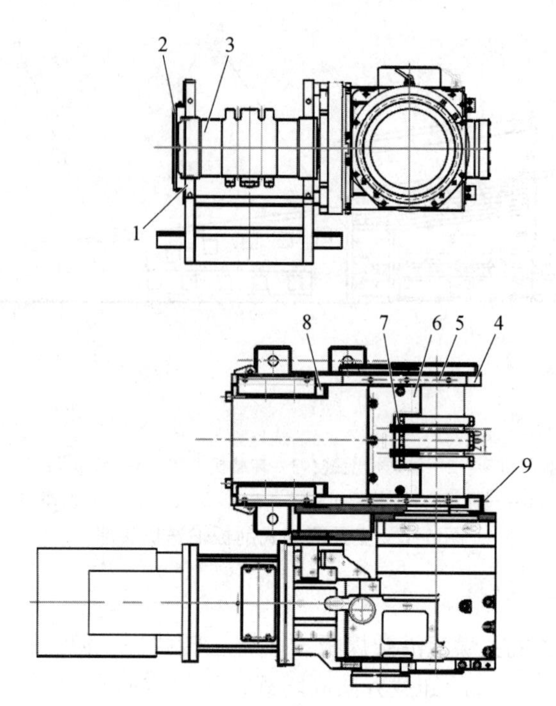

1—动力部；2—左护罩；3—链轮组件；4—压块；5—机头架；
6—舌板组件；7—拨链器；8—压链块；9—护板。

图 6-7　机头传动部

(一) 机头架组件

机头架组件用来支承安装传动装置，主要包括机头架、左右连接垫架、链轮组件、舌板组件、拨链器等。

1. 机头架

机头架采用框架式结构，由侧板组件、中板组件、底板等零部件焊接而成，结构左右对称，左右皆可通过连接垫架安装动力部，以适应不同工作面的需要，如图 6-8 所示。

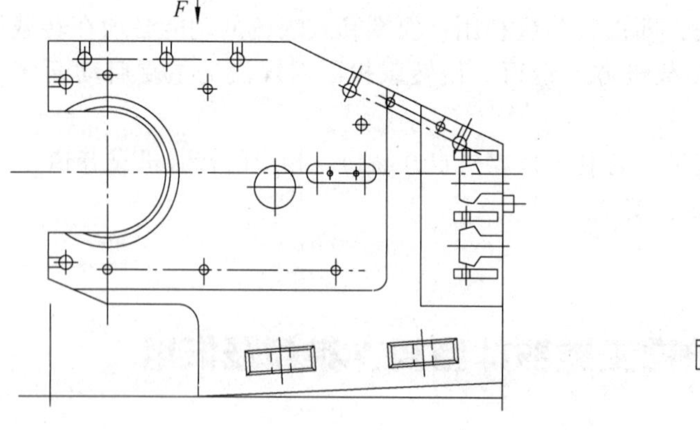

图 6-8　机头架

2. 左右连接垫架

左右连接垫架是机头架组件与传动装置的重要连接件。连接垫架强度高，有利于保证机头架组件与传动装置连接的可靠性。

3. 链轮组件

链轮组件主要由轴承盖、轴承、浮封环、链轮、链轮轴、轴承座、浮封座、压板、浮封环等组成，如图 6-9 所示。链轮为整体锻造，齿形由成形铣刀加工而成，齿面淬火处理。轴的一端为外花键，与减速器输出轴内花键连接。轴置于两轴承座上，两轴承座分别置于机头架左、右侧板圆弧中，销朝外，用带有定位销孔的压板，通过定位销将链轮组件准确地定位于机头架上。

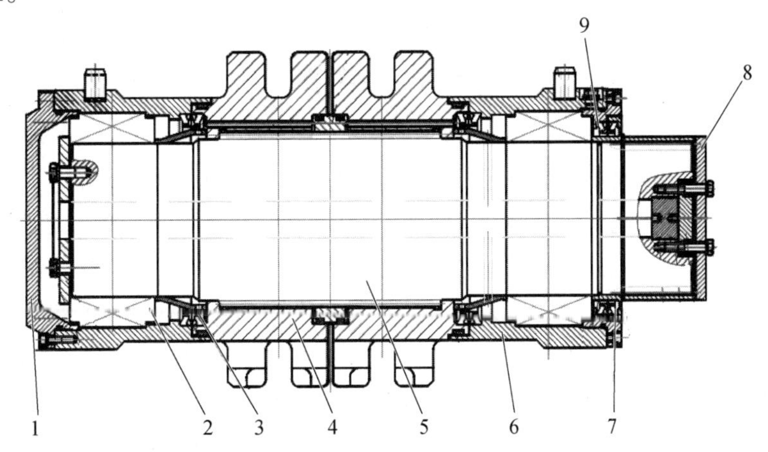

1—轴承盖；2—轴承；3—浮封环；4—链轮；5—链轮轴；
6—轴承座；7—浮封座；8—压板；9—浮封环。

图 6-9　链轮组件

4. 舌板组件

舌板组件(见图 6-10)平行于中板，靠近链轮滚筒处，并通过舌板上 5 个螺栓孔，将舌板组件安装于机头架组件支座上。对拨链器起限位作用，对刮板链与链轮进入啮合时起导向作用。

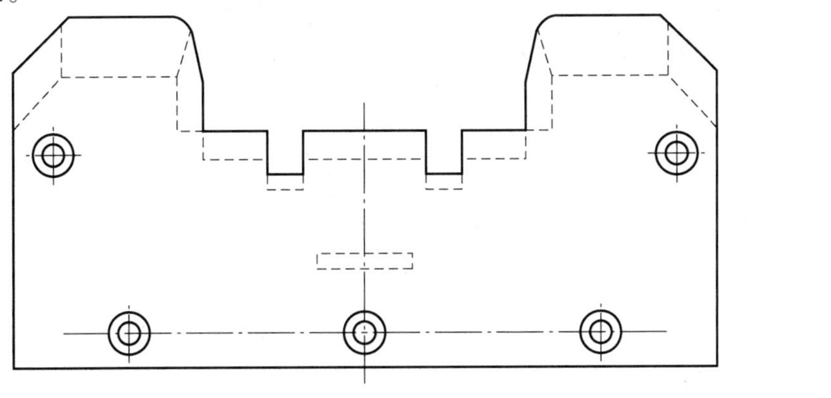
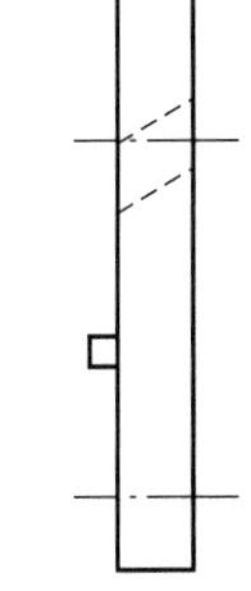

图 6-10　舌板组件

5. 拨链器

拨链器(见图 6-11)置于机头架组件中板组件槽中，拨叉两尖齿正好插入链轮齿槽内，当刮板链与链轮脱离啮合时，起强制脱离作用。

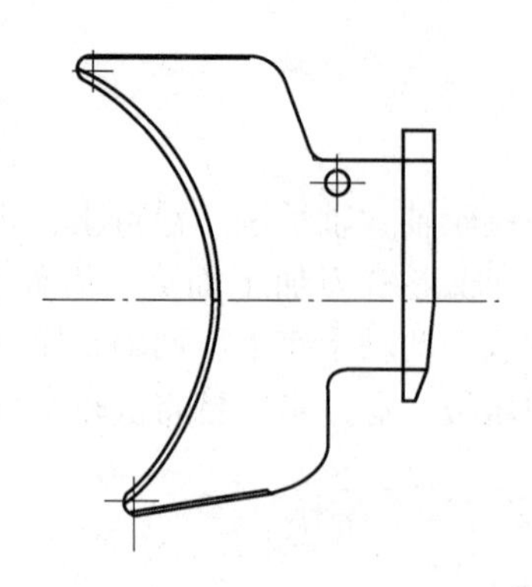

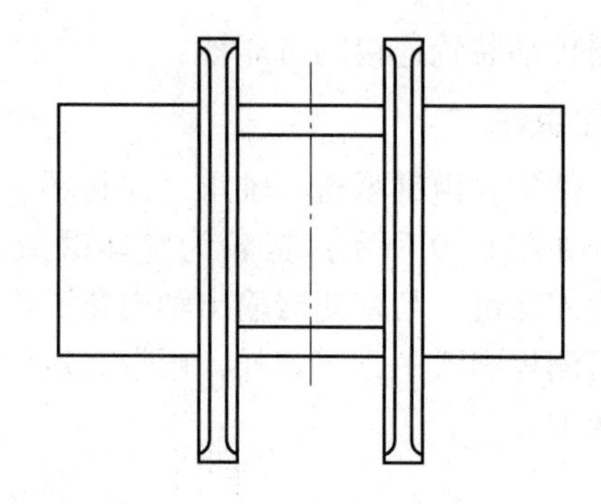

图 6-11　拨链器

(二)传动装置

传动装置是刮板输送机的驱动装置，分别置于机头架组件、机尾组件的采空侧，主要由减速器、联轴器、输出齿轮组件、弹性块、电动机联轴盘、连接罩、电动机及软启动装置等组成。

1. 减速器

刮板输送机的传动器一般为并列式布置，电动机轴与传动链轮轴垂直，采用三级圆锥圆柱齿轮减速器(见图 6-12)，减速器的箱体为剖分式对称结构。

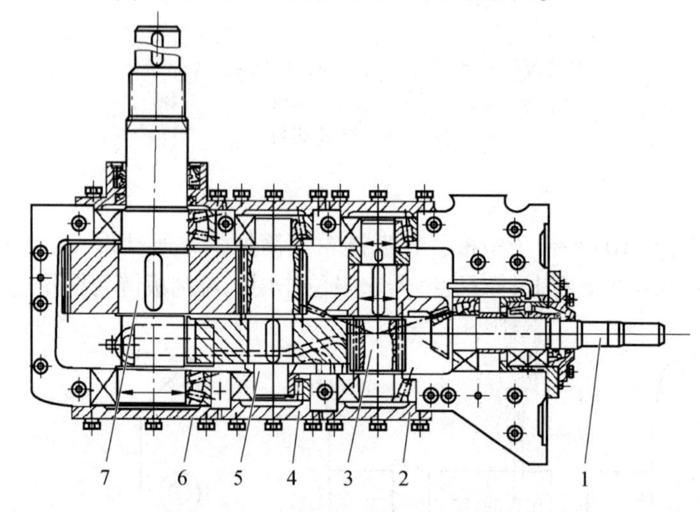

1—轴圆弧锥齿轮；2—圆弧锥齿轮；3—轴斜齿轮；4—斜齿轮；5—轴齿轮；6—正齿轮。

图 6-12　三级圆锥圆柱齿轮减速器

2. 联轴器

联轴器是输送机传动装置的一部分，主要作用是将电动机轴和减速器轴连接起来，以传递转矩，有的联轴器还可作为保护装置。

刮板输送机常有的联轴器有柱销联轴器、螺栓联轴器、弹性联轴器、胶带联轴器、液力耦合器。前 4 种联轴器主要用于要求不高、功率较小的刮板输送机上，结构简单，而液力耦合器的结构较为复杂，下面介绍其结构特点和工作原理。

1)液力耦合器的结构特点

(1)液力耦合器如图 6-13 所示，电动机、弹性联轴器、后辅室外壳、泵轮连接在一起，泵轮与透平轮外壳用螺钉相互连接。当电动机带动泵轮转动时，整个外壳一起转动，此为主动部件。

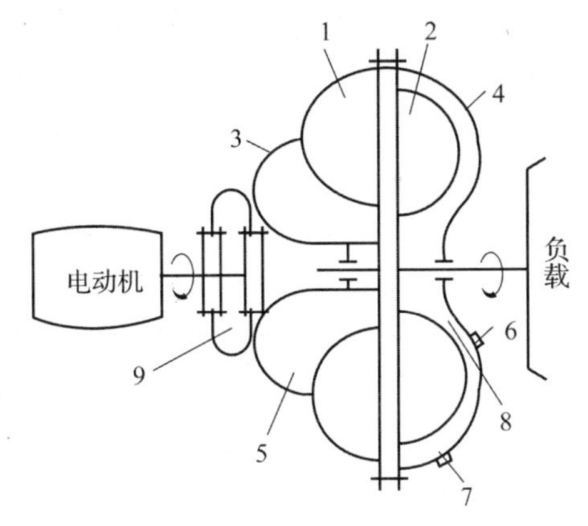

1—泵轮；2—透平轮；3—后辅室外壳；4—透平轮外壳；
5—后辅室；6—注油孔；7—易熔塞；8—前辅室；9—弹性联轴器。

图 6-13　液力耦合器

(2) 透平轮固定在从动轴的轴套上，与减速器的输入轴相连接，此为从动部件。

(3) 泵轮与透平轮外壳通过轴承支承在轴上。泵轮与透平轮之间没有任何刚性连接，二者之间可以相互自由转动。

(4) 泵轮与透平轮是液力耦合器的主要工作部件，二者都由高强度铝合金铸造而成，且都具有轴平面径向叶片，如图 6-14 所示。设泵轮的叶片数为 z_1，透平轮的叶片数为 z_2，二者的关系为 $z_1 = z_2 + (2 \sim 3)$。

(5) 泵轮与透平轮装配好以后，两轮的径向槽相互吻合，形成若干个小环形工作腔。

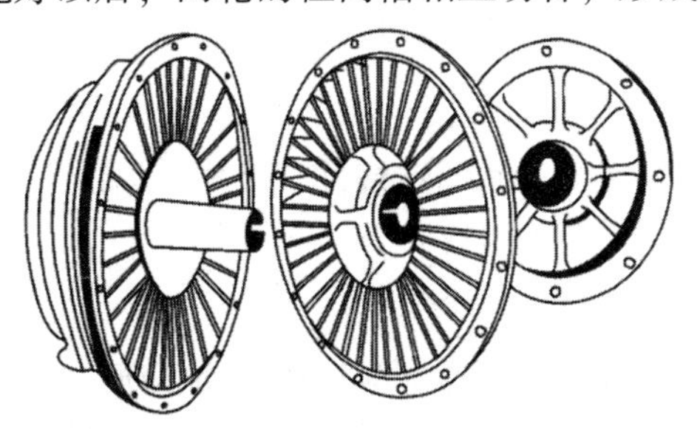

图 6-14　液力耦合器主要工作部件及轴平面径向叶片

2) 液力耦合器的工作原理

液力耦合器工作原理如图 6-15 所示，电动机带动泵轮 1 旋转，从泵轮流出来的获得动能的液体，经管路 A 冲击透平轮 2，使其随之转动，从透平轮流出来的液体又经输液管路 B 回到泵轮。若泵轮转速加快，则透平轮转速随之加快，这就是液力传动形式。据此，将泵轮和透平轮放在同一个外壳里，取消输液管路，即形成了液力耦合器。

在液力耦合器内充满适量的工作液体，启动电动机，通过弹性联轴器、后辅室外壳带动泵轮与透平轮外壳开始转动。因为透平轮通过轴套与减速器输入轴连接，而与泵轮及透平轮外壳无机械连接，故此时透平轮不转动，减速器输入轴亦不转动，电动机可认为是空载启动。电动机启动后，带着泵轮和透平轮外壳不断提高转速，液力耦合器中的工作液体便被泵轮叶片驱动，速度和压力不断增大，在离心力的作用下，沿泵轮工作腔的曲面流向透平轮，冲击其叶片，使透平轮获得转矩，当转矩足以克服透平轮上的负荷时，透平轮就带动工作机械一起运动，并逐步上升到额定转速。其能量的传递过程是：电动机输出的机械能—泵轮机械能—工作液体动能—透平轮机械能。可见，在正常工况下，工作液体在液力耦合器中是由泵轮到透平轮又返回泵轮的环流运动。因为工作液体质点除绕耦合器做旋转运动(牵连运动)外，还要在液力耦合器内做环流运动(相对运动)，所以液体质点的绝对运动轨迹是螺管状的复合运动，如图 6-16 所示。由于工作液体与叶片等摩擦引起能量损耗，所以透平轮的转速总是低于泵轮的转速，这个差值称为滑差。液力耦合器在额定转矩下的滑差通常为 3%~5%，正是由于这个滑差的存在，液力耦合器中才产生工作液体的环流运动，从而实现能量的传递和转换。

可见，液力耦合器既作为联轴器，又起到刮板输送机软启动装置的作用。

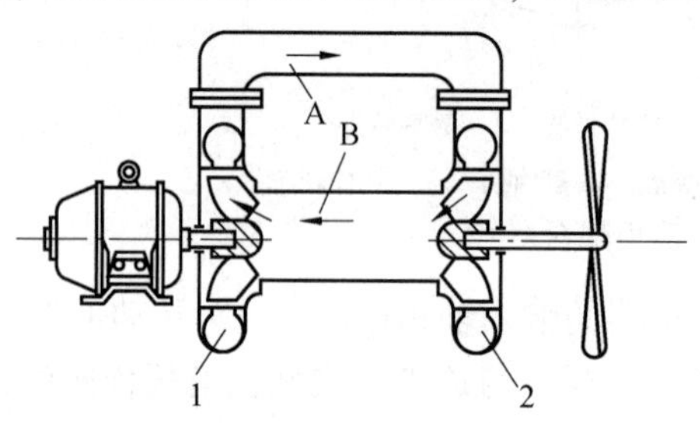

1—泵轮；2—透平轮；A，B—输液管路。

图 6-15　液力耦合器工作原理

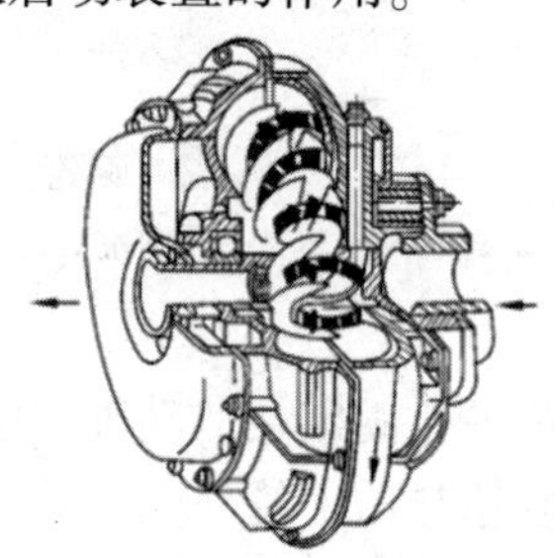

图 6-16　液力耦合器液流示意

3. 输出齿轮组件、弹性块、电动机联轴盘

输出齿轮组件通过键与减速器输入轴连接，电动机联轴盘通过键连接电动机输出轴，输出齿轮组件与电动机联轴盘之间通过聚氨酯橡胶制成的弹性块传递动力。

4. 连接罩

连接罩既作为电动机、减速器之间的连接件，又作为输出齿轮组件和电动机联轴盘的保护罩，还是安装液压紧链控制系统的机座。

5. 电动机及软启动装置

刮板输送机的运行工况非常恶劣，经常会重载启动，所以对软启动装置的要求较高。除了液力耦合器，刮板输送机常用的软启动装置还有 CST 以及变频器。CST 是美国道奇公司的产品，它将减速器与湿式制动器结合起来，其输入端与电动机相连接，输出端与链轮连接，是典型的机电液一体化的软启动装置，具有较好的软启动效果，但体积较大，调速运行时发热严重，在工作面的狭窄空间使用受限。采用变频器驱动电动机，是一种性能优良的软启动方式，不仅启动过程平稳，而且调速时电动机不存在滑差功率损耗，其发热量很小。近年来，变频一体机在工作面刮板输送机上得到了较广的应用。变频一体机是将电动机和变频器集成为一体，占地空间比电动机与变频器分体式方案更小，电动机与变频器之间的连接电缆很短，对供电系统、通信系统的干扰更小。

二、机尾传动部

机尾传动部如图 6-17 所示，包括机尾组件和传动装置。

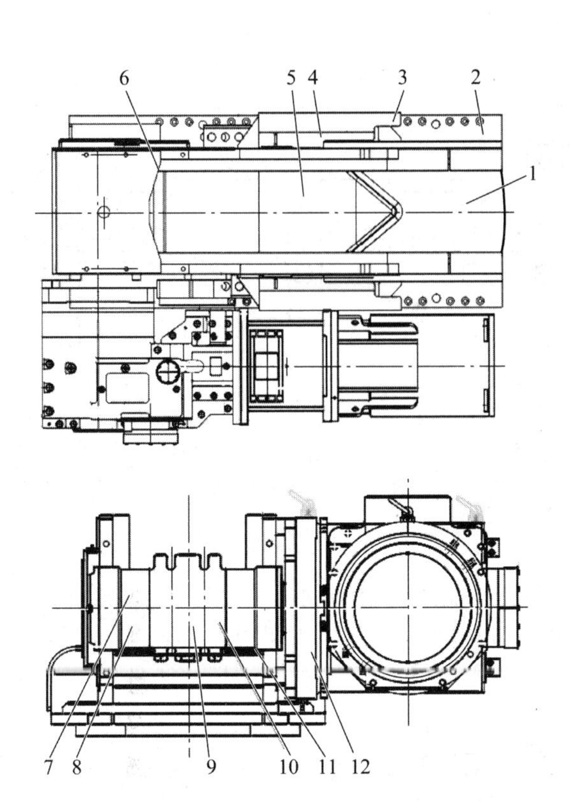

1—动力部；2—固定架体；3—液压缸护罩；4—液压缸；5—活动架体；6—导轨组件；7—链轮组件；8—压块；9—回煤罩；10—舌板组件；11—拨链器；12—右链接垫架。

图 6-17　机尾传动部

机尾组件主要由固定架体、活动架体、回煤罩、链轮组件、拨链器、舌板组件、右连接垫架等组成。固定架体与活动架体间采用液压缸连接，中板间重叠搭接，通过液压控制系统控制液压缸的伸缩，使活动架体前伸，从而达到紧链的目的，到位后采用限位装置定位，伸缩量为 350 mm。其他组成部件的结构、特点和作用均类似于机头架组件。机尾组件比机头架组件多了回煤罩，回煤罩的作用是在运行中减少回煤。

三、中间部

(一) 刮板链

图 6-18 所示的刮板链为中双链，链条为 38 mm×137 mm(C 级)矿用高强度紧凑链，链间距为 200 mm，链环长 54. 663 m，每 8 环处安装一个刮板，即刮板间距为 1 096 mm，刮板装在平环上，通过横梁固定在紧凑链上，链条之间用连接环连接。当连接环作为平环使用时，另加配件 V 形锁式接链环 10 个，只可作立环使用。

(1) 刮板采用模锻制造，以保证强度及特殊形状的要求，材质为 40Mn2，进行热处理加工，中间具有足够的强度，两端提高耐磨性，受力分布更加合理。

(2) 横梁采用模锻制造，材质为 42CrNiMo 并进行热处理加工，螺母采用特制自锁六角螺母。

(3) 调节链的作用是调节刮板链长度，以适应输送机的长度变化。调节链的结构形式完全与标准段的刮板链相同，只是长度不同。

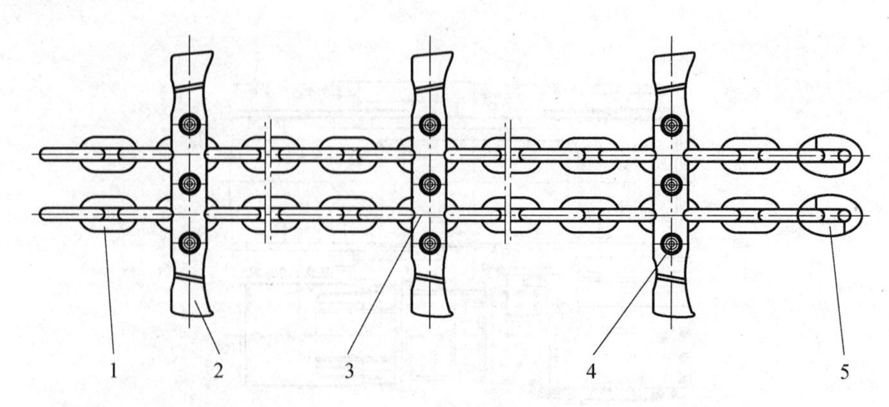

1—圆环链；2—刮板；3—横梁；4—防松螺母；5—V 形锁式接链环。

图 6-18　中双链刮板链

(二) 过渡槽

过渡槽的作用是使刮板链在运行中能方便地平缓过渡，主要由左右连接板、侧板、中板等部件组焊而成(见图 6-19)。过渡槽高端与机头架用过渡哑铃连接，低端与抬高槽连接。

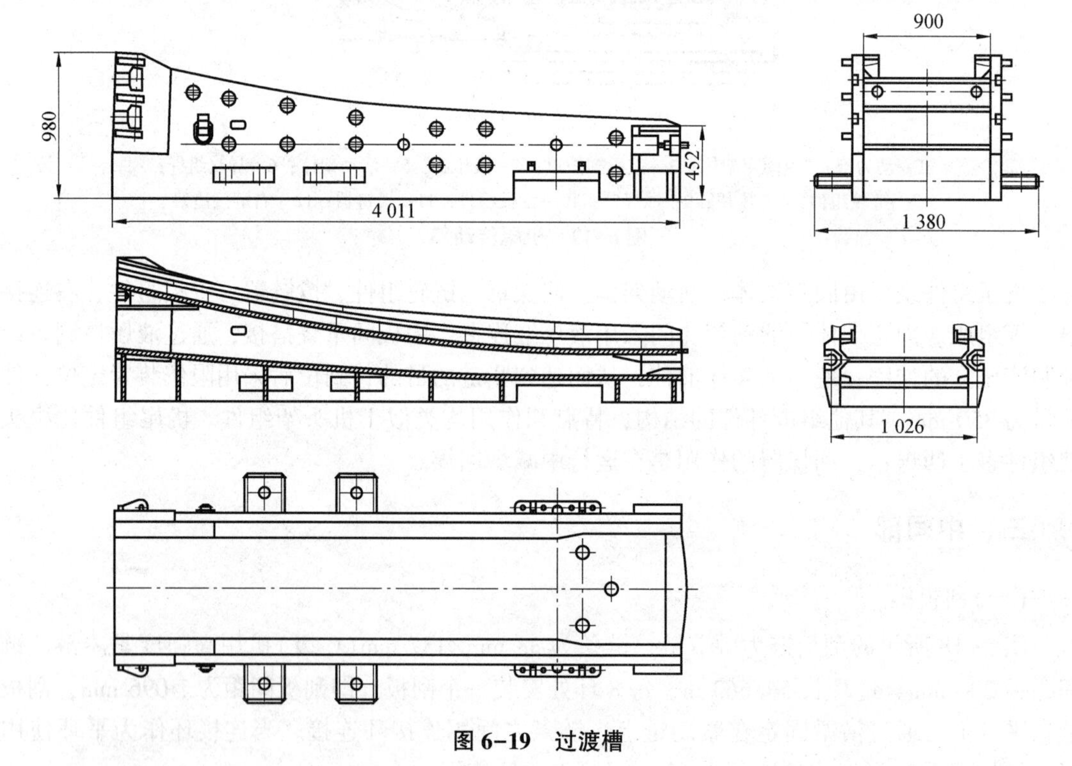

图 6-19　过渡槽

(三) 抬高槽

抬高槽分 6 节，是为保证中部槽与过渡槽、机尾组件平缓过渡而设计的，分为机头抬高槽和机尾抬高槽。其结构形式与中部槽相同，只是在垂直、水平位置上变换了一定角度和尺寸，方便采煤机割缺口。

(四) 中部槽

中部槽之间采用哑铃销连接(见图 6-20)，并使用挡块与限位销限位，防止哑铃销脱落。

相邻中部槽之间允许水平方向弯曲 1°，垂直方向弯曲 3°。

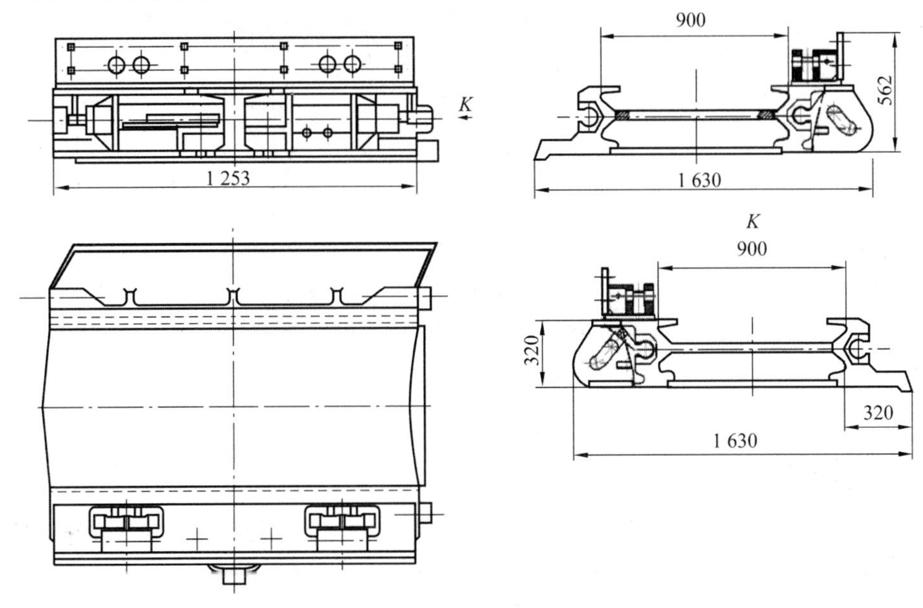

图 6-20　中部槽

(五)开天窗槽

开天窗槽由开天窗槽体、活动中板、螺栓、螺母、垫圈组装而成(见图 6-21)，主要功能基本上类似于中部槽。在槽体中部安装有活动中板，在输送机链出现故障时，可将活动中板的螺栓拧下，将活动中板从采煤侧拉出，用于检查和更换损坏的底链和刮板。

输送机组装时每 10 节中部槽含一节开天窗槽，沿整个输送机方向均匀布置，方便检修。

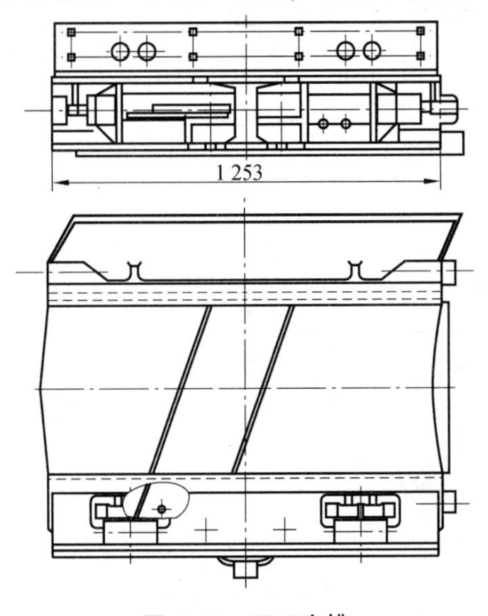

图 6-21　开天窗槽

(六)电缆槽

电缆槽主要由电缆槽体、吊板和销轴组装而成。

电缆槽体主要由立板、导向管、连接板、垫板、槽板等部件焊接而成(见图6-22)。电缆槽与中部槽立板相连接，两端通过立板上的孔用内外夹板连接起来，这样在整个工作面就形成了连续的电缆槽，从而保证了采煤机电缆的顺利拖曳。

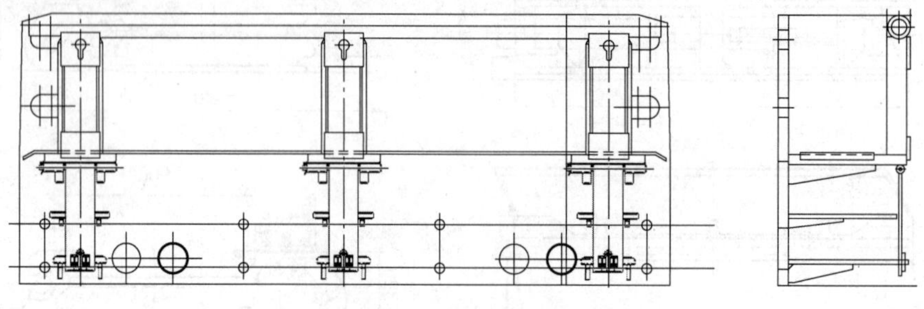

图6-22　电缆槽体

四、附属装置

刮板输送机的附属装置包括阻链器、销轨、推移装置、铲煤板、挡煤板、拉紧装置等。

(一)阻链器

阻链器是在紧链时起阻链作用的装置，主要由阻链架和左、右卡块等零部件组成(见图6-23)。其工作原理是：把阻链器放在过渡槽中板上，按紧链时刮板运行的相反方向，使阻链器下面的凸块楔入中板上的两孔中。两翼转入槽帮中固定卡块，当刮板反向运行时，刮板在楔面上滑动，直到被卡住为止，起到固定刮板链的作用。当刮板链正向运行时，刮板从夹持位置上松开，然后转动两翼将阻链器取出。

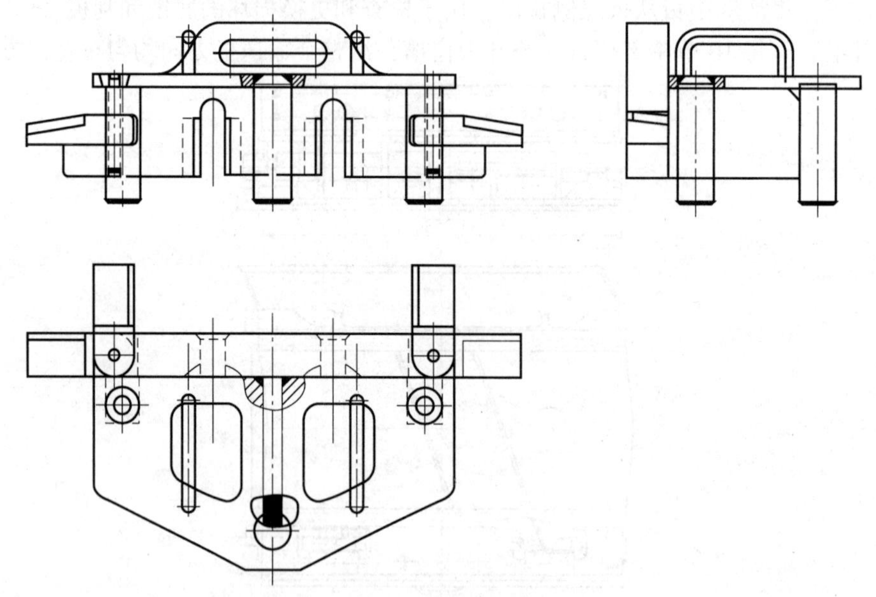

图6-23　阻链器

紧链时将阻链器放在机头(尾)抬高槽的3个孔中，卡住紧凑链的平环，把阻链器两端的活块转到槽帮下面，卡住槽帮，防止阻链器颠覆，酿成事故，启动液压紧链控制系统，目测刮板链松紧适度时，用液压紧链控制系统将减速器第一轴制动，使刮板处于静止张紧状态，待将刮板链断开点闭合时，松开被制动的一轴，使刮板链恢复自由张紧状态，便完成了紧链工作。此时应取下液压紧链控制系统与阻链器，放好妥善保管以备后用；盖好连接罩的罩孔，防止杂物掉进罩内。

(二)销轨

销轨是无链牵引采煤机的配套装置，组装于轨座上用来与采煤机的主动轮相互啮合，以驱动采煤机，销轨为整体锻造。

(三)推移装置

推移装置包括机头推移梁、机尾推移梁、过渡槽推移梁，它们与机头架、机尾组件、过渡槽连接，并使之移动。

(四)铲煤板和挡煤板

输送机靠近煤壁一侧的溜槽侧帮上用螺栓固定有铲煤板，其作用是当输送机向前推移时，将底板上的浮煤清理和铲装在溜槽中。

刮板输送机溜槽靠采空区一侧槽帮上装有挡煤板，其作用是加大溜槽的装载量、提高输送机的生产能力，防止煤炭溢出溜槽。此外，在挡煤板上还设有导向管和电缆叠伸槽。导向管在挡煤板紧靠溜槽的一侧，供采煤机导向用。电缆叠伸槽在挡煤板的另一侧，供采煤机工作时自动叠伸电缆用。

(五)拉紧装置

为了使刮板链具有一定的初张力，保证输送机正常工作，刮板输送机设有拉紧装置。其一般设在机尾，也有的利用机头传动装置拉紧链。下面介绍常用拉紧装置。

1. 棘轮紧链器

棘轮紧链器如图 6-24 所示，它主要由导向杆、底座、棘轮、插爪和扳手组成。这种紧链器是一种辅助装置，安装在机头传动装置减速器的第二根轴上。通过插爪和棘轮实现机器的单向制动，并与紧链挂钩配合使用，完成输送机的紧链工作。

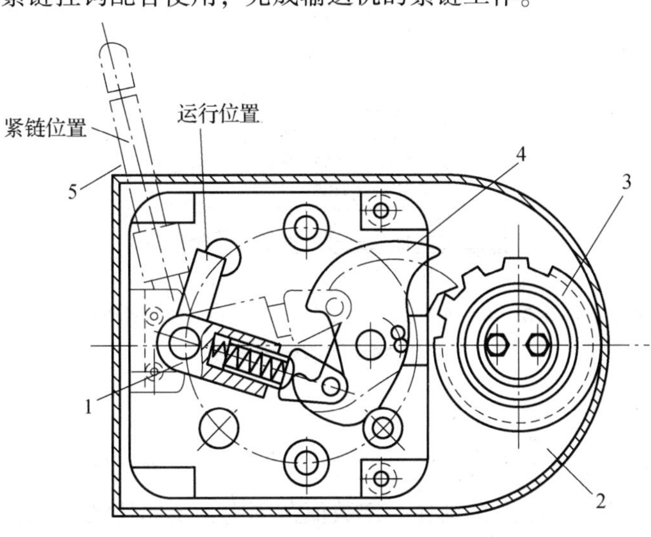

1—导向杆；2—底座；3—棘轮；4—插爪；5—扳手。

图 6-24　棘轮紧链器

紧链时，把两条紧链钩的一端插在机头架左、右侧板的圆孔内，另一端插在刮板链条的立环中，然后用扳手将紧链器插爪扳在紧链位置，电动机反转，使传动装置处的底链通过链轮向上链运行。当链子张紧到一定程度时停车，这时插爪插入棘轮槽内使机器制动，然后把多余的链子卸掉并接好，再用扳手扳动插爪使其与棘轮脱开。如不能脱开，可在反向点动开车的同时用扳手扳动插爪。当扳手脱开后，再正向点动开车，取下紧链挂钩即可正常运转。链条的张紧程度，以运转时机头链轮下方链子稍有下垂为宜。

2. 摩擦轮紧链器

摩擦轮紧链器(见图 6-25)装在Ⅰ、Ⅱ型减速器二轴的伸出端，制动轮固定在二轴端，闸带环绕在制动轮外缘。制动时，使用凸轮和拉杆将闸带拉紧，在制动轮缘上产生摩擦制动力。摩擦轮紧链器的操作与棘轮紧链器不同的是，紧链需要两个人同时操作，一人开动电动机，另一人操作凸轮手把。断电时，立即扳动凸轮，用闸带制动轮闸住。紧链结束时，仅由一人扳动凸轮，松开闸带即可。摩擦轮紧链器的操作比棘轮紧链器的操作更安全，减速器的安装位置与棘轮紧链器相同。

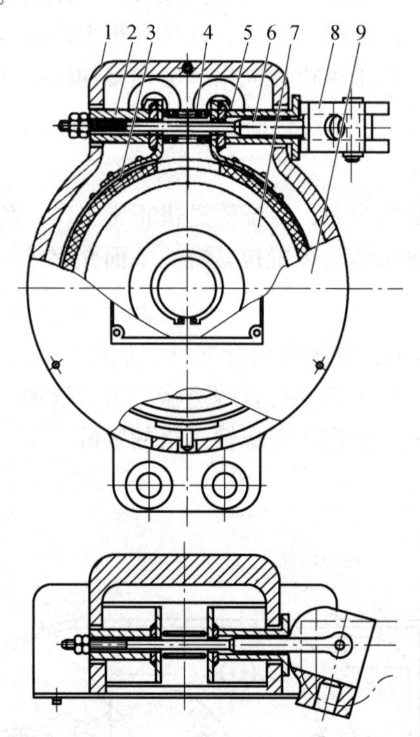

1—护罩；2—套管罩；3—闸带；4—弹簧币；5—套销；6—拉杆口；7—制动轮；8—凸轮口；9—盖板。

图 6-25　摩擦轮紧链器

3. 液压紧链器

重型刮板输送机均采用可控制张紧力的液压紧链器，这种紧链器由于液压系统设有定压阀、安全阀，把液体的工作压力控制在一定数值范围内，从而使液压紧链器的张紧力也控制在一定限度，保证安全可靠地紧链。常用的液压紧链器有两种：一种是用液压千斤顶紧链的液压紧链器，另一种是用液压马达紧链的液压紧链器。这两种液压紧链器的动力都是由操纵支架、锚固站、推移千斤顶的液压泵站供给。

液压紧链器的工作原理如图 6-26 所示。紧链时，先将拉紧横梁 3 的插爪插入输送链 6 的链环中，再把拉紧链 4 和拉紧油缸 1 的活塞杆固定在固定套 2 上，然后供压力油，使油缸收缩，即将输送链收紧。拉紧后，先把保险链 5 安装好，防止拉紧链断裂造成伤人事故，再拆除多余的积链。链子接装完毕后反向通油，使油缸活塞杆伸出，取下紧链器。经试车后，即可正常工作。

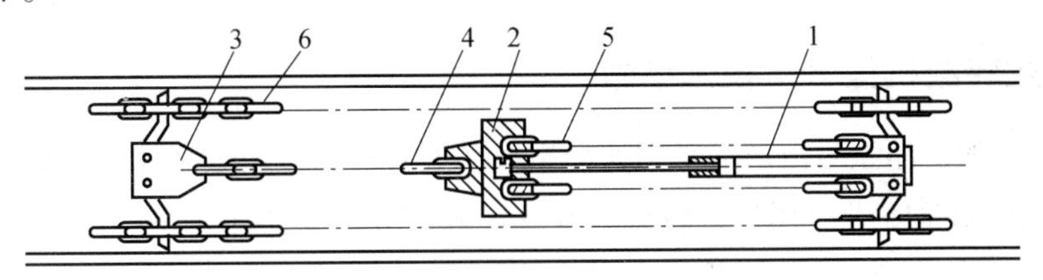

1—拉紧油缸；2—固定套；3—拉紧横梁；4—拉紧链；5—保险链；6—输送链。

图 6-26　液压紧链器的工作原理

第三节　桥式转载机

桥式转载机是机械化采煤运输系统中采用的一种中间转载运输设备，它安置在采煤工作面下顺槽巷道中，与可伸缩带式输送机配套使用，同采煤工作面刮板输送机衔接配合，其作用是将采煤工作面刮板输送机运出的货载输送到巷道可伸缩带式输送机上去。

桥式转载机实际上是一种可以纵向整体移动的重型刮板输送机。它的长度较小，便于随着采煤工作面的推进和带式输送机的伸缩而整体移动。在机械化采煤工作面的巷道中使用转载机，可减少巷道中可伸缩带式输送机的伸缩、拆装次数，并将货载抬高，便于向带式输送机装载，从而加快采煤工作面推进速度，提高采煤效率，增加煤炭的产量。

一、桥式转载机工作原理

桥式转载机与可伸缩带式输送机配套使用时，机头部通过横梁和小车搭接在可伸缩带式输送机机尾部两侧的轨道上，并沿此轨道整体移动，转载机的机尾部和水平装载段则沿巷道底板滑行，从而使转载机随工作面输送机的推移步距作整体调整，避免巷道带式输送机的频繁移动，确保工作面生产循环的顺利进行。转载机与可伸缩带式输送机配套使用时的最大移动距离等于转载机机头部和中间悬拱部分的长度减去与带式输送机机尾部的搭接长度。当转载机移动到极限位置时，必须将带式输送机进行伸长或缩短，使搭接状况达到另一极限位置后，转载机才能继续移动，与带式输送机配合运输。随着采煤工作面的推进，巷道转载机和可伸缩带式输送机陆续移动和伸缩，因可伸缩带式输送机的不可伸缩部分为 50 m 左右，故当巷道运输距离小于 60 m 时，不能继续使用可伸缩带式输送机，而应将转载机的水平装载段接长，机头部增加一套传动装置，单独完成顺槽巷道中货载运输任务。

转载机在回采工作面巷道中使用时，可按照回采工艺进行整体移动。当采空区运输巷道进行维护时，在工作面推进 5 m 的过程中，不必移动转载机；当采空区运输巷不进行维护时，转载机应与工作面输送机同步推进。在掘进巷道时，转载机可作掘进工作面输送机，也和可伸缩带式输送机配套使用，输送掘进出的煤和矸石。如转载机用于掘进采区运输巷，当巷道掘进完成后，直接转作采煤工作面的巷道运输设备。在掘进巷道中，转载机的移动可用绞车牵引，也可由掘进机牵引。当转载机机头行走小车及传动装置移动到带式输送机机尾末端时，需接长带式输送机后转载机才能继续移动。

二、桥式转载机型号与技术参数

桥式转载机的产品型号由产品系列代号组成，型号用阿拉伯数字和汉语拼音字母混合编制。例如，SZZ900/315 巷道用桥式转载机型号含义如图 6-27 所示。

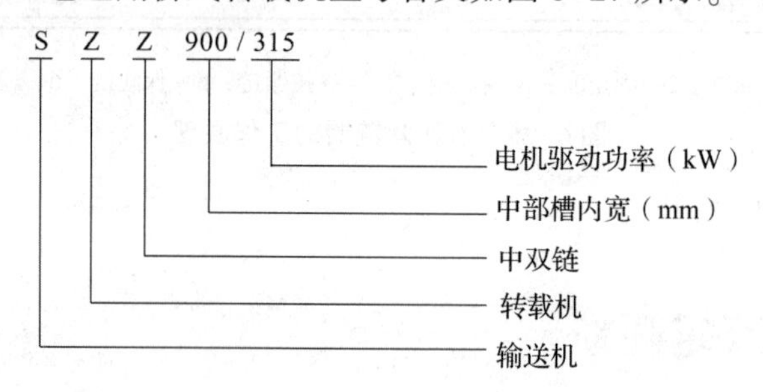

图 6-27 SZZ900/315 巷道用桥式转载机型号含义

常用桥式转载机技术参数如表 6-13～表 6-16 所示。

表 6-13 630 系列桥式转载机技术参数

型号	设计长度/m	输送量/(t·h^{-1})	链速/(m·s^{-1})	装机功率/kW	中部槽内宽/mm	圆环链规格		刮板链形式
						规格/mm	强度/kN	
SZB630/75	45	500	1.39	75	602	18×64	410	边双链
SZD630/110	45	500	1.2	110	588	18×64	410	中单链
SZZ630/75	45	600	1.2	75	588	26×92	850	中双链
SZZ630/90	50	600	1.2	90	588	26×92	850	中双链
SZZ630/110	60	600	1.44	110	588	26×92	850	中双链

表 6-14 730、764 系列桥式转载机技术参数

型号	设计长度/m	输送量/(t·h^{-1})	链速/(m·s^{-1})	装机功率/kW	中部槽内宽/mm	圆环链规格		刮板链形式
						规格/mm	强度/kN	
SZB730/75	35	500	1.34	75	702	18×64	410	边双链
SZB730/160	70	700	1.2	160	688	22×86	610	边双链
SZZ730/75	35	700	1.2	75	688	26×92	850	中双链
SZZ730/90	40	700	1.2	90	688	26×92	850	中双链
SZZ730/110	50	700	1.44	110	688	26×92	850	中双链

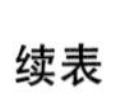

续表

型号	设计长度/m	输送量/$(t \cdot h^{-1})$	链速/$(m \cdot s^{-1})$	装机功率/kW	中部槽内宽/mm	圆环链规格		刮板链形式
						规格/mm	强度/kN	
SZZ730/132	55	700	1. 44	132	688	26×92	850	中双链
SZZ730/160	70	700	1. 44	160	688	26×92	850	中双链
SZZ764/132	50	1 000	1. 44	132	722	26×92	850	中双链
SZZ764/160	60	1 000	1. 44	160	722	26×92	850	中双链
SZZ764/200	70	1 000	1. 44	200	722	26×92	850	中双链
SZZ764/200	70	1 000	1. 47	200	722	30×108	1 130	中双链

表 6-15　800、830、900 系列桥式转载机技术参数

型号	设计长度/m	输送量/$(t \cdot h^{-1})$	链速/$(m \cdot s^{-1})$	装机功率/kW	中部槽内宽/mm	圆环链规格		刮板链形式
						规格/mm	强度/kN	
SZZ800/200	45	1 800	1. 58	200	800	34×126	1 450	中双链
SZZ800/250	53	1 800	1. 65	250	800	34×126	1 450	中双链
SZZ800/315	70	1 800	1. 65	315	800	34×126	1 450	中双链
SZZ830/200	50	1 500	1. 35	200	770	30×108	1 130	中双链
SZZ830/250	60	1 500	1. 35	250	770	30×108	1 130	中双链
SZZ830/315	70	1 500	1. 42	315	770	30×108	1 130	中双链
SZZ900/250	50	2 000	1. 65	250	900	34×126	1 450	中双链
SZZ900/315	60	2 000	1. 65	315	900	34×126	1 450	中双链

表 6-16　1000、1200、1250、1350 系列桥式转载机技术参数

型号	设计长度/m	输送量/$(t \cdot h^{-1})$	链速/$(m \cdot s^{-1})$	装机功率/kW	中部槽内宽/mm	圆环链规格		刮板链形式
						规格/mm	强度/kN	
SZZ1000/375	55	2 600	1. 59	375	1 000	34×126	1 450	中双链
SZZ1000/400	60	2 600	1. 59	400	1 000	34×126	1 450	中双链
SZZ1200/400	50	3 000	1. 69	400	1 200	38×137	1 820	中双链
SZZ1200/525	75	3 000	1. 69	525	1 200	38×137	1 820	中双链
SZZ1250/500	50	3 600	1. 85	500	1 250	38×137	1 820	中双链
SZZ1250/525	50	4 000	2. 18	525	1 250	38×137	1 820	中双链
SZZ1300/500	50	5 000	1. 85	500	1 350	38×137	1 820	中双链
SZZ1300/525	50	5 250	2. 18	525	1 350	38×137	1 820	中双链

三、桥式转载机组成与特点

(一) 总体结构

桥式转载机主要由机头传动部、紧链器、刮板链等部件组成，图 6-28 所示为 SZZ900/315 巷道用桥式转载机结构。

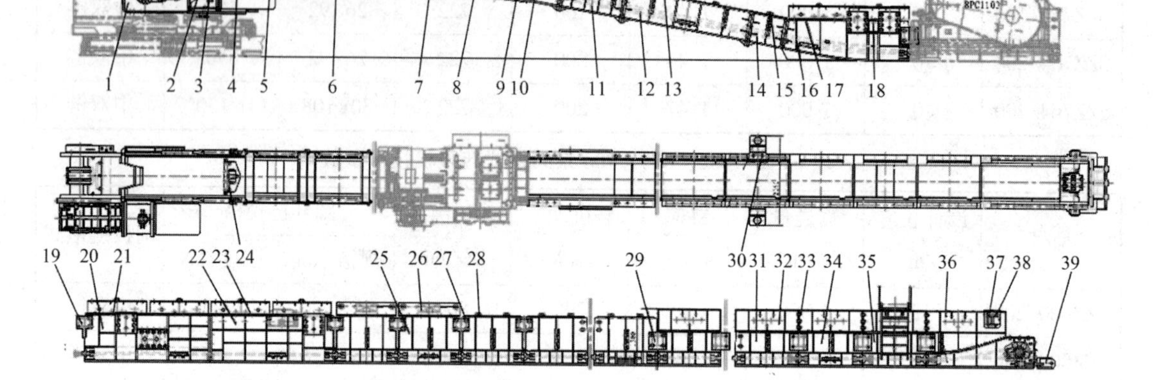

1—机头传动部；2—紧链器；3—后槽体盖板；4—架桥槽；5—架桥槽盖板；6—特殊架桥槽；7—凸槽盖板；8—爬坡槽；9—爬坡槽盖板；10—铰接槽；11—铰接槽盖板；12—凹槽；13—凹槽前盖板；14—凹槽后盖板；15—内夹板；16—外夹板；17—推移槽；18—推移槽盖板；19—连接槽；20—阻链器；21、27—内夹板；22—中部槽；23—开天窗槽；24—拉线保护装置；25—1.5 m 中部槽盖板；26—哑铃销组件；28—固定销；29—卸料槽；30—开天窗卸料槽；31—人梯；32—机尾；33—机尾左挡板；34—机尾右挡板；35—液压箱挂架；36—刮板链；37—调节链；38—护架；39—电缆槽。

图 6-28 SZZ900/315 巷道用桥式转载机结构

SZZ900/315 巷道用桥式转载机具有运输量较大、结构紧凑、传动平稳、装拆方便、强度高、易于维护、安全可靠等优点。架桥段采用整体框架式结构，落地段采用高强度哑铃连接结构，具有连接强度高、使用寿命长、大功率、大运量、高可靠性等特点。

SZZ900/315 巷道用桥式转载机用于高产、高效综合机械化采煤工作面巷道中转载输送煤炭，可与多种工作面刮板输送机、PLM2200 破碎机及 DSJ100 型带式输送机配套使用。SZZ900/315 巷道用桥式转载机可单独使用，还可以配备行走推移装置等辅助设备，行走推移装置是转载机沿带式输送机整体移动的动力来源。

(二) 主要部件的结构及作用

1. 机头传动部

机头传动部如图 6-29 所示，主要由连接垫架、链轮组件、护罩、前机架、固定销、动力部、后槽体、千斤顶等部件组成，在动力部连接罩和减速器上安装闸盘紧链装置来实现制动，前机架与后槽体间采用油缸连接，中板间重叠搭接，通过泵站给油缸施压，使前机架前伸，达到紧链目的，到位后采用圆柱销定位。

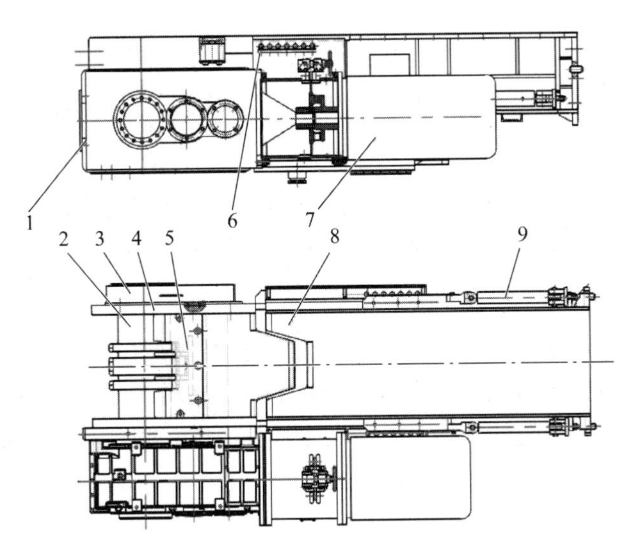

1—连接垫架；2—链轮组件；3—护罩；4—前机架；
5—舌板组件；6—固定销；7—动力部；8—后槽体；9—千斤顶。

图 6-29　机头传动部

前机架用来支承、安装电动机、链轮、舌板、减速器，并且与后槽体重叠搭接，从而实现伸缩机头。

舌板组件平行于中板放置，靠近链轮滚筒处，通过螺栓孔安装于前机架支座上。它对拨链器起限位作用，对刮板链与链轮进入啮合时起导向作用。

链轮组件(见图 6-30)装在机头传动部的前机架上，主要由轴承盖、轴承、隔套、浮封环、链轮、链轮轴、毡圈等组成。链轮体为合金钢整体锻造，齿形为铣制加工成形，齿面淬火处理，内孔为渐开线花键，与链轮轴装配在一起，动力由减速器输出经链轮轴传递到链轮花键，从而使链轮带动刮板运行。

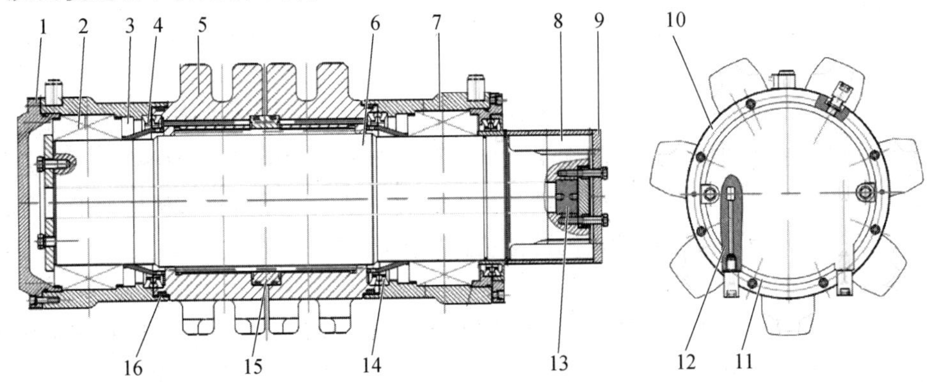

1—轴承盖；2—轴承；3—隔套；4、13—浮封环；5—链轮；6—链轮轴；7—毡圈；8—轴承座；
9—透盖；10—浮封座；11—压盖；12—压板；14—定位销；15—接头；16—定位套。

图 6-30　链轮组件

2. 减速器

SZZ900/315 巷道用桥式转载机的减速器采用 MS3H90DC 减速器。

3. 连接罩

连接罩的主要作用是连接减速器和电动机，作为闸盘紧链器制动装置安装体。

4. 闸盘

闸盘装在减速器的输入轴上，与紧链器配合使用来实现巷道用桥式转载机紧链的紧链装置。本机设计有闸盘式紧链器，通过闸盘紧链器紧链，完成紧链制动过程。

5. 紧链器

紧链由紧链器和阻链器共同完成，利用转载机电动机的动力，来实现张紧和松开转载机刮板链的摩擦紧链。该紧链器包括夹钳部分和制动轮，夹钳部分安装在连接罩上，制动轮安装在减速器第一轴圆弧锥齿轮的轴端上，当夹钳部分不安装时，可用盖板盖住连接罩上面夹钳部分的安装口。

6. 阻链器

阻链器的作用是在紧链过程中固定输送机上的刮板链。

7. 溜槽

溜槽包括架桥槽、特殊架桥槽、爬坡段连接槽(包括凸槽、凹槽、调节槽、爬坡槽、铰接槽)、落地段连接槽(包括推移槽、连接槽、中部槽、开天窗槽、卸料槽、开天窗卸料槽、特殊卸料槽)等。

1)架桥槽与特殊架桥槽

架桥槽和特殊架桥槽结构基本相同，都是由侧板、中板、底板、连接板等零件焊接而成。它们完成了巷道用桥式转载机悬空段的连接，之间用 M30 螺栓连接，$\phi50$ mm 定位销定位。

2)爬坡段连接槽

凸槽、凹槽、调节槽、爬坡槽和铰接槽组成了爬坡段连接槽。凸槽、凹槽用来完成起桥段及悬空段的角度变化，由于其采用了大圆弧设计，因此过渡平缓，其结构与架桥槽基本相同。

巷道用桥式转载机的机头传动部与带式输送机机尾自移装置相搭接。为了保证有足够的搭接长度和空间，是由凹槽把地面的水平溜槽段引向爬坡段的中间过渡弯槽。凸槽是把爬坡段引向水平架桥段的过渡弯槽，使中部槽与机头安装在带式输送机自移机尾架上，形成巷道用桥式转载机机头传动部与带式输送机自移装置相搭接的空间。

3)落地段连接槽

推移槽、连接槽、中部槽、开天窗槽、卸料槽、开天窗卸料槽和特殊卸料槽组成了落地段连接槽，由侧板、中板、封底板、铸造槽帮端头等零件焊接而成，完成了巷道用桥式转载机落地段的连接，由哑铃销及内、外夹板连接。

8. 刮板链、调节链

SZZ900/315 巷道用桥式转载机刮板链为中双链形式，由螺栓、横梁、刮板、圆环链、接链环等组成。圆环链规格为 38 mm×137 mm C 级矿用高强度圆环链，链条间距为 200 mm，一段为 183 环、长 25.071 m，另一段为 275 环、长 37.675 m，在每 6 个链环处安装一刮板，刮板间距 822 mm，圆环链破断负荷不小于 1 810 kN。刮板安装在平环上，与链条由螺栓用防松螺母连接在一起，链段之间用锁式连接环连接。

为了最后组装时将刮板链封闭起来，或是巷道用桥式转载机使用一段时间后链条被拉长，就需要安装一组长度不同的调节链来满足需要。调节链的结构与刮板链完全相同。

9. 机尾

机尾如图 6-31 所示，它由机尾架、螺栓、压板组件、挡板组件、拨链器、链轮组件、端盖及销组件等组成。

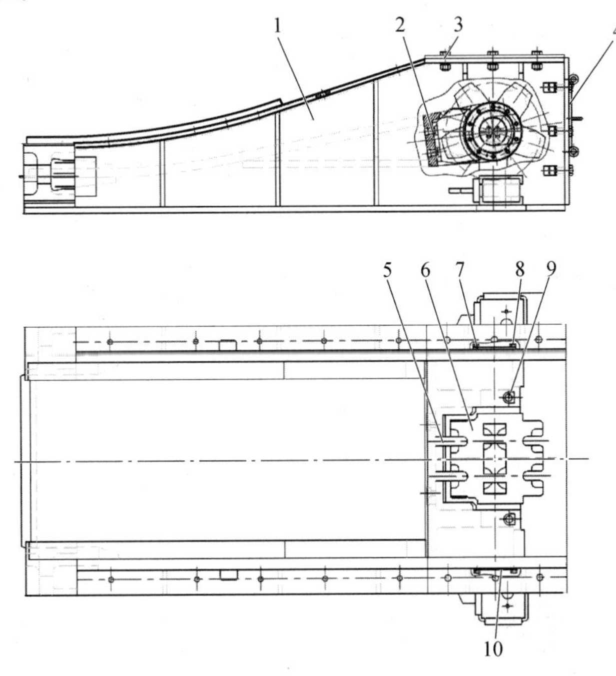

1—机尾架；2、8—螺栓；3—压板组件；4—挡板组件；
5—拨链器；6—链轮组件；7、10—端盖；9—销组件。

图 6-31　机尾

1) 机尾架

机尾架如图 6-32 所示，它由侧板、中板、底板及架体组件等零部件焊接组成。

2) 链轮组件

链轮组件为五齿合金钢整体锻造链轮，材质为 42CrMo，铣制加工齿形，齿形表面进行淬火处理。整个链轮由轴及两套滚动轴承、轴承盖等组成。链轮组件的两端架设在架体上，并用两定位销固定在机尾架体内，轴承的润滑用 L-CKC460 重负荷极压齿轮油。

10. 盖板

盖板由扶手、板焊接组成，本机的架桥槽、凸槽、凹槽、爬坡槽、推移槽和连接槽等均采用封顶形式，以增加其刚性。

11. 内外夹板

内外夹板用于各种溜槽之间的连接。

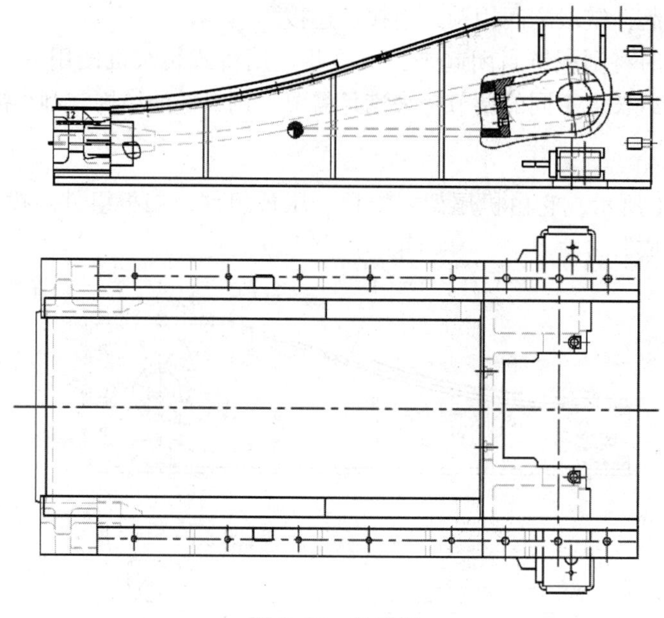

图 6-32　机尾架

12. 移动装置

巷道用桥式转载机通过迈步自移装置来实现整机沿带式输送机自移轨道移动。

第四节　轮式破碎机

轮式破碎机与转载机配套使用，在破碎机箱体的输出端布置了与转载机挡板相连接的连接孔，通过螺栓与转载机连接。在破碎槽的输入端底部，由破碎槽上的哑铃销座与转载机输入槽哑铃销座通过哑铃销连接；在破碎机输入端上部，采用搭接板、连接板及 M16 螺栓与转载机输入槽连接。破碎机可根据用户需要配置自移系统，当移动破碎机时，由自移系统实现破碎机、转载机一起整体快速移动。

一、轮式破碎机型号与技术参数

PLM2200 型轮式破碎机型号含义如图 6-33 所示。

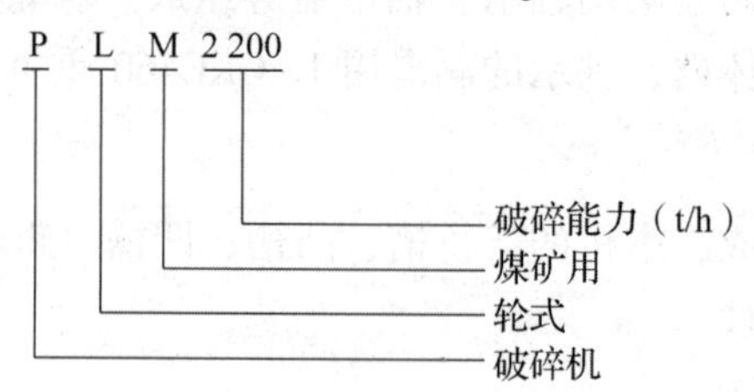

图 6-33　PLM2200 型轮式破碎机型号含义

常用轮式破碎机技术参数如表 6-17 所示。

表 6-17　常用轮式破碎机技术参数

型号	破碎能力/(t·h^{-1})	出料粒度/mm	装机功率/kW	传动形式	配套转载机槽内宽/mm
PLM500	500	≤300	90	三角带传动	600，602，588
PLM1000	1 000	≤300	110	三角带传动	688，702，722
PLM1500	1 500	≤300	160	三角带传动	770
PLM2000	2 000	≤300	200	三角带或齿轮传动	800，900
PLM2200	2 200	≤300	200	三角带或齿轮传动	800，900
PLM3000	3 000	≤300	200	三角带或齿轮传动	1 000
PLM3500	3 500	≤300	250	三角带或齿轮传动	1 200，1 250，1 350

二、轮式破碎机总体结构及特点

PLM2200 型轮式破碎机是一种新型破碎机，可调整煤流间隙 300~150 mm，将普式系数 f≤4.5 的煤块在输送过程中破碎到所需的块度。为保证工作面的连续开采，PLM2200 型轮式破碎机可与转载机迈步自移装置或拉移装置配套，实现破碎机和转载机在顺槽巷道中的前移。PLM2200 型轮式破碎机由固定板、挡帘架、喷雾装置、破碎架体、皮带保护罩、主架、润滑系统、动力部、破碎箱、破碎槽、破碎轴组、销轴、护板等组成，如图 6-34 所示。

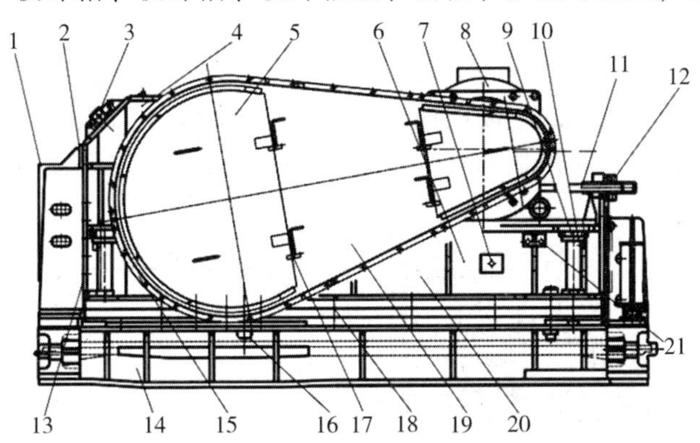

1—固定板；2—挡帘架；3—喷雾装置；4—破碎架体；5—皮带保护罩；6—主架；7—润滑系统；8—动力部；9—垫板；10—升降装置；11—调整丝杆；12—扳手盘；13—右挡板；14—破碎槽；15—皮带；16—销轴；17—破碎轴组；18—锤轴总成；19—破碎箱；20—护板；21—真空磁力启动器。

图 6-34　PLM2200 型轮式破碎机

PLM2200 型轮式破碎机整机破碎能力大，强度高，刚性好，安全可靠，能连续破碎大块煤及大块矸石，解决了工作面人工破碎大块的问题，节省了人力，减轻了工人劳动强度，使工作面产量大幅度提高。动力传递系统采用液力耦合器、带传动，增加了设备的平稳性和耐冲击性，缩短了电动机的启动时间；破碎粒度调节机构采用手压泵-千斤顶-垫块结构，可在不拆除破碎箱和不使用外部起重设备的情况下进行调节作业，操作方便、安全、可靠、省时、省力；小皮带轮组采用储油箱稀油润滑，破碎轴组上的轴承采用手动加油集中润滑，延长了加油周期，减少了加油工作量，且润滑可靠，消除了一些不安全因素；两侧设置了与转载机共同配套使用的自移系统安装位置。

三、轮式破碎机主要结构功能与特点

(一)破碎箱

PLM2200 型轮式破碎机破碎箱主要由破碎槽、入口架、出口架、顶盖、喷雾器等组成。它是动力部、破碎轴、皮带轮罩、出入口防尘帘、破碎槽等零件的安装基础；也是被破碎煤流的通过空间；与输入/输出喷雾及防尘帘构成除、降尘的空间；通过两端面连接孔与转载机挡板连接；其上设置水管、油管。

破碎槽是破碎箱的关键组件，其功能分别如下：刮板链及煤流的运动轨道；原煤被破碎过程中的间接受力件(刀体的冲击力在煤炭上，再由煤炭传递到破碎槽的中板上)；两端分别与转载机落地段输出槽及输入槽连接。

(二)破碎轴组

破碎轴组是破碎物料的主要部件。它利用该部件较高的转动惯量在额定转速时储存的动能，通过安装在破碎机轴上的刀体与被破碎物料短暂的接触时间而形成的冲击力击裂煤炭，再由刀齿座与刮板链、破碎机间的速度差，进一步对被破碎煤炭进行碾压和搓拉，从而达到破碎煤炭的目的。刀齿座为锻件、刀齿为铸件加工而成，二者用特制的紧固螺栓和螺母紧定，刀齿螺栓与螺母用防松垫片卡住，破碎轴是由多个部件组合而成的一个功能部件。

(三)动力部

动力部如图 6-35 所示，它主要由短轴组件、卡套、销、调整轴等组成，安装在输出顶盖上面。动力部与输出顶盖上的电动机托架相连接，与输出顶盖上的底座形成浮动状态。螺纹张紧装置将动力部张紧，输出端的皮带轮则由皮带与破碎轴皮带轮连接。

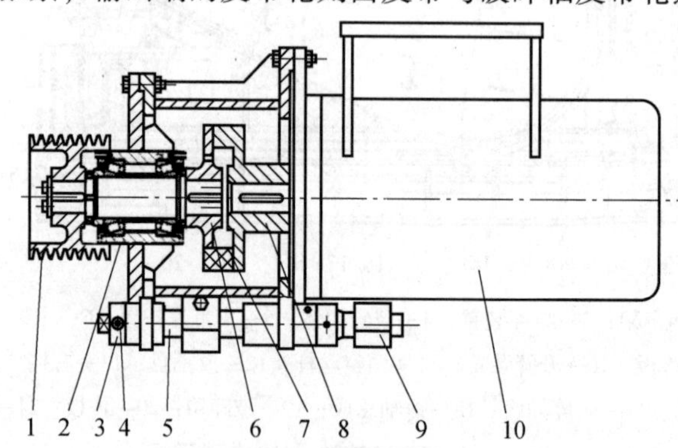

1—短轴组件；2—卡套；3—销；4—调整轴；5—支撑块；6—弹性块；7—电动机连接盘；8—连接罩；9—调整块；10—电动机。

图 6-35 动力部

(四)皮带传动

皮带传动是破碎机传动链中的重要环节，由这一环节完成动力部输出小皮带轮与破碎轴输入大皮带轮的动力传递，可用于中心矩较大的传递；具有缓冲和吸振性能；可减少原动机的冲击载荷；降低噪声。

(五)喷雾装置、挡架帘

破碎机工作时，刀齿在频繁锤击的破煤过程中，破碎轴旋转引起空气的快速流动，将产生大量煤尘。它不仅降低了工作场所的能见度，影响正常工作，而且对安全和人身也产生不利影响。因此，需及时除尘、降尘，最大限度降低空气中的含尘量。PLM2200 型轮式破碎机配有喷雾装置，并在入口和出口处设置了挡架帘，把在破碎过程中产生的溅射的颗粒煤炭及煤尘封闭在破碎箱内，防止其飞出危及人身安全及健康。

四、自移装置

转载机自移装置是巷道桥式转载机的组成部分，与刮板输送机破碎机配套使用。其作用是随刮板输送机的不断推进，适时地对转载机(包括破碎机)进行推移，以适应和配合刮板输送机卸煤到转载机的卸料段。自移装置是高产高效工作面巷道转载机应配置的设备之一，有效解决了大功率、超重型转载机和破碎机前移难的问题。转载机自移装置以高压乳化液为动力，整体高度低，要求巷道断面小。

(一)转载机自移装置总体结构与工作原理

图 6-36 所示为 ZY1100 型转载机自移装置，它主要由导轨、固定座、液压缸等部分组成。

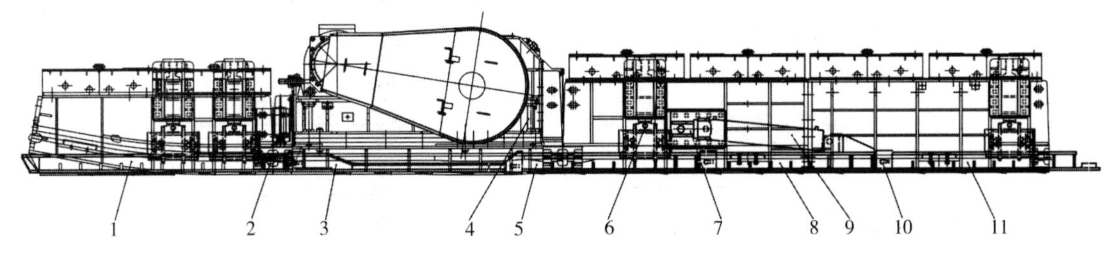

1—3. 25 m 导轨；2—千斤顶；3—2. 65 m 导轨；4—液压缸；5—2. 36 m 导轨；6—销；7—固定座；8—2. 15 m 推移导轨；9—液压系统；10—固定销；11—2. 51 m 导轨。

图 6-36 ZY1100 型转载机自移装置

转载机自移装置工作原理如下：在需要进行转载机前移时，把一切准备工作(主要是降抬棚，工作量很小)做好后，2~3 人就可以进行自移；首先通过自移千斤顶收缩，把导轨向前拉一个千斤顶行程，然后让压柱千斤顶向侧后方向升起，顶在顶(帮)之上，把导轨压住、压稳、压牢，使导轨位置牢固可靠；其次通过升降千斤顶把转载机抬升起来，转载机下面距离巷道底板 100 mm 即可，此时载机只有机头通过跑车与皮带尾相接，中部通过自移装置升降千斤顶与导轨相接，机尾一部分与巷道底板相接，这样使得转载机自移时，与巷道底板的绝大部分摩擦由滑动摩擦变成了滚动摩擦，可以通过自移千斤顶向外伸出的力量，使转载机向前推移，每次推移 1 个千斤顶行程，为增加推移距离，减少自移操作的次数，自移千斤顶可采用多伸缩缸千斤顶；最后自移千斤顶行程推尽，把升降千斤顶收回，使转载机(破碎机)重新回到地面，升降千斤顶收尽，即可重复第一步的操作。如此循环进行，转载机就完成了自移。

(二)转载机自移装置技术参数

常用转载机自移装置技术参数如表 6-18 所示。

表 6-18　常用转载机自移装置技术参数

型号	自移行程/mm	最大推力/kN	调高行程/mm	最大调高力/mm	配套转载机槽宽/mm
ZY1500	1 500	484	280	158	630，730，764
ZY1100	1 100	986	300	385	800，830，900
ZY800	800	801	250	247	800，830，900，1 000，1 200

(三)转载机自移装置主要结构与特点

1. 导轨

导轨包括前 3.25 m 导轨、2.65 m 导轨、2.51 m 导轨、2.79 m 推移导轨和 2.36 m 导轨等部分。各轨之间用 ϕ50 mm 连接销相互连接，主要起到支承和导向作用。

各轨之间通过连接头用连接销相互连接，主要起到支承和导向作用。为了便于在转载机上布置抬起液压缸的位置，并尽量使受力均匀，保证自移时座体不脱离轨道，设计时在轨道上铣 V 形坡口，起导向作用，保证推移过程中轨道与机身平行。同时，在导轨的前端还设计有导向板，这样在导轨向前移动时可以减小阻力。

2. 行走支座

行走支座如图 6-37 所示，它主要由轮架组件和轮轴组件等零部件组成，起到支承转载机质量和减小摩擦阻力的作用。

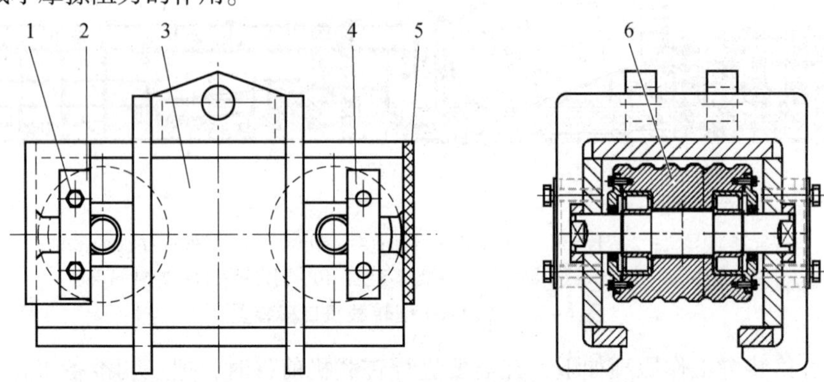

1—螺栓；2—压板；3—轮架组件；4—限位块；5—橡胶垫；6—轮轴组件。

图 6-37　行走支座

由于转载机被抬起油缸抬起后，向前移动时整个轨道要受到很大的水平方向作用力，为了避免抬起液压缸受到水平方向的力而损坏，专门设计了内外缸套。把抬起液压缸放在内缸套内，内缸套再放在外缸套内，这样水平方向的力就首先作用在外缸套上，减弱了对液压缸的水平作用力，从而保护液压缸增加使用寿命。同时，设计的导向轮轨道互相配合，行走时就不会掉道和发生偏差。另外，轮架上设计有钩槽，这样在抬起液压缸收缩时，可以依靠钩槽轻松地把轨道抬离地面，解决了轨道抬起的问题。

3. 液压缸

该装置共有 8 个调高液压缸和 2 个推移液压缸，全部为单伸缩双作用缸，分别起到抬高和推移的作用。机头部分由于骑在带式输送机机尾上，在向前移动时此部分不用再次抬起。而整个转载机从凹槽部分开始落地，因此主要是把落地段抬起，而这部分最重位置在破碎机那里。为此，在设计时根据受力大小，破碎机两侧各设 2 个抬起油缸，然后在凹槽两侧设 1 组油缸，在机尾方向布置 2 组抬起油缸。

4. 液压系统

液压系统是保证转载机能够自移的关键，也是整个自移系统的动力部分。为了在使用中安全可靠，在每个液压缸的阀体组件中都安装了液控单向阀，这样可以避免液压缸抬起后在推移过程中转载机自身重力使油缸下落，造成自移失败。

习题6

1. 简述刮板输送机的基本组成及其工作原理。
2. 刮板输送机有哪些类型？
3. 简述刮板输送机主要结构特点。
4. 试述液力耦合器的结构特点与工作原理。
5. 简述桥式转载机的结构组成。
6. 简述轮式破碎机的结构特点。

第七章 带式输送机

第一节 概 述

一、带式输送机工作原理

带式输送机是以输送带兼作牵引机构和承载机构的一种连续动作式运输设备，在矿井地面和井下运输中得到了极其广泛的应用，其工作原理如图 7-1 所示。

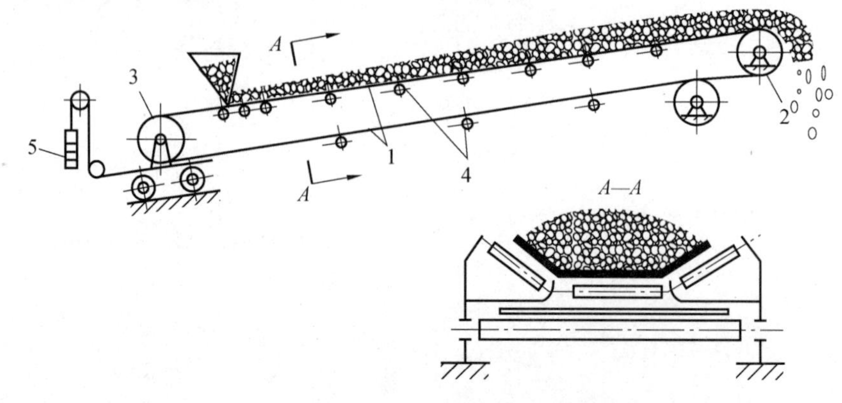

1—输送带；2—主动滚筒；3—机尾换向滚筒；4—上、下托辊组；5—拉紧装置。

图 7-1 带式输送机工作原理

输送带 1 绕经主动滚筒 2 和机尾换向滚筒 3 形成一个无极的环形带，上、下两股输送带分别支承在上、下托辊组 4 上，拉紧装置 5 给输送带以正常运转所需的张紧力。当主动滚筒在电动机驱动下旋转时，借助于主动滚筒与输送带之间的摩擦力带动输送带以及输送带上的物料一同连续运转；输送带上的物料运到端部后，由于输送带的改向而卸载。

二、带式输送机适用条件及优缺点

带式输送机上部输送带运送物料，称为承载段；下部不装运物料，称为回空段。输送带的承载段一般采用槽形托辊组支承，使其成为槽形承载断面。同样宽度的输送带，槽形承载面比平形的要大很多，而且物料不易撒落。回空段不装运物料，故用平形或 V 形托辊支承。

托辊内两端装有轴承，转动灵活，运行阻力较小。

带式输送机可用于水平及倾斜运输，但倾角受物料特性限制。通常情况下，普通带式输送机沿倾斜向上运送原煤时输送倾角不大于 23°；向下运输时，倾角不大于-21°，运送附着性和黏性大的物料时，倾角还可大一些。我国倾斜带式输送机向上运输最大倾角 35°，向下运输最大倾角为-29°。

带式输送机的优点是运输能力大，而工作阻力小，耗电量低，一般为刮板输送机耗电量的 1/5~1/3，运行费用极低。因在运输过程中物料与输送带一起移动，故磨损小，物料的破碎性小。带式输送机结构简单，既节省设备，又节省人力。但其输送带成本较高，与其他运输设备相比，初期投资略高，运送有棱角的物料时输送带易受损。随着煤炭科学技术的发展，国内外对带式输送机可弯曲运行、大倾角输送、线摩擦驱动等方面的研究提高了带式输送机的适应性能。

三、带式输送机类型

根据使用条件和生产环境不同，带式输送机的类型也是多种多样的，适应范围和特征各不相同。下面介绍几种煤矿常用的带式输送机。

(一)通用带式输送机

通用带式输送机是一种固定式带式输送机，这种输送机的托辊安装在固定的机架上，机架固定在底板上或基础上，一般广泛使用在运输距离不太长，一旦敷设即为永久使用的地点，如矿井地面选煤厂及井下主要运输巷道。

(二)绳架吊挂式带式输送机

绳架吊挂式带式输送机如图 7-2 所示，它与通用带式输送机基本相同，其特点仅在于机身部分为吊挂的钢丝绳机架支承托辊和输送带，主要用于煤矿井下采区巷道和集中运输巷中，作为运输煤炭的设备。在条件适宜的情况下，也适用于采区上、下山运输。

图 7-2　绳架吊挂式带式输送机

(三)可伸缩带式输送机

随着综合机械化采煤工作面推进速度越来越快，要求巷道长度及运输距离也相应发生变化，拆移巷道中运输设备的次数和所花费的时间在总生产时间中所占的比重增大，影响了采煤效率的进一步提高。为解决此矛盾，可以采用可伸缩带式输送机。

可伸缩带式输送机最大的优点是能够比较灵活而又迅速地伸长和缩短，其传动原理和通用带式输送机一样。在结构上比通用带式输送机多一组储带仓和一套储带装置，当移动机尾进行伸缩时，储带装置可相应地放出或收缩一定长度的输送带，利用输送带在储带仓内多次折返和收放的原理调节输送机长度。

可伸缩带式输送机主要用于采煤工作面的巷道运输和巷道掘进时运输工作，其工作原理如图 7-3 所示。

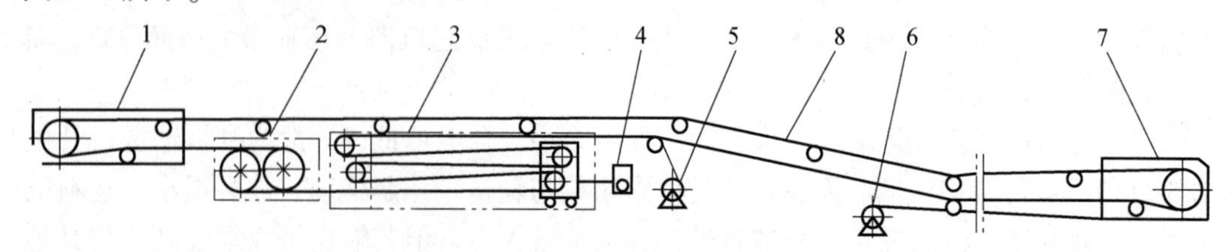

1—卸载端；2—传动滚筒；3—储带仓；4—张紧绞车；
5—收放输送带装置；6—机尾牵引机构；7—机尾；8—输送带。

图 7-3 可伸缩带式输送机工作原理

储带仓在带式输送机机头部的后面，是用型钢焊接而成的机架结构。运行的输送带在机头部卸载换向后经过传动滚筒进入储带仓，输送带分别绕过张紧车上的两个滚筒和前端固定架上的两个滚筒，折返 4 次后向机尾方向运行。需要缩短带式输送机时，输送带张紧车在张紧绞车的牵引下向后移动，机尾前移，输送带就重叠 4 层储存在储带仓内；需要伸长带式输送机时，张紧绞车松绳，机尾后移，储带仓中的输送带放出，输送带张紧车前移。输送机伸、缩作业完成以后，张紧绞车仍以适当的拉力将输送带张紧，使带式输送机正常传动和运行。

(四) 钢丝绳芯带式输送机

钢丝绳芯带式输送机又称为强力带式输送机。普通型带式输送机输送带强度有限，为满足国民经济飞速发展的要求，需要运输能力大、运距长，实现长距离无转载运输的钢丝绳芯带式输送机。与普通带式输送机不同，钢丝绳芯输送带代替了普通输送带，输送带强度较普通型提高了几十倍，甚至高达近百倍。

(五) 钢丝绳牵引带式输送机

钢丝绳牵引带式输送机如图 7-4 所示，它是一种特殊形式的带式输送机，以钢丝绳作为牵引机构，而输送带只起承载作用，不承受牵引力，使牵引机构和承载机构分开，从而解决了运输距离长、运输量大、输送带强度不够的矛盾。

钢丝绳牵引带式输送机的两条钢丝绳 6，经过主动绳轮 1 和尾部钢丝绳张紧车 10 上的绳轮。主动绳轮 1 转动时借助于其衬垫与钢丝绳之间的摩擦力，带动钢丝绳运行。输送带 5 以其特制的绳槽搭在两条钢丝绳上，靠输送带与钢丝绳之间的摩擦力而被拖动运行，完成物料输送任务。钢丝绳的回空段、承载段布置托绳轮支承。

输送带在机头及机尾换向滚筒处脱离钢丝绳，从两条钢丝绳之间弯曲，因此在输送带换向弯曲处必须使输送带抬高，使两条钢丝绳间距加大，在输送带张紧车 9 上设有分绳轮，在输送带卸载架上也设有分绳轮。为了保证钢丝绳有一定的张力和使钢丝绳在托绳轮 8 间的悬垂度不超过一定限度，在机尾设有钢丝绳拉紧装置，输送带拉紧装置的作用是使输送带不至于松弛。

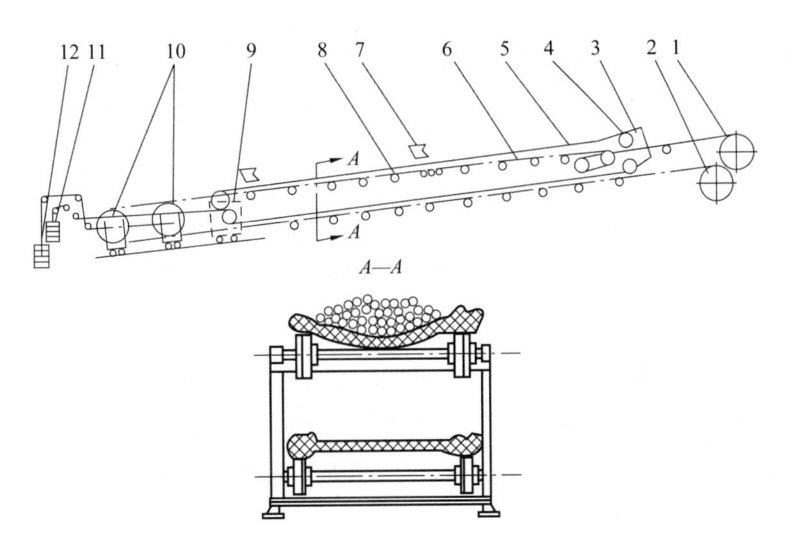

1—主动绳轮；2—导绳轮；3—卸载漏斗；4—输送带换向滚筒；5—输送带；6—钢丝绳；7—给煤机；8—托绳轮；9—输送带张紧车；10—钢丝绳张紧车；11、12—拉紧重锤。

图 7-4　钢丝绳牵引带式输送机

(六) 平面弯曲带式输送机

平面弯曲带式输送机是一种在输送线路上可变向的带式输送机。它是可以代替沿折线布置的、由多台单独直线输送机串联而成的运输系统，沿复杂的空间曲线实现物料的连续运输。输送带在平面上转弯运行，可以大大简化物料运输系统，减少转载站的数目，降低基建工程量和投资。

第二节　带式输送机的主要部件结构与功能

带式输送机主要由输送带、托辊与机架、滚筒、驱动装置、拉紧装置、逆止装置、制动装置等部分组成。

一、输送带

输送带在输送机中既是承载机构，又是牵引机构，因此不仅要有足够的强度，还应有相当的挠性。输送带贯穿于输送机的全长，其长度为机长的 2 倍以上，是输送机的主要组成部分，它用量大、成本高，约占输送机成本的 50%。

(一) 输送带分类

输送带基本上有 4 种结构，即分层式织物层芯输送带、整芯输送带、钢丝绳芯输送带和钢丝绳牵引输送带。

1. 分层式织物层芯输送带

分层式织物层芯输送带按抗拉层材料不同可以分为棉帆布芯(CC)输送带、尼龙芯(NN)输送带、聚酯芯(EP)输送带。棉帆布芯输送带是一种传统的输送带，适用于中短距离输送物料。随着输送机的长度及运量越来越大，棉帆布芯输送带已不能满足生产上的要求。尼龙芯输送带带体弹性好，强力高，抗冲击，耐曲挠性好，成槽性好，使用时伸长量小，适用于中长距离、较高载量及高速条件下输送物料。聚酯芯输送带带体模量高，使用时伸长量小，耐热性好，耐冲击，适用于中长距离、较高载量及高速条件下输送物料。

分层式织物层芯输送带根据覆盖胶的不同，有普通型、耐热型、耐高温型、耐烧灼型、耐磨型、耐热磨型、一般难燃型、导静电型、耐酸碱型、耐油型等。

2. 整芯输送带

整芯输送带带体不脱层，伸长小，抗冲击，耐撕裂；按结构不同，可分为 PVC 型、PVG 型整芯输送带。PVC 型为全塑面整芯输送带，用于倾角 16°以下干燥条件的物料输送。PVG 型为橡胶面整芯输送带，用于倾角 20°以下潮湿有水的物料输送。

3. 钢丝绳芯输送带

钢丝绳芯输送带结构如图 7-5 所示。此输送带拉伸强度大，抗冲击性好，寿命长，使用时伸长率小，成槽性与耐曲挠性好，适用于长距离、大运量、高速度物料输送；按覆盖胶性能不同，可分为普通型、阻燃型、耐寒型、耐磨型、耐热型、耐酸碱型等；按内部结构不同，可分为普通结构型、横向增强型、预埋线圈防撕裂型。

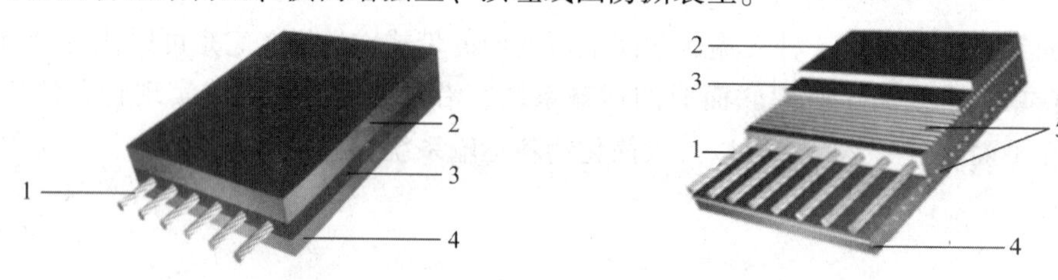

1—钢丝绳；2—上覆盖胶；3—芯胶；4—下覆盖胶；5—增强层。

图 7-5 钢丝绳芯输送带结构

4. 钢丝绳牵引输送带

钢丝绳牵引输送带沿输送带横向铺设方钢条，其间以橡胶填充，以贴胶的帆布为带芯并在上、下表面覆盖橡胶，两边为耳槽，靠钢丝绳牵引运行，带体只承载物料，不承受拉伸力；带体刚度大，不伸长，抗冲击，耐磨损，适用于长距离、高载量条件下输送物料。

(二)输送带的连接

为了便于制造和搬运，输送带长度一般制成每段 100~200 m，使用时应根据需要把若干段连接起来。橡胶输送带的连接方法有机械接法与硫化胶接法 2 种，硫化胶接法又可分为热硫化和冷硫化胶接。塑料输送带有机械接头与硫化(塑化)接头 2 种。

1. 机械接头

机械接头是一种可拆卸的接头，它对带芯有损伤，接头强度低，只有 25%~60%，使用寿命短，并且接头通过滚筒时对滚筒表面有损害，常用于短运距或移动式带式输送机上。织物层芯输送带常用的机械接头形式有铰接活页式、铆钉固定的夹板式和勾状卡子式，如图 7-6 所示。

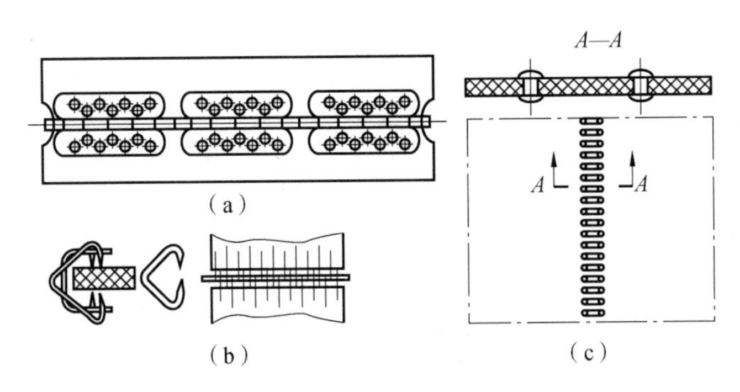

图 7-6 织物层芯输送带常用的机械接头形式

(a)铰接活页式；(b)铆钉固定的夹板式；(c)勾状卡子式

2. 硫化(塑化)接头

硫化(塑化)接头是一种不可拆卸的接头形式，具有承受拉力大、使用寿命长、对滚筒表面不产生损害、接头强度可高达60%~95%的优点，但也存在接头工艺复杂的缺点。

对于分层织物层芯输送带，硫化前将其端部按帆布层数切成阶梯状，如图 7-7 所示，然后将两个端头互相很好地贴合，用专用硫化设备加压加热并保持一定时间即可完成，接头静载强度为原来强度的$(i-1)/i\times100\%$，i 为帆布层数。

对于钢丝绳芯输送带，在硫化前将接头处的钢丝绳剥出，然后将钢丝绳按某种排列形式搭接好(见图 7-8)，附上硫化胶料，即可在专用硫化设备上进行硫化胶接。

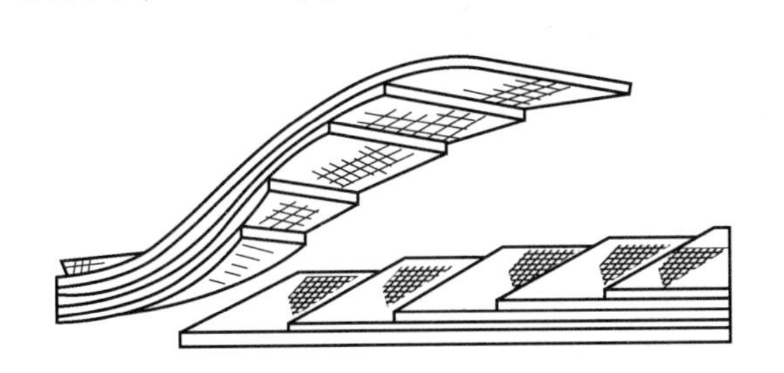

图 7-7 分层织物层芯输送带的硫化接头

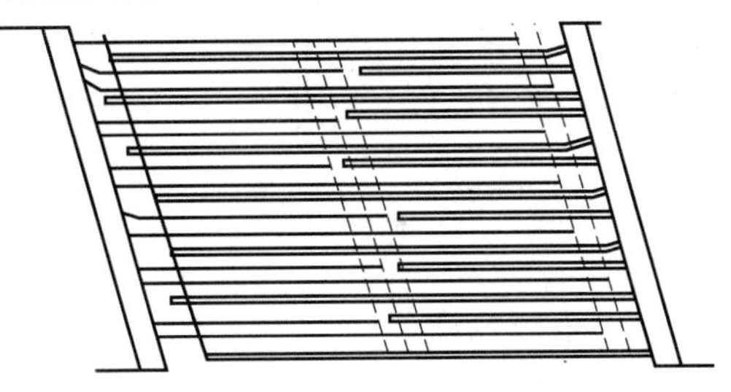

图 7-8 钢丝绳芯输送带的二级错位搭接

3. 冷粘连接法(冷硫化法)

冷粘连接法与硫化接头主要不同之处是冷粘连接使用的胶可直接涂在接口上，不需要加热，只需施加适当的压力保持一定时间即可。冷粘连接法只适用于分层织物芯输送带。

二、托辊与机架

托辊的作用是支承输送带，使输送带的悬垂度不超过规定要求，以保证输送带平稳地运行。托辊安装在机架上，而输送带铺设在托辊上，为减小输送带运行阻力，在托辊内装有滚动轴承。

机架的结构分为落地式和吊挂式两种，落地式机架(见图 7-9)又分为固定式和可拆卸式两种，一般在主要运输巷道内用固定式，在采区顺槽用拆卸式或吊挂机架。

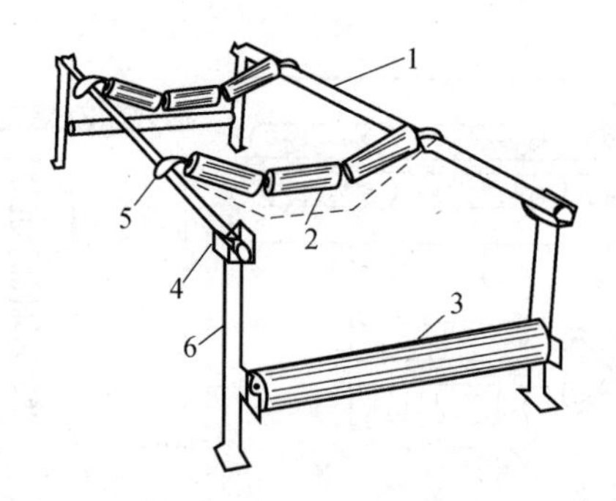

1—纵梁；2—槽形托辊；3—平形托辊；4—弹簧销；5—弧形弹性挂钩；6—支承架。

图 7-9　落地式机架

托辊由中心轴、轴承、密封圈、管体等部分组成，如图 7-10 所示。托辊按用途可分为以下几种。

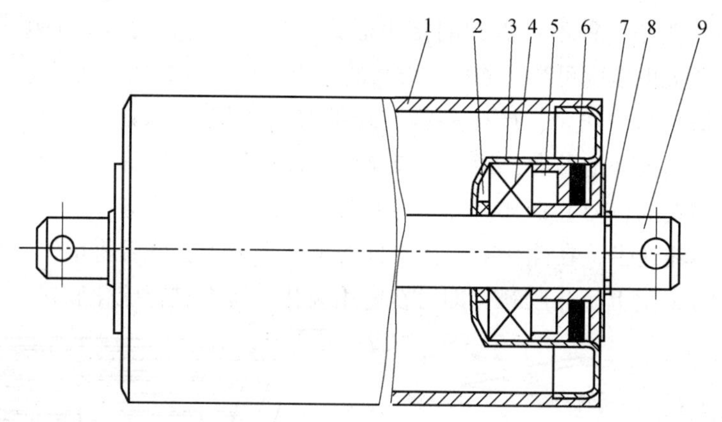

1—管体；2、7—垫圈；3—轴承座；4—轴承；5、6—内外密封圈；8—挡圈；9—芯轴。

图 7-10　托辊

(一)承载托辊

承载托辊安装在有载分支上，它起着支承该分支上输送带与物料的作用。在实际应用中，要求它能根据所输送的物料性质差异，使输送带的承载断面形状有相应的变化。如果运送散状物料，为了提高生产率并防止物料的洒落，通常采用槽形托辊，槽形托辊组一般由 3 个或 3 个以上托辊组成；对于成件物品的运输，则采用平形托辊。三节槽形托辊组如图 7-11 所示。

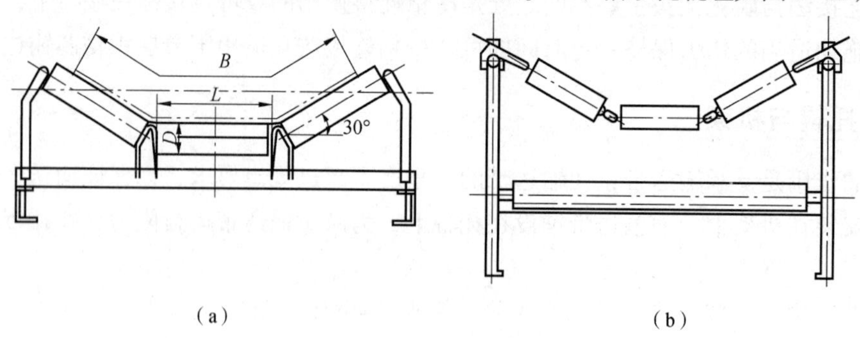

图 7-11　三节槽形托辊组

(a)固定式托辊组；(b)串挂式托辊组

(二) 回程托辊

回程托辊是一种安装在空载分支上，用以支承该分支上的输送带的托辊。常见布置形式如图 7-12 所示。

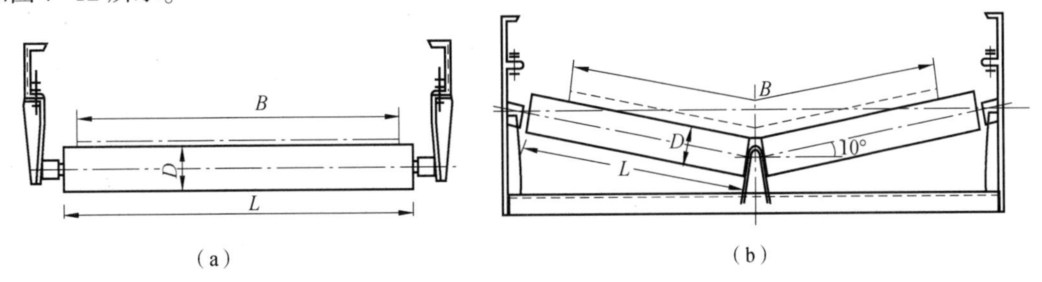

图 7-12　回程托辊常见布置形式

(a) 平形布置；(b) V 形布置

(三) 缓冲托辊

缓冲托辊安装在输送机的装载处，以减轻物料对输送带的冲击。在运输密度较大的物料时，有时需要沿输送机全线设置缓冲托辊。缓冲托辊如图 7-13 所示，它与一般托辊的结构相似，不同之处是在管体外部加装了橡胶圈。

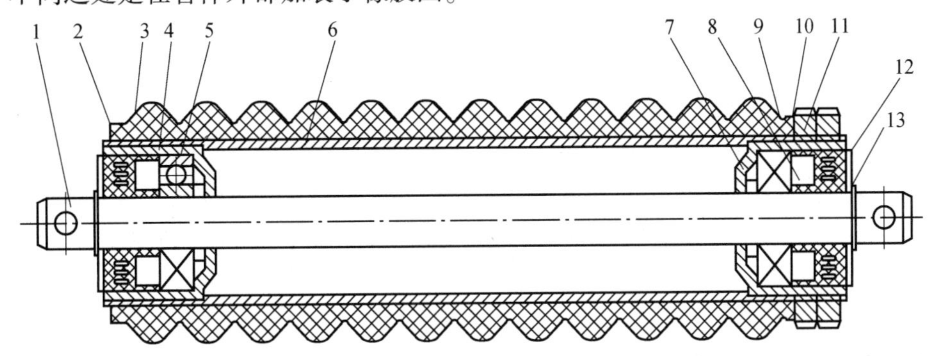

1—轴；2、13—挡圈；3—橡胶圈；4—轴承座；5—轴承；
6—管体；7—密封圈；8、9—外、内密封圈；10、12—垫圈；11—螺母。

图 7-13　缓冲托辊

(四) 调偏托辊

输送带运行时，由于张力不平衡，物料偏心堆积、机架变形、托辊损坏等会产生跑偏现象。要纠正输送带跑偏，通常会采用调偏托辊。目前较常用的调偏托辊主要有槽形调偏托辊、锥形调偏托辊。

1. 槽形调偏托辊

槽形调偏托辊被间隔地安装在承载分支与空载分支上。承载分支通常采用回转式槽形调偏托辊，如图 7-14 所示。空载分支常采用回转式平行调偏托辊，调偏托辊与一般托辊相比较，在结构上增加了两个安装在托辊架上的立辊和回转轴，除完成支承作用外，还可根据输送带跑偏情况绕回转轴自动回转以实现调偏的功能。

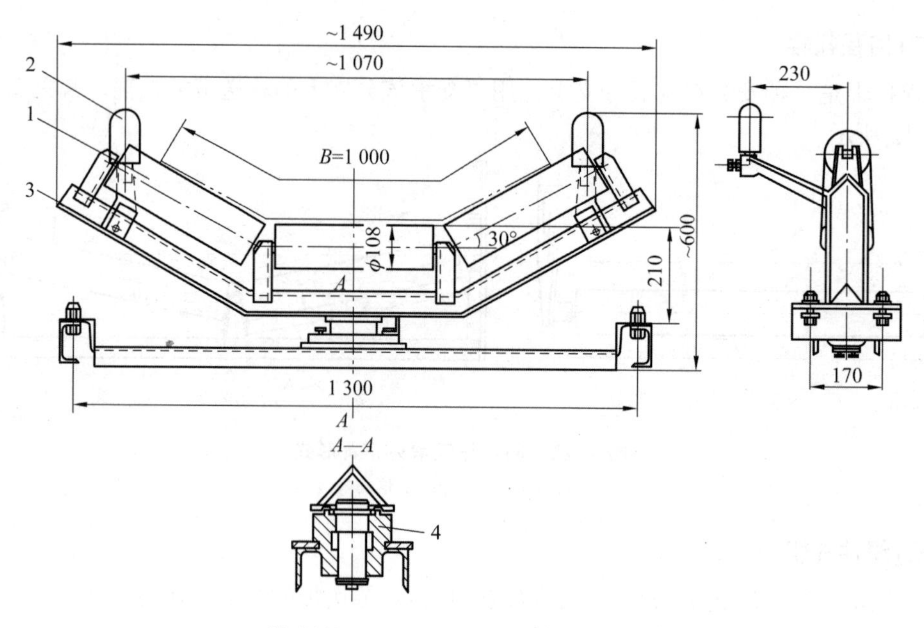

1—槽形托辊；2—立辊；3—回转架；4—轴承座。

图 7-14　回转式槽形调偏托辊

2. 锥形调偏托辊

锥形调偏托辊如图 7-15 所示。2 个锥形辊子分别安装在各自的回转轴上，2 个回转架通过连杆机构实现同步，横梁直接连接在中间架上，输送带跑偏后带动回转架绕回转轴旋转一定角度，此时调偏托辊向输送带施加横向推力，促使跑偏后的输送带回复原位，实现跑偏输送带的自动纠偏，确保输送带对中运行。其特点是两侧的辊子是锥形辊子，由于锥形辊子两端的直径大小不同，因此旋转时辊子的大小头与输送带接触处的线速度不同，存在着速度差，从而改变了托辊的受力状况，使输送带跑偏后产生的横向推力增大，调偏效果更加明显。由于锥形调偏托辊 2 个回转轴是分开的，回转轴强度较弱，大运量时会出现回转轴弯曲现象。另外，驱动 2 个回转架实现同步的连杆机构，由于制造、安装等多种因素同步效果不太理想，因此会影响自动调偏效果。

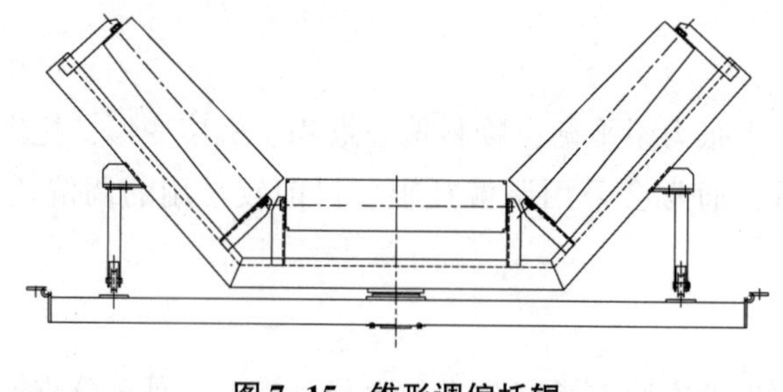

图 7-15　锥形调偏托辊

三、滚筒

(一) 常用滚筒类型及特点

滚筒是带式输送机的重要部件之一，按其作用不同可分为传动滚筒与改向滚筒两种。传动滚筒用来传递动力，它既可传递牵引力，也可传递制动力；改向滚筒则不起传递力的作用，它主要用来改变输送带的运行方向，以完成拉紧、返回等各种功能。

1. 传动滚筒

传动滚筒按其内部传力特点不同可分为常规传动滚筒、电动滚筒和齿轮滚筒。

传动滚筒内部装入减速机构和电动机的称为电动滚筒，在小功率输送机上使用电动滚筒可以简化安装，减少占地，使整个驱动装置质量轻、成本低。但电动机散热条件差，工作时滚筒内部易发热，往往造成密封破坏，润滑油进入电动机而使电动机烧坏。

为改善电动滚筒的不足，齿轮传动滚筒内部只装入减速机构。与电动滚筒相比，它不仅改善了电动机的工作条件和维修条件，而且可使其传递的功率有较大幅度的增加。

传动滚筒表面形式有钢制光面和带衬垫两种形式。衬垫的主要作用是增大滚筒表面与输送带之间的摩擦系数，减少滚筒面的磨损，并使表面有自清洁作用。常用滚筒衬垫材料有橡胶、陶瓷、合成材料等。橡胶衬垫与滚筒表面的接合方式有铸胶与包胶之分。铸胶滚筒表面厚而耐磨，质量好；包胶滚筒的胶皮容易脱掉，而且固定胶皮的螺钉易露出胶面而刮伤输送带。

钢制光面滚筒加工工艺比较简单，但表面摩擦系数小，有时不稳定，因此仅适用于中、小功率的场合。橡胶衬面滚筒按衬面形状不同主要有光面铸胶滚筒、直形沟槽胶面滚筒、人字沟槽胶面滚筒和菱形胶面滚筒等。光面铸胶滚筒制造工艺相对简单，正常工作条件下摩擦系数大，能减少物料黏结，但在潮湿场合，常用表面无沟槽，致使无法截断水膜，因而摩擦系数显著下降；直形沟槽胶面滚筒由于沟槽能使水膜中断，并将水和污物顺沟槽排出，因此摩擦系数在潮湿环境下降低得很少；人字沟槽胶面滚筒在使用中具有方向性，其排污性能与其自动纠偏性能正好矛盾，而采用菱形胶面滚筒可解决此种矛盾。

2. 改向滚筒

改向滚筒有钢制光面滚筒和光面包胶滚筒。包胶的目的是减少物料在其表面黏结，防止输送带的跑偏与磨损。

(二)滚筒直径的选择与计算

在带式输送机的设计中，正确、合理地选择滚筒直径很重要。如直径增大可改善输送带的使用条件，但直径增大将使其质量、驱动装置、减速器的传动比相应提高。因此，滚筒直径应尽量不要大于确保输送带正常使用条件所需的数值。

1. 传动滚筒直径的计算

为限制输送带绕过传动滚筒时产生过大的附加弯曲应力，推荐传动滚筒直径 D 按以下方法计算。

(1)织物层芯输送带。

硫化接头：

$$D \geqslant 125z，\text{mm}$$

机械接头：

$$D \geqslant 100z，\text{mm}$$

移动式输送机：

$$D \geqslant 80z, \text{ mm}$$

式中，z——织物层芯中帆布层数。

(2)钢丝绳芯输送带：

$$D \geqslant 150d$$

式中，d——钢丝绳直径(mm)。

2. 改向滚筒直径的计算

改向滚筒的直径一般为

$$D_1 = 0.8D$$

$$D_2 = 0.6D$$

式中，D_1、D_2——尾部改向滚筒直径和其他改向滚筒直径(mm)；

D——传动滚筒直径(mm)。

对于高张力区的改向滚筒，其直径应按传动滚筒直径的计算方法进行计算。

四、驱动装置

驱动装置的作用是在带式输送机正常运行时提供牵引力。

(一)驱动装置的组成部分及主要部件特点

驱动装置如图7-16所示，主要由电动机、联轴器和减速器等组成。

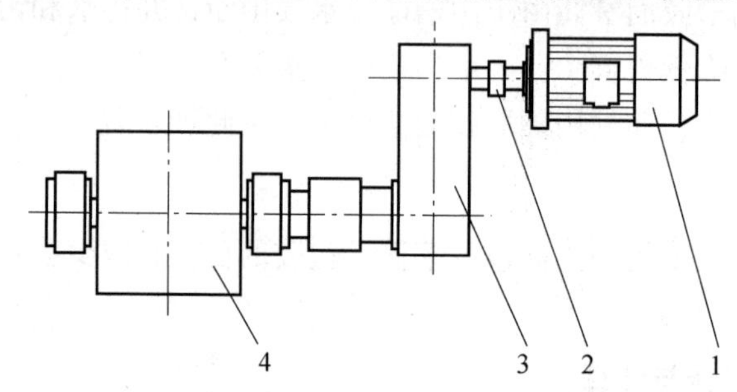

1—电动机；2—联轴器；3—减速器；4—传动滚筒。

图7-16 驱动装置

1. 电动机

带式输送机驱动装置最常用的电动机是三相鼠笼式电动机、三相绕线式电动机和直流电动机。

三相鼠笼式电动机具有结构简单、制造方便、易防爆、运行可靠、价格低廉等优点；三相鼠笼式异步电动机采用变频调速，可以得到非常理想的调速效果，其调速范围广，低速转矩大，调速效率和精度高。所以三相鼠笼式异步电动机+变频器的组合方式，在输送机领域有非常广泛的应用。

三相绕线式电动机的优点是具有较好的调速特性，在其转子回路中串接电阻，可较方便地解决输送机各传动滚筒间的功率平衡问题，不致使个别电动机长时过载而烧坏，可以通过串接电阻启动以减小对电网的负荷冲击，且可实现软启动控制；其缺点是在结构和控制上均比较复杂，如带电阻长时运转会使电阻发热、效率降低。

直流电动机最突出的优点是调速特性好，启动力矩大；其缺点是结构复杂，维护量大，与同容量的异步电动机相比，质量是异步电动机的2倍，价格是异步电动机的3倍，且需要直流电源。

近年来，随着科技进步与发展，出现了大功率低速大扭矩稀土永磁同步电动机，它可以代替传统的“电动机+耦合器+减速器”的繁杂的驱动系统，可以减少总损耗的20%~30%，因而效率提高2%~4%。

此外，由于永磁电动机的磁场由永磁体产生，不需要定子中的无功励磁电流，因此通过合理设计，可以使电动机的功率系数达到0.95~1，这样便可使电机的定子绕圈中电流显著降低，绕组铜耗明显减小，从而提高电动机的工作效率。永磁电动机的这些特点，使其在高效电动机领域具有明显的优势和广阔的市场前景。目前，我国高效永磁电动机的生产还没有形成大的规模。高效永磁电动机主要应用在油田、纺织、压缩机、风机水泵等行业。永磁直驱装置如图7-17所示。

图7-17　永磁直驱装置

2. 联轴器

驱动装置中的联轴器分为高速轴联轴器与低速轴联轴器，它们分别安装在电动机与减速器之间和减速器与传动滚筒之间。常见的高速轴联轴器有尼龙柱销联轴器、蛇形弹簧联轴器、液力耦合器等；常见的低速轴联轴器有十字滑块联轴器、齿轮联轴器和棒销联轴器等。

3. 减速器

驱动装置用的减速器从结构形式上分，主要有直交轴减速器和平行轴减速器，煤矿井下主要使用直交轴减速器。

（二）驱动装置的类型及布置形式

驱动装置按传动滚筒的数目可分为单滚筒驱动、双滚筒驱动及多滚筒驱动；按电动机的数目可分为单电动机和多电动机驱动。驱动装置布置形式有垂直式和并列式，如图7-18所示。每个传动滚筒既可配一个驱动单元，又可配两个驱动单元，且一个驱动单元也可以同时驱动两个传动滚筒。

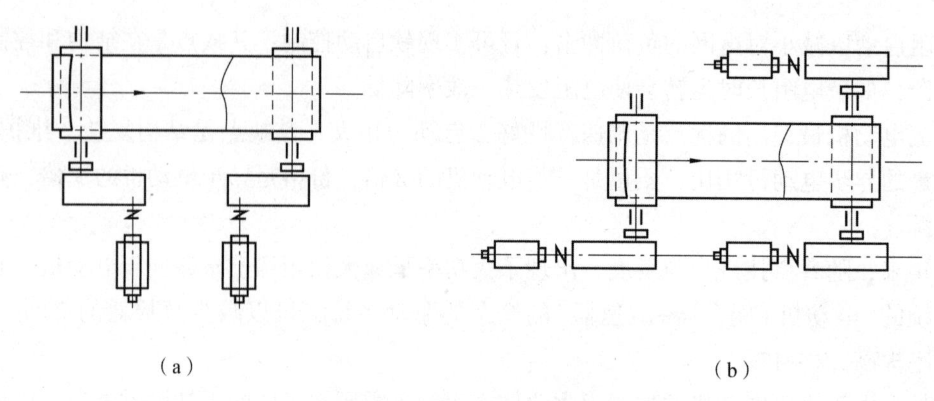

图 7-18　驱动装置布置形式

(a)垂直式；(b)并列式

五、拉紧装置

(一)拉紧装置的作用与位置

拉紧装置又称张紧装置，它是带式输送机必不可少的部件。其主要作用如下：使输送带有足够的张力，以保证输送带与传动滚筒间能产生足够的驱动力以防止打滑；保证输送带各点的张力不低于某一给定值，以防止输送带在托辊之间过分松弛而引起撒料和增加运行阻力；补偿输送带的弹性及塑性变形；为输送带重新接头提供必要的行程。

在总体布置带式输送机时，选择合适的拉紧装置，确定合理的安装位置，是保证输送机正常运转、启动和制动时输送带在传动滚筒上不打滑的重要条件。

(二)常用的拉紧装置

带式输送机拉紧装置的结构形式很多，按其工作原理不同主要分为重锤式、固定式、自动式 3 种。

1. 重锤式拉紧装置

重锤式拉紧装置是利用重锤的质量产生拉紧力并保证输送带在各种工况下均有恒定的拉紧力，可以自动补偿由于温度改变和磨损而引起输送带的伸长变化。其优点是结构简单、工作可靠、维护量小等；缺点是占用空间较大，工作中拉紧力不能自动调整。重锤式拉紧装置如图 7-19 所示。

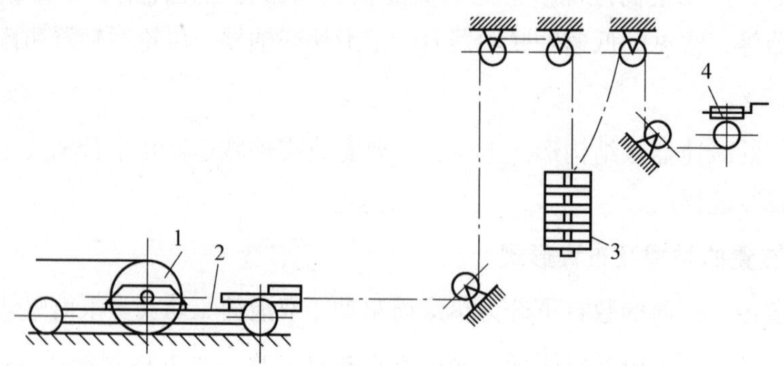

1—拉紧滚筒；2—滚筒小车；3—重锤；4—手摇绞车。

图 7-19　重锤式拉紧装置

2. 固定式拉紧装置

固定式拉紧装置的拉紧滚筒在输送机运转过程中的位置是固定的，其拉紧行程的调整有手动和电动两种方式。它的优点是结构简单紧凑，工作可靠；缺点是输送机运转过程中由于输送带弹性变形和塑性伸长无法适时补偿从而导致拉紧力下降，可能引起输送带在传动滚筒上打滑。常用的固定式拉紧装置有螺旋拉紧装置及绞车拉紧装置等。前者拉紧行程短、拉紧力小，故仅适用于短距离的带式输送机，如图 7-20 所示；后者适用于较长距离的带式输送机。

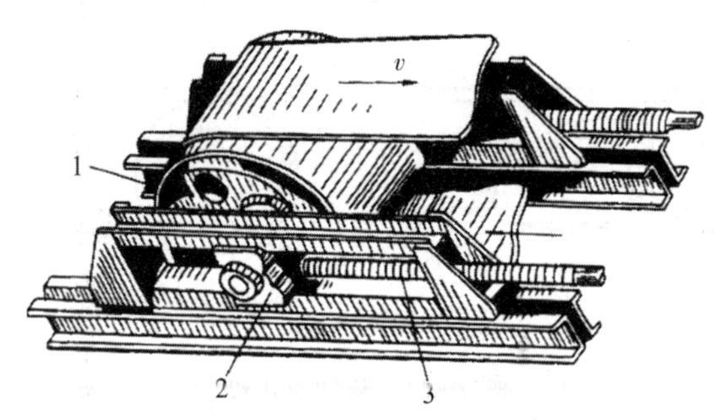

1—拉紧滚筒；2—轴座滑块；3—调节螺杆。

图 7-20　螺旋拉紧装置

3. 自动式拉紧装置

自动式拉紧装置是一种在输送机工作过程中能按一定的要求自动调节拉紧力的拉紧装置。它的优点是能使输送带具有合理的张力，自动补偿输送带的弹性变形和塑性变形；缺点是结构复杂、外形尺寸大等。自动拉紧装置的类型很多，按作用原理可分为连续作用式和周期作用式两种；按拉紧装置的驱动力可分为电力驱动式和液压力驱动式两种。图 7-21 所示为自动式拉紧装置的系统布置。

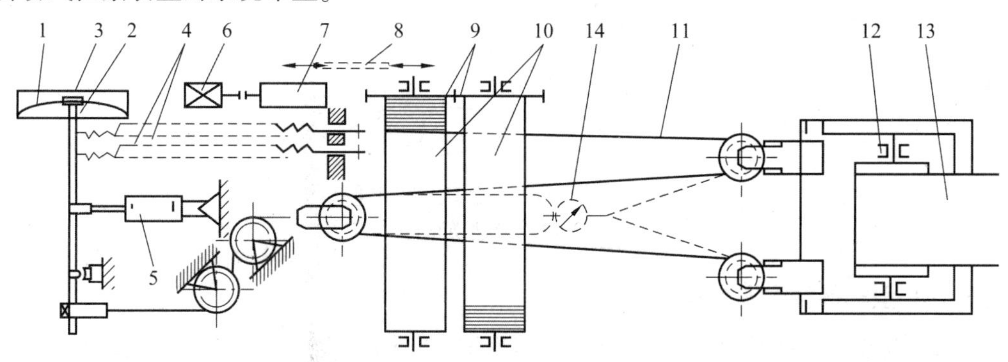

1—控制箱；2—控制杆；3—永久磁铁；4—弹簧；5—缓冲器；6—电动机；7—减速器；8—链传动；9—传动齿轮；10—滚筒；11—钢丝绳；12—拉紧滚筒及活动小车；13—输送带；14—测力计。

图 7-21　自动式拉紧装置的系统布置

六、逆止装置

带式输送机逆止装置主要作用是防止向上运输的输送机停车后逆转，常用类型主要有塞带逆止器、滚柱逆止器和NF型非接触式逆止器等。

(一)塞带逆止器

图7-22(a)所示为输送机正常运转(上运)时的塞带逆止器；图7-22(b)所示为满载停车时发生输送带逆转的情况。这时，储存在滚筒内侧的一段输送带将被逆转的输送带带动而塞进输送带与滚筒之间，从而使滚筒与输送带停止，达到防止输送带继续逆转的目的。这种逆止器结构简单，造价低，但制动时必须先倒转一段，易造成机尾装载处撒煤。由于头部滚筒直径越大，倒转距离越大，故功率大的输送机不宜采用。因此塞带逆止器只适用于向上运输的小型输送机。

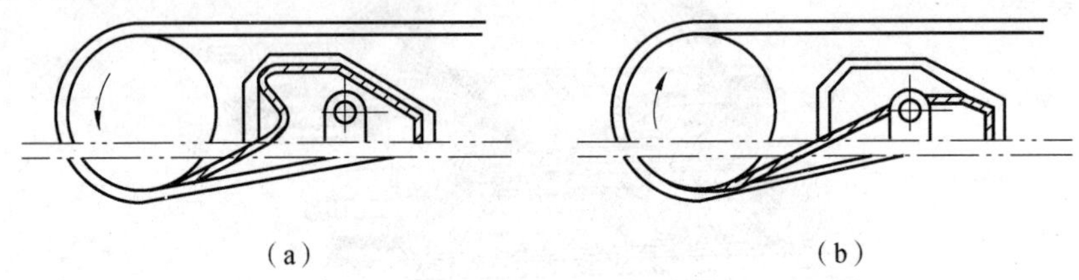
(a)　　(b)

图7-22　塞带逆止器

(a)正常运转时；(b)输送带逆转时

(二)滚柱逆止器

滚柱逆止器如图7-23所示。输送机在正常运行时，滚柱在切口的最宽处，它不妨碍星轮的运转。当输送机停车时，在负载重力的作用下，输送带带动星轮反转，滚柱处在固定圈与星轮切口的狭窄处，滚柱被楔住，输送机被制动。这种逆止器制动平稳可靠，适用于向上运输的带式输送机制动。

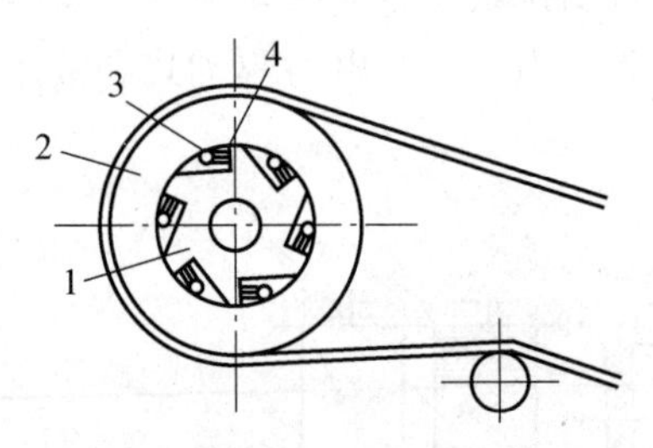

1—星轮；2—固定圈；3—滚柱；4—弹簧柱销。

图7-23　滚柱逆止器

(三)NF型非接触式逆止器

NF型非接触式逆止器是由楔块超越离合器演变而来的。它利用楔块、内圈和外圈之间的特殊几何关系实现单向制动，如图7-24所示。楔块的质心与其支撑中心有一个偏心距，在逆止状态，楔块与内、外圈接触并将其楔紧成一体，以承受内圈传递来的反向力矩。内圈正向运转便带动楔块一起旋转，当转速超过非接触转速时，楔块在离心力的作用下发生偏转与外圈脱离接触。因此，NF型非接触式逆止器在主机正常运转时，其楔块与内、外圈之间无摩擦和磨损。

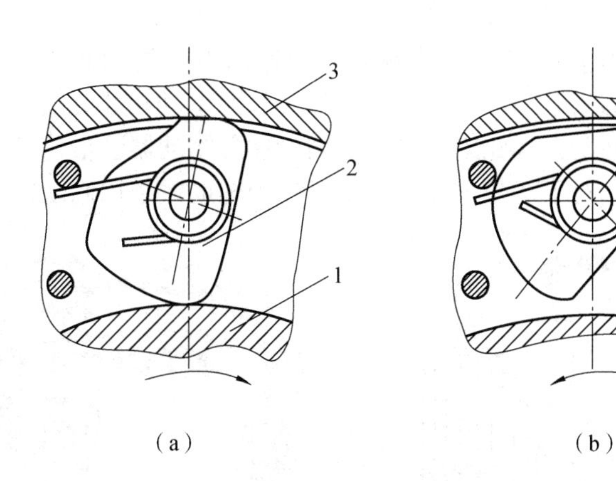

1—内圈；2—楔块；3—外圈。

图 7-24　NF 型非接触式逆止器

(a)逆止状态；(b)非接触状态

七、制动装置

制动装置的作用有以下两个：一是正常停车，即在空载或满载情况下停车时，能可靠地制动住输送机；二是紧急停车，即当输送机工作不正常或发生紧急事故时(如输送带被撕裂或严重跑偏等故障出现时)对输送机进行紧急制动，迅速而又合乎要求地制动输送机。

制动器的种类很多，常用的主要有闸瓦制动器和盘式制动器。闸瓦制动器根据动力源的不同又可分为电磁闸瓦制动器、液压推杆制动器。

(一)电磁闸瓦制动器

电磁闸瓦制动器(见图 7-25)属于常闭式制动器。它依靠与固定支架相连的制动瓦块压紧传动轴上的制动轮，由制动瓦块与制动轮间的摩擦力产生制动力矩，并通过电磁铁的吸合和松开操纵制动器的松闸与抱闸。由于电磁铁断电时吸力突然消失，压缩弹簧突然加力，因此对机构会产生猛烈的制动，引起传动机构的机械制动，且电磁铁的寿命较短。

图 7-25　电磁闸瓦制动器

(二)液压推杆制动器

液压推杆制动器(见图 7-26)是一种瓦块式常闭制动器。液压推杆制动器的电液推动器由电动机、叶轮、活塞、液压缸以及推杆等组成。当电动机通电旋转时，装在其上的叶轮一起旋转，使液压缸内的油压上升，与活塞连在一起的推杆也向上运动，使制动器松闸。当电动机断电时，推动器内的活塞在弹簧力及自身质量的作用下回复到起始位置(推杆向下运动)，使制动器抱闸。由于输送机工作时液压推动器内部的电动机也工作，叶轮总在旋转，内腔中油液泄漏也可以得到补偿，因此工作可靠性高。这种制动器已很普遍地应用于小功率的水平或上运带式输送机上，对下运带式输送机也可作为辅助或备用制动器使用。

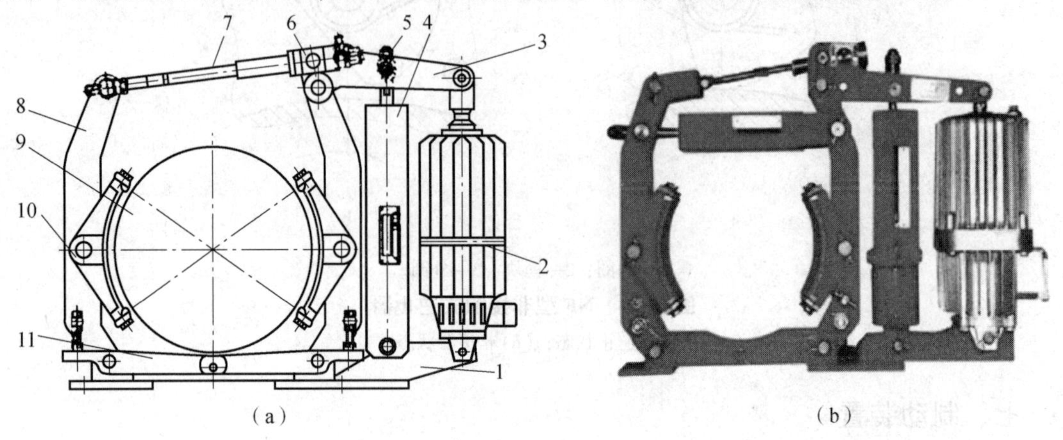

1—底座；2—电液推动器；3—三角板；4—制动弹簧；5—力矩调节螺母；6—补偿套；7—制动拉杆；8—制动臂；9—制动轮；10—制动瓦块；11—等退距杠杆。

图 7-26 液压推杆制动器

(a)结构；(b)外形

(三)盘式制动装置

盘式制动装置(见图 7-27)主要由制动盘和液压制动器等组成。为避免制动中产生火花，必须限定制动盘的线速度，制动盘通常应与减速器的某一低速轴相连，也可以直接制动滚筒实现各种工作制动。

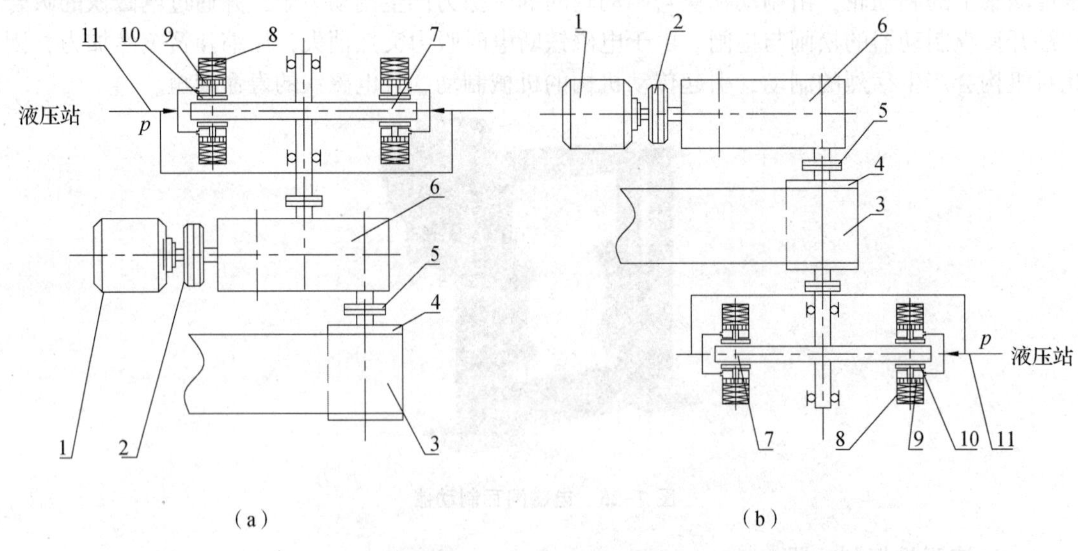

1—电动机；2、5—联轴器；3—输送带；4—传动滚筒；6—减速器；7—制动盘；8—弹簧；9—液压制动器；10—闸瓦；11—油管。

图 7-27 盘式制动装置

(a)安装于减速器倒数二轴上；(b)安装于滚筒轴上

盘式制动装置的制动力是由闸瓦 10 与制动盘 7 摩擦而产生的，因此调节闸瓦对制动盘的正压力可改变制动力，而液压制动器 9 的正压力 N 的大小取决于油压 p 与弹簧 8 的作用结果。带式输送机正常工作时，油压 p 达到最大值，此时正压力 N 为 0，并且闸瓦与制动盘间留有 1~1.5 mm 的间隙，即液压制动器处于松闸状态。当带式输送机需制动时，控制系统控制液压站泵电动机停电，电液控制系统将按预定的液压自动调节方式减小油压以达到制动要求。

制动装置在环境温度为 30 ℃时，每小时制动 10 次，盘的最高温度远小于 150 ℃，并且无火花产生。为防止制动过程中产生高温，可采用自冷盘式制动装置，其结构特点是制成空心叶片式，工作时自产生循环风流，因而散热性能得到提高。盘式制动装置是依靠油压松闸，弹簧加载产生制动力矩的常闭制动装置。它具有制动力矩大、可调、动作灵敏、散热性能好、使用和维护方便等优点；缺点是需要设置油泵站，因而体积较大。

第三节 带式输送机的摩擦传动理论

带式输送机是靠摩擦力传递动力，运行中借助于传动滚筒与输送带间的摩擦力完成能量传递，保证输送机可靠运行。

一、带式输送机的摩擦传动原理

带式输送机摩擦传动原理如图 7-28 所示，当主动滚筒旋转带动输送带运行时，与主动滚筒相遇点上的输送带张力 S_y 比分离点上的张力 S_1 大，并且 S_y 随着负载的增大而增大。作为挠性体摩擦传动，S_y 是输送带运行的动力。但 S_y 的增大是有一定限度的，超过这个限度，滚筒与输送带之间就会打滑，不能实现传动。要保证正常运行，就必须使相遇点张力 S_y 与分离点的张力 S_1 保持一定的关系。

取一小段 dl 长输送带，其中心角为 dθ，当传动滚筒按箭头方向旋转时，作用在输送带 A 点上的张力为 S，由于摩擦力的作用，B 点上的张力为 S+dS。

为了简化计算，将 dl 这段输送带的自重、输送带的弯曲应力以及离心力等忽略不计。

当摩擦力达到最大值，即输送带将要在滚筒上打滑时，有：

$$\mathrm{d}S = \mu \mathrm{d}N \tag{7-1}$$

式中，μ——摩擦系数；

dN——输送带 dl 所受的法向反力(N)。

由微元体力的平衡可得：

$$\mathrm{d}N = S \cdot \sin\frac{\theta}{2} + (S + \mathrm{d}S) \cdot \sin\frac{\theta}{2}$$

因为中心角 dθ 很小，可以近似认为：

$$\frac{\mathrm{d}\theta}{2} = \sin\frac{\theta}{2}$$

所以有：

$$\mathrm{d}N = S \cdot \frac{\mathrm{d}\theta}{2} + S \cdot \frac{\mathrm{d}\theta}{2} + \mathrm{d}S \cdot \frac{\mathrm{d}\theta}{2}$$

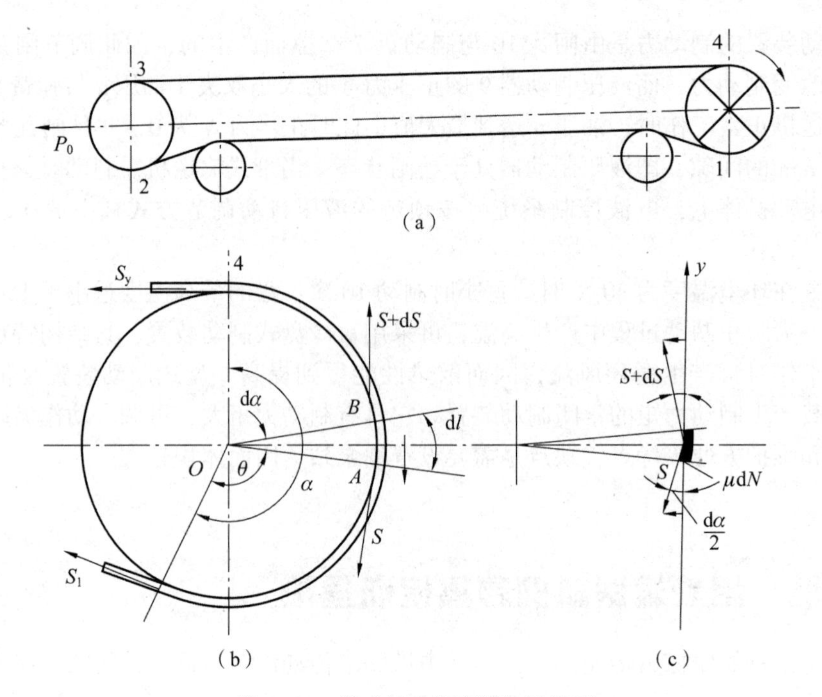

图 7-28　带式输送机摩擦传动原理

略去二次微量，有：

$$dN = S \cdot d\theta \tag{7-2}$$

将式(7-1)代入式(7-2)，得：

$$dS = \mu_0 \cdot S \cdot d\theta$$

即：

$$\frac{dS}{S} = \mu_0 \cdot d\theta \tag{7-3}$$

式(7-3)是一个微分方程。将边界条件 $S|_{\theta=0} = S_1$ 代入得：

$$S = S_1 \cdot e^{\mu_0\theta} \tag{7-4}$$

式(7-4)是传动滚筒围包弧上任一点张力 S 的计算公式。

当 $\theta=\alpha$ 时，则得 S 的最大值为：

$$S_{ymax} = S_1 \cdot e^{\mu_0\alpha} \tag{7-5}$$

式中，S_{ymax}——极限平衡状态下输送带与主动滚筒相遇点的最大张力(N)；

S_1——输送带与主动滚筒分离点的张力(N)；

α——输送带在主动滚筒上的围包角(rad)；

μ_0——输送带与主动滚筒的摩擦系数；

e——自然对数的底，e=2.718。

式(7-4)、式(7-5)即所谓挠性体摩擦传动的欧拉公式。

由欧拉公式分析得出，为防止输送带在主动滚筒上打滑，保证带式输送机正常运转，输送带在主动滚筒相遇点的实际张力 S_y 必须满足以下条件：

$$S_1 < S_y < S_1 \cdot e^{\mu_0\alpha}$$

输送带在主动滚筒上的张力是变化的，因为输送带有弹性，受拉之后要变长，张力大的段比小的一段被拉得更长些，所以在滚筒旋转时其长度在变。但由于滚筒的圆周速度不变，所以输送带与主动滚筒之间会发生相对滑动，滑动方向是从张力小的一边滑向大的一边，这种滑动是因输送带是弹性体所致，故称为“弹性滑动”。

实践和理论证明，滚筒上所围包的一段输送带可分为两部分(见图 7-29)，即 AC 和 BC 段。在 BC 段内输送带张力的变化符合欧拉公式，BC 段所对应的圆弧称为滑动弧，对应的中心角 λ 称为滑动角；而在 AC 段内输送带张力没有变化，它对应的圆弧称为静止弧，对应的中心角 γ 称为静止角。

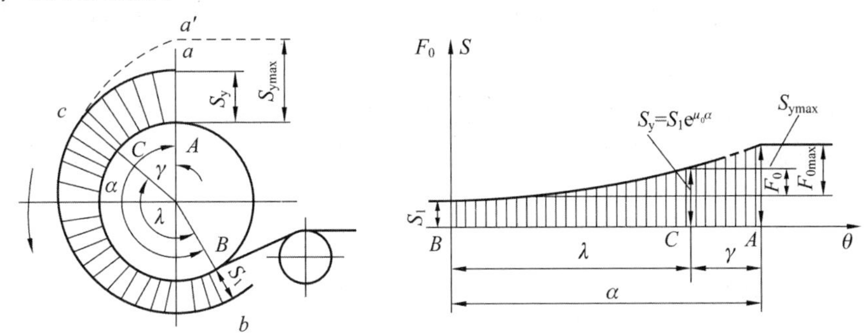

图 7-29　输送带在驱动滚筒上的张力变化曲线

(1) $S_y=S_{ymax}$ 的极限情况下，张力曲线按 bca' 变化。

(2) $S_{ymax}>S_y>S_1$ 的情况下，张力按 bca 曲线变化，符合欧拉公式，也就是张力按曲线 bc 变化到 C 点时，张力已达到实际的 S_y 值，然后在 AC 段内张力保持不变($S_{yA}=S_{yC}$)。

综上所述，可得出带式输送机摩擦传动的两个结论。

(1)在驱动滚筒上 BC 弧内输送带张力应按欧拉公式揭示的指数规律变化。

(2)滑动弧随着输送带相遇点张力的增大而增大。

当 S_1 一定时，S_y 随着负载的增加而增大，因而滑动角 λ 也相应增大；当 S_y 增加到极限值 S_{ymax} 时，整个围包角都变成滑动角($\lambda=\alpha$，$\gamma=0$)，这时如果输送机的负载继续增加，输送带将在滚筒上打滑而不能正常运转。

应该指出，摩擦传动只在滑动弧内传递动力，静止弧内不传动力。然而这一结论是在略去输送带重力及不可拉伸等条件下得出的，实际上在静止弧的范围内也能传递部分动力。

二、牵引力及提高牵引力的途径和方法

根据欧拉公式 $S_{ymax}=S_1\cdot e^{\mu_0\alpha}$。

对驱动滚筒取自由体(见图 7-30)，对坐标原点取转矩方程，得：

$$R\cdot S_{ymax}=R\cdot F_{0max}+R\cdot S_1$$

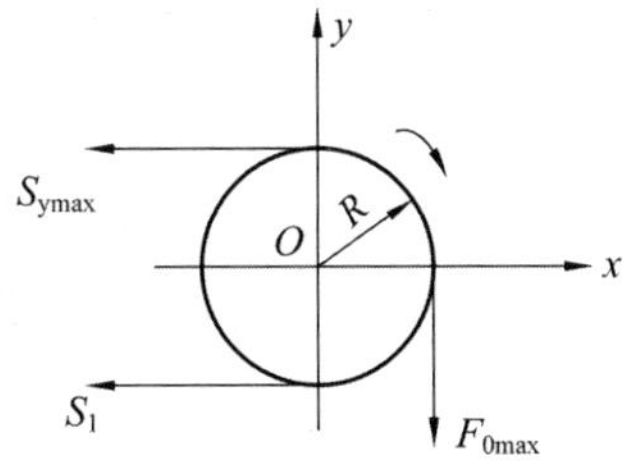

y
S_{ymax}
O　R
x
S_1
F_{0max}

图 7-30　对驱动滚筒取自由体

输送机实际传递的最大摩擦牵引力 F_{max} 为：

$$F_{max}=\frac{F_{0max}}{C_0}=\frac{S_l(e^{\mu_0\alpha-1})}{C_0} \tag{7-6}$$

式中，C_0——摩擦力备用系数，对于井下设备，一般取 1.15~1.20。

由式(7-6)得知，提高摩擦牵引力的途径和方法如下。

(1)改变输出带张力 S_1，一般由拉紧装置来实现。但由于张力 S_1 的增加会使相遇点的张力 S_y 大大提高，这往往为输送带强度所不允许，因此用这种办法提高牵引力的程度很有限。

(2)增大输送带与滚筒之间的摩擦系数 μ_0，即在滚筒表面包覆一层摩擦系数较大的衬垫材料，如木板或输送带等。用这种办法可在不增加输送带的张力的条件下使牵引力增加很多。

(3)增大围包角 α。井下带式输送机由于工作条件差，所需牵引力较大，故多采用双滚筒驱动，单滚筒驱动围包角可达到 220°，双滚筒驱动可达 440°。

第四节　普通带式输送机的选型计算

带式输送机的选型分为以下两步：初步选型设计和施工选型设计。初步选型设计带式输送机一般应给出下列原始资料：输送长度 L(m)；输送机安装倾角 β(°)；设计运输生产率 Q(t/h)；物料的散集密度 ρ'(t/m³)；物料在输送带上的堆积角 θ(°)；物料的块度 α(mm)。

计算的主要内容为：运输能力与输送带宽度计算；运行阻力与输送带张力的计算；输送带悬垂度与强度的验算；牵引力的计算及电动机功率的确定。

一、输送带的运输能力与带宽、速度的计算和选择

用 v 表示输送带运行速度(m/s)；q 表示单位长度输送带内物料的质量(kg/m)，则带式输送机输送能力为：

$$Q=3.6qv\ \text{t/h} \tag{7-7}$$

因为在选型计算中输送带的速度是选定的，而单位长度的物料量 q 值取决于输送带上被运物料的断面积 A 及其散集密度 ρ'，对于连续物料的带式输送机，其单位长度的质量为：

$$q=1\ 000A\cdot\rho'\ \text{kg/m} \tag{7-8}$$

将式(7-8)代入式(7-7)则得：

$$Q=3\ 600A\cdot v\cdot\rho' \tag{7-9}$$

物料断面积 A 是内梯形断面积 A_1 和圆弧面积 A_2(见图 7-31)之和。在输送带宽度 B 上，物料的总宽度为 $0.8B$。中间托辊长为 $0.4B$。物料在带面上的堆积角为 θ，并堆成一个圆弧面，其半径为 r，中心角为 2θ，则梯形面积为：

$$A_1=\frac{0.4B+0.8B}{2}\times 0.2B\cdot\tan 30^\circ\approx 0.693B^2$$

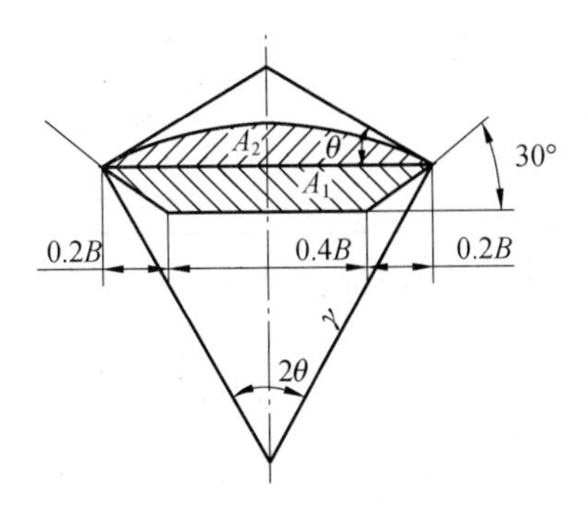

图 7-31　输送带上物料断面

圆弧面积为：

$$A_2 = \frac{r^2}{2}(2\theta - \sin 2\theta) = \frac{1}{2}\left(\frac{0.4B}{\sin \theta}\right)^2(2\theta - \sin 2\theta)$$

总面积为：

$$A = A_1 + A_2 = \left[0.069\ 3 + \frac{1}{2}\left(\frac{0.4}{\sin \theta}\right)^2(2\theta - \sin 2\theta)\right]B^2 \tag{7-10}$$

式中，θ——物料的堆积角(见表 7-1)(°)。

表 7-1　各种物料散集密度及物料的堆积角

货物名称	$\rho'/(\mathrm{t \cdot m^{-3}})$	$\theta/(°)$	货物名称	$\rho'/(\mathrm{t \cdot m^{-3}})$	$\theta/(°)$
煤	0.8~1.0	30	石灰岩	1.6~2.0	25
煤渣	0.6~0.9	35	砂	1.6	30
焦炭	0.5~0.7	35	黏土	1.8~2.0	35
黄铁矿	2.0	25	碎石及砾岩	1.8	20

将式(7-10)代入式(7-9)，化简后得带式输送机的输送能力为：

$$Q = K_m B^2 \cdot v\rho' C_m \tag{7-11}$$

式中，B——输送带宽度(m)；

v——带速(m/s)；

Q——输送量(t/h)；

ρ'——物料散集密度(t/m³)；

K_m——物料断面系数，$K_m = 3\ 600\left[0.069\ 3 + \frac{0.08}{\sin^2\theta}(2\theta - \sin 2\theta)\right]$，$K_m$ 值与物料的堆积角 θ 值有关，可由表 7-2 查得；

C_m——输送机倾角系数，即考虑倾斜运输时运输能力的减小而设的系数(见表 7-3)。

表 7-2　物料断面系数

堆积角 $\theta/(°)$		10	20	25	30	35
K_m	槽形	316	385	422	458	466
	平形	67	135	172	209	247

表 7-3　输送机倾角系数

$\beta/(^\circ)$	0~7	8~15	16~20
C_m	1.0	0.95~0.9	0.9~0.8

如给定使用地点的设计运输生产率为 Q，则可满足运输生产率要求的最小输送带宽度为：

$$B=\sqrt{\frac{Q}{K_m\cdot v\cdot\rho'\cdot C_m}} \tag{7-12}$$

按式(7-12)求得的为满足一定的运输生产率 Q 所需的带宽，还必须按物料的宽度进行校核。

对于未过筛的松散物料，有：

$$B\geqslant(3.3a_{max}+200)\ \text{mm}$$

对于经过筛分后的松散物料，有：

$$B\geqslant(3.3a_p+200)\ \text{mm}$$

式中，a_{max}——物料最大块度的横向尺寸(mm)；

a_p——物料平均块度的横向尺寸(mm)。

首先按表 7-4 来选用不同宽度的输送带运送物料的最大块度，然后根据标准取与需要相近的标准输送带宽度。如果不能满足块度要求，则可把带宽提高一级。

表 7-4　不同宽度的输送带运送物料的最大块度

B/mm	500	650	800	1 000	1 200	1 400	1 600	1 800	2 000
a_p	100	130	180	250	300	350	420	480	540
a_{max}	150	200	300	400	500	600	700	800	900

在已知运输能力和输送带宽度的情况下，也可利用公式(7-12)确定输送带的合理运行速度。

二、运行阻力与输送带张力的计算

(一)运行阻力的计算

1. 直线段运行阻力

图 7-32 所示为带式输送机的运行阻力计算示意图。

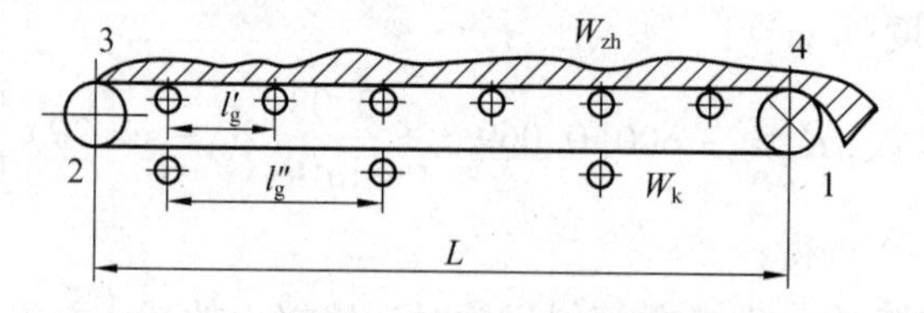

图 7-32　带式输送机运行阻力计算示意图

图中 3~4 段为运送物料段，输送带在这一段托辊上所遇到的阻力为承载段运行阻力，用 W_{zh} 表示；1~2 段为回空段，输送带在这一段的阻力为空运行阻力，用 W_k 表示。一般情况下，承载段和回空段运行阻力可分别表示为：

$$W_{zh}=g(q+q_d+q'_t)L\omega'\cos\beta\pm g(q+q_d)L\sin\beta \tag{7-13}$$

$$W_k = g(q_d + q_t'')L\omega''\cos\beta \mp gq_dL\sin\beta \tag{7-14}$$

式中，β——输送机的倾角，当输送带在该段的运行方向是倾斜向上时 $\sin\beta$ 取正号，倾斜向下时 $\sin\beta$ 取负号；

L——输送机长度(m)；

ω'、ω''——槽形、平形托辊阻力系数，如表 7-5 所示；

q——输送带每米长度上的物料质量(kg/m)，可由式(7-7)求得，$q=\dfrac{Q}{3.6v}$。

q_d——输送带线密度(kg/m)，对于织物层芯输送带，q_d=[层胶布质量层数+覆盖层密度(上覆盖层厚度+下覆盖层厚度)]。

q_t'、q_t''——承载、回空托辊转动部分线密度(kg/m)。

表 7-5　槽形、平形托辊阻力系数

工作条件	ω′(槽形)		ω″(平形)	
	滚动轴承	含油轴承	滚动轴承	含油轴承
清洁、干燥	0.02	0.04	0.018	0.034
少量尘埃、正常湿度	0.03	0.05	0.025	0.040
大量尘埃、湿度大	0.04	0.06	0.035	0.056

q_t'、q_t''的计算式为：

$$q_t' = \frac{G'}{l_g'} \tag{7-15}$$

$$q_t'' = \frac{G''}{l_g''} \tag{7-16}$$

式中，G'、G''——承载、回空托辊转动部分质量(kg)，如表 7-6 所示；

l_g'——上托辊间距(m)，一般取 1~1.5 m；

l_g''——下托辊间距(m)，一般取 2~3 m。

表 7-6　托辊转动部分质量

托辊形式		带宽 B/mm					
		500	650	800	1000	1200	1400
		G′、G″/kg					
槽形托辊	铸铁座	11	12	14	22	25	27
	冲压座	8	9	11	17	20	22
平形托辊	铸铁座	8	10	12	17	20	23
	冲压座	7	9	11	15	18	21

2. 曲线段运行阻力

绕出改向滚筒的输送带张力为：

$$S_1' = kS_y' \tag{7-17}$$

式中，S_1'——绕出改向滚筒的输送带张力(N)；

S_y'——绕入改向滚筒的输送带张力(N)；

k——张力增大系数，如表 7-7 所示。

表 7-7　张力增大系数

轴承种类	包角		
	45°	90°	180°
滑动轴承	1.03	1.03~1.04	1.05~1.06
滚动轴承	1.02	1.02~1.03	1.03~1.04

传动滚筒处的阻力为：

$$W_c = (0.03 \sim 0.05)(S_y + S_1) \tag{7-18}$$

式中，W_c——传动滚筒处的阻力(N)；

S_y——输送带在传动滚筒相遇点的张力(N)；

S_1——输送带在传动滚筒相离点的张力(N)。

(二)输送带张力的计算

输送带张力的计算方法有以下两种：一种是根据输送带的摩擦传动条件，利用“逐点计算法”首先求出输送带上各特殊点的张力值，然后验算输送带在两组托辊间的悬垂度不超过允许值；另一种是首先按照输送带在两组托辊间允许的悬垂度条件，给定带式输送机承载段最小张力点的张力值，然后按“逐点计算法”计算出其他各点的张力，最后验算输送带在主动滚筒上摩擦传动不打滑的条件，即满足 $\frac{S_y}{S_1} < e^{\mu_0\theta}$ 的条件。

对于上山运输带式输送机，当牵引力 $F_0<0$ 时，往往采用第二种方法。

下面以第一种计算方法介绍输送带张力的计算。

(1)以主动滚筒的分离点为 1 点依次定 2、3、4 点，根据“逐点计算法”，列出 S_1 与 S_4 的关系(见图 7-30)：

$$S_2 = S_1 + W_k$$

$$S_3 = S_2 + W_{2\sim3}$$

$$S_4 = S_3 + W_{zh}$$

$$S_4 = S_1 + W_{zh} + W_k + W_{2-3} \tag{7-19}$$

式中，$W_{2\sim3}$——输送带绕经改向滚筒所遇到的阻力(N)，$W_{2\sim3}=(0.05\sim0.07)S_2$。

(2)按摩擦传动条件来考虑摩擦力备用问题找出 S_1 与 S_4 的关系：

$$S_4 - S_1 = F_{max} = \frac{F_{0max}}{C_0} = \frac{S_1(e^{\mu_0\theta} - 1)}{C_0}$$

$$S_4 = S_1 + \frac{S_1(e^{\mu\theta} - 1)}{C_0} = S_1\left[1 + \frac{S_1(e^{\mu_0\theta} - 1)}{C_0}\right] \tag{7-20}$$

式中，C_0——摩擦力备用系数，一般取 1.15~1.2；

μ_0——输送带与滚筒之间的摩擦系数，对于井下，一般取 0.2。

(3)联立式(7-19)与式(7-20)，即可求出 S_1 与 S_4 的值，同时可算出其他各点的张力值。

三、输送带悬垂度与强度验算

(一)悬垂度验算

为使带式输送机的运转平稳，输送带两组托辊间悬垂度不应过大。输送带的垂度与其张力有关：张力越大，垂度越小；张力越小，垂度越大，如图 7-33 所示。

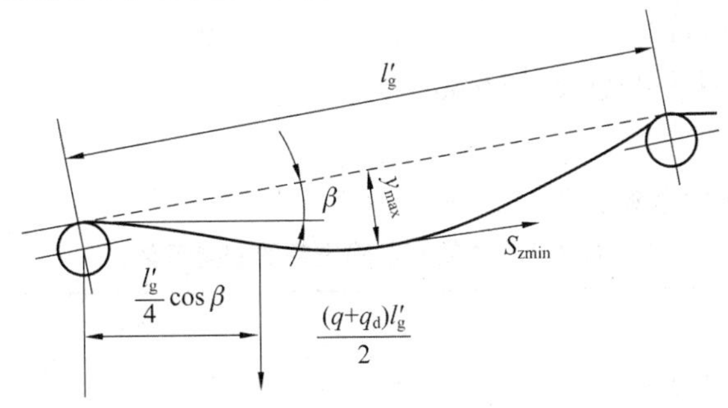

图 7-33　托辊间输送带的悬垂度

从两托辊间的中点取分离体，并取 $\sum M_A=0$，则对于承载段输送带有：

$$S_{zmin}[y_{max}]=\frac{g(q+q_d)l'_g}{2}\frac{l'_g\cos\beta}{4}=\frac{g(q+q_d)l'^2_g}{8}\cos\beta$$

$$S_{zmin}=\frac{g(q+q_d)l'^2_g\cos\beta}{8[y_{max}]} \tag{7-21}$$

式中，$[y_{max}]$——输送带最大允许下垂度，计算时可取 $[y_{max}]=0.025l'_g$；

S_{zmin}——承载段输送带最小张力(N)；

l'_g——承载段两组托辊间距(m)；

β——输送机的安装倾角(°)；

q、q_d——物料、输送带每米长度质量(kg/m)。

将$[y_{max}]$值代入式(7-21)，可得承载段输送带允许的最小张力为：

$$[S_{zmin}]=\frac{g(q+q_d)l'^2_g\cos\beta}{8[y_{max}]}=\frac{g(q+q_d)l'^2_g\cos\beta}{8\times0.025l'_g}=5g(q+q_d)l'_g g\cos\beta \tag{7-22}$$

同理，可得回空段输送带允许的最小张力为：

$$[S_{zmin}]=5q_g g l'_g\cos\beta$$

一般情况下，回空段输送带的最小张力比较容易满足垂度要求，故通常只验算承载段的悬垂度。

若按“逐点计算法”求得的输送带承载段最小张力不能满足式(7-22)的要求，则必须加大承载段最小张力点的张力，使其满足悬垂度条件的要求，然后再重新用“逐点计算法”计算其他各点张力，最后验算输送带在主动滚筒上不打滑的条件。

(二)输送带强度的验算

根据上面“逐点计算法”计算出的最大张力点的最大张力 S_{max} 进行输送带的验算原则是：

$$输送带允许承受的最大张力=\frac{输送带的拉断力}{安全系数}\geq输送带所承担的实际最大张力$$

1. 普通帆布层输送带强度的验算

普通帆布层输送可允许承受的最大张力为：

$$[S_e]=\frac{BP_0Z_0}{m_0} \tag{7-23}$$

式中，$[S_e]$——输送带允许承受的最大张力(N)；

B——输送带宽度(mm)；

P_0——织物层输送带拉断强度(N/mm)；

Z_0——帆布层数；

m_0——输送带的安全系数，如表 7-8 所示。

表 7-8　棉帆布芯输送带的安全系数

帆布层数 Z_0		3~4	5~8	9~12
m_0	硫化接头	8	9	10
	机械接头	10	11	12

2. 钢丝绳芯输送带的强度验算

钢丝绳芯输送带所允许承受的最大张力为：

$$[S_e]=\frac{B[ST]}{m_0} \tag{7-24}$$

式中，$[ST]$——钢丝绳芯输送带纵向拉伸强度(N/mm)；

m_0——钢丝绳芯输送带安全系数，要求 $m_0 \geqslant 7$，重大载荷一般可取 10~12。

如果按式(7-23)或式(7-24)计算出的数值大于或等于按逐点计算法求出的最大张力点的最大张力值，即 $[S_e] \geqslant S_{max}$，那么输送带强度就算满足要求。

四、牵引力与功率计算

输送机主轴牵引力为：

$$F_0=S_y-S_1+W_{4\sim1}=S_4-S_1+(0.03\sim0.05)(S_4+S_1) \tag{7-25}$$

电动机功率为：

$$N=\frac{F_0v}{1\,000\eta} \tag{7-26}$$

式中，v——输送带运行速度(m/s)；

η——减速器的机械效率，一般取 0.8~0.85。

当倾角稍大($\beta>6°$)时，上山(下运)带式输送机将以发电机方式运转，此时 $F_0<0$，所以应按下式计算发电时的反馈功率，即：

$$N=\frac{F_0v'\eta}{1\,000} \tag{7-27}$$

式中，v'——电动机超过同步转速时输送带的运行速度，$v'=1.05v$。

上山输送机在空转运行时有时仍按电动机方式运转，因此还必须计算空载运行时电动机所需功率，即：

$$N=\frac{F'_0v}{1\,000\eta} \tag{7-28}$$

式中，F'——空载时的主轴牵引力(N)。

根据式(7-26)~式(7-28)计算的结果，取较大值作为带式输送机所需要的功率。

选择电动机容量时，仍应考虑15%～20%的备用功率。取备用系数$k=1.15\sim1.2$，考虑备用系数的计算公式为：

$$N=k\frac{F_0v}{1\ 000\eta} \tag{7-29}$$

第五节　带式输送机智能监测与智能控制

带式输送机是煤矿主煤流运输系统的重要装备，是保证煤矿连续运输的关键设备。近年来，随着煤矿智能化建设的推进，以智能监测、智能控制、智能诊断与智能决策为目标的输送机智能化新技术得到较为广泛的应用。这些新的技术包括煤流智能控制、传动装置监测与故障诊断、AI视频监测、输送机巡检机器人等。上述新技术的应用，使煤矿主运输系统保护更可靠、监测更透明、运行更节能，使煤矿运输设备达到“少人化、无人化”运行的目标。

一、输送机煤流智能控制

井下工作面刮板机、转载机及之后的带式输送机，作为一个整体的物料输送系统，其启动停机、运行速度都需要协同控制。由于煤矿井下采煤工作面条件复杂以及采煤工艺的要求，工作面的出煤量往往存在较大的波动。当工作面出煤量较小时，如果后续输送系统仍以全速运行，那么运行阻力导致的能耗较大，输送带与托辊等旋转部件的磨损也随之增大。比较理想的情况是，输送系统能够根据运输量的大小，自动控制多条输送机的运行速度，使其与输送量的大小相适应，做到“煤多快转，煤少慢转”。当煤炭运输量减小时，系统的运行速度自动降低，传动部件磨损和设备运行功耗均随之降低。

此前，输送机的软启动装置一般采用液力耦合器、CST、电气软启动器等形式。上述软启动装置在调速时产生大量滑差能量，调速性能较差，易导致装置过热，特别是长时低速运行时发热严重。近年来，由于高压大功率变频器、交流永磁同步电动机以及永磁电动滚筒的推广应用，使输送机长时间、经济性调速成为可能。

除了大功率变频调速技术，要实现输送机煤流智能控制，还需要实时检测输送系统的输送量。

常用的煤量实时检测方法有以下两种：扫描截面法和机器视觉识别法。

（一）扫描截面法

扫描仪悬挂在输送带承载段的上方，采用红外线或激光按一定的角度，扫描输送带承载段的断面，其原理如图7-34所示。在扫描角度范围α内，根据发射和接收红外线（或激光）的时间差，扫描仪输出每个断面各测量点的距离h_i，算得面积微元$\Delta S_i=h_i\cdot\Delta b$，据此可以计算输送带上煤层断面积$S$，并得到外形轮廓和坐标定位等信息，再引入输送机运行速度v就可以计算出单位时间内煤炭的体积，从而得出输送机实时的煤流量。

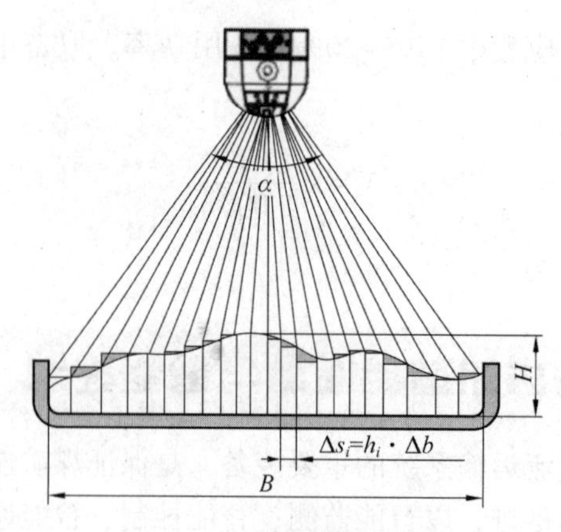

图 7-34　扫描截面法原理

（二）机器视觉识别法

该方法是在带式输送机上方分别安装线激光发生器和数字摄像仪，其原理如图 7-35 所示。线激光发生器垂直照射于带式输送机上，数字摄像仪以一定角度照射带式输送机，获取红色激光线在物料上形成的图像，并将图像输出到智能分析单元。智能分析单元是一台计算机，它对图像进行滤波降噪、图像增强、图像分割、轮廓提取后，得到物料的激光轮廓线。由于带式输送机空载和有载荷时，线激光发生器和数字摄像仪的位置与角度不变，将空载时得到的输送带槽形轮廓线和有载荷时的物料轮廓线拼接合并，中间封闭区域就是物料截面图形。根据图像像素点的坐标，计算机计算出物料截面积，最终根据带速得到煤的瞬时流量。输送带上物料轮廓识别与计算如图 7-36 所示。

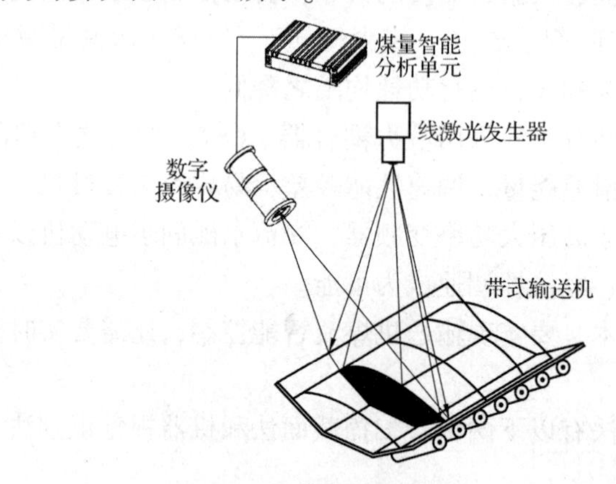

图 7-35　机器视觉识别法原理

图 7-36　输送带上物料轮廓识别与计算

如果是多条输送机组成的输送系统，就需要根据输送链路上的运输量，实现各输送机之间的协同控制。输送系统煤流控制主要由控制主站、就地控制分站、变频驱动装置、检测装置、煤量智能分析单元等设备组成。煤流检测装置检测各输送机上物料图像信息，智能分析单元经过计算得到瞬时煤量。此数据接入控制主站，由控制主站发出指令给各个控制分站，控制各条输送机的变频器输出频率，进而控制其运行速度。输送系统煤流控制原理如图 7-37 所示。

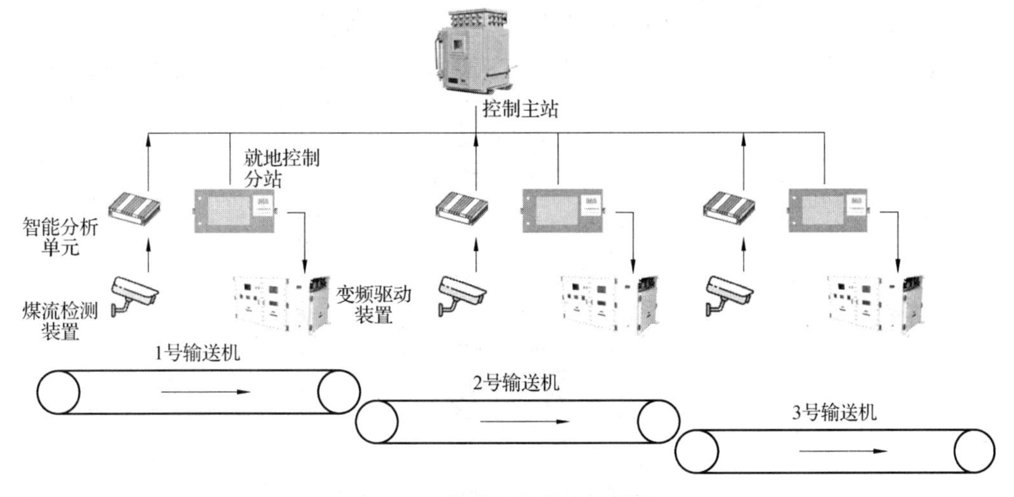

图 7-37　输送系统煤流控制原理

二、传动装置监测与故障诊断

带式输送机传动装置主要包括电动机、减速器、液力耦合器、联轴器和滚筒等部件，上述部件均属于旋转部件。当这些部件发生故障时，会严重影响输送机的正常运行，而自动化系统很难监测到这类部件的故障。

旋转机械的故障主要包括轴不对中、底座松动、不平衡、联轴器损坏、轴承损坏、轴承碰磨故障等。基于振动信号的故障监测在旋转机械诊断领域是一种可靠有效的方法，因为振动信号蕴含了丰富的设备运行信息，特别是高频振动信号。旋转部件的故障缺陷导致机械振动异常，异常的振动通过机械刚体传递给支撑结构，也就是轴承座。在轴承座上安装高频振动传感器，采集设备振动数据并对其进行分析，可以发现旋转部件的早期故障。

常用的机械振动参量主要是振动加速度、振动速度和振动位移。对振动参量的分析分为时域与频域两个方面。

（一）振动信号时域分析

时域分析主要根据振动参量特征值的大小对机械的状态进行评估。特征值分为有量纲和无量纲两种。有量纲特征值主要包括峰值、均方根等。无量纲特征值包括峰值指标、峭度指标和裕度指标等。

（1）峰值：$X_{\mathrm{p}}=\max(|x_i|)$。

（2）均方根：$X_{\mathrm{rms}}=\sqrt{\dfrac{1}{N}\sum_{i=1}^{N}x_i^2}$。

（3）峰值指标：$C_{\mathrm{f}}=X_{\mathrm{p}}/X_{\mathrm{rms}}$。

（4）峭度指标：$K=\dfrac{\dfrac{1}{N}\sum\limits_{i=1}^{N}x_i^{\,4}}{X_{\mathrm{rms}}^{\,4}}$。

（5）裕度指标：$CL_{\mathrm{f}}=\dfrac{X_{\mathrm{p}}}{\left(\dfrac{1}{N}\sum\limits_{i=1}^{N}\sqrt{|x_i|}\right)^2}$。

以上各式中，x_i 表示离散时序信号采样值，N 表示时序信号采样的数量。

输送机传动装置故障监测与诊断常用的振动参量是振动加速度。CHZW3.6(A)型无线振动温度加速度传感器的外形与技术参数分别如图 7-38 和表 7-9 所示。此传感器采用电池供电，磁座或螺钉安装方式，无线传输数据，采集一组加速度波形数据的点数可达 8 192 个。

图 7-38　CHZW3.6(A)型无线振动温度加速度传感器外形

表 7-9　CHZW3.6(A)型无线振动温度加速度传感器技术参数

参数名称	规格	参数名称	规格	参数名称	规格
额定电压	DC 3.3 V	电池容量	7 200 mA·h	安装形式	磁座、螺钉
加速度量程	±50g	温度测量范围	-40~85 ℃	最大传输距离	300 m
频率响应范围	2 Hz~10 kHz	无线传输频率	2.4 GHz	防护等级	IP68

(二)振动信号频域分析

振动特征值一般只用于评估设备振动指标的剧烈程度，但很难定位故障的原因。要分析故障的原因，需要采用频域分析。频域分析的主要工具是傅里叶变换，采用傅里叶变换将振动时域信号转换为频域信号，分析振动信号的频谱组成。

振动信号的傅里叶变换如下：

$$F(\mathrm{j}\omega) = |F(\mathrm{j}\omega)| \mathrm{e}^{\mathrm{j}\Phi(\omega)} = \int_{-\infty}^{+\infty} f(t)\mathrm{e}^{-\mathrm{j}\omega t}\mathrm{d}t$$

式中，ω——角频率(rad/s)，$\omega=2\pi f$；

f——频率(Hz)；

$|F(\mathrm{j}\omega)|$——振动信号的幅频特性。

振动故障诊断可根据傅里叶变换的结果，分析振动信号中不同频率成分的振动幅值和相位的变化。当机械发生某种故障时，与此故障对应的特征频率的幅值或相位会发生变化。根据这种变化，反过来可以诊断出设备发生的故障类型。

带式输送机传动装置故障诊断是根据电动机、减速器以及滚筒等的工作原理和结构参数，分析其各个部件振动频率、幅值谱与故障模式之间的确切关系，建立故障诊断模型。这种建立模型的方式称为机理建模。

旋转机械典型故障对应的特征幅值谱如表 7-10 所示。其中，$X=n/60$，n 为部件的转速(r/min)；X 为部件的转动频率(简称转频)(Hz)。表中，$2X$、$3X$ 分别表示 2 倍和 3 倍转频。

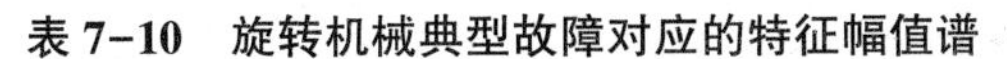

表 7-10 旋转机械典型故障对应的特征幅值谱

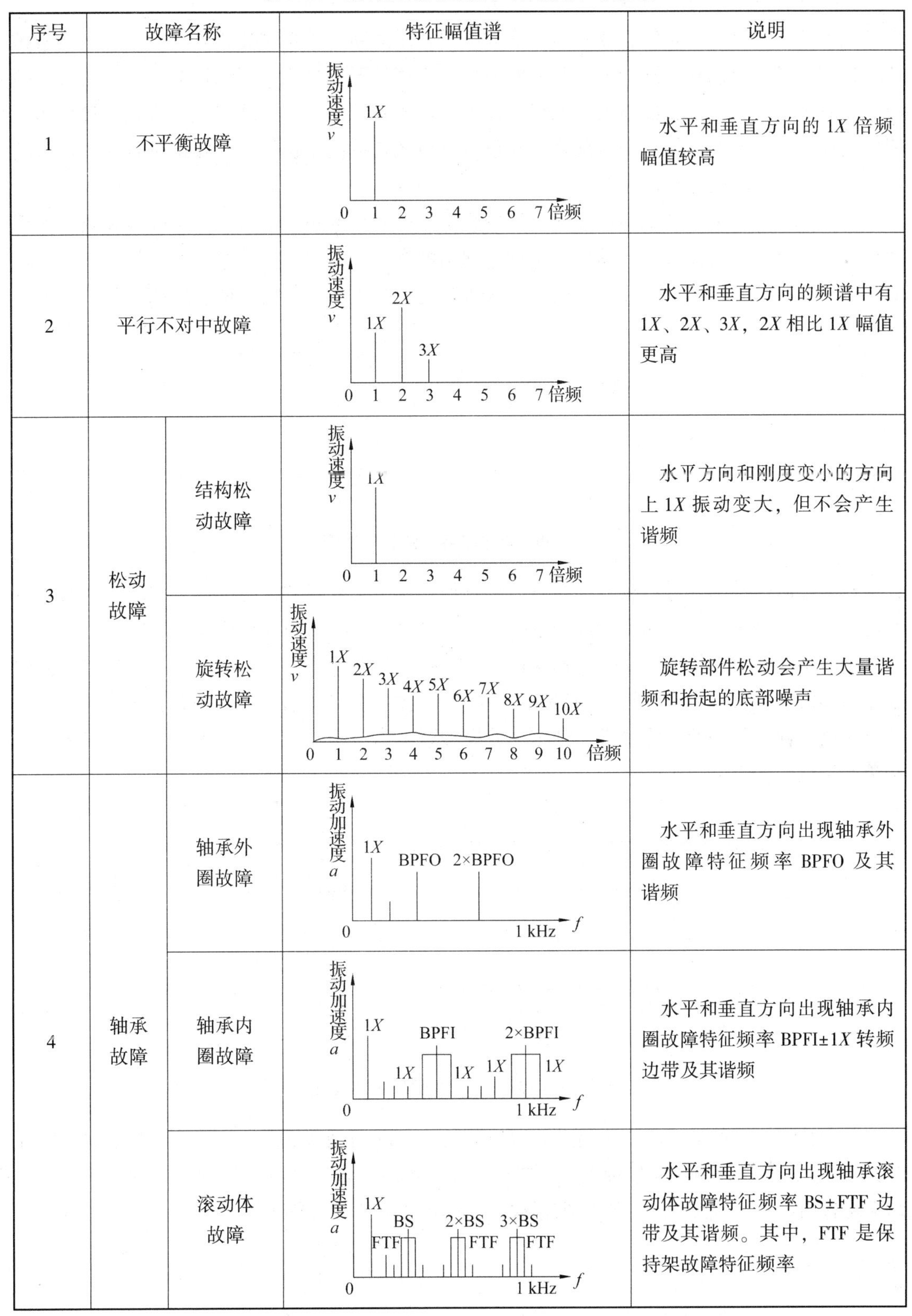

序号	故障名称		特征幅值谱	说明
1	不平衡故障		振动速度 v；1X；0 1 2 3 4 5 6 7 倍频	水平和垂直方向的 1X 倍频幅值较高
2	平行不对中故障		振动速度 v；1X 2X 3X；0 1 2 3 4 5 6 7 倍频	水平和垂直方向的频谱中有 1X、2X、3X，2X 相比 1X 幅值更高
3	松动故障	结构松动故障	振动速度 v；1X；0 1 2 3 4 5 6 7 倍频	水平方向和刚度变小的方向上 1X 振动变大，但不会产生谐频
		旋转松动故障	振动速度 v；1X 2X 3X 4X 5X 6X 7X 8X 9X 10X；0 1 2 3 4 5 6 7 8 9 10 倍频	旋转部件松动会产生大量谐频和抬起的底部噪声
4	轴承故障	轴承外圈故障	振动加速度 a；1X BPFO 2×BPFO；0 1 kHz f	水平和垂直方向出现轴承外圈故障特征频率 BPFO 及其谐频
		轴承内圈故障	振动加速度 a；1X BPFI 2×BPFI 1X 1X 1X 1X；0 1 kHz f	水平和垂直方向出现轴承内圈故障特征频率 BPFI±1X 转频边带及其谐频
		滚动体故障	振动加速度 a；1X BS 2×BS 3×BS FTF FTF FTF；0 1 kHz f	水平和垂直方向出现轴承滚动体故障特征频率 BS±FTF 边带及其谐频。其中，FTF 是保持架故障特征频率

(三)基于知识的诊断方法

当设备结构比较复杂时，故障特征和故障模式之间映射关系也比较复杂，此时进行机理建模比较困难。近几年，随着人工智能的发展，很多情况下采用基于知识的诊断方法对复杂故障进行诊断，而不需要建立准确的机理模型。基于知识的诊断方法很多，常用的包括故障树、模糊推理、专家系统、神经网络、灰色理论以及支持向量机等。在输送机智能故障诊断方面，神经网络诊断方法应用较多。

神经网络以大量分布式的神经元存储信息，利用网络的拓扑结构、连接权值和阈值实现从输入到输出的非线性映射，神经元是神经网络的基本计算单元。单个神经元的数学模型如图 7-39 所示。x 为单个神经元的输入，y 为神经元输出，w 为连接权值，θ 为阈值。

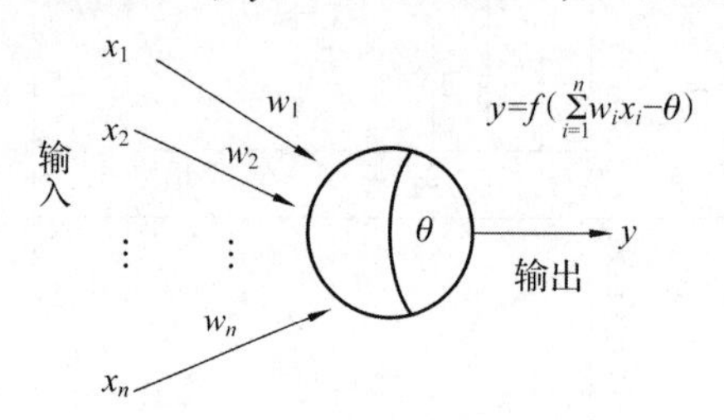

图 7-39　单个神经元的数学模型

对输送机传动部件进行故障诊断时，可以预先从历史故障数据中提取多种故障特征变量并进行归一化处理，将其作为神经网络的输入，同时对这些故障特征变量对应的故障模式进行标记。将这些故障特征变量作为输入样本，训练神经网络模型，不断自动改变各神经元的权值与阈值，使其输出故障模式(诊断结果)与标记的故障模式误差不断减小，达到精度要求，这就是神经网络的训练过程。训练完的模型就可以应用在实际诊断中。神经网络的训练和诊断过程如图 7-40 所示。

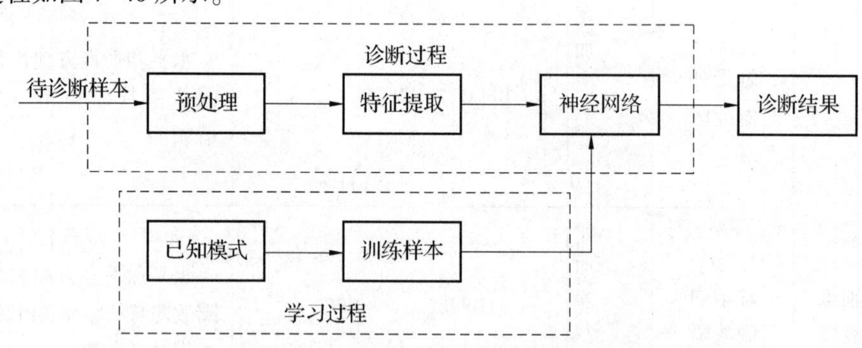

图 7-40　神经网络的训练和诊断过程

基于神经网络的带式输送机传动装置故障智能诊断模型如图 7-41 所示。加速度峰值等 8 个振动特征值作为输入向量接入输入层神经元，经过隐含层和输出层神经元的运算，输出结果至输出层 6 个神经元，就可以根据输出值的大小确定故障类型。

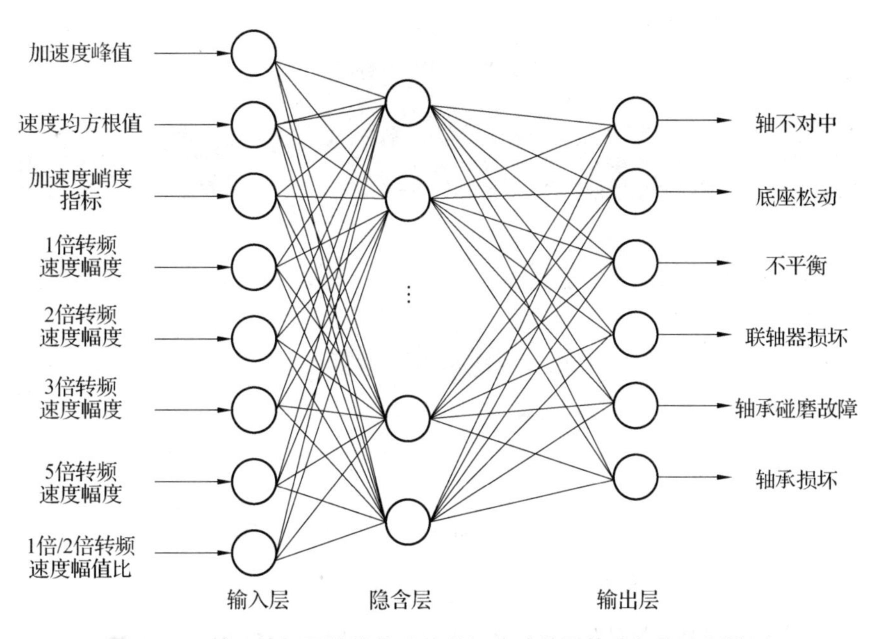

图 7-41　基于神经网络的带式输送机传动装置故障智能诊断模型

三、AI 视频监测

带式输送机在运行过程中会产生跑偏、堆煤、撕带、输送带异物等异常状况。为了检测上述故障，在输送机机架、给料点和卸料点等处安装一定数量的传感器，这些传感器大部分为接触式传感器。当发生故障后，传感器内部的机构动作，输出故障信号至输送机电控装置，触发报警并实施停机。但这类接触式传感器可靠性不高，经常发生误动作或不动作，而且输送带上的大块矸石、工具等非煤异物很难用上述传感器检测出来。

近几年，随着视频图像处理以及人工智能深度学习技术的发展，采用卷积神经网络(CNN)对图像进行故障分类与识别，作为普通传感器故障检测的有效补充，取得了不错的效果。视频图像识别以数字化、网络化视频监控为基础，通过对神经网络进行训练，能够识别输送机不同的故障状态，发现监控画面中的异常情况并发出警报。

输送机 AI 视频监测系统架构如图 7-42 所示。

卷积神经网络是一种基于深度学习技术的目标检测算法，在图像识别领域得到广泛的应用。卷积神经网络采用卷积层提取图像的局部特征，采用池化层降低原始图像分辨率和模型计算量，抽取图像的主要特征。经过多轮的卷积与池化，最后通过全连接层和激活函数将识别结果以向量形式送入输出层。

以输送机输送带上异物识别为例，首先挑选摄像机拍摄的数量众多的单帧图像进行灰度化、中值滤波、人工分类标记等预处理，这些单帧图像包括输送带正常状态和输送带有异物状态两种情况。预处理后的图像分成训练数据集和测试数据集。采用训练数据集输入卷积神经网络，对模型进行训练并自动优化。采用训练后的模型对测试数据集进行测试验证。如果验证识别的准确率达到标准，就可以使用训练后的模型实时检测异物。图 7-43 所示为卷积神经网络异物检测框架。

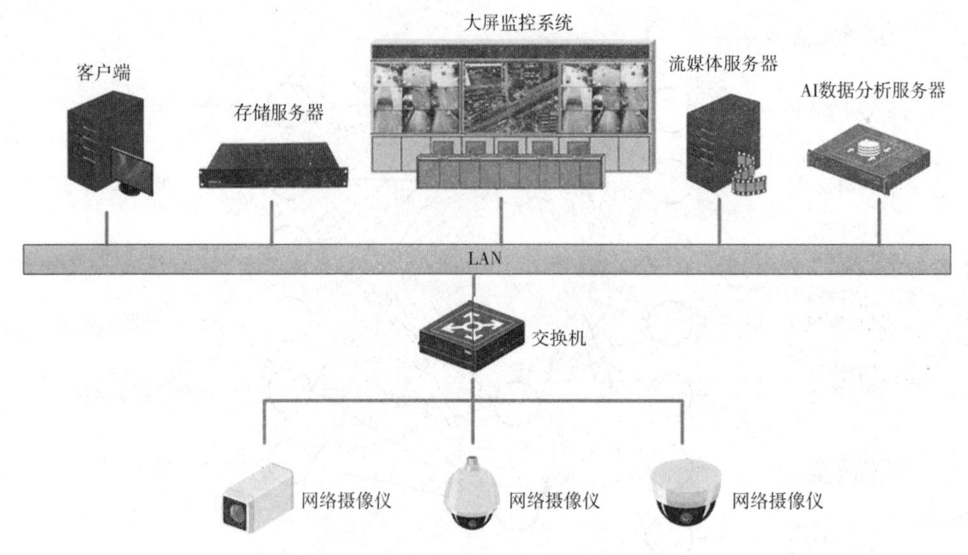

图 7-42　输送机 AI 视频监测系统架构

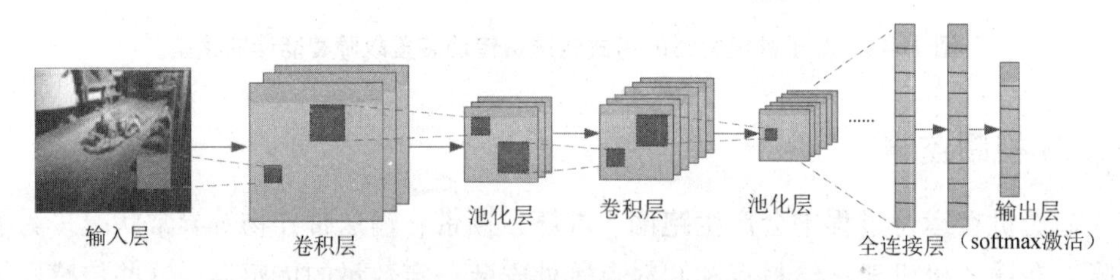

图 7-43　卷积神经网络异物检测框架

另外，当输送机运行时，驱动部、卸料点等危险区域不允许人员进入，防止发生伤害事故。因此采用视频图像智能识别技术，在视频画面上标定一块区域，建立电子围栏，当人员闯入危险区域的时候，系统进行声光报警。AI 视频识别在输送机安全监测中的应用如图 7-44 所示。

图 7-44　AI 视频识别在输送机安全监测中的应用

（a）堆煤检测；（b）大块异物检测；（c）人员危险行为检测；（d）输送带跑偏检测

四、输送机巡检机器人

煤矿带式输送机运输距离长，运行环境恶劣，物料的物理特性比较复杂，容易造成输送带卡阻、跑偏、堆料，甚至撕裂输送带，严重影响输送系统的运行效率及生产安全。

虽然在输送机某些固定位置安装有监控摄像仪和保护传感器，但保护范围有限，很难做到沿输送机走廊的全线路保护。因此，一直以来，输煤系统的巡检工作主要依靠人工定时巡查或固定值守，不仅信息获取准确性低，而且人员沿线巡检也存在较大的危险性。

输送机巡检机器人能够沿着输送机运行的线路自动运行，检测沿线设备的运行状况，保障输送设备正常运行，及时发现故障并报警提示，避免事故扩大化。

(一)巡检机器人的组成

巡检机器人由机器人本体、轨道系统、供电系统、通信系统、后台管理系统及其他相关设备组成，其工作原理如图 7-45 所示。

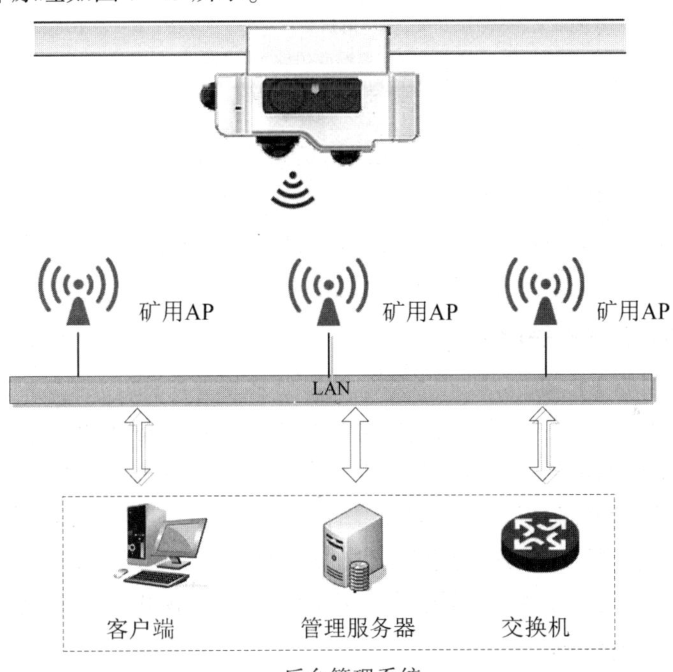

图 7-45　巡检机器人的工作原理

(1)机器人本体。机器人本体是本系统的核心，从功能构成上可分为传动模块、充电控制模块、控制与采集模块(包含各种传感器)、通信模块等。机器人本体通过伺服电动机带动驱动轮在轨道上行走。某型号巡检机器人本体如图 7-46 所示。

(2)轨道系统。轨道材料采用工字钢。轨道含有齿条结构，可以满足机器人爬坡的设计需求，总长度根据巡检的距离确定。轨道系统由轨道、吊架等组成。

(3)供电系统。巡检机器人通过机器人本体蓄电池供电，保证足够的续航能力。采用分布式充电方式，在机器人运行轨道对应位置设置充电设备，通过机器人系统电量监控系统自动实现电量补给和持续巡检功能。

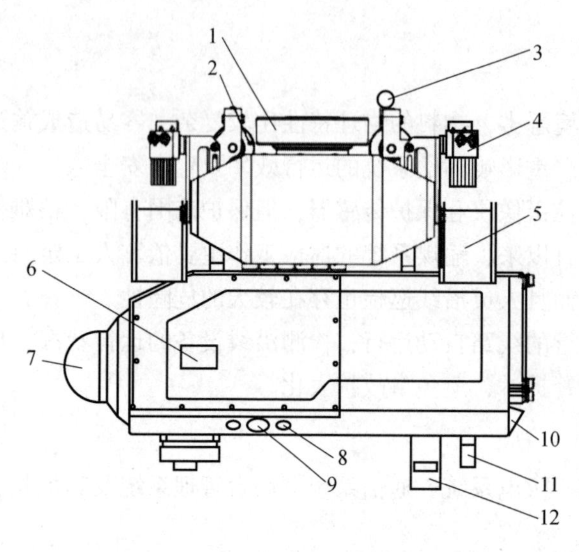

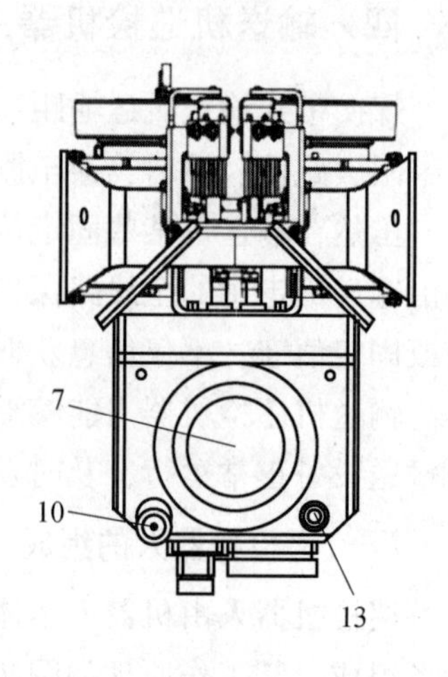

1—驱动轮；2—承重轮；3—限位开关；4—清扫装置；5—导灰槽；6—显示屏；7—摄像头；
8—指示灯；9—开关；10—雷达；11—温湿度传感器；12—粉尘传感器；13—LED 灯。

图 7-46　某型号巡检机器人本体

(4)通信系统。通信传输采用 Wi-Fi 无线通信系统，以达到远程集中监测、无线视频传输、集中显示报警和集中管理的目标。

(5)后台管理系统。用户可以通过平台软件对机器人进行远程管理，可对巡检机器人进行遥控、任务配置、视频访问、数据访问等。

(二)巡检机器人检测的手段

巡检机器人检测的手段如下。

(1)基于高清相机的可见光视频及智能分析技术，针对设备外观进行数据采集与分析。

(2)采用红外热成像设备的温度测量，对设备易过热位置进行数据采集分析。

(3)采用环境量检测传感器进行温湿度、有害气体、粉尘浓度等环境量的实时监控。

(4)利用音频传感器检测输送机旋转部件的运行状态。

(5)机器人本体前后安装激光雷达，能够探测前后障碍物并主动避障。

(三)巡检机器人的功能

巡检机器人的功能如下。

(1)检测环境参数与有害气体浓度。通过巡检机器人，对烟雾、CH_4、CO、温度、湿度等进行检测。

(2)对设备表面进行温度监测。特别是托辊温度，避免托辊轴承损坏后与输送带摩擦发热起火。

(3)基于视频分析技术，监测输送带在运行中是否存在跑偏、磨损和撕裂，落煤点是否存在堆煤，输送廊道是否存在撒煤等情况。

(4)监测输送机沿线是否存在人员违章行为。

(5)实时采集现场环境和设备运行音频信息，通过对采集的声音进行自动分析，判断设备是否异常。

(6)具备语音对讲应急广播功能，用于后台监控中心和现场人员进行双向对讲，实现对现场的远程监控指挥。

习题7

1. 简述带式输送机的基本构成，以及各部件的结构原理和特点。
2. 分析带式输送机的摩擦传动原理。增大摩擦传动的牵引力有哪些措施?
3. 带式输送机的传动装置由哪几部分组成?
4. 输送带在运行中为什么会跑偏?跑偏时应如何调整?如何防止跑偏?
5. 说明带式输送机选型计算的基本步骤。
6. 输送机巡检机器人有哪些功能?

第八章 辅助运输设备

第一节 矿用机车

煤矿运输是煤炭生产的重要组成设备，根据任务的不同，煤矿运输分为主要运输和辅助运输。煤矿辅助运输泛指煤矿生产中除煤炭运输之外的各种运输，主要包括材料、设备、人员和矸石等的运输，是整个煤矿运输系统不可或缺的重要组成部分。

在煤矿井下主要运输大巷中采用机车运煤时，材料、设备、人员和矸石也用机车运输；若用带式输送机运煤，则需要另设专用的辅助运输设备。在采区巷道内，一般采用刮板输送机或者带式输送机运煤，采用钢丝绳绞车或者蓄电池机车运送材料或设备。综采工作面在机电设备安装撤除时，由于设备的整件质量大、数量多、时间紧，且要求安全、快速、高效，则需要采用高效的辅助运输设备，从而缩短综采工作面搬家时间，对提高煤炭产量及机组的利用率有很重要的意义。

煤矿辅助运输系统及其设备比较复杂，类型多样，除了常用的矿用机车、调度绞车、电机车和一般的矿车、平板车、材料车等常规辅助运输设备，还包括单轨吊车、卡轨车、无轨运输车、无极绳连续牵引车、胶套轮机车、黏着/齿轨机车和无轨胶轮车等高效辅助运输设备。

矿用机车是矿车轨道运输的一种牵引机械，在井下煤炭运输及辅助运输中占有重要位置，是长距离水平巷道的主要运输工具。矿用机车可分为矿用电机车和防爆低污染内燃机车两种。

一、矿用电机车

矿用电机车适用的线路坡度一般为3‰，局部限制坡度不超过30‰，其根据使用的电源不同可分为矿用直流电机车和矿用交流电机车两大类。矿用直流电机车根据供电方式不同又可分为架线式与蓄电池式两种，如图8-1所示。

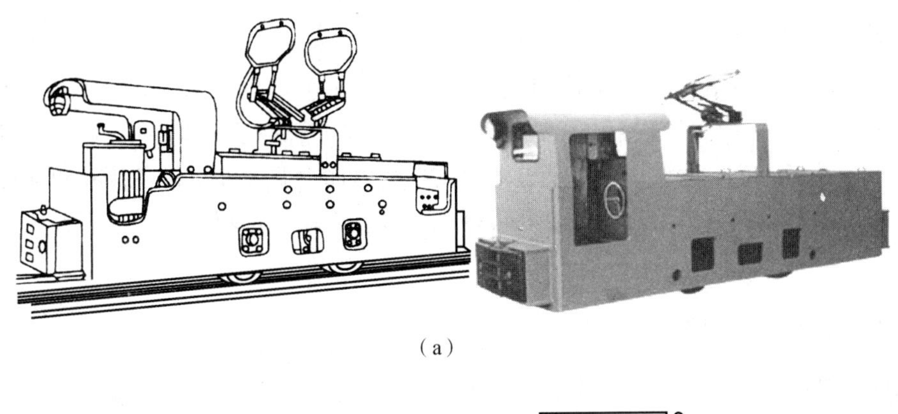

(a)

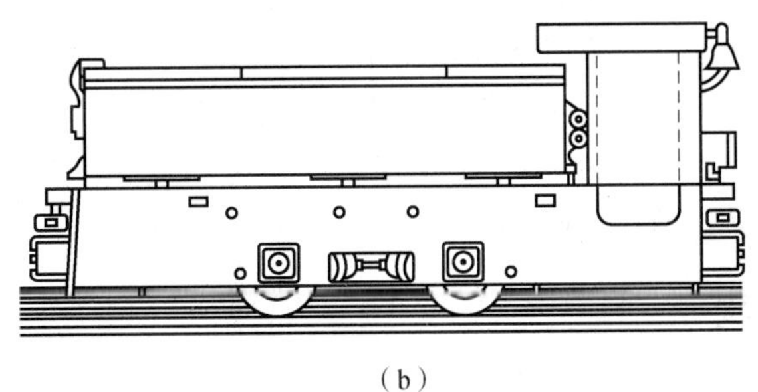

(b)

图 8-1　矿用直流电机车

(a) ZK 型架线式电机车；(b) XK 型蓄电池式电机车

(一) 直流架线式电机车

直流架线式电机车是通过受电弓从电网上取得电能的。当电机车运行时，受电弓沿着架空线滑动。

直流架线式电机车的供电原理如图 8-2 所示。由中央变电所引来的高压电缆 1 供给牵引变流所 2 三相交流电源，经变压器 3 降压，经低压电缆 4 送到变流设备 5，将交流变为直流。直流电源的正极通过供电电缆 6 与架空导线 8 连接，其间的接点称为供电点 7；其负极通过回电电缆 13 与轨道 9 连接，相应的接点称为回电点 12。工作时，沿轨道运行的电机车 11 上部靠受电弓接触架空线并获取电能，下部则利用车轮与轨道接触，构成一个回路，使牵引电动机工作，电机车牵引矿车组 10 行驶。架线式电机车的运行轨道同时又是电流回路的导线，为了减小牵引电网的电压降，一般在钢轨接缝处用导线或铜片连接，以减小接缝处的电阻。

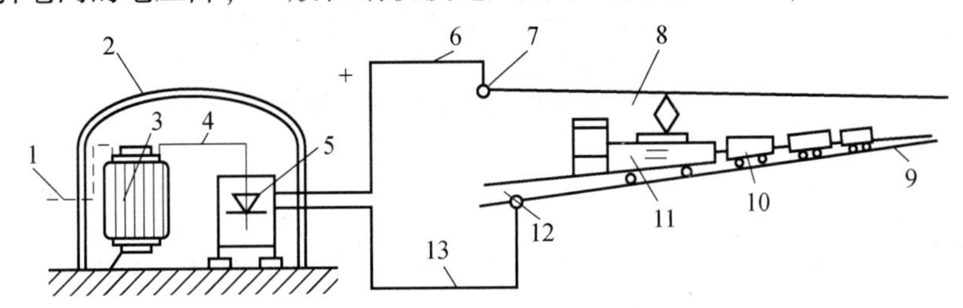

1—高压电缆；2—牵引变流所；3—变压器；4—低压电缆；5—变流设备；6—供电电缆；7—供电点；8—架空导线；9—轨道；10—矿车组；11—电机车；12—回电点；13—回电电缆。

图 8-2　直流架线式电机车的供电原理

(二)蓄电池式电机车

蓄电池式电机车与架线式电机车不同，它由装在车上的蓄电池组供电，故不需要架设牵引电网，不存在受电弓与导线接触不良而产生电火花的危险，具有防爆性能，可用于有瓦斯、煤尘积存较多的巷道运输。由于蓄电池要定期充电而需要设充电设备，其初期投资和运转费用较高，因此这种电机车比较适合巷道掘进运输，以及产量较小、巷道不太规则的运输系统。

二、防爆低污染内燃机车

防爆低污染内燃机车以柴油机作为动力源具有良好的牵引性能和启动加速性能，且机动灵活，安全可靠，适应性强，不受环境条件和外界情况的影响，运输效率高，综合经济效益好，能源利用合理。与电机车相比，内燃机车的热效率可提高40%~60%，运输效率可提高15%~25%，劳动效率可提高1.5倍；用于辅助牵引时，可以减少作业人员30%~40%，降低事故率25%左右，减少营运费用20%~40%。

三、矿用电机车结构

矿用电机车包括机械设备和电气设备两大部分。机械设备包括车架、轮对、轴箱、弹簧托架、齿轮传动装置、制动系统、砂箱及缓冲连接装置等；电气设备包括牵引电动机、控制器、自动开关、启动电阻、受电弓、照明系统及电流表等。矿用电机车主要结构如图8-3所示。

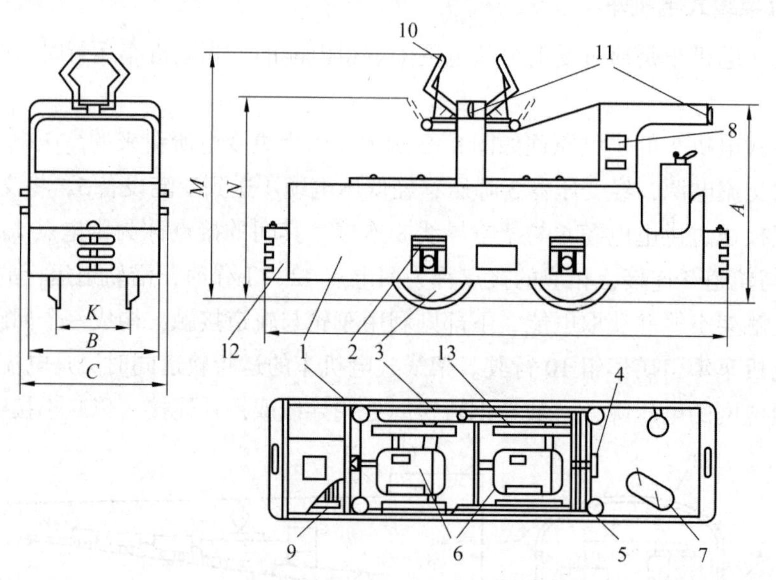

1—车架；2—轴箱；3—轮对；4—制动系统；5—砂箱；6—牵引电动机；7—控制器；8—自动开关；9—启动电阻；10—受电弓；11—车灯；12—缓冲连接装置；13—弹簧托架。

图8-3 矿用电机车主要结构

(一)车架

车架是电机车的主体部件，如图8-4所示。电机车上所有的电气和机械设备均装置在车架上，车架则用弹簧托架支撑在轴箱上，车架由2块侧板和2块端板及中间隔板焊接而成，各钢板的厚度因电机车的类型、黏聚力及牵引力不同而异。

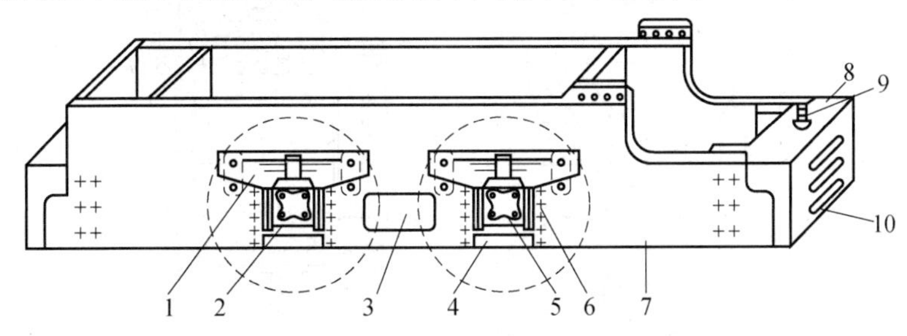

1—侧孔上部；2—侧孔下部；3—调整闸瓦侧孔；4—轴箱下限板；
5—轴箱；6—轴箱端面；7—车架侧板；8—缓冲器；9—连接销；10—连接器口。

图8-4 车架

车架每块侧板上有3个侧孔，2个用于安装轴箱，1个用来调整闸瓦间隙。隔板既加强了结构，又把电机车分成司机室、电动机室、电阻箱室3部分。

(二)轮对

轮对是由2个车轮压装在一根轴上组成的，电动机的全部重力通过轮对传递给钢轨，如图8-5所示。车轴采用优质车轴钢锻成，车轮则由轮心和轮圈热压装配而成。轮心采用铸铁或铸钢材料，轮圈则以优质钢轧制而成(也有采用整体车轮的)。这种结构的优点是轮圈磨损后可以更换而不致使整个轮对报废，缺点是制造成本高。矿用电机车都是双轴的，并且两根轴一般都是装有传动装置的主动轴。

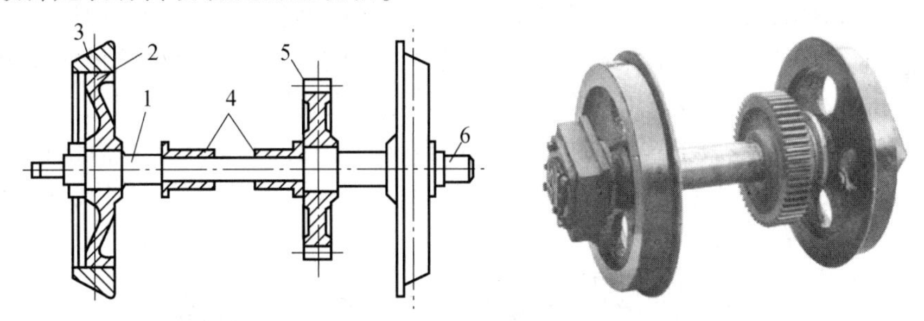

1—车轴；2—轮心；3—轮箍；4—轴瓦；5—齿轮；6—轴颈。

图8-5 轮对

(三)轴箱

轴箱是一个带盖的铸钢或铸铁箱体(见图8-6)，内有两列滚动轴承，电机车的车轴轴颈装在轴承的内座圈内，从而使轴箱成为车架与轮对的连接点。为便于安装及拆卸，轴箱体做成可以拆开的两半，两半合起来用4个螺栓连接成一个整体。轴箱上面设有安装弹簧托架的孔座，箱盖两侧的滑槽与车架相互匹配。当机车在不平整的轨道上运行时，轮对在车架上能上、下活动，通过弹簧托架起缓冲作用。

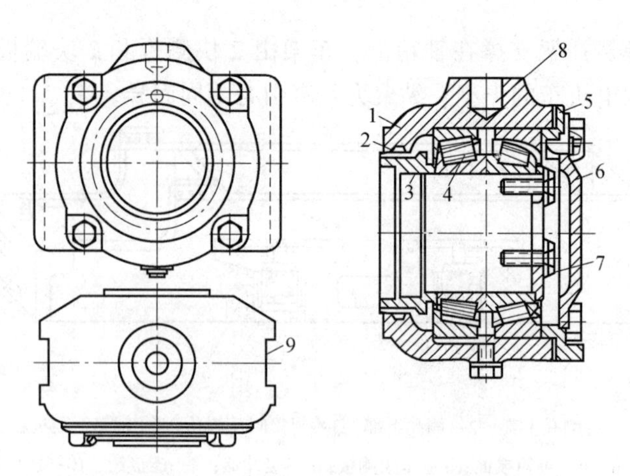

1—轴箱体；2—毡圈；3—止推环；4—滚柱轴承；
5—止推盖；6—轴箱端盖；7—轴承压盖；8—座孔；9—滑槽。

图 8-6　轴箱

(四)弹簧托架

弹簧托架由缓冲元件、均衡梁及连接零件组成，其作用是缓和电机车运行时由于道岔、弯道和轨道接头所引起的冲击和振动，把机车重力均匀地分配到各车轮上，并通过轮对弹性地传递到钢轨上去。

车架是通过弹簧托架支撑在轴箱上的。弹簧托架中的板弹簧是由长度不同的扁形弹簧钢板叠起来的，中间用箍套接而成，箍的底部支撑在轴箱上。

弹簧托架有两种：一种是单独托架；另一种是均衡托架。单独托架的 4 个叠板弹簧之间既无均衡梁，又无杠杆连接，每个弹簧单独工作。该种弹簧托架虽具有缓冲作用，但各机车轮上的负载分配不均衡，当机车在轨道变形的线路上行驶时，易使负载较轻的车轮悬空而造成机车出轨事故，故电机车多采用均衡托架。均衡托架有横向均衡托架和纵向均衡托架。图 8-7 所示的横向均衡托架将同一轮对两端的车轮连成一个支点。如果用均衡梁将机车同一侧的前后两个车轮连成一个支点，则该均衡托架为纵向均衡托架。均衡托架既具有缓冲作用，又能使各轮对负载分配均衡。

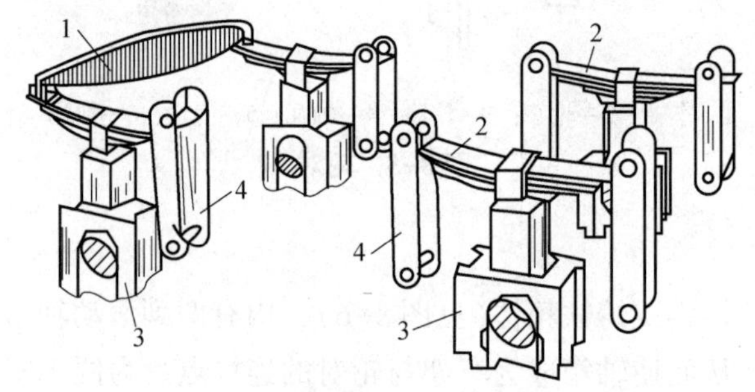

1—均衡梁；2—板弹簧；3—轴箱；4—弹簧支架。

图 8-7　横向均衡托架

(五)齿轮传动装置

牵引电动机的转矩通过齿轮传动装置传给轮对，如图 8-8(a)所示，牵引电动机一侧用轴承装在电机车主轴上，另一侧用机壳上的挂耳通过弹簧吊挂在电机车车架上。这种方法既能缓和牵引电动机在运行过程中受到的冲击和振动，又能保证传动齿轮少受冲击，处于正常啮合状态。图 8-8(b)所示是二级齿轮传动装置，比图 8-8(a)所示的一级齿轮传动增加了一对螺旋伞齿轮，采用两级减速封闭式传动，具有润滑效果好，齿轮寿命长，维修量少且技术经济指标高等优点。

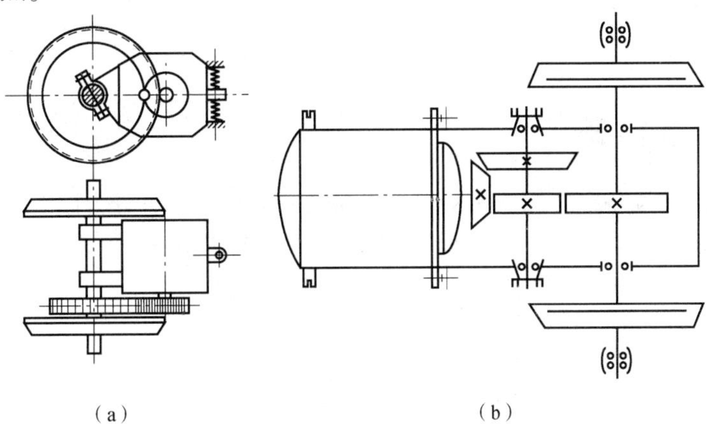

图 8-8　齿轮传动装置

(a)一级齿轮传动装置；(b)二级齿轮传动装置

(六)制动系统

制动系统又称为制动闸，它是为电机车在运行过程中能随时减速或停车而设置的，按其操作动力可分为气动闸和手动闸两种。

图 8-9 所示是手动制动装置，4 个车轮内侧各装有一闸瓦 9、10，闸瓦铰接在制动杆 7、8 上，每一侧的两根制动杆下端与正、反向调节螺杆 11 相连接，用以调节闸瓦与车轮轮面的间隙。操纵控制是靠司机室内的手轮 1，手轮安装在螺杆 2 上，螺杆的无螺纹部分通过车架，可以在车架上转动。顺时针转动手轮时，螺母 4 和均衡梁 5 以及拉杆 6 均沿螺杆的轴线向后移动，并借助于制动杠杆系统的制动杆使前闸瓦 10 和后闸瓦 9 同时动作，压向前、后轮而使机车制动。当逆时针旋转手轮时，可解除制动。

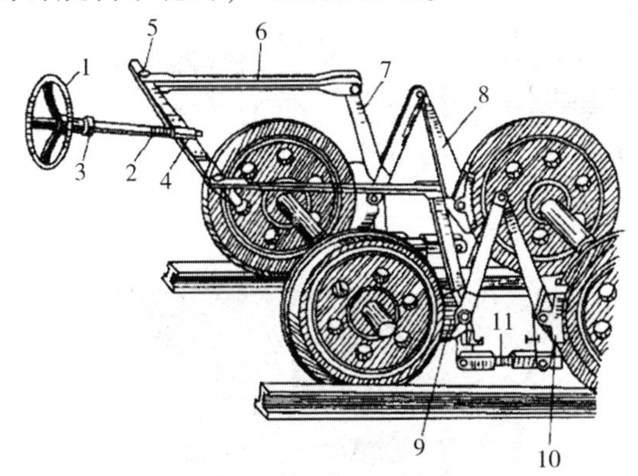

1—手轮；2—螺杆；3—衬套；4—螺母；5—均衡梁；
6—拉杆；7、8—制动杆；9、10—闸瓦；11—正、反向调节螺杆。

图 8-9　手动制动装置

(七)缓冲连接装置

矿用电机车的两端均有缓冲连接装置，为能牵引具有不同高度的矿车，机车的连接装置一般是做成多层接口的。架线式电机车采用铸铁的刚性缓冲器；蓄电池式电机车上则采用带弹簧的缓冲器，以减轻电池所受的冲击。

第二节 矿 车

矿车是矿山运输设备中应用数量最多的设备之一，按用途可分为以下几种。

(1)运散装物料的固定车厢式、翻转车厢式、底卸式矿车。

(2)运材料及设备的材料车、平板车等。

(3)运人的平巷人车、斜巷人车等。

(4)特殊用途的仓式列车、轨道梭车、消防车、炸药车、水车等。

矿车中用得最多的是固定车厢式矿车(见图 8-10)，约占矿车总数的 80%。此外，还有翻转车厢式矿车(见图 8-11)和底卸式矿车(见图 8-12)。

图 8-10 固定车厢式矿车

图 8-11 翻转车厢式矿车

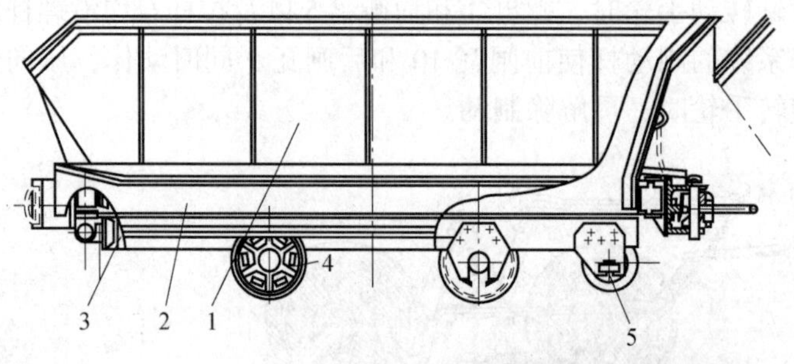

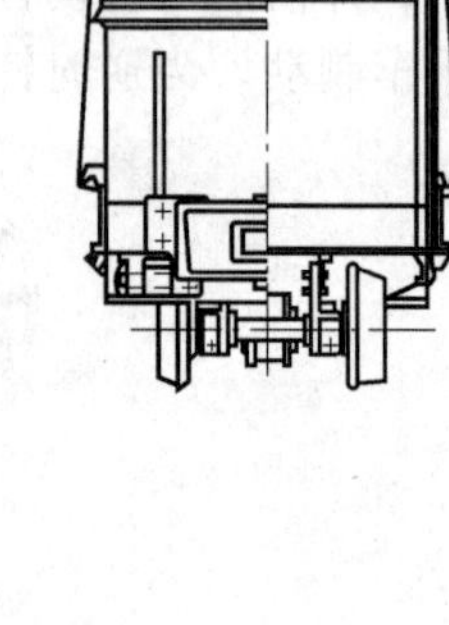

1—车厢；2—车架；3—底门；4—轮轴；5—卸载轮。

图 8-12 底卸式矿车

底卸式矿车是用电机车牵引、多台组列运行，在井上或井下水平巷道中运输煤炭的专用矿车。该车的优点是外形尺寸小，维修量小，卸载不用其他动力，不需要翻车装置，只需要通过卸载站就可实现连续卸载，煤不易黏底，清扫车厢容易，且卸载速度与行车速度相近；其缺点是结构复杂且车皮系数较大。

底卸式矿车的卸载方式如图 8-13 所示。由电机车牵引的底卸式矿车进入卸载站时，因卸载漏斗 9 上部的轨道中断，车厢 1 由其两侧翼板 2 支承在漏斗旁的两列托轮组上。车架 4 由于失去支承，被货载重力压开，连同转向架 5 一起通过卸载轮 6 沿卸载曲轨 7 运动，车底绕端部铰轴倾斜，煤炭借自重卸出，经卸载漏斗 9 进入煤仓。卸载曲轨是一条弯曲钢轨，位于车厢中轴线上，从卸载漏斗的一端通向另一端，其下部用工字钢加固。

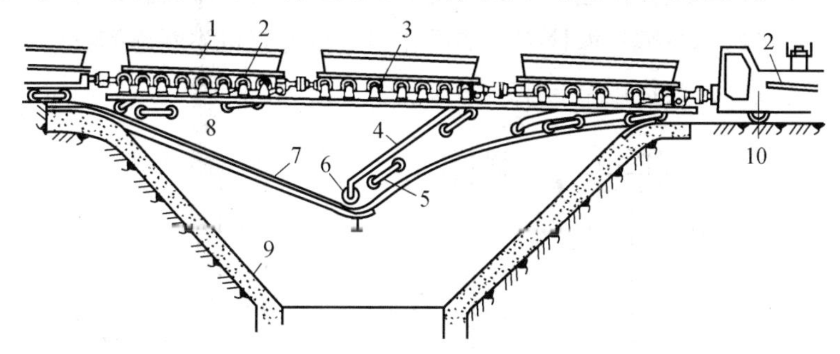

1—车厢；2—翼板；3—托轮组；4—车架；5—转向架；6—卸载轮；7—卸载曲轨；
8—托轮底；9—卸载漏斗；10—电机车。

图 8-13　底卸式矿车的卸载方式

电机车 10 进入卸载站后，同样由两侧翼板支承在托轮组 3 上，因而失去牵引力。当靠近电机车的第一辆矿车的卸载轮处于卸载曲轨的左端卸载段时，由于货载及车架的重力作用，曲轨对矿车产生反作用力，推动矿车前进。当第一辆矿车的卸载轮进入曲轨右端复位时，第二辆矿车的卸载轮早已进入曲轨的卸载段，又产生推力推动列车前进；当最后一辆矿车的卸载轮沿曲轨复位段上爬时，虽然无后续矿车的推力，但是因列车的惯性和电机车已进入轨道产生牵引力，整个列车随即离开曲轨，驶出卸载站，完成卸载任务。

第三节　钢丝绳运输的类型及设备

一、钢丝绳运输的类型

凡是在水平或倾斜的轨道上利用绞车、钢丝绳和矿车或其他容器进行的轨道运输，都称为钢丝绳运输。钢丝绳运输由于设备简单，操作方便，在矿山得到广泛应用。尤其对于倾角较大的斜巷，当带式输送机不能应用时，往往采用钢丝绳运输比较合适。另外，在使用运输机的巷道，也需要钢丝绳运输来作辅助运输。

钢丝绳运输可分为两大类：有极绳运输和无极绳运输。

有极绳运输是指钢丝绳的一端与矿车连接，通过绞车使钢丝绳放出或收回，达到运输的目的。有极绳运输属于周期动作式运输，一般采用滚筒式绞车。有极绳运输又可分为单绳运输和双绳运输。单绳运输如图 8-14(a)所示，它采用单滚筒绞车沿倾斜巷道牵引矿车向上运行，矿车向下运行则靠自溜实现。双绳运输如图 8-14(b)所示，它一般采用双滚筒绞车，每个滚筒上各有一根钢丝绳，每根各挂一个车组。由于两个滚筒缠绕方向相同而出绳方向不同，故开车后一根钢丝绳是缠绕，另一根钢丝绳则是松放，这样一个车组向上运行，另一个车组自溜向下运行。双绳运输比单绳运输的循环时间短，生产效率高，但必须在巷道中铺设双轨，而且车场布置比较复杂。

无极绳运输如图 8-14(c)所示，它是用摩擦轮绞车带动一条封闭的钢丝绳运转，矿车通过特殊的连接装置与钢丝绳挂接起来，靠运行的钢丝绳带动矿车沿轨道运行。若从装车场按一定的间隔不断地将矿车与钢丝绳挂接，那么在出车场处就可不断地摘挂钩并推出矿车。因此，这种运输是连续的，其货运量与距离无关。

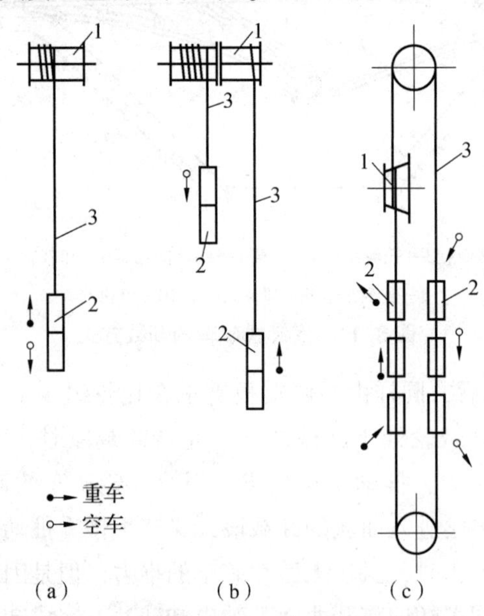

1—绞车；2—容器；3—钢丝绳。

图 8-14　钢丝绳运输

(a)单绳运输；(b)双绳运输；(c)无极绳运输

二、有极绳运输设备

矿山辅助运输类有极绳式矿用绞车主要包括以下 3 类：第一类是快速类矿用绞车，主要有 JDB 型调度绞车和 JYB 型运输绞车，绞车平均速度一般为 50~60 m/min；第二类是慢速类矿用绞车，主要有 JHB 型回柱绞车，绞车平均速度一般为 8~12 m/min；第三类是双速类矿用绞车，主要型号有 JSHB 型双速回柱绞车和 JSDB 型双速多用绞车。

JDB 型、JYB 型绞车为隔爆型调度、运输绞车，如图 8-15 所示，其主要由司机座椅、底座、控制开关支架、手动制动闸、电动机、联轴器、电液制动闸、减速箱和卷筒装置等组成。

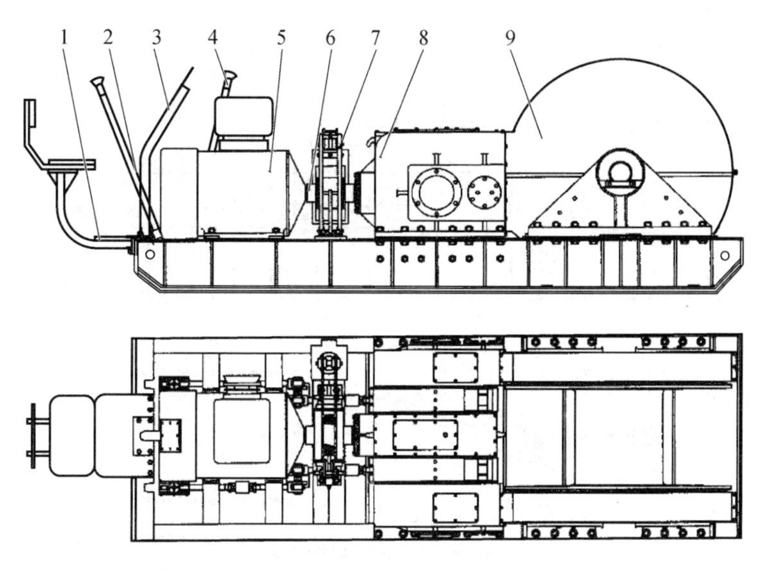

1—司机座椅；2—底座；3—控制开关支架；4—手动制动闸；
5—电动机；6—联轴器；7—电液制动闸；8—减速箱；9—卷筒装置。

图 8-15　JDB 型、JYB 型绞车

JHB 型回柱绞车如图 8-16 所示，它主要由电动机、联轴器、电液制动闸、卷筒装置、齿轮减速箱和底座等组成。

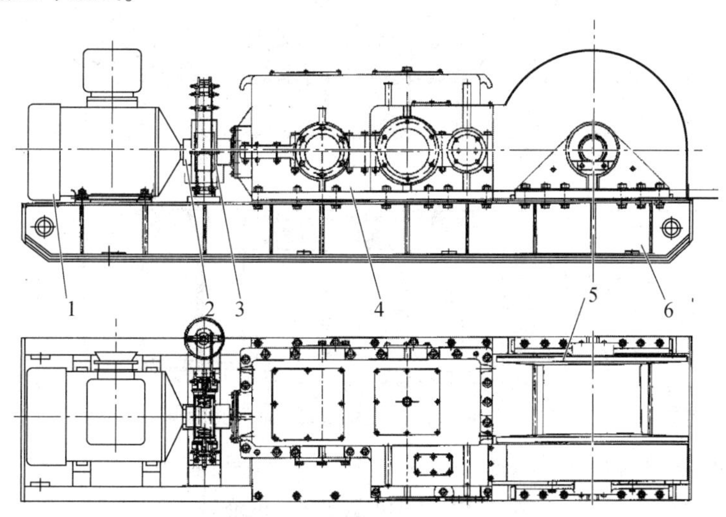

1—电动机；2—联轴器；3—电液制动闸；4—卷筒装置；5—齿轮减速箱；6—底座。

图 8-16　JHB 型回柱绞车

JSHB 型双速回柱绞车如图 8-17 所示，它主要由电动机、联轴器、电液制动闸、变速箱、卷筒装置、底座等组成。

JSDB 型双速多用绞车如图 8-18 所示，它主要由电动机、联轴器、手动制动闸、变速箱、电液制动闸、卷筒装置、底座等组成。

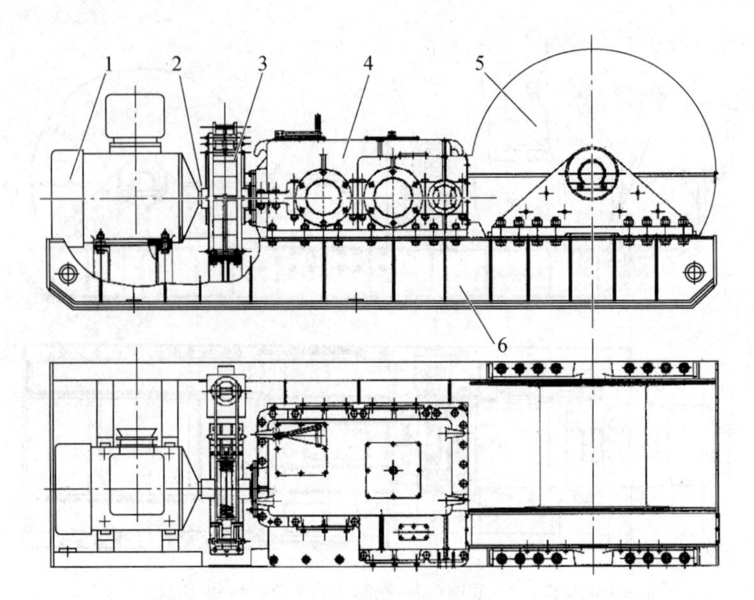

1—电动机；2—联轴器；3—电液制动闸；4—变速箱；5—卷筒装置；6—底座。

图 8-17　JSHB 型双速回柱绞车

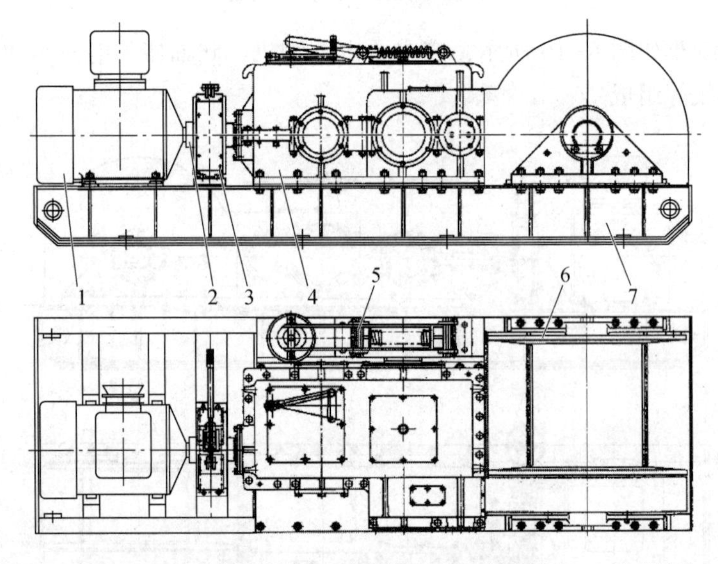

1—电动机；2—联轴器；3—手动制动闸；4—变速箱；5—电液制动闸；6—卷筒装置；7—底座。

图 8-18　JSDB 型双速多用绞车

三、无极绳运输设备

无极绳运输相比有极绳运输，具有运输连续性强、运量大、效率高、成本低等优点。因此，条件适合的中小型煤矿的地面运输，特别是地方煤矿主要运输巷道和中间平巷，以及采区上、下山运输均可以采用无极绳运输。

无极绳运输是将钢丝绳接成一个封闭圈，两端分别套在两个绳轮上。其一个绳轮为主动轮，另一个绳轮为张紧导向轮。当主动绳轮旋转时，靠其与钢丝绳之间的摩擦力牵引钢丝绳连续运输。绳轮有水平和垂直布置之分。绳轮为水平布置时，两股钢丝绳分别放置在两条轨道上，轨道上的矿车按一定的间距挂在钢丝绳上，矿车到位后摘钩，这种布置方式可以使主动绳轮在不换向的情况下实现双向运输。绳轮为垂直布置时，一股绳在轨道上，另一股绳用托绳轮布置在巷道的上方，这种布置方式一般用于单向提升运输上。

无极绳运输系统一般由牵引绞车、张紧装置、尾轮、托辊、钢丝绳、连接装置等组成。无极绳运输一般采用双侧布置方式，一侧走重车，另一侧走空车。由于矿车是在钢丝绳行进中摘挂，因此其运行速度不能太大。

（一）牵引绞车

牵引绞车主要由底座、电动机、联轴器、电液制动闸、手动闸、减速箱、驱动滚筒及防护罩等组成。

牵引绞车是整个系统的动力源，采用机械传动，摩擦驱动，主要用于煤矿井下采区大倾角、多变坡、大吨位、长距离运输。牵引绞车的驱动方式一般有两种：一种是采用抛物线单滚筒驱动，另一种是采用绳槽式双滚筒驱动。

采用抛物线单滚筒驱动时，钢丝绳在滚筒上缠绕 3~3.5 圈。这种方式的主要优点是钢丝绳围包角大，对驱动绳衬的摩擦系数要求较低，可双向出绳，能够实现两个方向牵引，在实际安装布置时与运输线路道岔方向无关，安装布置灵活方便；缺点是由于在滚筒上的钢丝绳除了绳与绳互相接触摩擦外，与绳衬之间还有滑动摩擦，因此钢丝绳的磨损相对较重，寿命较低。

绳槽式双滚筒驱动有时也称为对称驱动，其结构包括 1 个驱动滚筒和 1 个从动滚筒。钢丝绳一般在驱动滚筒上缠绕 3~4 个半圈，在从动滚筒上缠绕 2~3 个半圈，以此形成螺旋缠绕。这种方式的主要优缺点和抛物线单滚筒驱动方式正好相反。

（二）张紧装置

无极绳牵引运输系统中钢丝绳张紧至关重要，可保证钢丝绳在滚筒绳衬上有较稳定的正压力，使牵引绞车正常牵引，而钢丝绳不至于在滚筒上打滑。另外，在起伏变化的巷道中运行的钢丝绳的紧边和松边是经常变化的，要求张紧系统必须及时地自调整，保证随时对松边钢丝绳施加一定的初张力。同时，张紧系统需吸收由起伏坡度变化和钢丝绳弹性变形等原因而产生的伸长量。

由于运输距离大，钢丝绳变化量较大，要求张紧装置具有较大的吸收能力，因此一般采用三轮或五轮重锤式张紧器，其结构简单、响应速度快、成本低。

（三）压绳技术

无极绳牵引运输系统在起伏变化的巷道中运行时，钢丝绳的上漂与拉棚，直接影响着系统运行甚至巷道支护的安全。因此，为防止钢丝绳上漂和拉棚现象出现，有效地防止车辆掉道，必须采用可靠的压绳技术。在轨道凹点处采用强制性压绳，并防止两根钢丝绳由于轨道不直而相互交叉。压绳轮分主压绳轮组和副压绳轮组，副压绳轮组的轮子相对固定，结构简单；而主压绳轮组的轮子靠弹簧压紧，在受到外力作用时会张开，结构相对复杂。主压绳轮组结构如图 8-19 所示，利用压绳技术，可对运行钢丝绳实施强制导向。

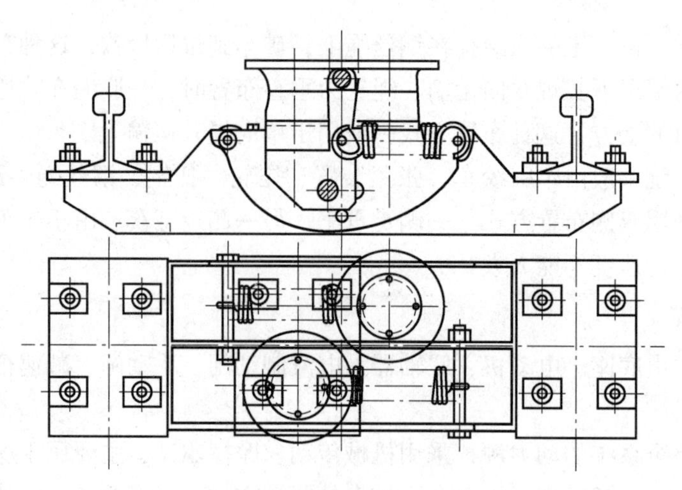

图 8-19　主压绳轮组结构

第四节　单轨吊车

单轨吊车是由不同驱动形式的单轨吊车、牵引载重车组沿着柔性连接吊挂在巷道顶梁或顶板上的单根专用轨道，实现单轨导向运输的高效运输设备。单轨吊车运输不受底板状况的影响，运载能力大，爬坡能力强，机动灵活，适应性强，连续运输距离长，安全可靠，可以在采区内长距离、多区间、多分支实现全矿井的贯通运输。尤其对综采设备能够进行整体、高效、安全搬运，在掘进巷道也可运送材料、设备和矸石。

单轨吊车有柴油机牵引、钢丝绳牵引和蓄电池机车牵引 3 种类型，其中使用最多的是柴油机单轨吊车。

柴油机单轨吊车是一种挂在巷道顶板单轨上，以防爆柴油机为动力源，液压驱动运行的机车，它是专门为甲烷浓度 1%以下的爆炸危险采矿区域的煤矿辅助运输而设计的。它是一种多功能、高效率、多用途的煤矿井下辅助运输设备，能够完成井下设备和人员的运输工作。由于该机车行驶于悬吊单轨系统，不受底板起伏条件限制，因此具有良好的通过能力。通过调节轨道悬吊链可调整轨道高度，因此轨道维护方便。

柴油机单轨吊车由驾驶室、驱动部、连接件、主机、起吊梁、支架，以及用于电信号传输的线路和电缆等组成，如图 8-20 所示。

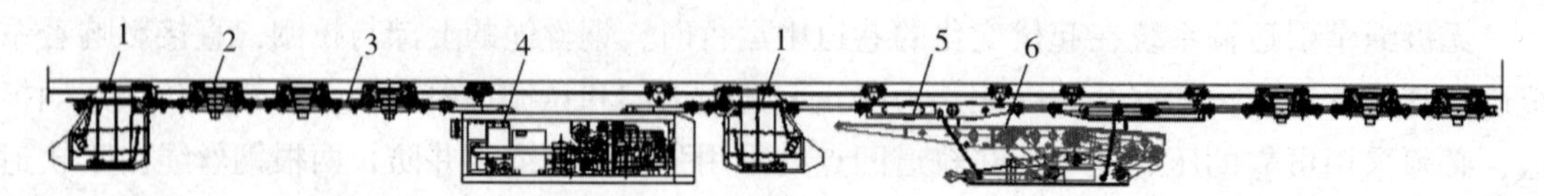

1—驾驶室；2—驱动部；3—连接件；4—主机；5—起吊梁；6—支架。

图 8-20　柴油机单轨吊车

柴油机单轨吊车由六缸直喷式 KC6102ZQFB(A)防爆柴油机驱动，发动机输出功率 80 kW，使用排气涡轮增压器，遵循直接喷射原理，防爆柴油机单轨吊车排出的废气，在废气冷却箱的水浴中被冷却。驱动轮夹紧在轨道上，制动装置采用弹簧蓄能制动方式。照明和电子控制由一个防爆发电机(KBYF24)供电，驾驶室与主机之间的数据交换通过 CAN 总线来实现，该控制系统的主要任务是控制和显示机车运行状态。

一、驾驶室

单轨吊车有前、后两个驾驶室，如图 8-21 所示。如果将点火钥匙插入钥匙开关内，可以激活相应驾驶室内的操作系统。车辆装置将只接受被激活的驾驶室发出的指令。如果另外一个驾驶室同时也被激活了，那么所有的控制指令将被锁定，柴油机单轨吊车停止运行。柴油机处于运行状态时，点火钥匙转动到起吊位置，可以执行起吊操作，此时机车自动处于制动状态。

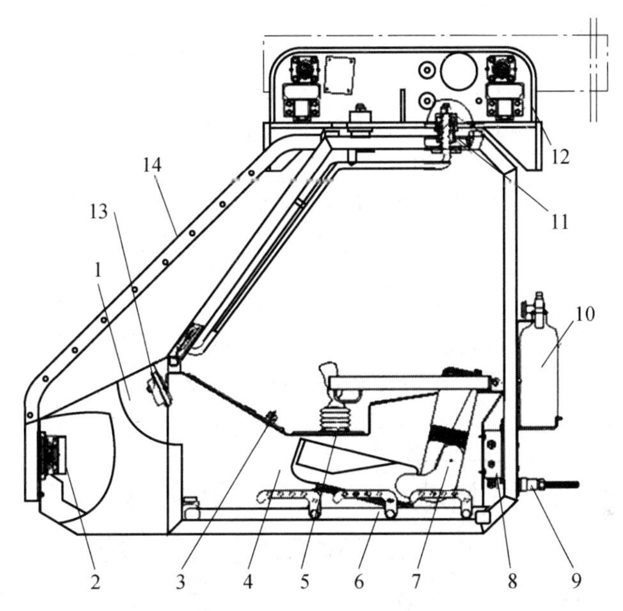

1—驾驶室焊接总成；2—照明信号灯；3—行车显示器；4—多功能箱；5—操作箱；
6—上下梯子；7—座椅；8—接线盒；9—转接器；10—灭火器支架；
11—阻尼减振装置；12—刚性行走架；13—柴油机机车保护监控仪；14—防护架。

图 8-21 驾驶室

驾驶室是由钢板制成的轻型焊接构件，顶部通过一阻尼减振装置与刚性行走架相连，显示控制台设于司机的视野范围之内，在被激活的驾驶室里面进行机车的操作控制，控制装置被置于驾驶室右侧容易接近的地方。由于驾驶室悬挂在轨道上，因此为方便司机出入驾驶室，设置辅助上下的梯子。

二、主机

柴油机单轨吊车主机如图 8-22 所示，其由主机架、发动机、过滤器、蓄能器、燃油箱、负载小车等构成。

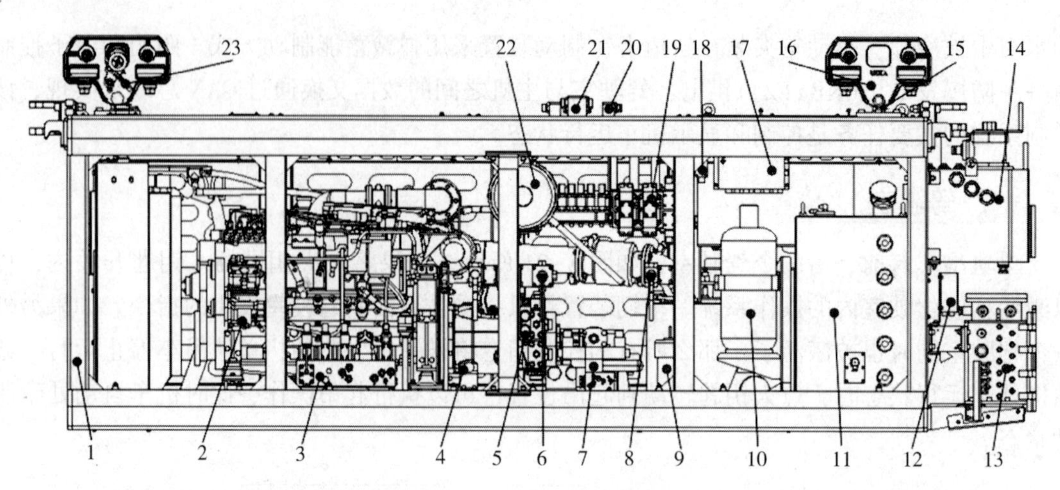

1—主机架；2—发动机；3—第Ⅴ阀组；4—熄火阀组；5—补油阀；6、8—球阀；7—三通比例减压阀；9—过滤器；10—蓄能器；11—燃油箱；12—发动机保护仪；13—单轨吊车控制箱；14—油箱；15—悬挂连杆；16、23—负载小车；17—无轨胶轮车泊车辅助装置主机；18—甲烷传感器；19—切换阀组；20—切换过壁连接；21—主泵过壁连接；22—空滤。

图 8-22　柴油机单轨吊车主机

三、驱动部

驱动部是单轨吊车的动力行走装置，包括沿轨道对称布置的行走轮、驱动轮、低速大扭矩液压马达、夹紧缸、制动装置、轻型支架等，如图 8-23 所示。

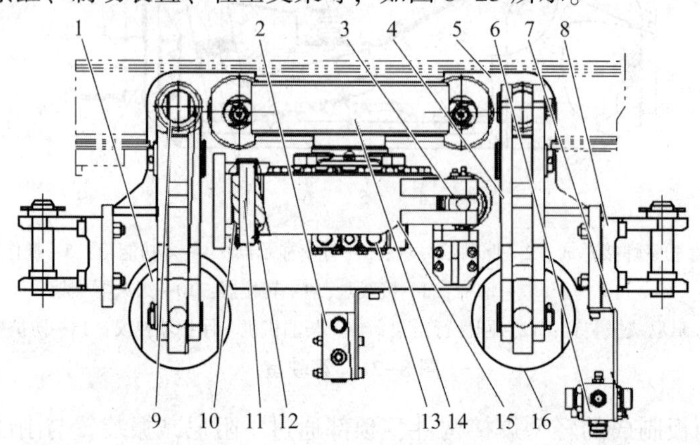

1—制动缸；2—阀块；3—夹紧缸；4—制动装置；5—轻型支架；6—油路连接块；7—油路阀块挂板；8—轻型联轴节；9—推轴铜套；10—开口销；11—销轴；12—翻边无油轴承；13—低速大扭矩液压马达；14—驱动轮；15—弯架右件；16—行走轮。

图 8-23　驱动部

在柴油机单轨吊车的行走机构中，使用了相同类型的行走轮。柴油机单轨吊车的驱动部连接组件由拉杆销、拉杆和锁定装置组成，通过使用连接件，将柴油机单轨吊车的各个部件连接起来，组成机车系统。锁定装置可以防止连接组件断开，拉杆两端都装配有关节轴承，这样可以既改进操作性能，又减少磨损。夹紧装置由行走马达、弯架、夹紧缸和摩擦托板组成，夹紧油缸使驱动轮紧贴在导轨腹板。制动装置包括制动弹簧、制动油缸、制动闸片、杠杆机构，通过制动弹簧实施制动。

四、起吊梁

柴油机单轨吊车处于制动状态时，柴油机怠速运转，此时可进行起吊操作。起吊梁是单轨吊起吊车和承载重物装置。重型起吊梁如图 8-24 所示，它由主梁、副梁、承载梁、负载小车、拉杆、销轴和挂链等组成。

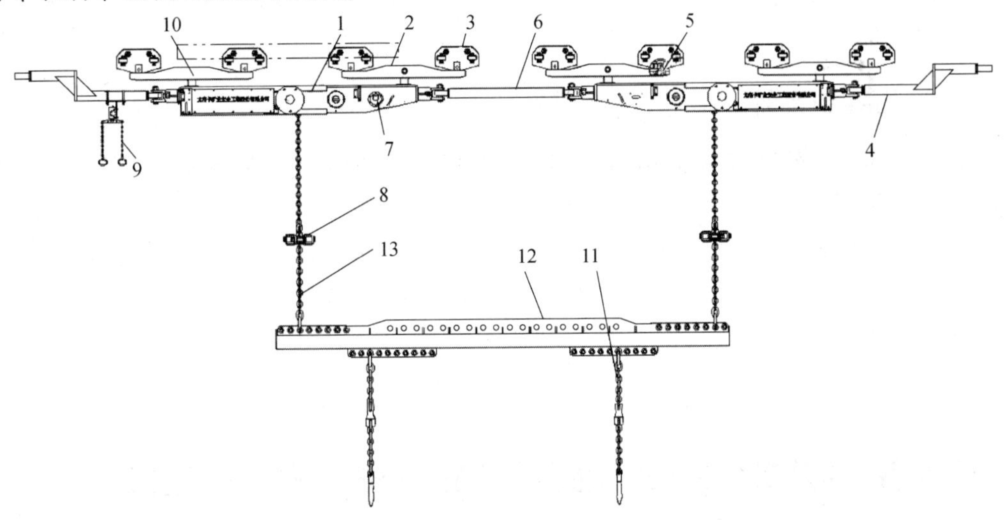

1—主梁；2—承载梁；3—负载小车；4—拉杆；5—悬挂连杆；6—活结拉杆；7—起吊质量显示仪；8—副梁；9—换向阀组件；10—销轴；11—支架挂链；12—架梁；13—副梁挂链。

图 8-24　重型起吊梁

重型起吊梁是专门为重型液压支架或其他重载设备而设计的，起吊操作通过手动操纵阀进行，起吊高度由液压缸的行程决定。为保证起吊安全，液压缸的活塞腔接平衡阀，根据行进的坡度设定起吊载荷，当载荷超重时，有报警提示。

五、电气设备

柴油机单轨吊车的电气设备主要包含防爆式三相发电机、防爆控制箱、操纵器、显示器和车辆安全装置等。

柴油机单轨吊车的电气系统如图 8-25 所示，它采用了先进的电液控制系统，数据通信采用 CAN 总线，液控采用电磁阀、电液阀，发动机功率控制采用电液比例模拟控制，还采用了分布式多 CPU 监测和冗余控制技术，实现了智能化操控和安全性。

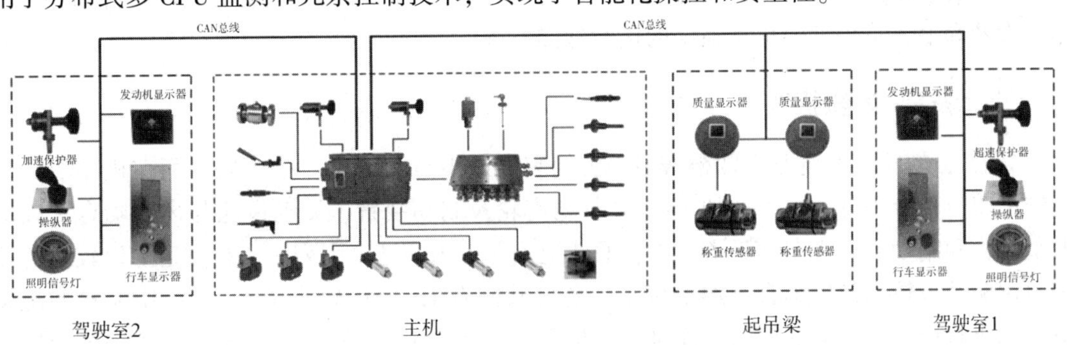

图 8-25　柴油机单轨吊车的电气系统

柴油机单轨吊车的安全电气控制系统能够实现信号的安全传输，监测机车运行参数，并显示车辆的运行状况及信息。防爆控制箱包括机车核心控制系统和本质安全型电源，每个电源的额定电压为 12 V，最大电流为 1.5 A。防爆式三相发电机是自励式，具有短路保护功能，并且可控制自身的负荷输出电压，其输出电压可达 DC 25.5 V；它还具有防短路保护功能，可以在电流为 20 A 恒定的运行状态下加载。如果出现短路故障，控制系统可以将短路电流限制到 3 A。

六、液压控制系统

柴油机单轨吊车的液压控制系统由主泵和定量行走马达组成，柴油机带动主泵，主泵产生的高压油源驱动行走马达，带动驱动轮沿轨道行走。液压马达出口的低压液压油经冲洗阀的热交换阀和低压溢流阀流经冷却器回到油箱，补油泵不断有冷油从主泵的进油口补充到闭式系统。系统压力由马达行走过程中负载决定，闭式系统所设置的压力切断功能和高压安全阀可以确保主泵的运行安全性。

第五节　胶套轮机车、黏着/齿轨机车、无轨胶轮车

一、胶套轮机车

普通机车的爬坡能力差，一般只有 2°~3°。为了增强爬坡能力，使机车能够安全可靠地在起伏不平的巷道(采区巷道)中运行，发展了胶套轮机车。胶套轮机车系统是在使用普通钢轨的基础上，将机车的钢轮套上一个橡胶(或聚氨酯)圈套作为轮缘踏面。同时，在机车制动系统中加装新型制动闸，以有效地加大机车牵引力和制动力。这种胶套轮机车可在 5°~7°以下的坡度运行。例如，英国的科列依顿型机车，适用于较大坡度的巷道。当采用液压方法强制把车轮压在铁轨上时，机车的爬坡能力可达到 8°；当坡度达到 7°以上时，一般可采用齿轨机车。

胶套轮机车是靠自重与胶轮的黏着力来牵引和制动的，因而在上、下坡时直接受到机车自重的制约，再加上普通轨的轨面较窄，胶轮的比压有限，故这种机车一般只能在 5°以下轨道运行，常用于沿煤巷掘进的起伏不定的巷道，是比较理想的掘进配套运输设备，也可以作为大巷和上、下山齿轨机车系统的接力延伸系统。

二、黏着/齿轨机车

黏着/齿轨机车系统是在两根普通钢轨加装一根平行的齿条作为齿轨，而在机车上除车轮作黏着传动牵引外，另外增加 1~2 套驱动齿轮及制动装置，驱动齿轮与齿轨啮合，以增大牵引力和制动力。机车在平道上沿普通轨道用黏着力高速牵引列车，在坡道上以较低的速度通过驱动齿轮与齿轨啮合，加上机车黏着力共同牵引(以齿轮为主)，或单用齿轮系统牵引。如果轨道不是一般的钢轨，而是采用槽钢，则为齿轨/卡轨机车，即普通轨加装卡轨装置也可成为齿轨/卡轨机车。

黏着/齿轨机车可在近水平煤层以盘区开拓方式的矿井中，实现大巷上下山-采区顺槽轨道一条龙运输，可满足一般矿井运送材料和人员的要求。轨道需加固，选用钢轨不得小于23 kg/m，轨距为600~914 mm。齿轨是特殊的弹簧矮齿轨。黏着/齿轨机车自重大、造价较高，约比普通机车高1~2倍，齿轨约比普通轨道造价高2倍。

三、无轨胶轮车

(一)概述

无轨胶轮车用于井下，是在巷道底板上运行的胶轮运输车，不需要专门的轨道。它以柴油机或蓄电池为动力，由牵引车和承载车组成，前部为牵引车，后部为承载车，前、后车铰接。无轨胶轮车按用途分运输类车辆和铲运类车辆。运输类车辆主要完成长距离的人员、材料和中小型设备的运输，包括运人车、运货车和客货两用车；铲运类车辆主要完成材料和设备装卸、支架和大型设备的铲装运输，它包括铲斗和铲叉，多用式装载车和支架搬运车。无轨胶轮车按动力装置分柴油机胶轮车、蓄电池胶轮车和拖电缆胶轮车(梭车)。

无轨胶轮车一般采用铰接车身，可以在很小的曲率半径内转弯，能够在起伏不平的巷道底板上自由驾驶；机身较低，使用重型充气或充泡沫塑料轮胎；带有可靠的制动系统。无轨胶轮车一般车体较宽，行驶中巷道两侧需要有不小于300 mm的间隙，因而需要巷道尺寸较宽，且最好是无棚腿支护巷道。底板抗压强度应不小于250 kPa，有淋水时需降低使用坡度，底板较软或破碎时需经常铲平清理，有的甚至需要加打混凝土路面进行硬化处理或加垫板。无轨胶轮车特别适用于赋存较浅、倾角不大的近水平煤层矿井，理想的是12°左右的斜副井，用无轨胶轮车从地面到采区直接运送人员、材料、设备和矸石。

(二)WC8FB型防爆悬挂式胶轮车

WC8FB型防爆悬挂式胶轮车是一种适合在井下不平和长坡路面使用的客货两用胶轮车，如图8-26所示，其前、后机架铰接，通过双液压缸实现转向，以柴油机作为动力，采用专门设计的油气悬挂装置。前机架设计为整体承载式焊接结构，后机架为刚性边梁套架式结构，由左、右摆动车轮安装板和后油气悬挂缸组成车辆后悬挂系统。前、后机架是不规则的中薄板焊接件，结构强度高，抗冲击性能好。工作装置为多用自卸车厢，结构为后开口和底板后部上翘式结构，与地面矿山运输车辆的刚性自卸车厢相似。由2个四伸缩液压举升缸完成车厢自卸工作，车厢边板和底板材料采用高强度低合金钢板和耐磨钢板，抗砸性好，使用寿命长。举升阀闭锁后，车厢内可放置3个长条活动座椅，进行人员运输。

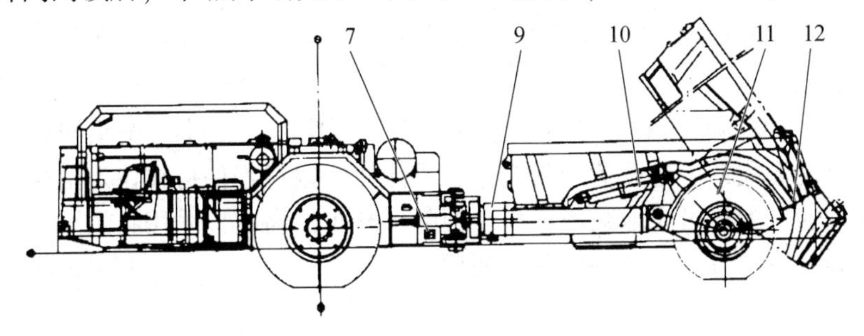

图8-26　WC8FB型防爆悬挂式胶轮车

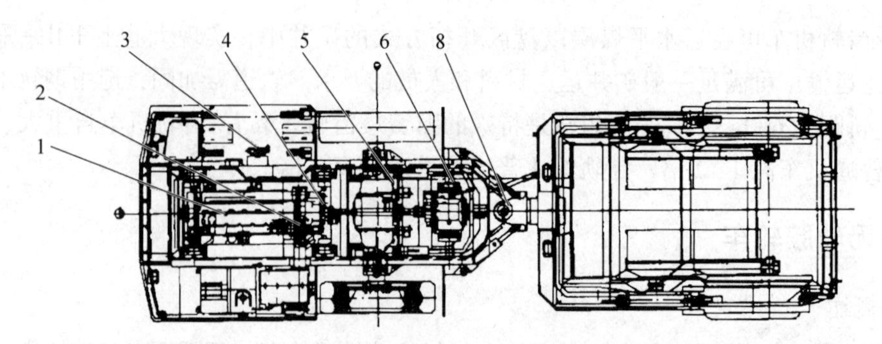

1—防爆柴油机；2—进排气防爆装置；3—驾驶操纵；4—传动系统；5—前悬挂系统；6—前摆架；7—前机架；8—铰接转盘，9—后机架；10—后悬挂系统；11—后摆动轮总成；12—自卸车厢。

图 8-26　WC8FB 型防爆悬挂式胶轮车(续)

图 8-27 所示为液力机械式传动系统，使用液力变矩器、动力换挡变速箱、传动轴、驱动桥等组成的液力机械式传动系统。

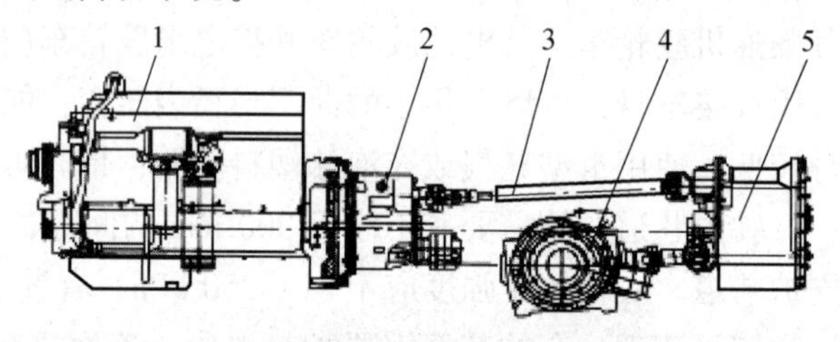

1—防爆柴油机；2—液力变矩器；3—传动轴；4—驱动桥；5—动力换挡变速箱。

图 8-27　液力机械式传动系统

前悬挂如图 8-28 所示，它采用机械式负反馈伺服阀控制由蓄能器和前悬挂液压缸组成的液气悬挂装置。该装置的优点是通过螺杆能够调整减振行程，通过改变蓄能器的预充气压力可以调整悬架的刚度。反馈式伺服阀使得前桥始终能在调定的平衡点进行上、下减振调整，实现了机架与前驱动桥的柔性连接，提高了运行的舒适性和在不平路面上的运行效率。

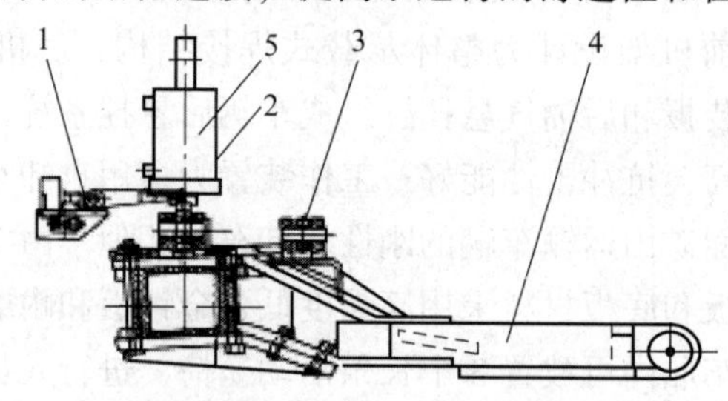

1—平衡阀机构；2—前悬挂液压缸；3—拉杆机构；4—摆架机构；5—蓄能器。

图 8-28　前悬挂

后悬挂如图 8-29 所示，它是结构紧凑的自定位可控油气悬挂减振系统。该系统采用手动操作自动限位的方式，不论载荷如何变化，总能使减振行程保持在设定的位置上，避免了手动操作的随意性。为尽可能地减小体积以便降低整车的高度，采用将后悬挂液压缸与柱塞式蓄能器设计为一体的方式，结构简单、使用可靠。

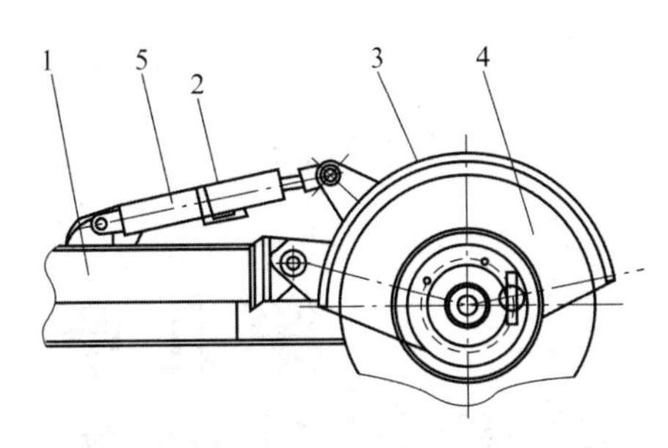

1—后机架；2—后悬挂液压缸；3—后轮摆架；4—后轮；5—柱塞式蓄能器。

图 8-29　后悬挂

图 8-30 所示为安全型湿式制动器。车辆起动前，靠碟簧的压力使静、动多组摩擦片结合，使其处于制动状态，可实现驻车和行驶中的紧急制动工况。车辆启动后，靠油压释放碟簧的压力解除制动。工作制动是通过制动踏板控制液压比例阀放油实现的。柴油机产生故障时，液压系统失压，车轮自动抱死。车辆需要拖动时，可通过解除制动机构松开抱死的静、动摩擦片。

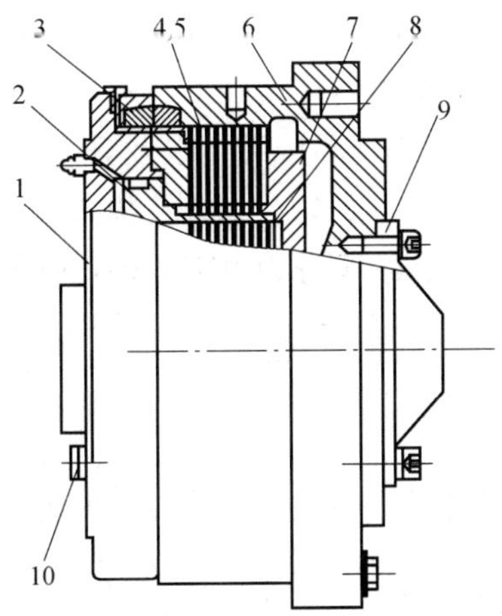

1—静壳；2—排空嘴；3—呼吸嘴；4—内钢片；5—摩擦片；
6—动壳；7—压盘；8—碟簧；9—端盘；10—解除制动机构。

图 8-30　安全型湿式制动器

习题8

1. 矿用辅助运输设备主要有哪些？
2. 说明电机车的分类及适用范围。
3. 矿用电机车的机械构造与电气设备有哪些？其作用如何？
4. 底卸式矿车在卸载站是如何实现自动卸载的？
5. 简述有极绳矿用绞车的组成部分。
6. 简述单轨吊车的组成和工作原理。
7. 单轨吊车的牵引设备主要有哪些形式？
8. 简述无轨胶轮车的主要特点。

第九章 矿井提升设备

第一节 概 述

矿井提升设备是矿山的重要机电设备，是井下与地面间主要的运输工具。矿井提升设备主要用于提升有益矿物(煤炭、矿石等)和矸石，以及升降人员、设备、材料等。矿井提升设备包括提升机、提升钢丝绳、容器、天轮、井架及装卸载附属装置。

根据提升方法不同，矿井提升系统可分为以下4种：竖井箕斗提升系统，竖井罐笼提升系统，斜井箕斗提升系统，斜井串车提升系统。

一、竖井箕斗提升系统

竖井箕斗提升系统是矿井提升煤炭的主提升系统，主要由提升机、天轮、箕斗、翻车机等组成，如图9-1所示。井下的煤车通过井底车场巷道中的翻车机(翻笼)将煤卸入井下煤仓9中，再通过装载设备11将煤装入箕斗4中。此时，另一条钢丝绳上所悬挂的箕斗则位于井架3上的卸载曲轨5内，将煤卸入井口煤仓6中。两个箕斗通过绕过天轮的两条钢丝绳，由提升机滚筒带动在井筒中做上、下往复运动，进行提升工作。

二、竖井罐笼提升系统

竖井罐笼提升系统是矿井提升人员、矸石、下放材料、设备的副提升系统，主要由提升机、天轮、罐笼、井架等设备组成，如图9-2所示。其中，一个罐笼5位于井底进行装车，另一个罐笼则位于井口出车平台进行卸车；两条钢丝绳的两端，一端与罐笼相连，另一端绕过井架上的天轮3，缠绕并固定在提升机1的滚筒上。滚筒旋转即可带动井下的罐笼上升，地面的罐笼下降，使罐笼在井筒中做上、下往复运动，进行提升工作。

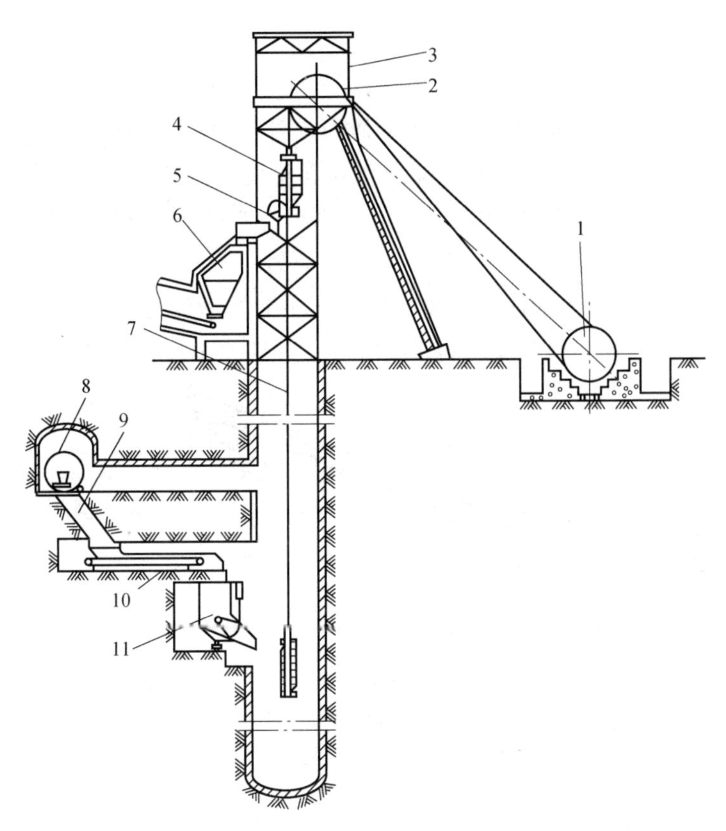

1—提升机；2—天轮；3—井架；4—箕斗；5—卸载曲轨；6—井口煤仓；7—提升钢丝绳；8—翻车机；9—井下煤仓；10—给煤机；11—装载设备。

图 9-1　竖井箕斗提升系统

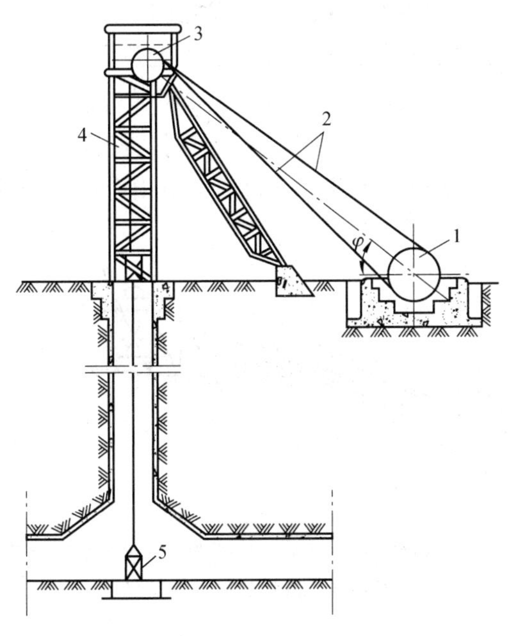

1—提升机；2—提升钢丝绳；3—天轮；4—井架；5—罐笼。

图 9-2　竖井罐笼提升系统

三、斜井箕斗提升系统

倾角大于25°斜井的煤炭提升、上下山的矸石提升及地面矸石山的矸石提升均可采用斜井箕斗提升系统，如图9-3所示，它可视为竖井箕斗提升系统的派生产物。由于竖井变斜井，箕斗、装卸载设备都要做相应地改动。井下煤车将通过翻车硐室1中的翻车机将煤卸入井下煤仓2，操纵装载闸门3将煤装入箕斗4中；而另一箕斗则在地面栈桥6上，通过卸载曲轨7将箕斗打开，把煤卸入地面煤仓8中。两箕斗上的钢丝绳通过天轮10后缠绕并固定在提升机滚筒11上，靠提升机滚筒旋转带动箕斗在井筒5中往复运动，进行提升工作。

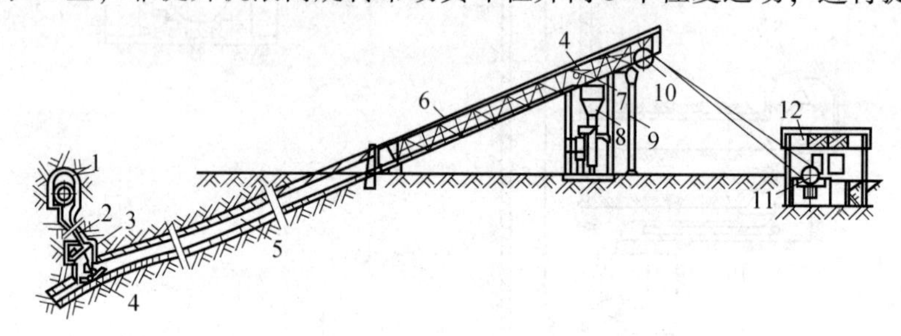

1—翻车硐室；2—井下煤仓；3—装载闸门；4—箕斗；5—井筒；6—栈桥；
7—卸载曲轨；8—地面煤仓；9—立柱；10—天轮；11—提升机滚筒；12—提升机房。

图9-3 斜井箕斗提升系统

四、斜井串车提升系统

两条钢丝绳的两端一端与若干个矿车组成的串车组相连，另一端绕过井架上的天轮缠绕并固定在提升机的滚筒上，通过井底车场、井口车场的一些装卸载辅助工作，滚筒旋转即可带动串车组在井筒中往复运动，进行提升工作，这种提升系统称为斜井串车提升系统，如图9-4所示。与斜井箕斗提升系统相比，它不需要复杂的装卸载设备，具有投资小、建设快的优点，故产量小的斜井常采用这种提升系统。由于这种提升系统结构简单，只是提升机(或提升绞车)用钢丝绳牵引一串矿车，因此井下轨道上下山全部采用此系统提升矸石、下放材料等。

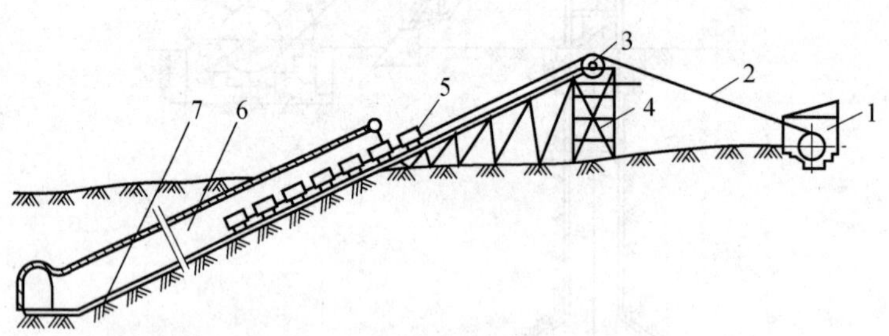

1—提升机；2—提升钢丝绳；3—天轮；4—井架；5—矿车；6—矿井；7—轨道。

图9-4 斜井串车提升系统

第二节　提升辅助设备

提升辅助设备是辅助提升机共同完成提升任务的各种设备总称，主要有箕斗、箕斗的装载设备、罐笼、防坠器、罐笼的承接装置、连接装置、钢丝绳、井架和天轮等。

一、箕斗

箕斗是竖井或斜井提升煤炭或矸石的容器，用于竖井的称为竖井箕斗，用于斜井的称为斜井箕斗。

(一)竖井箕斗

单绳提升的竖井箕斗有两种形式：一种是扇形闸门底卸式箕斗，如图 9-5 所示，这种箕斗在井底装载时，煤由斗箱的上口装入，当箕斗上提接近卸载位置时，位于扇形闸门 4 上的卸载滚轮 6 进入井架上的卸载曲轨 7，在卸载曲轨作用下，扇形闸门向上打开，同时活动溜槽 5 沿滚轮 9 移动，煤经溜槽卸出；另一种是平板闸门底卸式箕斗，如图 9-6 所示，其工作原理和扇形闸门底卸式箕斗相似。平板闸门底卸式箕斗较扇形闸门底卸式箕斗卸载时井架受力小，卸载曲轨短，装煤时撒煤少，且动作可靠。

多绳提升的竖井箕斗都是平板闸门底卸式箕斗。箕斗绳数一般与多绳绞车绳数一致，且有尾绳。

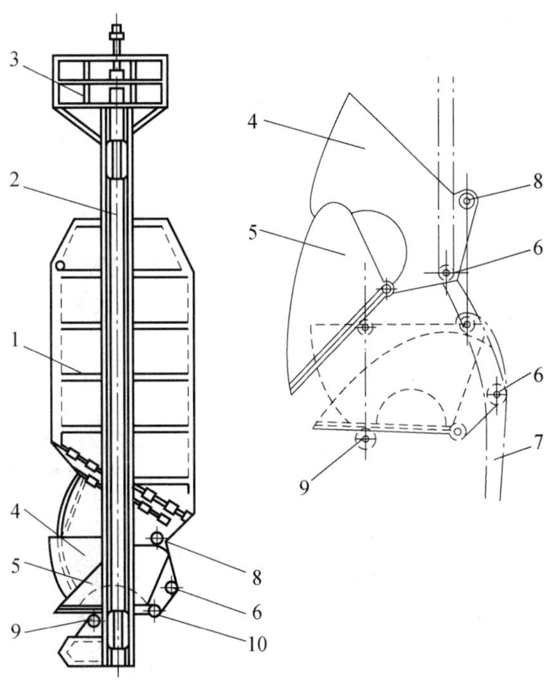

1—斗箱；2—框架；3—平台；4—扇形闸门；5—活动溜槽；
6—卸载滚轮；7—卸载曲轨；8—轴；9—滚轮；10—销轴。

图 9-5　扇形闸门底卸式箕斗

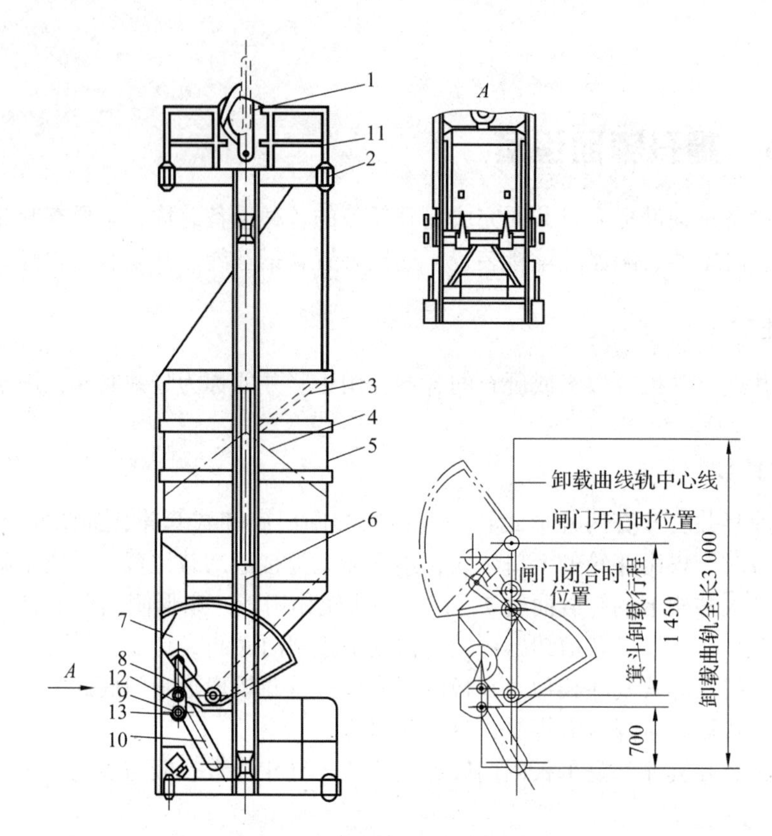

1—连接装置；2—罐耳；3—可调溜煤板；4—煤堆线；5—斗箱；6—框架；
7—闸门；8—连杆；9—滚轮；10—曲轨；11—平台；12—滚轮；13—机械闭锁装置。

图 9-6　平板闸门底卸式箕斗

(二)斜井箕斗

当斜井倾角大于 25°时，要使用斜井箕斗，因为使用矿车提运会将煤或矸石洒出。煤矿主要使用后卸式箕斗，其结构和工作原理与扇形闸门底卸式竖井箕斗相似，也有卸载滚轮、扇形闸门等结构，只是扇形闸门位于箕斗后部，煤或矸石从后部卸载，故称为后卸式箕斗。

二、箕斗的装载设备

箕斗的装载设备安装在井底的装载硐室中，它分定容装载设备和定量装载设备两大类。

竖井箕斗一般采用定容装载设备，它实际上就是将箕斗装满为止。其结构虽然简单，但存在装煤时洒煤多，清理井底水窝洒煤的工作量大，特别是每次装载的质量受到煤的粒度和水分的影响较大等问题。对于含水较多的粉煤，装载量将超过额定值，给提升机的控制，特别是自动控制带来较大困难。

定量装载设备可以克服上述缺点，其工作原理是在装载之前，先从煤仓中称量同箕斗提升量相等的煤，待空箕斗下放到装载水平时，再将预先称好的煤装到箕斗内。采用定量装载设备的优点是实际提升量同规定值差额较小，有利于提升机的运行，特别是自动化提升，而且装载时洒煤量较小。

三、罐笼

（一）罐笼的应用及分类

罐笼既可以提升煤炭，也可以提升矸石、升降人员、运送材料及设备等。罐笼既可用于主井提升，也可用于副井提升。罐笼按层数有单层、双层和多层之分，每层又有单车和双车两种；按罐道材质有木罐道、钢罐道和钢丝绳罐道之分；按提升钢丝绳数目有单绳罐笼和多绳罐笼之分。

（二）罐笼结构特点

图 9-7 所示为单绳单层罐笼，它由两个垂直侧盘经横梁 7 连接而成。两个侧盘由 4 根立柱 8 外包钢板 9 组成。罐笼顶部有半圆形的淋水棚 6，两端有帘式罐门 10，底部敷设轨道 11 及自动开闭的阻车器 12。罐耳 13 是保证罐笼平稳沿罐道运行的结构，不同种类罐道的罐笼，其罐耳构造也不一样。防坠器 4 是单绳罐笼必须装备的，它设于罐笼的上部。多绳罐笼结构与单绳罐笼基本相同，二者之区别在于钢丝绳连接装置。

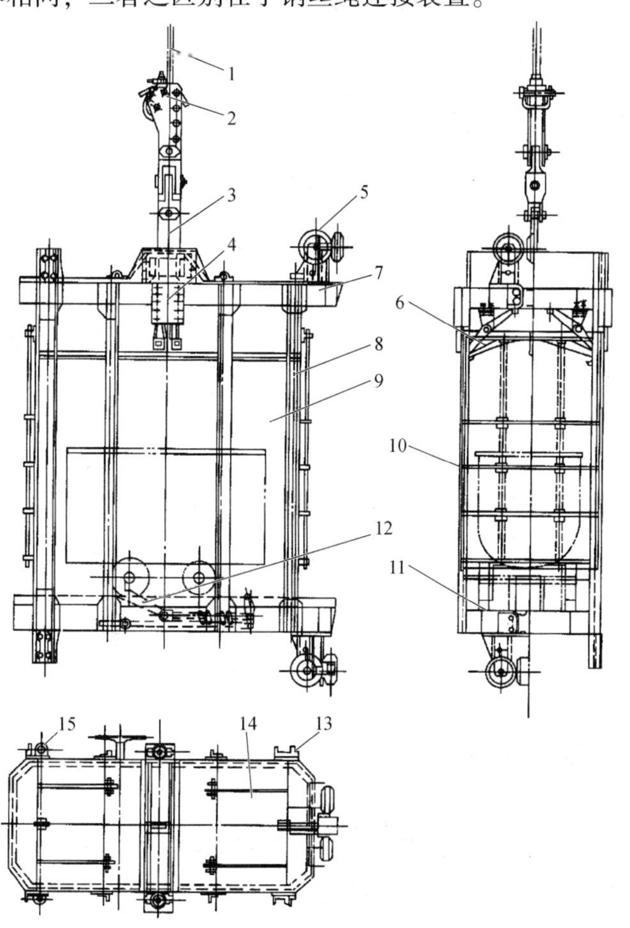

1—提升钢丝绳；2—楔形绳环；3—立拉杆；4—防坠器；5—橡胶滚轮罐耳(用于组合钢罐道)；
6—淋水棚；7—横梁；8—立柱；9—钢板；10—罐门；11—轨道；
12—阻车器；13—罐耳；14—罐盖；15—套管罐耳(用于绳罐道)。

图 9-7　单绳单层罐笼

四、防坠器

为防止提升钢丝绳或罐笼同钢丝绳的连接装置断裂，对于升降人员或升降人员和物料的单绳提升罐笼，必须装置可靠的防坠器。防坠器在钢丝绳或连接装置断裂时，可将罐笼平稳地支承在罐道或制动绳上，而不致坠入井底，造成严重事故。

防坠器一般由开动机构、传动机构、抓捕机构和缓冲机构等组成，其具体结构同罐道类型有关。防坠器分为木罐道防坠器、钢罐道防坠器和制动绳防坠器。

图 9-8 所示为制动绳防坠器井筒布置示意图。每个罐笼配两条制动钢丝绳 7，其上端通过连接器 6 与缓冲钢丝绳 4 连接，缓冲钢丝绳穿过安装在井架天轮平台 2 上的缓冲器 5，再绕过井架上的圆木 3 悬垂着，绳端用合金浇铸成锥形杯绳头 1，防止缓冲绳从缓冲器中拔出。其下端穿过罐笼 9 上部的防坠器直到井筒的下部，在井底水窝用拉紧装置 10 固定。

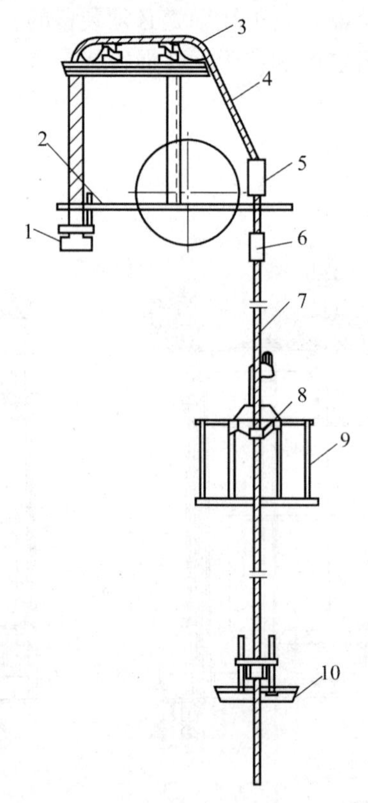

1—锥形杯绳头；2—井架天轮平台；3—圆木；4—缓冲钢丝绳；
5—缓冲器；6—连接器；7—制动钢丝绳；8—抓捕器；9—罐笼；10—拉紧装置。

图 9-8　制动绳防坠器井筒布置示意图

制动绳防坠器的结构有几种形式，其差别在于其开动机构、传动机构和抓捕机构的结构各不相同。图 9-9 所示是制动绳防坠器，它采用 4 条垂直布置的拉力弹簧 1 作为驱动机构，驱动滑楔 2。正常提升时，提升钢丝绳向上拉主拉杆 3，拉力弹簧受拉，滑楔处于最低位置。发生断绳时，在拉力弹簧作用下，插在抓捕器中的拨杆 6 抬起滑楔，使滑楔与制动钢丝绳 7 接触，把罐笼抓捕在制动钢丝绳上。这种防坠器简单可靠，动作灵活，且动作后易恢复。

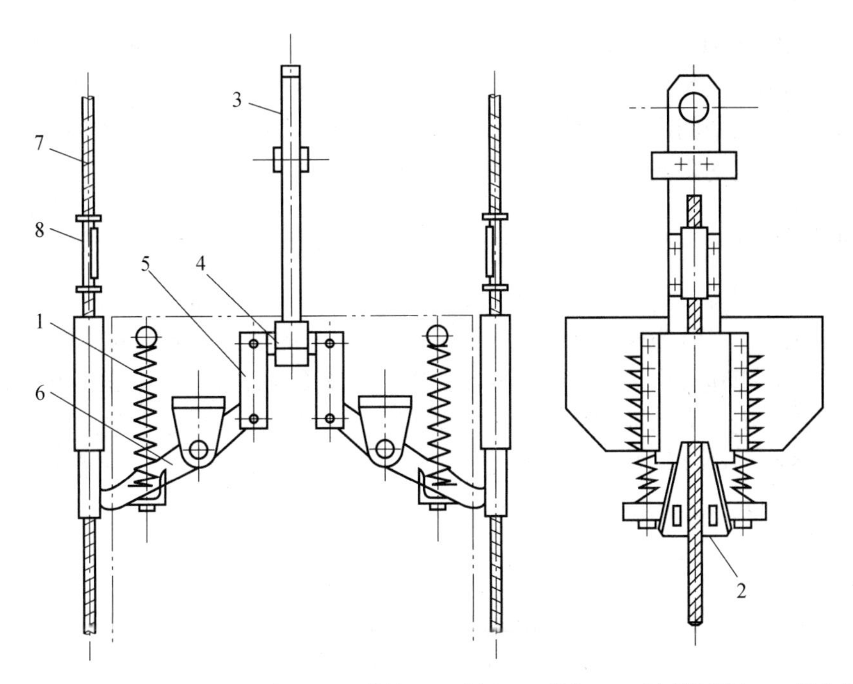

1—拉力弹簧；2—滑楔；3—主拉杆；4—横梁；5—连板；6—拨杆；7—制动钢丝绳；8—导向套。

图 9-9　制动绳防坠器

五、罐笼的承接装置

在井底、井口及中间水平，为了便于矿车进出罐笼，要使用罐笼的承接装置。承接装置有承接梁、罐座和摇台 3 种形式。

承接梁结构简单，只能用于井底车场，可使罐笼准确地停在车场水平。罐座主要用于井口车场，亦可用于井底车场。罐座能使罐笼停车位置准确，便于矿车出入，推入矿车时所产生的冲击负荷可由罐座承受。但是，将位于井口罐座上的罐笼下放时，必须先将井口罐笼稍稍上提，罐座才能收回，故使提升机操纵复杂。目前，矿井不再采用罐座而使用摇台，如图 9-10 所示。

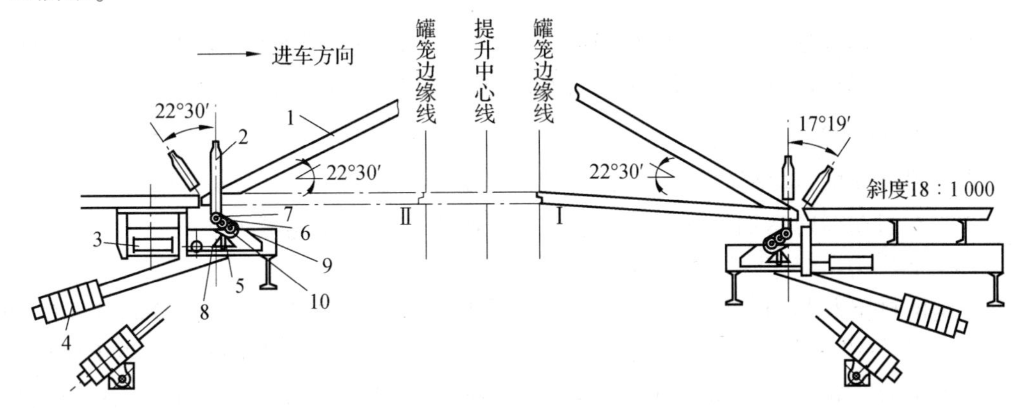

1—摇臂；2—手把；3—动力缸；4—配重；5—轴；6—摆杆；7—销子；8—滑车；9—摆杆套；10—滚轮。

图 9-10　摇台

摇台主要由能绕轴转动、装有轨道的两个摆臂组成。手把 2 依靠动力缸 3 操纵摇臂 1 抬起与放下，当动力缸发生故障时，则可用手把和配重 4 使摇臂抬起与放下。摇台的应用范围广，在井底、井口及中间水平都可以使用，特别是多绳摩擦式提升必须使用摇台。由于摇台调节高度受摇臂长度的限制，因此要求绞车司机停放罐笼的位置准确。

六、连接装置

提升钢丝绳和提升容器的连接装置是提升容器的一个重要组成部件。煤矿单绳提升容器采用楔形连接装置，又称为楔形绳环，如图 9-11 所示。此种连接装置的夹紧力随着载荷量增大而增大，确保工作安全。多绳提升容器的连接装置除与提升钢丝绳数目相同的楔形连接装置外，还有钢丝绳张力的平衡装置，以减少各提升钢丝绳之间的张力差，从而使各提升钢丝绳受力基本均衡，提高提升钢丝绳寿命。平衡装置可分为以下 4 种：平衡杆式，角杆式，弹簧式，液压式。其中，液压式效果比其他 3 种好。

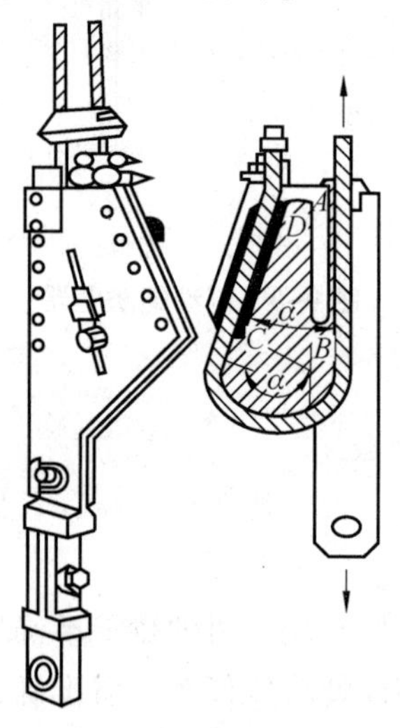

图 9-11　楔形绳环

七、钢丝绳

钢丝绳的作用是悬吊提升容器并传递动力。它是矿井提升设备的重要组成部分，对矿井提升的安全和经济运转具有重要作用，因此在生产中受到特别重视。

(一) 钢丝绳的结构

矿井提升所用的钢丝绳(见图 9-12)是由一定数量的细钢丝捻成股，再用若干股捻成绳，绳中间夹有浸过防腐防锈油的纤维绳芯制成。纤维绳芯的作用是减少绳股间钢丝的接触应力，缓和弯曲应力，储存润滑油，防止绳内钢丝锈蚀。

钢丝绳的材质为优质碳素结构钢，优质钢丝绳的公称抗拉强度为 1 570 MPa、1 670 MPa、1 770 MPa 3 个等级，抗拉强度大的钢丝绳可弯曲性差。选用时，竖井提升应靠近 1 665 MPa，下限不少于 1 520 MPa；斜井提升应靠近 1 520 MPa。钢丝按照耐受反复弯曲和扭转次数的不同可分为特号、Ⅰ号、Ⅱ号 3 种。对于用来升降人员或人和物料混合提升的钢丝绳，应选用特号钢丝制成的钢丝绳；只作为提升物料用时，可选用Ⅰ号钢丝制成的钢丝绳。

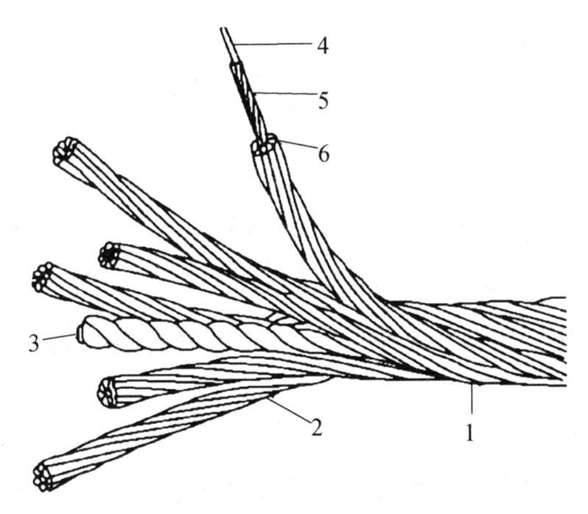

1—钢丝绳；2—绳股；3—纤维绳芯；4—股芯；5—内层钢丝；6—外层钢丝。

图 9-12　钢丝绳

钢丝的表面状态有光面和镀锌两种，镀锌的又分为 A 级镀锌(代号为 ZAA)、AB 级镀锌(代号为 ZAB)、B 级镀锌(代号为 ZBB)。镀锌的优点是可以防止生锈和腐蚀，但镀锌以后钢丝绳强度有所下降，它常被用在摩擦提升机(因摩擦提升机在钢丝绳上涂润滑油会降低摩擦系数)。缠绕式提升机多用光面钢丝绳，但使用时要定期涂油以防腐蚀。

(二)钢丝绳的捻法

钢丝绳的捻法用两个字母(Z 或 S)表示，Z 表示右向捻，S 表示左向捻，具体的捻法如图 9-13 所示。第一个字母表示钢丝绳中股的捻向，第二个字母表示股中丝的捻向。同向捻是指绳中股的捻向与股中丝的捻向相同，股是右捻的叫右同向捻(ZZ)，反之叫左同向捻(SS)；交互捻是指绳中股的捻向与股中丝的捻向相反，股是右捻的叫右交互捻(ZS)，反之叫左交互捻(SZ)。

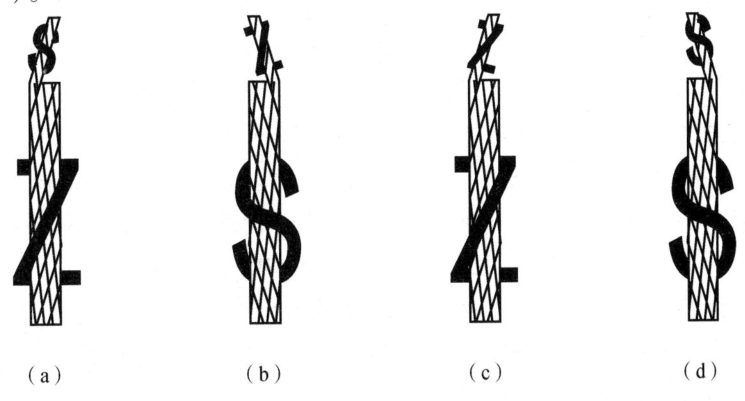

图 9-13　钢丝绳的捻法

(a)右交互捻(ZS)；(b)左交互捻(SZ)；(c)右同向捻(ZZ)；(d)左同向捻(SS)

股的捻向应与钢丝绳在卷筒上缠绕的螺旋方向一致，以防在缠绕时钢丝绳松劲，影响钢丝绳的使用寿命。同向捻钢丝绳柔软，表面光滑，接触面积大，耐弯曲，使用寿命长，断丝后丝头即翘起，易发现，所以在竖井缠绕式提升和多绳摩擦式提升中经常采用，只是多绳摩擦式提升左捻和右捻各半。同向捻钢丝绳易松捻(扭转)和反驳打卷，甚至因打结而不能使用，而在斜井串车提升中需要经常摘挂钩，钢丝绳一端成为自由端。为防止这种现象发生，多采用结构较稳定的交互捻钢丝绳。

(三)钢丝绳的分类

1. 按钢丝绳的捻法分类

钢丝绳按捻法可分为右交互捻(ZS)、左交互捻(SZ)、右同向捻(ZZ)和左同向捻(SS)。

2. 按股中丝与丝的接触形式分类

各层钢丝之间有点、线、面3种接触形式，故可分为点接触钢丝绳、线接触钢丝绳、面接触钢丝绳。

1)点接触钢丝绳

点接触钢丝绳股内的各层钢丝捻距不等，各层丝之间呈点接触。虽然这种钢丝绳造价较低，但钢丝绳间接触应力大。特别在钢丝绳经过滚筒和天轮时，钢丝受到二次弯曲、拉伸和横向挤压，受力情况复杂，所以使用寿命较短。

2)线接触钢丝绳

线接触钢丝绳的绳股各层由不同直径的钢丝以等捻距捻成，层间钢丝呈线性接触，这种钢丝绳工作时应力降低，耐疲劳性能好，结构紧密，金属断面利用系数较高，比普通钢丝绳的寿命增长0.75倍。

3)面接触钢丝绳

面接触钢丝绳是由线接触钢丝绳发展来的，钢丝加工压制成特殊形状后捻成，呈面接触，这种钢丝绳具有结构紧密、间隙小、不易变形、股内丝与丝间接触面积大、刚性强和更耐磨损等优点。

3. 按股的断面形状分类

钢丝绳除了有圆形股，还有三角股(代号为V)和椭圆股(代号为Q)等。

圆形股钢丝绳易于制造，价格低，矿山常用这种钢丝绳。三角股钢丝绳比圆形股钢丝绳表面圆整平滑，与天轮及滚筒的接触面积大，每根钢丝分担的压力小，耐磨损，实践证明其寿命要比点接触圆形股钢丝绳高2~3倍，但价格只高50%左右。另外，三角股钢丝绳有效金属断面较大，在同样绳端荷重条件下，用三角股钢丝绳比用圆形股钢丝绳其绳径可以减小，丝径也可以减小，则提升机之容绳量就相对增大。由此可知，在绳径减小后，当选用圆形股线接触钢丝绳提升机直径不能满足1 200倍丝径要求时，就应选用三角股钢丝绳。由于三角股钢丝绳表面圆整平滑，对于摩擦提升的摩擦衬垫磨损小，能提高摩擦衬垫的使用寿命，且摩擦力较大，所以三角股钢丝绳特别适用于摩擦式提升。椭圆股钢丝绳也具备三角股钢丝绳的特点，但较三角股钢丝绳稳定性稍差。

另外，还有常用来做尾绳用的不旋转钢丝绳和扁钢丝绳(代号为P)以及做罐道用的密封钢丝绳等。

4. 按钢丝绳的股数与股外层钢丝的数目分类

根据国家标准规定，国产优质钢丝绳可按其股数和股外层钢丝的数目分类。

(四)钢丝绳选用

(1)对于单绳缠绕式提升，一般宜选用光面右同向捻、断面形状为圆形股或三角形股、接触形式为点或线接触的钢丝绳，且多采用价格较低的6股19丝的普通圆股钢丝绳；对于矿井淋水大、酸度或碱度高和在出风井的井筒中使用，为防钢丝绳锈蚀，宜选用镀锌钢丝绳。

(2)对于斜井，因钢丝绳与地辊、地面摩擦，为了抗磨损和腐蚀，宜选用绳股表层的钢丝较粗、有纤维芯的钢丝绳，一般采用6股7丝的普通圆股钢丝绳，或线接触的6股19丝钢丝绳，选用时以股的外层钢丝直径比内层粗的为好。

(3)对于多绳摩擦式提升，一般宜选用镀锌同向捻(左右捻各半)的钢丝绳，断面形状最好是用三角股。

八、井架和天轮

(一)井架

井架是矿井地面的重要建筑物之一，它用来支持天轮和承受全部提升重物、固定罐道和卸载曲轨、架设普通罐笼的停罐装置(罐座或摇台)等。井架有木井架、金属井架、混凝土井架、装配式井架4种类型。

(1)木井架用于服务年限较短、产量较低的小型矿井。

(2)金属井架的构件可在工厂制造，工地进行安装。其服务年限长，耐火性好，弹性大，能适应提升过程中发生的振动；但成本较高，钢材消耗量大，容易腐蚀，故必须注意保护，每年都应涂防腐剂一次。

(3)混凝土井架的优点是节省钢材，服务年限长，耐火性好，抗震性强；缺点是自重大，必须加强基础，因而成本高，施工期长。适用于井塔式多绳摩擦式提升机。

(4)装配式井架用钢管和槽钢装配而成，适用于竖井开凿施工，其优点是便于运输和拆装。

(二)天轮

天轮是矿井提升系统中的关键部件之一，安装在井架上，作为支撑、引导钢丝绳转向之用。天轮分为井上固定天轮、凿井及井下固定天轮和游动天轮3种。

固定天轮轮体只做旋转运动，主要用于竖井提升及斜井箕斗提升。游动天轮轮体则除做旋转运动外，还可沿轴向移动，主要用于斜井串车提升，其结构形式也因其直径的不同而分为3种类型：直径 $D_t=3\ 500$ mm时，采用模压焊接结构；直径 $D_t<3\ 000$ mm时，采用整体铸钢结构；直径 $D_t>4\ 000$ mm时，采用模压铆接结构。

第三节　单绳缠绕式提升机

一、概述

提升机是进行提升工作的主要机械，它的任务是传递动力，完成提升或下放容器。提升机分为两大类，即单绳缠绕式和多绳摩擦式。单绳缠绕式提升机的工作原理比较简单，钢丝绳的一端固定并缠绕在提升机的滚筒上，另一端绕过井架天轮悬挂提升容器。这样，利用滚筒转动方向不同，将钢丝绳缠上或松放，以完成提升或下放容器的工作。

二、单绳缠绕式提升机的类型

单绳缠绕式提升机主要是圆筒形滚筒提升机，按照滚筒数目不同，可分为双滚筒和单滚筒两种。双滚筒提升机在主轴上装有两个滚筒，单滚筒提升机只有一个滚筒。

三、单绳缠绕式提升机的结构特点

JK 型提升机是一种典型的单绳缠绕式提升机，其组成如图 9-14 所示，这些结构组件可以分为工作机构、传动部分、制动系统、润滑系统、深度指示器、电动机、电控这几部分。

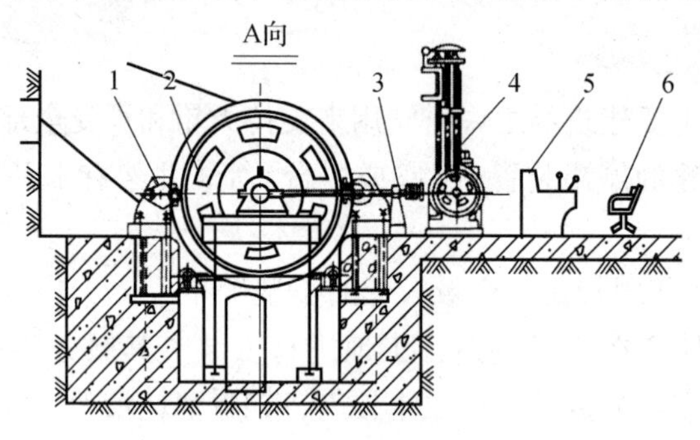

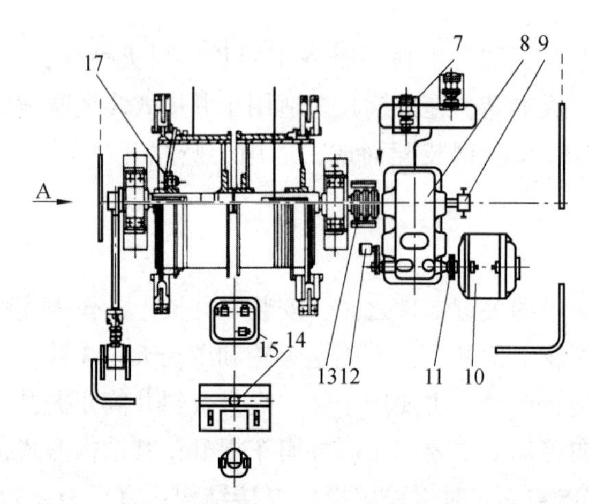

1—盘形制动器；2—主轴装置，3—牌坊式深度指示器传动装置；4—牌坊式深度指示器；
5—斜面操纵台；6—司机座椅；7—润滑油站；8—减速器；9—圆盘式深度指示器传动装置；
10—电动机；11—蛇形弹簧联轴器；12—测速发电机装置；13—齿轮联轴器；
14—圆盘式深度指示器；15—液压站；16—锁紧器；17—齿轮离合器。

图 9-14　JK 型提升机的组成

(一) 工作机构

JK 型提升机的工作机构(见图 9-15)由主轴承、密封头、滚筒、调绳装置等组成。滚筒装在主轴上，主轴安装在主轴承上。除个别情况采用单滚筒绞车单钩提升外，一般采用双滚筒绞车双钩提升。双滚筒中有一个滚筒用键固定在主轴上，称为固定滚筒；另一个滚筒滑装在主轴上，通过调绳装置与主轴连接，称为游动滚筒。单滚筒提升机的滚筒为固定滚筒。双滚筒提升机设有调绳装置，作用是使滚筒与主轴连接或脱开，以便在调节绳长或更换提升水平时，使游动滚筒与固定滚筒保持相对运动。调绳时，游动滚筒被闸住，固定滚筒随主轴转动。调绳装置有 3 种类型：蜗轮蜗杆离合器、摩擦离合器和齿轮离合器。JK 型双滚筒绞车利用液压控制齿轮离合器(见图 9-16)进行调绳。

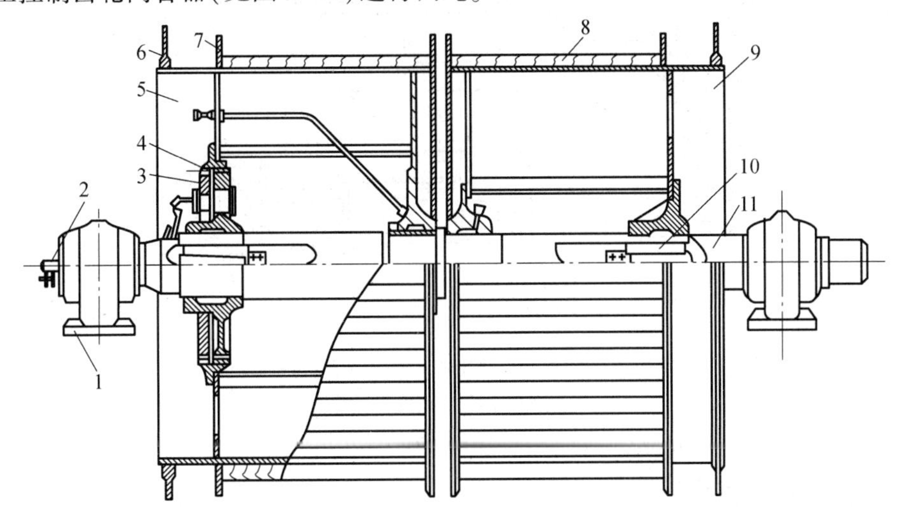

1—主轴承；2—密封头；3—调绳装置；4—尼龙套；5—游动滚筒；
6—制动盘；7—挡绳板；8—木衬；9—固定滚筒；10—切向键；11—主轴。

图 9-15　JK 型提升机的工作机构

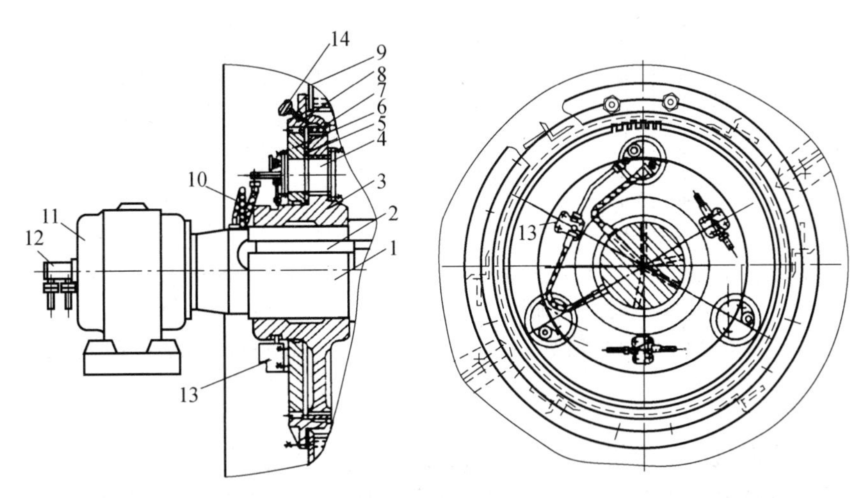

1—主轴；2—键；3—轮级；4—油缸；5—橡胶缓冲垫；6—齿轮；7—尼龙瓦；8—内齿轮；
9—滚筒轮辐；10—油管；11—轴承盖；12—密封头；13—联锁阀；14—油杯。

图 9-16　齿轮离合器

(二)传动部分

传动部分包括减速器和联轴器。JK 型绞车的减速器(见图 9-17)采用圆弧齿形人字齿圆柱齿轮传动。轴承为滑动轴承，也有采用滚动轴承的。减速箱下部作为润滑油池，是主轴承润滑的油源。减速器低速轴与提升机主轴连接采用齿轮联轴器，如图 9-18 所示。电动机与减速器高速轴连接采用蛇形弹簧联轴器，如图 9-19 所示。

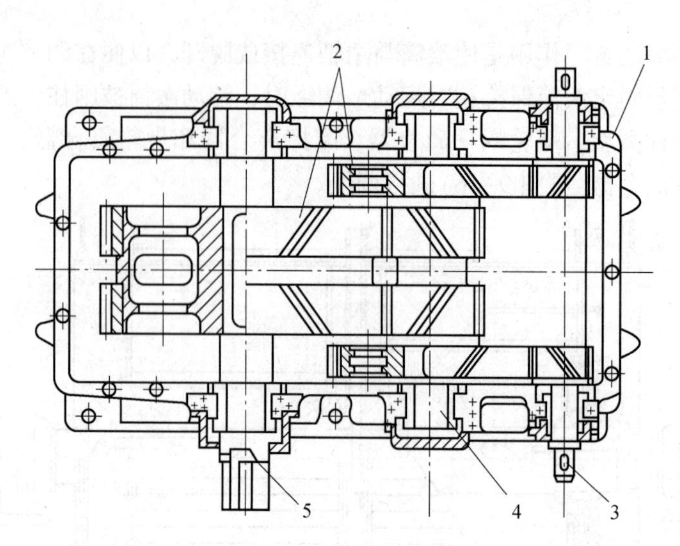

1—箱体；2—齿轮；3—高速轴；4—中间轴；5—低速轴。

图 9-17　减速器

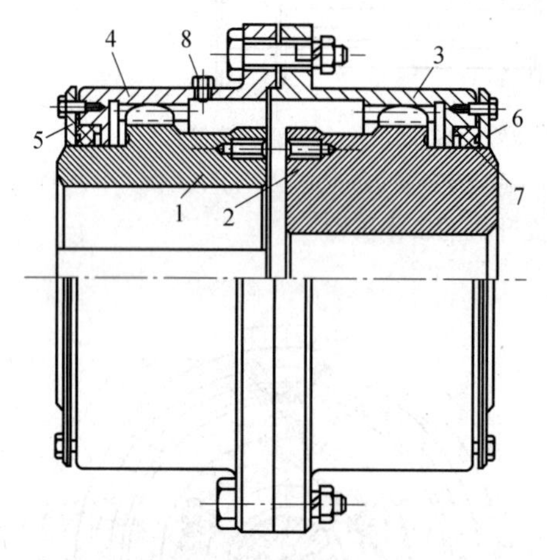

1、2—外齿轮轴套；3、4—内齿圈；
5、6—端盖；7—皮碗；8—油堵。

图 9-18　齿轮联轴器

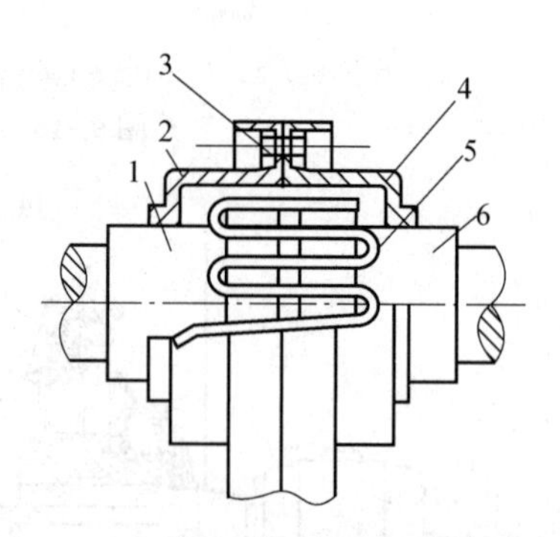

1、6—两半联轴器；2、4—罩；
3—螺栓；5—弹簧。

图 9-19　蛇形弹簧联轴器

（三）制动系统

制动系统是提升机的重要组成部分，它由制动器和传动机构组成。制动器直接作用在制动轮或制动盘上，从而产生制动力矩，按结构可分为盘闸和块闸。传动机构是控制并调节制动力的装置，按传动能源可分为油压、气压、弹簧等。

JK 型绞车采用油压盘闸制动系统。制动器为盘闸，靠弹簧力产生的制动力抱闸，靠油压松闸。盘闸制动器成对使用，每对称为一副，每台绞车可同时安装两副、四副或多副。盘闸制动器如图 9-20 所示。传动系统为液压传动系统。液压传动系统主要由油泵、调压装置和各种控制阀组成，其作用是产生可调的工作油压，控制盘闸制动器实现滚筒工作制动；紧急制动时迅速回油，实现安全制动；通过装在滚筒上的齿轮离合器进行制动。

矿井提升机的制动系统除了有油压盘闸制动系统，还有块闸制动器和油压或气压制动传动系统。块闸制动器按结构可分为角移式和平移式。角移式制动器-油压制动传动系统依靠油压和重锤实现松闸、抱闸，平移式制动器-气压制动传动系统依靠气压和重锤实现松闸、抱闸。

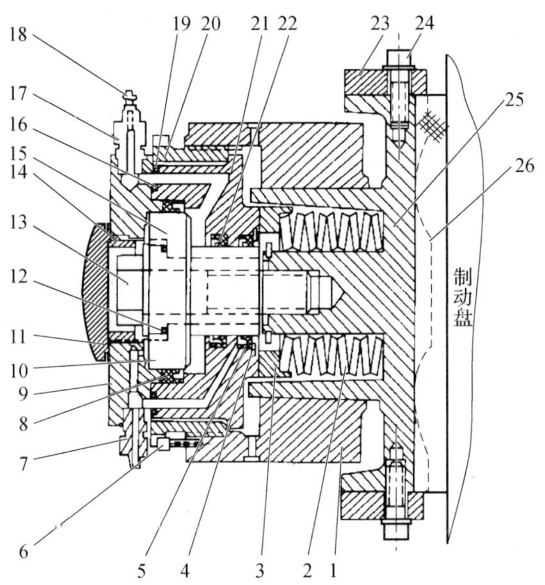

1—制动器体；2—碟形弹簧；3—弹簧座；4—挡圈；5、8、22—油封；6、24—螺钉；
7、17—油管接头；9—缸盖；10—活塞；11—后盖；12、14、16、19—密封圈；13—连接螺栓；
15—活塞内套；18—油管；20—调节螺母；21—液压缸；23—压板；25—筒体；26—闸瓦。

图 9-20 盘闸制动器

(四)润滑系统

润滑系统是指主轴承和减速器的各轴承及啮合齿面的润滑系统，润滑系统采用稀油强制润滑，由润滑油泵供油，系统由油箱、齿轮油泵、油管、液压继电器、控制阀等组成。油泵有两台，一台工作，一台备用。出油口装有油压继电器，失压时提升机不能启动。

(五)深度指示器

矿井提升机配有圆盘式和牌坊式两种深度指示器，使用时可根据需要选用一种或两种。牌坊式深度指示器(见图 9-21)采用机械传动系统，提升机主轴的旋转运动经一级锥齿轮传动、传动轴及两级圆柱齿轮传动传递给深度指示盘上的指针，使其指针上、下移动，指示提升容器在井筒中的位置。牌坊式深度指示器的优点是指示清楚，工作可靠，便于司机手动操纵提升机；缺点是体积比较大，指示精度不高，特别是不能实现提升机的远距离控制，因为深度指示器只能安装在提升机附近。

圆盘式深度指示器由两部分组成：一部分是与减速器被动轴相连的指示器传动装置，另一部分是装在斜面操纵台上的深度指示盘，如图 9-22 所示。传动装置与深度指示盘之间没有机械联系，而是通过两台自整角机实现同步联系，从而实现对提升容器在井筒中位置的指示。减速器从动轴经过传动轴及两级齿轮传动，将主轴的旋转运动传递给传动装置中的发送自整角机。发送自整角机再将信号发给位于深度指示盘上的接收自整角机，并以发送自整角机的同样速度转动，通过齿轮带动深度指示盘上的指针转动，从而指示提升容器在井筒中的位置。圆盘式深度指示器采用同步联系的原理，结构简单，使用可靠，特别适用于自动控制和远距离控制的提升机。

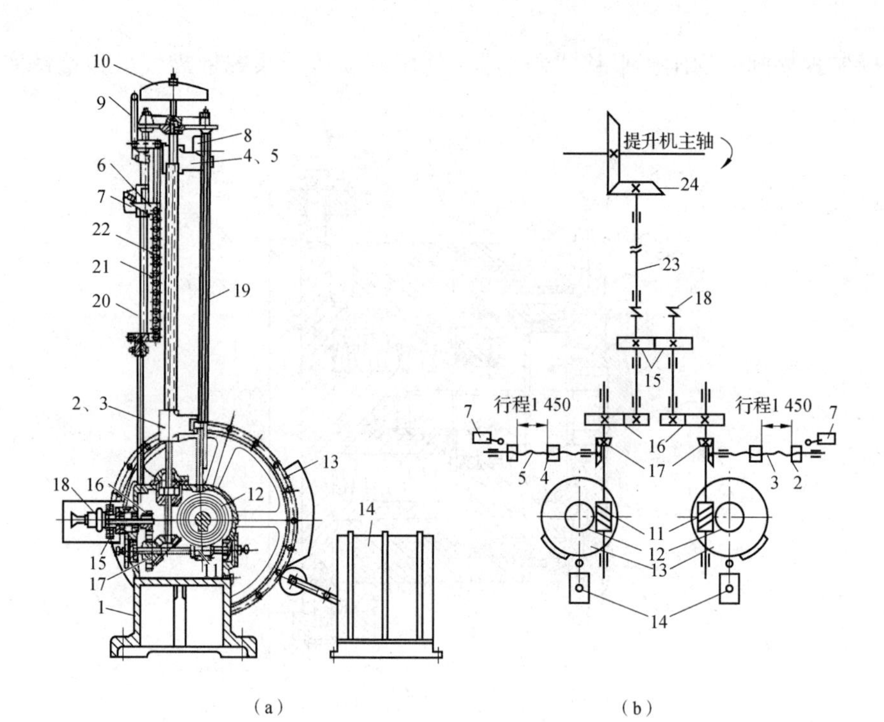

1—座；2、3、4、5—螺母和丝杆；6—撞块；7—减速开关；8—过卷开关；9—铃锤；10—铃；11—蜗杆；12—蜗轮；13—限速凸轮盘；14—限速电阻；15、16—齿轮副；17—伞齿轮副；18—离合器；19—标尺；20—导向轴；21—压板；22—销子孔；23—传动轴；24—传动伞齿轮。

图 9-21　牌坊式深度指示器

(a)结构；(b)传动原理

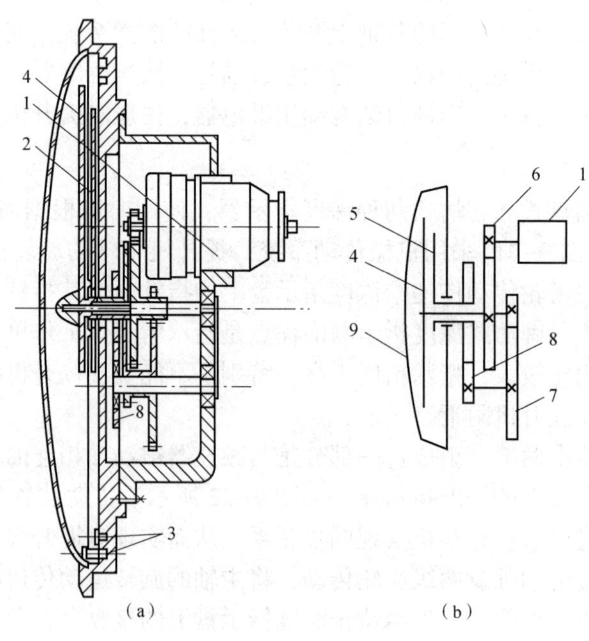

1—接收自整角机；2—精针；3—停车标记；4—精指示盘；5—粗针；6、7、8—齿轮副；9—有机玻璃罩。

图 9-22　深度指示盘

(a)结构；(b)传动原理

（六）电动机

电动机包括主电动机及微机拖动系统。主电动机一般采用交流三相绕线式异步电动机，转子回路串电阻调速，可以采用单电动机拖动，也可采用双电动机拖动。单机容量一般不超过 1 000 kW，超过 1 000 kW 时必须采用双机拖动。

由于直流电动机有非常好的调速性能，因此大型提升机拖动主电动机可采用直流电动机，此时要有一套交流设备，如采用交流电动机-直流发电机组或可控硅整流器等提供直流电源。可控硅整流器采用低速直流电动机直接与主轴连接而取消减速器，且电动机电枢悬臂，仅用两个轴承支承主轴与电动机，大大简化了传动部分。

微机拖动系统是提升速度爬行阶段用一个小容量鼠笼式异步电动机拖动提升机滚筒，用以获得稳定低速，保证准确完成停车、验绳、缠绳、换绳、调绳等工作。微机通过蜗杆蜗轮减速器，利用气囊离合器与主电动机轴相连接。微机工作时，主电动机断电。

（七）电控

电控是提升机的重要配套设备，包括控制电动机各种运行方式的全部电气产品。由于电动机有高压 6 kV 和低压 380 V 之分，转子回路串电阻有 5 段和 8 段之分，制动方式有动力制动和无动力制动之分，故电控中所含设备和元件不尽相同。电控一般包括控制屏类，如电源屏、主屏、辅助屏、转子屏、动力制动屏；公用部分有测速发电机、主令控制器；散装元件有换向器、电阻箱、限位开关、硅整流等。

第四节　矿井提升罐笼

一、概述

罐笼是一种矿井提升容器，用于运送人员、矿石、设备、材料等，一般可以载重几吨。罐笼一般用于矿井的副井提升，对于中、小型矿井，罐笼也有用于矿井的主井提升，作为提升煤炭及矿石之用。它由悬挂装置、罐体、导向装置、罐内阻车器、罐门和尾绳悬挂装置等主要部件组成，是矿井提升中的重要设备之一。

二、矿井提升罐笼的型号含义

矿井提升罐笼型号含义如图 9-23 所示，部分常用罐笼型号如表 9-1 所示。

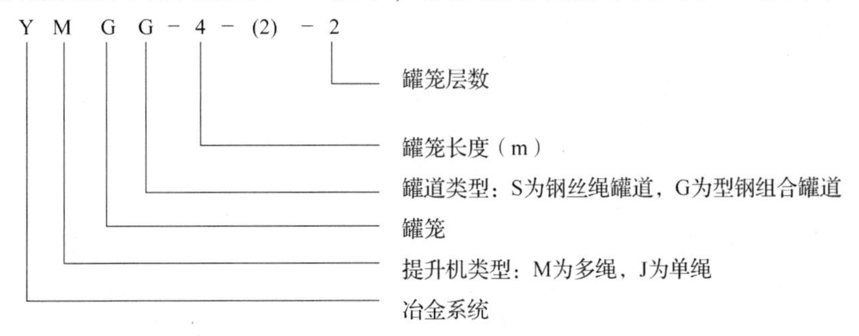

图 9-23　矿井提升罐笼型号含义

表 9-1 部分常用罐笼型号

序号	型号	层数	断面/mm	矿车类型	乘员数	大件名称	备注
1	YJGS-1. 3-1	1	1 300×980	YGC0. 5(6)	6		单绳
2	YJGG-1. 8-1	1	1 800×1 150	YGC0. 7(6)等	10	ZCZ-17 装岩机	单绳
3	YJGG-2. 2-1	1	2 200×1 350	YCC1. 2(6)	15	东风-2 装岩机	单绳
4	YJGG-3. 3a-1	1	3 300×1 450	YCC2(6、7)	25	3 t 电机车	单绳
5	YJGG-4-1	1	4 000×1 450	YFC0. 7×2(6)	30	3~6 t 电机车	单绳
6	YJGS-1. 8-2	2	1 800×1 150	YFC0. 7×2(6)	20	ZCZ-17 装岩机	单绳
7	YJGG-2. 2a-2	2	2 200×1 350	YFC0. 7×2(6、7)	30	东风-2 装岩机	单绳
8	YJGG-3. 3a-2	2	3 300×1 450	YCC2(6、7)	50	3 t 电机车	单绳
9	YJGG-4-2	2	4 000×1 800	YFC0. 7×2(6、7)	76	ZYQ-14 装岩机	单绳
10	YMGS-1. 3-1	1	1 300×980	—	6	—	多绳
11	YMGG-1. 8-1	1	1 800×1 150	YGC0. 7(6)	10	—	多绳
12	YMGG-2. 2-1	1	2 200×1 350	YCC1. 2(6)	15	—	多绳
13	YMGS-3. 3-1	1	3 300×1 450	YGC2(7)	25	—	多绳
14	YMGG-4-1	1	4 000×1 450	YGC1. 2(7)	30	—	多绳

三、矿井提升罐笼的类型

矿井提升罐笼按其结构不同可分为普通罐笼和翻转罐笼，后者应用较少；按提升钢丝绳的数量可分为单绳罐笼和多绳罐笼，单绳罐笼一般用于不超过 400 m 的矿井，多绳罐笼一般用于超过 350 m 的矿井；按罐笼的层数可分为单层、双层和多层罐笼。近年来，随着科技的发展，又出现了合金罐笼。

我国金属矿山罐笼标准底盘尺寸分别为 1 号罐笼 1 300 mm×980 mm，2 号罐笼 1 800 mm×1 150 mm，3 号罐笼 2 200 mm×1 350 mm，4 号罐笼 3 300 mm×1 450 mm，5 号罐笼 4 000 mm×1 450 mm，6 号罐笼 4 000 mm×1 800 mm。

我国金属和非金属矿山广泛采用单层及双层罐笼，在材质上主要采用钢罐笼，部分采用铝合金罐笼。

四、结构特点

双层四车竖井四绳罐笼如图 9-24 所示，它主要由安全篷、本体、罐帘门、滑动挡车器、悬挂装置和罐耳组成，下面介绍其中重要的结构。

(一) 安全篷

安全篷通常由高强度的防护网和支撑结构组成。其主要功能是防止物体、工具或人员从高处坠落，保护施工现场的安全。罐笼顶部设有活动式的安全栏杆，结构简单，质量轻。正常情况下，可防止井筒内淋水直接落在罐笼本体上。可以有效地阻挡或减轻坠落物对下方人员和设备的伤害风险，保障工作人员的安全。在使用过程中，需要定期检查和维护，确保安全篷的完整性和可靠性。

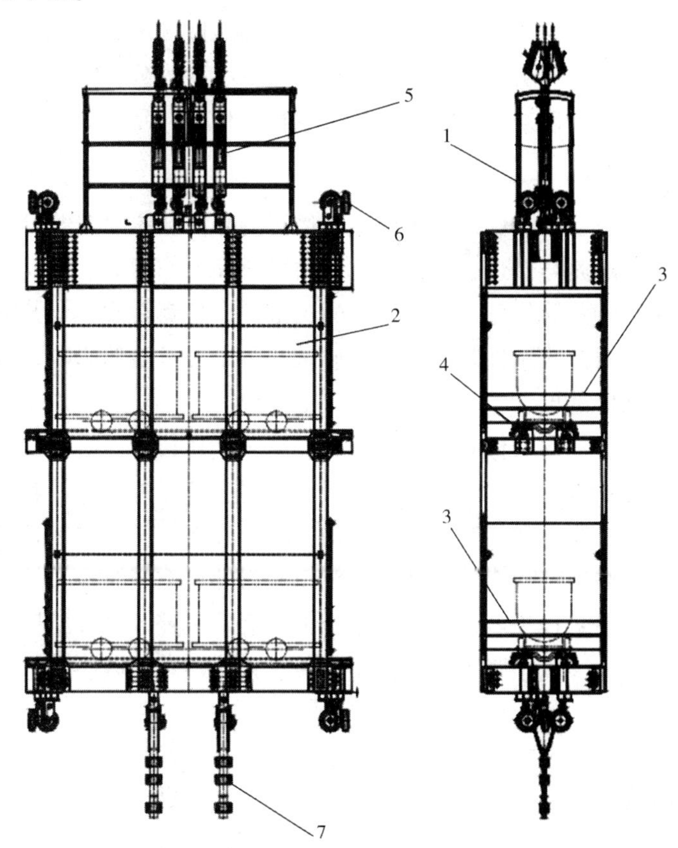

1—安全篷；2—本体；3—罐帘门；4—滑动挡车器；5、7—悬挂装置；6—罐耳。

图 9-24 双层四车竖井四绳罐笼

（二）本体

本体由上中下盘、阻车器和立柱组成。悬挂装置与本体的连接采用直接连接方式，即取消主、副吊杆与四角板，将悬挂装置直接安装在主梁上，这样既降低了罐笼的高度与井塔高度，又大大减轻了本体的质量，结构简单、安装方便。

上盘体是罐笼的主要受力件，它承担着罐笼的全部载荷、设备重力和尾绳重力及运行过程中滚轮与罐道的摩擦阻力等。因此，材料选取及工艺要求都非常严格。主梁是罐笼的主要受力件，从计算选材到加工制造都应引起高度重视。制造时必须要注意钢板的轧制方向要和受力方向一致，周边预留 10~20 mm 的机械加工余量，且严格按照有关标准进行探伤检查，合格后才能组装成形。

阻车器采用轨面凸块挡车与滑动阻车器，与销齿操车设备配套使用。

（三）悬挂装置

悬挂装置是罐笼与钢丝绳的连接机构，属于安全设备。国内大部分矿井采用液压螺旋式、液压垫块式悬挂装置和多绳提升钢丝绳张力自动平衡悬挂装置。

多绳提升钢丝绳张力自动平衡悬挂装置消除了国内外普遍使用的液压螺旋式和液压垫块

式悬挂装置存在的不能自动调整钢丝绳张力的问题，它采用密闭连通辅以抽拉式扣环结构的自动平衡系统，具有安全可靠、紧凑美观的特点，能高精度实现钢丝绳张力在动、静状态下自动平衡，提高了提升机运行效率、安全可靠性，减少了衬垫的不均衡磨损和车削绳槽次数，延长了衬垫、钢丝绳使用寿命，大大减轻了维护工作量。

(四)罐耳(导向装置)

罐耳是安设在罐笼上，沿刚性组合罐道上下运行的导向装置。其既可作为罐笼沿罐道运行的导向轮，又可连接罐笼与罐道，并传递罐笼与罐道间的作用力。它既是罐笼安全平稳运行的重要装置，又是影响井筒装备工作稳定性的关键件。罐耳是罐笼与井筒装备之间相互作用的媒介，其工作性能对井筒刚性装备的工作质量有着十分重要的影响。罐笼上必须配置适合该罐笼及井筒罐道条件的罐耳。

滚轮材料多种多样，如耐磨橡胶、普通橡胶、高分子材料等。缓冲装置则更多，如普通弹簧缓冲装置、液压缓冲装置、扭转橡胶弹簧缓冲装置、碟形弹簧等。其中，较理想的罐耳是液浸碟簧滚轮罐耳，其缓冲弹簧为一复合结构，其上设有弹簧和弹簧预紧力及滚轮位置调整装置。弹簧采用碟形弹簧，弹簧外设密封装置。密封外壳上同时设弹簧预紧力调节及弹簧悬挂长度调节装置，弹簧悬挂长度调节装置用于调节滚轮位置。这种结构的优点是滚轮磨损后的位置调节简单方便，弹簧预紧力容易调整，弹簧密封在外壳内，工作可靠，寿命长。

五、使用与维护时的注意事项

(一)使用时的注意事项

使用时的注意事项如下。

(1)罐笼内可装载的车辆为各种矿车，根据矿车轨距设置罐内轨道，采用阻车器阻车。每次车辆进罐时，车辆必须进入阻车器阻挡范围内。

(2)罐笼运输人员时，一定要把两端的安全门关上。

(3)升降人员时，应有专门人员开闭罐门。每次承载人数不得超过允许承载人数。

(4)使用时应进行安全检查，包括以下内容。

①悬挂装置连接是否可靠，如发现有不可靠时应及时检查其原因，及时地加以处理，必要时应拆卸进行检修。

②尾绳的钢丝与悬挂装置连接处是否有断丝现象。

③检查各连接部分，如螺栓、螺母、开口销等是否有松动现象。

④各连接零件是否有磨损和损伤。

(二)维护时的注意事项

维护时的注意事项如下。

(1)应经常检查各连接件，如铆钉、螺栓、销轴，特别是高强度螺栓是否松动和脱落，发现问题应及时处理。

(2)下放长材时，打开罐笼上、中、下盘的活动盖板门，将长材吊起插入罐内。下放完毕后，必须将盖板门关闭。

(3)应定期进行大、小修，主要受力零件每年应进行探伤检查，发现问题应及时更换。

(4)严禁在同一层罐笼内混合提升人员和物料。

(5)每季度应检查一次腐蚀情况，局部腐蚀应及时修理，主要受力部件腐蚀严重时应及时更换新罐笼。

第五节　多绳摩擦式提升机

单绳缠绕式提升机的提升高度受滚筒容绳量的限制，而提升能力又受到单根钢丝绳强度的限制。为了解决大提升量和深井提升问题，产生了多绳摩擦式提升。多绳摩擦式提升机可分为塔式与落地式两种。

一、多绳摩擦式提升机工作原理

多绳摩擦式提升机提升钢丝绳不是缠绕在卷筒上，而是搭放在主导轮的摩擦衬垫上，提升容器悬挂在提升钢丝绳的两端，它的底部还悬挂有平衡钢丝绳。当提升机工作时，承受拉力的钢丝绳必然以一定的压力紧压在主导轮的摩擦衬垫上；当电动机带动主导轮向某一方向转动时，主导轮上的摩擦衬垫对钢丝绳有很大的摩擦力，钢丝绳随主导轮一起转动，从而实现提升容器的提升与下放运动。由此可知，摩擦式提升是基于挠性体摩擦传动原理而实现的，如图 9-25 所示。

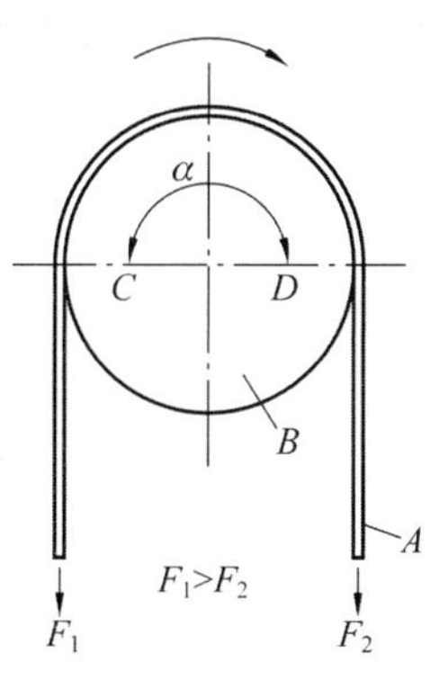

图 9-25　摩擦式提升基于挠性体摩擦传动原理实现

由挠性体摩擦传动的欧拉公式可知，在临界状态下，摩擦轮两侧钢丝绳张力的极限比值为：

$$F_1/F_2 = e^{\mu\alpha}$$

式中，F_1，F_2——重载及空载侧钢丝绳的张力(N)；

μ——钢丝绳与衬垫之间的摩擦系数，通常取 0.2；

α——钢丝绳在摩擦轮上的围包角(rad)。

当两侧钢丝绳的实际张力比 F_1/F_2 的值大于 $e^{\mu\alpha}$ 值时，钢丝绳与摩擦轮之间将发生相对滑动。为避免这种滑动，两侧实际张力比不能达到其极限值，而应当留有一定的安全裕量。

为防止提升钢丝绳在主导轮上打滑，根据摩擦传动原理可采取以下措施。

(1)增大围包角。主绳在主导轮上自然形成180°围包角，为了增大围包角，增设导向轮。当围包角大于195°时，钢丝绳磨损加剧，故一般只可将围包角增大到190°~195°。

(2)增大摩擦系数。在主导轮上采用有较大摩擦系数的衬垫，增大绳与轮之间的摩擦力。

(3)增加轻载侧钢丝绳的张力。在提升容器下部设尾绳，或加大容器自重与另加配重。

二、多绳摩擦式提升机的结构特点

多绳摩擦式提升机主要有JKM和JKD两个系列，JKM系列多绳摩擦式提升机主要组成部分有主轴装置、传动部分、深度指示器、主绳和尾绳、车槽装置、导向轮、钢丝绳张力平衡装置等。

(一)主轴装置

多绳摩擦式提升机主轴装置如图9-26所示，它由主导轮、主轴和轴承等组成。制动盘与主导轮焊接在一起，制动系统为液压盘闸制动系统。在主导轮上安装摩擦衬圈，摩擦衬圈由若干段摩擦衬块组成，衬垫的圈数与提升钢丝绳数目对应。轴承采用滚动轴承，用润滑脂润滑。

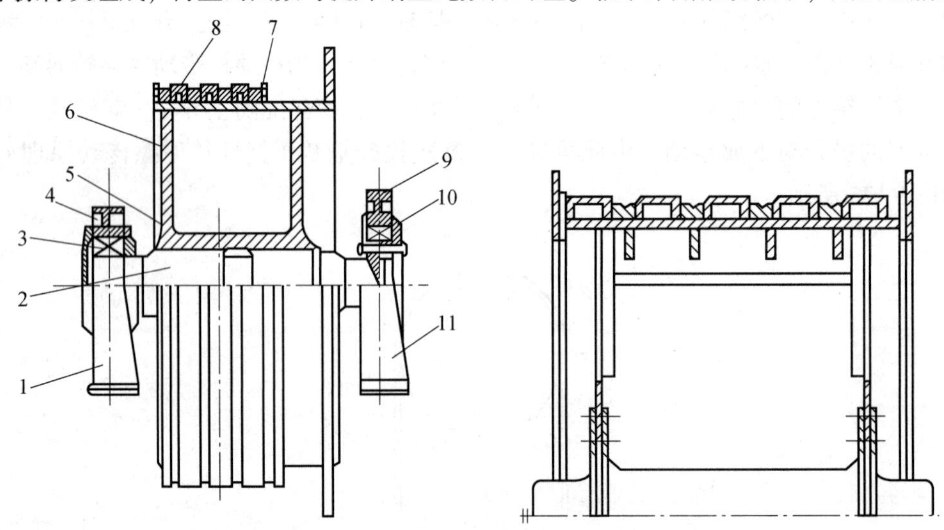

1、11—轴承座；2—主轴；3、10—轴承；4、9—轴承盖；
5—轮毂；6—主导轮；7—摩擦衬圈；8—固定衬圈。

图9-26　多绳摩擦式提升机主轴装置

(二)传动部分

JKM系列提升机的传动方式分为以下3种类型：第一种类型为弹簧基础减速器，其底座经弹簧装在地基上，减速器输入轴与输出轴都在减速器中心轴线上，因而被称为共轴式，电动机通过此减速器拖动主轴转动；第二种类型为电动机通过安装在刚性基础上的两级侧动式减速器拖动主轴转动；第三种类型为直流电动机直接拖动主轴转动，这种传动方式去掉了减速器，主要应用于大功率提升机。

(三)深度指示器

多绳摩擦式提升机的深度指示器与单绳缠绕式提升机相比，多了一个自动调零机构。它在每次运行后，自动消除由钢丝绳滑动、蠕动和伸长等原因造成的容器实际停车位置与深度指示器位置之间的偏差。另外，还有一种深度指示器，它不与主轴联系，直接与钢丝绳联系，是利用“碰头”装置数“绳花”(绳的螺旋距)来指示深度的晶体管数字式深度指示器。

(四)主绳和尾绳

多绳摩擦式提升机的主绳根数为偶数，一半为左向捻，另一半为右向捻。例如，四绳提升机，两绳左向捻，两绳右向捻，且分别取自同一根绳为最好。如有一根损坏，必须全部更换。尾绳采用编织扁绳或不旋转圆股绳。

(五)车槽装置

多绳摩擦式提升机主导轮的各绳槽在工作中磨损不可能完全均衡，当绳槽磨损到一定程度时，要对其进行统一车削以求新的均衡。因此，每台多绳摩擦式提升机都有车槽装置，安装在主导轮下专用的刀架上。

(六)导向轮

2 m 以上的多绳摩擦式提升机可以带有导向轮，其作用是调整主导轮两侧提升钢丝绳的距离以及加大绳对主导轮的围包角。

(七)钢丝绳张力平衡装置

提升钢丝绳张力不平衡是多绳摩擦式提升的一个特殊问题，保持提升钢丝绳间的张力一致是保证提升安全、延长钢丝绳使用寿命的重要方法。影响钢丝绳张力不平衡的因素主要有绳槽直径的偏差、各钢丝绳的刚度偏差、各钢丝绳的长度偏差、钢丝绳在摩擦轮上的滑动和钢丝绳的蠕动。改善钢丝绳张力不平衡的措施包括消除各钢丝绳物理方面的差异、定期及时车削绳槽、采用张力平衡装置、定期调整钢丝绳张力差和采用弹性摩擦衬垫。

调整钢丝绳张力差的主要装置有垫块式调绳装置、螺旋调绳器和螺旋液压式调绳装置。螺旋液压式调绳装置如图 9-27 所示。调绳时，向各液压缸同时充入压力油，由连通器使各绳张力趋于平衡，然后将此位置用螺母固定，释放油压，调绳完毕。若将所有液压缸内的活塞用压力油顶到中间位置，并将螺母退到螺杆末端，在油路系统充满油后，将油路阀门关闭，即能实现提升过程中的各钢丝绳张力的自动平衡。这种调绳装置的特点是调整绳长精度高，利用液压平衡原理能保证调绳后绳张力相等。

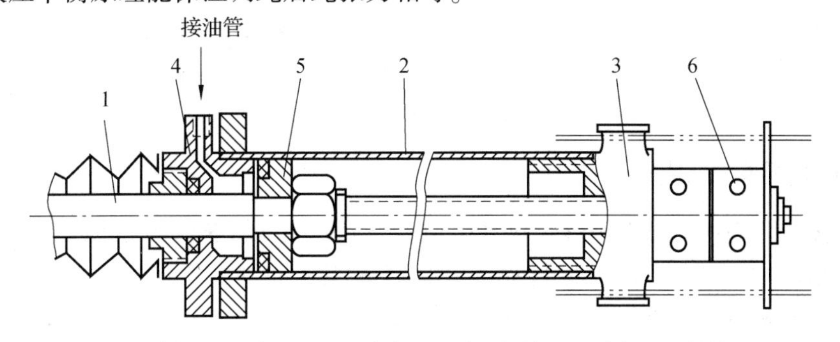

1—活塞杆；2—液压缸；3—底盘；4—液压缸盖；5—活塞；6—螺母。

图 9-27　螺旋液压式调绳装置

图 9-28 所示为 XSZ 型多绳摩擦式提升机钢丝绳张力自动平衡悬挂装置，与螺旋液压调绳装置类似，采用闭环无源液压连通自动调整平衡系统，解决了连通液压缸的密封问题，实现了钢丝绳在动、静状态下的张力自动平衡。

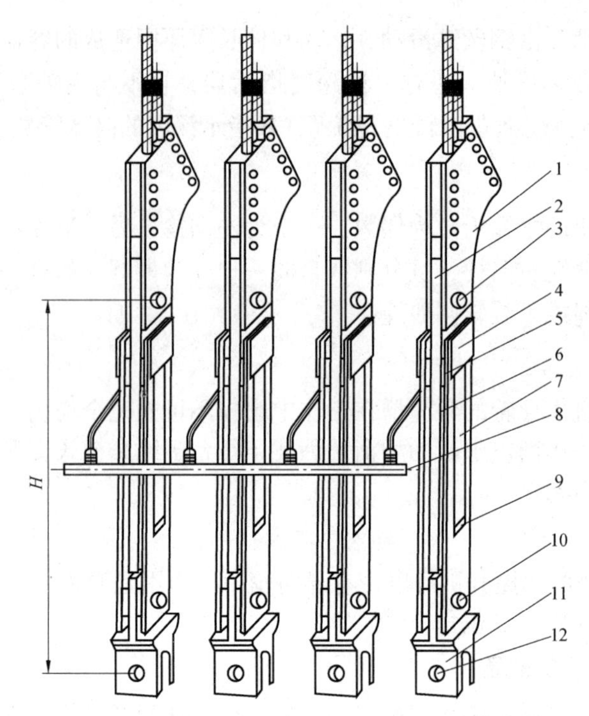

1—楔形绳环；2—中板；3—上连接销；4—挡板；5—压板；6—侧板；
7—连通液压缸；8—连接组件；9—垫块；10—中连接销；11—换向叉；12—下连接销。

图 9-28　XSZ 型多绳摩擦式提升机钢丝绳张力自动平衡悬挂装置

三、塔式提升系统与落地式提升系统

安装在井口井塔上的多绳摩擦式提升机称为塔式提升系统。井塔(见图 9-29)往往高达数十米，拔地而起，蔚为壮观。塔式提升系统虽简化了工业广场的布置，钢丝绳也不受雷雨影响，但其造价高，占用井口的时间长。

落地式提升系统的多绳摩擦式提升机安装在地面，提升钢丝绳通过天轮转向而入井筒，它类似单绳缠绕式提升机系统。落地式提升系统造价较低，占用井口时间也短，但由于增加了提升钢丝绳的反向弯曲，因此钢丝绳的寿命降低，工业广场无法简化。

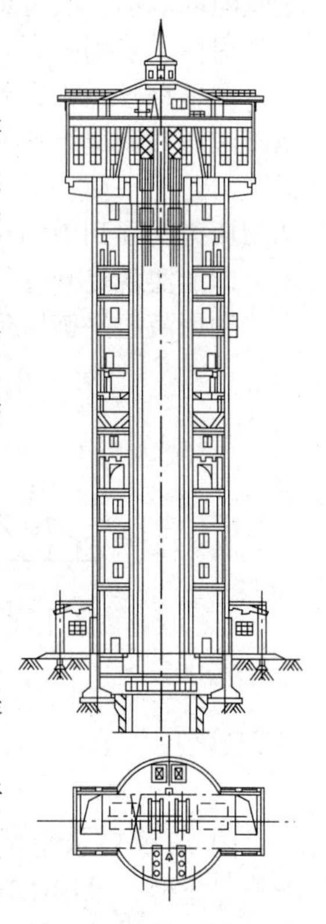

图 9-29　井塔

四、多绳摩擦式提升机特点

多绳摩擦式提升机与单绳缠绕式提升机相比，主要优点如下。

(1)在钢丝绳的安全系数、材料强度、总截面积相同的情况下，多绳摩擦式提升机每根钢丝绳直径较细，从而使主导轮直径、整个提升机的尺寸减小，质量减轻。

(2)由于是数根钢丝绳同时承受提升载荷，而所有绳全部同时断的概率几乎等于零，所以其安全性较高，使用这种提升机不论主井、副井，提升容器一概不用安装防坠器。

(3)由于其采用偶数根提升钢丝绳，而且钢丝绳的捻向是左、右

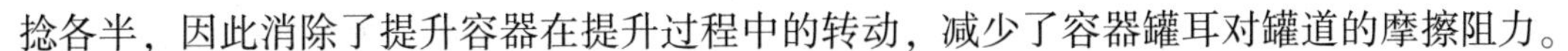

捻各半，因此消除了提升容器在提升过程中的转动，减少了容器罐耳对罐道的摩擦阻力。

多绳摩擦式提升机也有缺点，如绳多导致调整、检验、更换困难，当有一根钢丝绳需要更换时，必须更换全部提升钢丝绳。另外，采用双钩提升时，就不能用于多水平开采。

第六节　矿井提升机电力拖动

一、提升机电力拖动特点及要求

矿井提升机有正向和反向提升，对于不同水平的提升，在每次提升循环中，容器的上升或下降的运动距离可能是相同的，也可能是不同的。每一提升周期都要经过从启动、加速、等速、减速、爬行到停车的运动过程，因此，提升机对电控系统一般具有以下要求。

（一）要求满足四象限运行

提升机正向提升时，拖动电动机工作在第一象限。在减速下放时，如果是正力减速，拖动电动机也工作在第一象限；但如果为负力减速，则拖动电动机就工作在第二象限。

同样，当提升机反向提升时，拖动电动机工作在第三象限。因此，提升机的运行必须能满足四象限运行的要求。

（二）必须平滑调节速度且有较高的调节精度

提升机必须能满足运送物料、运送人员、运送炸药(2 m/s)、检查运行和低速爬行等各种速度要求，因此要求提升机电控系统必须能平滑连续调节运行速度。

对于调速精度，为了在不同负载下减速段的距离误差尽可能小，要求提升机的静差率越小越好，这样可以使爬行段距离尽可能设计得小，以减少低速爬行段的时间，从而缩短提升周期，获得较大的提升能力。

（三）要求设置准确可靠的速度给定装置

提升工艺要求电控系统加(减)速时必须平稳。对竖井来说，提人时加(减)速度都不得超过 $0.75\ m/s^2$；对斜井，提人时加(减)速度不得超过 $0.5\ m/s^2$。限制加速度的目的：一是减少对加减速度的不适反应程度；二是降低提升机加速时的电流冲击，提高提升设备的使用寿命。

矿井提升机系统是一个位置控制系统，提升容器在井筒中的什么位置该加速、等速、减速、爬行都有一定的要求。也就是说，必须根据提升容器在井筒中的位置确定速度，即按行程原则产生速度给定信号。

（四）要求设置位置显示装置

为了便于提升机司机操作与控制，电控系统应设置可靠的提升容器在井筒中的位置显示装置(俗称深度指示器)。提升机电控系统应设置有可靠的位置检测环节，能准确地检测出提升容器在井筒中与减速点开始、停车及过卷相对应的位置，以便控制提升机能可靠地减速、停车等。

（五）要求设置完善的故障监视装置

提升机对其电控系统的可靠性要求很高。这是因为提升机一旦出现故障，轻则影响生产，重则危及人员生命。电控装置的高可靠性表现在两个方面：一是电控系统质量好，故障少；二是出现故障后应能根据故障性质及时进行保护，并能对故障内容进行监视和显示，以便迅速排出故障。

(六)要设置可靠的可调闸控制系统

可调闸是一套电气控制的液压调节机械闸制动系统，是提升安全运行的最后一道保护措施，因此要求制动系统的控制必须安全可靠。可调闸系统的控制通常分为工作制动(称为工作闸，由司机的制动手柄制动)和安全制动(称为安全闸，由安全回路实施控制)。工作制动是在手动操作或在自动操作方式下正常停车或定车手段；安全制动是在系统出现故障时，使运行状态下的提升机快速减速停车并在静止状态下不松闸。

二、提升机电力拖动的类型

(一)交流绕线式异步电动机拖动

异步电动机的工作原理是：当电动机的三相定子绕组通入三相对称交流电后，将产生一个旋转磁场，该旋转磁场切割转子绕组，从而在转子绕组中产生感应电流(转子绕组是闭合通路)，载流的转子导体在定子旋转磁场作用下将产生电磁力，从而在电动机转轴上形成电磁转矩，驱动电动机旋转，并且电动机旋转方向与旋转磁场方向相同。异步电动机又称为感应电动机。异步电动机按转子绕组形式可分为绕线式和鼠笼式。

用于提升机的交流异步电动机多采用绕线式异步电动机拖动，通过转子绕组串联外部附加电阻，来调节电动机的转速。其优点是系统简单，设备价格较低且技术比较成熟。交流绕线式异步电动机拖动在加速阶段采用附加电阻调速，效果良好。当减速阶段形成制动时，调速性能十分令人满意，这一点在副井下放货载时尤为重要。其缺点是减速阶段当需要较小正力减速时，由于特性曲线过软，因而调速过程不够理想，调速利用了附加电阻，增加了附加电能损失。

矿井地面提升机中大容量交流电动机常用 YR 系列及 YRZ 系列三相绕线转子异步电动机，中等容量交流电动机常选用 JRQ 系列、JR 系列三相绕线转子异步电动机。井下提升机为了防潮，常选用防潮性能较好的封闭型结构或加强绝缘的交流电动机，如 JRQ 系列三相绕线转子异步电动机；采区上、下山绞车及高瓦斯矿井，则应采用 JBR 系列绕线转子防爆异步电动机。

(二)直流他励电动机拖动

直流电动机分为自励和他励电动机。他励电动机是指电动机的励磁绕组和电枢绕组是分开的，励磁电流单独提供，与电枢电流无关，其调速原理简单，调速性能良好。用于拖动提升机的直流电动机一般采用直流他励电动机，定子励磁绕组电压恒定，通过改变转子电枢绕组直流电压的极性和大小，使提升机正反转和调速。

矿井地面提升直流电动机常采用 ZD 系列、ZJD 系列。按电枢直径尺寸的大小，可以划分为大型和中型。直径超过 1 000 mm 的为大型，直径在 423~1 000 mm 的为中型。直流电动机的直流电源可采用直流发电机组供电，直流发电机常选用 ZF 系列、ZJF 系列。直流发电机输出电压一般应比电动机电压稍高一些，以补偿电枢电路内的压降。拖动直流发电机的交流同步电动机常用 TD 系列。对于可控硅整流供电的直流电动机，则采用专用电动机。

(三)交流同步电动机拖动

交流同步电动机与直流他励电动机相比，具有制造简单、造价低、电动机效率高、维修简单、噪声小等优点。交流同步电动机采用晶闸管交-交变频供电，由计算机控制，可实现主井箕斗提升自动化和副井罐笼提升半自动化。

习题9

1. 矿井提升机有哪些类型？各自的结构特点是什么？
2. 矿井提升机由哪几部分组成？竖井罐笼提升系统与竖井箕斗提升系统的特点是什么？
3. 为什么双滚筒提升机上装有齿轮离合器？
4. 深度指示器的作用是什么？
5. 提升容器有哪些类型？各有何特点？
6. 为什么单绳罐笼上要设置防坠器？对防坠器有哪些基本要求？
7. 钢丝绳张力平衡装置有哪些类型？
8. 简述提升机电力拖动的类型、特点，及其对电控系统的要求。

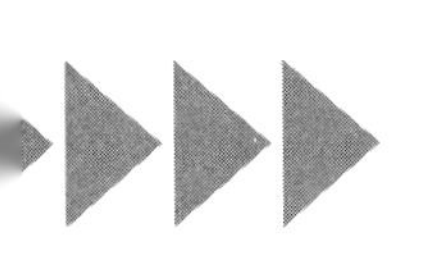

第三篇

流体机械

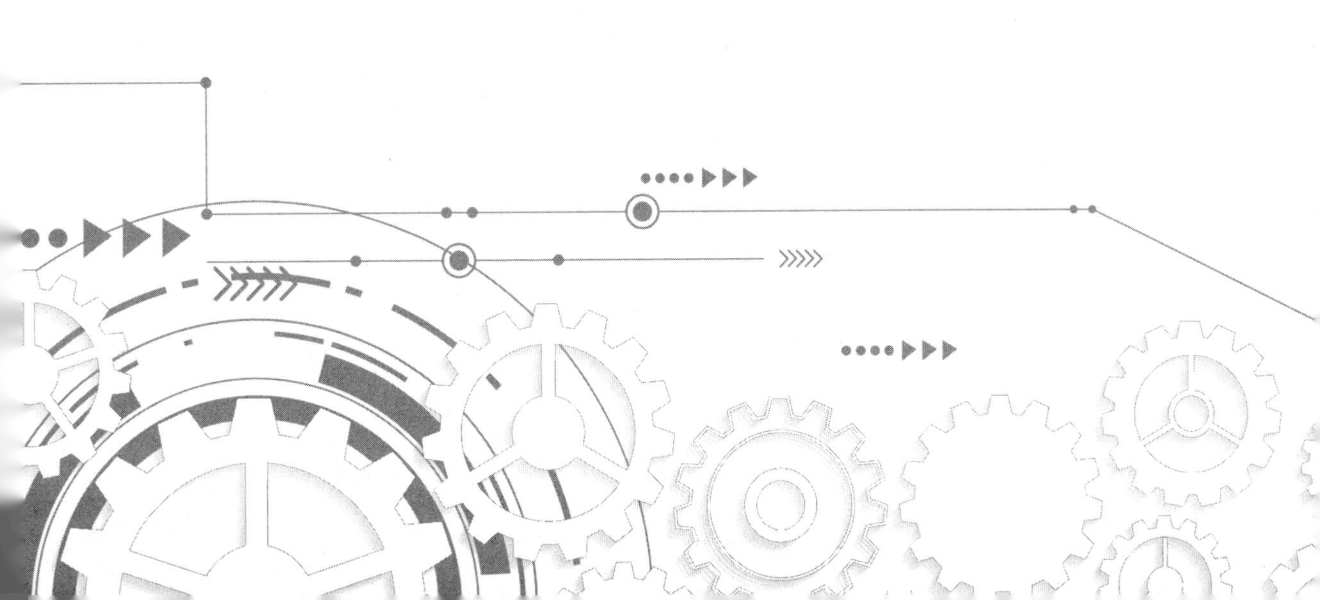

第十章 排水设备

第一节 概 述

在矿井建设和生产过程中，随时都有矿井水涌入矿井，将涌入矿井的水及时排除和防止突然涌水的袭击对保证矿井生产有重要意义。要完成排水任务，必须有矿井排水设备。为了使排水设备能在安全、可靠和经济的状况下工作，必须确定排水方案，选择排水设备，进行布置设计、施工试运转，直到正常运行工作为止。

一、矿井水

(一) 矿井水来源

矿井水的来源可分为地面水和地下水。地面水是指江、河、湖、沟渠和池塘里的积水以及季节性雨水、融雪和山洪等，如果有巨大裂缝与井下沟通时，地面水就顺裂缝灌至井下，造成水灾，地下水包括岩层水、煤层水和采空区的水。地下水在开采过程中不断涌出，若与地面水连通，将对矿井产生很大的威胁，矿山排水设备的任务就是将矿井水及时排送至地面。

(二) 涌水量

矿井水的大小可用绝对涌水量和相对涌水量来表征，绝对涌水量是指单位时间内涌入矿井中的水的体积。一个矿井在某一季节里的用水高峰时的涌水量为最大涌水量，其他季节的涌水量为正常涌水量。相对涌水量是比较各矿涌水量的大小，常用同时期内相对于单位煤炭产量的涌水量参数作为比较参数，称为含水系数，用 K_s 表示：

$$K_s = \frac{24q}{T} \tag{10-1}$$

式中，q——绝对涌水量(m^3/h)；

T——同期内煤炭日产量(t)。

(三) 矿井水性质

矿井水中含有各种矿物质，并且含有泥沙、煤屑等杂质，故矿井水的密度比清水大，一般为 1 015~1 020 kg/ m³。矿井水中含有的悬浮状固体颗粒进入水泵后，会加速金属表面的磨损，因此矿井水中的悬浮颗粒应在进入水泵前加以沉淀，再经水泵排出矿井。

有的矿井水呈酸性，会腐蚀水泵、管路等设备，缩短排水设备的正常使用年限。因此，对酸性矿井水，特别是 pH<3 的强酸性矿井水必须采取措施：一种措施是在排水前用石灰等碱性物质将水进行中和，减弱其酸度后再排出地面；另一种措施是采用耐酸泵排水，对管路进行耐酸防护处理。

二、矿井排水设备的组成

矿井排水设备如图 10-1 所示，滤水器 5 装在吸水管 4 的末端，其作用是防止水中杂物进入泵内。滤水器应插入吸水井面 0.5 m 以下。滤水器中的底阀 6 用来防止灌入泵内和吸水管内的引水以及停泵后的存水漏入井中。调节闸阀 8 安装在排水管 7 上，位于逆止阀 9 的下方，其作用是调节水泵的流量和在关闭闸阀的情况下启动水泵，以减少电动机的启动负载。逆止阀的作用是当水泵突然停止运转(如突然停电)时，或者在未关闭调节闸阀的情况下停泵时自动关闭，切断水流，使水泵不至于受到水力冲击而遭损坏。引水漏斗 11 的作用是在水泵启动前向泵内灌水，此时，水泵内的空气经放气栓 16 放出。水泵再次启动时，可通过旁通管 10 向水泵内灌水。在检修水泵和排水管路时，应将放水管 12 上的放水闸阀 13 打开，通过放水管将排水管路中的水放回吸水井。压力表 15 和真空表 14 的作用是检测排水管中的压力和吸水管中的真空度。

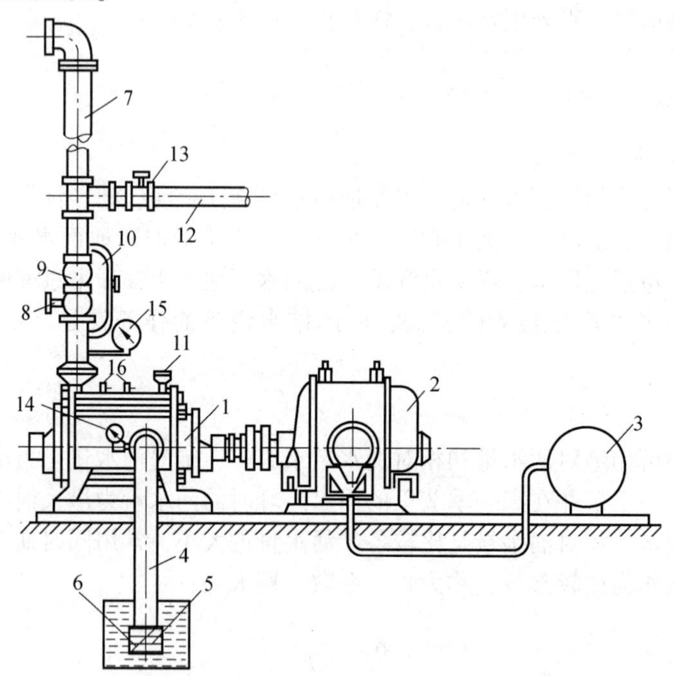

1—离心式水泵；2—电动机；3—启动设备；4—吸水管；5—滤水器；6—底阀；
7—排水管；8—调节闸阀；9—逆止阀；10—旁通管；11—引水漏斗；12—放水管；
13—放水闸阀；14—真空表；15—压力表；16—放气栓。

图 10-1　矿井排水设备

三、矿井排水系统

矿井排水系统由矿井深度、开拓系统以及各水平涌水量的大小等因素来确定。常见排水系统有集中排水系统和分段排水系统两种。

（一）集中排水系统

竖井单水平开采时，可以将全矿涌水集中于水仓，再由主排水设备集中排至地面，如图10-2(a)所示。多水平开采时，如果上水平的涌水量不大，可将水放到下一水平的水仓中，再由主排水设备集中排至地面，如图10-2(b)所示。这样便省去了上水平的排水设备，但增加了电耗。

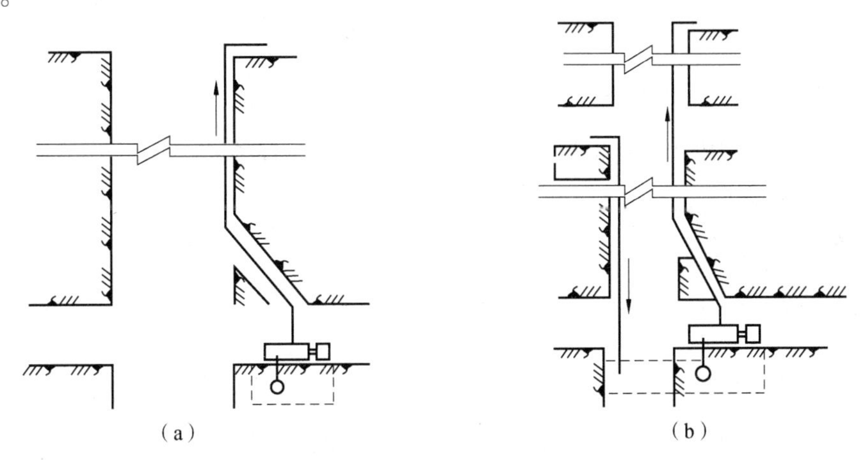

图10-2　集中排水系统

斜井集中排水时，除沿副井井筒敷设管道外，还可以采用钻孔下排水管排水系统，如图10-3所示，以减少管材的投资和管道的沿程损失。

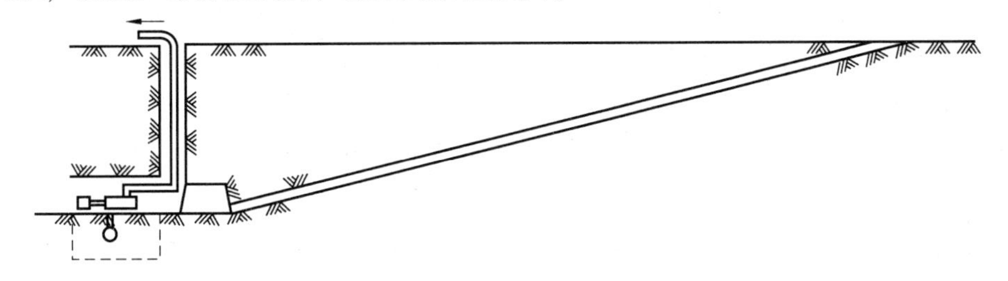

图10-3　钻孔下排水管排水系统

（二）分段排水系统

深井单水平开采时，若水泵的扬程不足以直接把水排至地面，可在井筒中部开拓水泵房和水仓，把水先排至中间水仓，再排至地面，如图10-4(a)所示。对于多水平开采的矿井，当各水平涌水量较大时，则分别设置排水设备，将各水平涌水量排至地面，如图10-4(b)所示。当下水平的涌水较小时，可将下水平涌水用水泵排至上水平水仓中，然后由上水平主排水泵将水一起排至地面，如图10-4(c)所示。

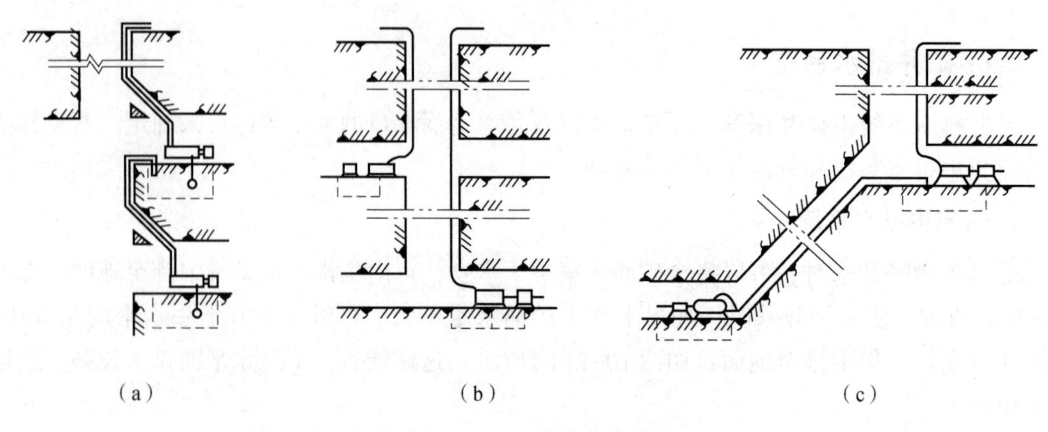

图 10-4　分段排水系统

(三)对矿井排水设备的要求

矿井排水设备分为固定式(根据其服务范围又可分为主排水设备、区域排水设备、辅助排水设备)和移动式。

1. 固定式排水设备的要求

装在井下专门硐室内的固定式排水设备，即使在很短的时间内遇到破坏，也有可能淹没坑道。

(1)井下主排水设备应有工作水泵(n_1 台，20 h 内排出矿井 24 h 的正常涌水量)、备用水泵($n_2 \geqslant 70\% n_1$，工作和备用水泵的总能力应在 20 h 内排出矿井 24 h 的最大涌水量)和检修水泵($n_3 \geqslant 25\% n_1$)。可根据水文地质条件情况，在水泵房内预留一定数量水泵的安装位置。

(2)必须有工作和备用水管。

(3)配电设备应同工作、备用和检修水泵相互适应，并能够同时开动工作和备用水泵；水泵房的供电线路不得少于 2 条回路，每条回路应能担负全部负荷的供电。

(4)工作的水泵机组必须工作可靠。

(5)主排水设备应配有预防因涌水突然增加而使设备被淹没的措施。

(6)较高的运行效率。

(7)尽量采用体型小的泵，以减少水泵房尺寸，结构上应适合在井下安装、拆卸、运输和维修。

(8)电气设备应是防爆型的。

2. 移动式排水设备的要求

移动式排水设备的特点是随着掘进工作面的推进或水位下降而移动。

(1)水泵应适合流量变化不大而扬程有较大变化的需要，有较好的吸水性能，保证能把局部(水窝)的水排干。

(2)垂直泵轴平面上的外形尺寸较小，适合在横截面小的巷道中工作。

(3)移动方便、迅速。

四、水仓、水泵房和管子道

(一)水仓

水仓是容纳矿水的坑道。遇到突然断电或排水设备发生事故停止运行时，水仓可以容纳停歇期间的涌水，还起着沉淀矿水中固体颗粒的作用。

水仓有主仓和副仓，轮换清理和使用。水泵房的主仓和副仓，必须容纳 8 h 的正常涌水量。采区水仓不小于 4 h 的正常涌水量。

(二)水泵房

大多数水泵房布置在井底车场附近，其优点如下：

(1)可以利用巷道坡度聚集矿水；

(2)有良好的新鲜风流，便于电动机冷却；

(3)排水管路短，水力损失小；

(4)中央变电所设在水泵房隔壁，供电线路短；

(5)离井底车场近，便于运输；

(6)井底车场被淹没时还可以抢险排水，必要时便于撤出大型设备。

水泵房尺寸主要根据泵机组的数量和外形尺寸而定。各机组之间的距离按拆装需要而定，通常取 1.5~2.5 m。水泵与近壁距离不小于 0.7 m，与轨道的距离以不妨碍搬运设备为原则。有时需要留出增添水泵的空间。水泵房高度应依水泵房内管路的实际高度、起吊设备和起吊时的伸缩高度而定，通常取 2.4~3.5 m。水泵房底板高出井底车场轨面 0.5 m。3 台水泵、2 趟管路的中央水泵房布置图如图 10-5 所示。

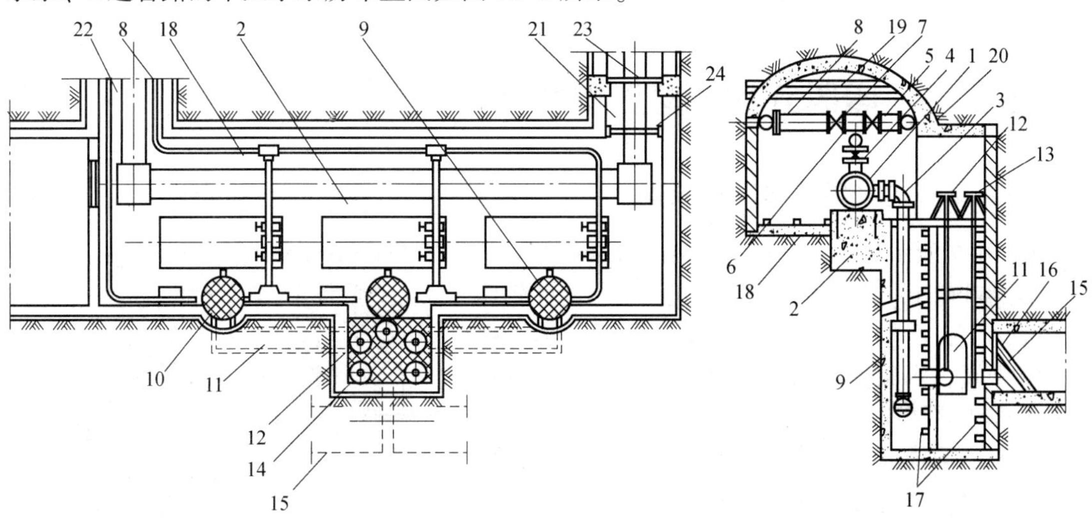

1—水泵；2—泵基础；3—吸水管；4—调节闸阀；5—逆止阀；6—三通；7—闸阀；8—排水管；9—吸水井；10—吸水井盖；11—分水沟；12—分水闸阀；13—水仓闸阀；14—分水井；15—水仓；16—篦子；17—梯子；18—轨道；19—起重梁；20—管子支架；21—人行运输巷；22—管子道；23—放水门；24—大门。

图 10-5 3 台水泵、2 趟管路的中央水泵房布置图

(三)管子道

管子道如图 10-6 所示，它是水泵房与井筒直接接通的一条倾斜巷道，排水管由此敷入井筒。平台要高出水泵房底板 7 m 以上，管子道中间敷设运输轨道，两条运输轨道之间设人行台阶。

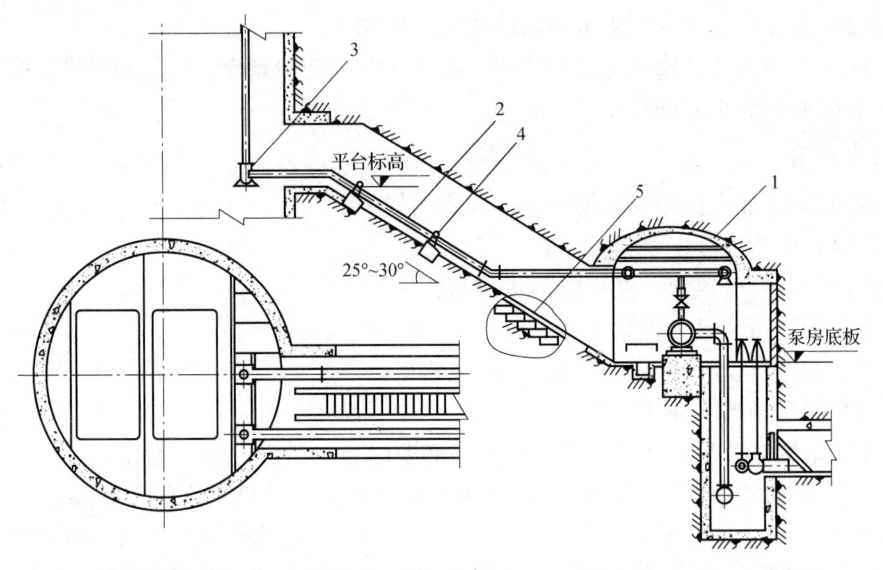

1—水泵房；2—管路；3—带支承座的弯管；4—管墩和管卡；5—人行台阶和运输轨道。

图 10-6 管子道

第二节 离心式水泵的工作原理

一、离心式水泵基本工作原理

图 10-7 所示为单级离心式水泵。水泵的主要工作部件为叶轮 1，其上有一定数目的叶片 2，叶轮固定在轴 3 上，由轴带动旋转。水泵的外壳 4 为一螺旋形扩散室，水泵的吸水口与吸水管 5 相连接，排水口与排水管 7 连接。

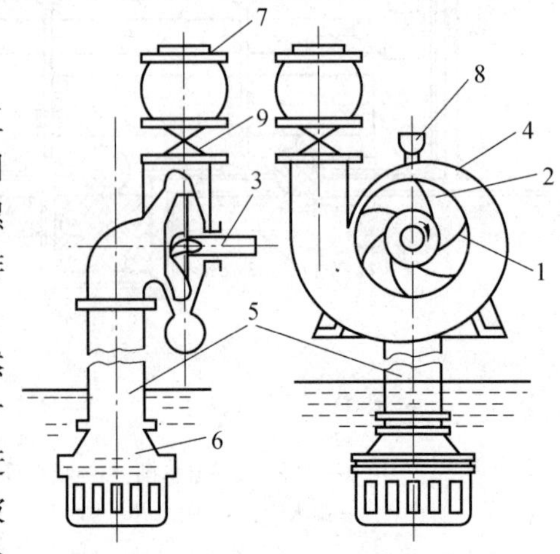

1—叶轮；2—叶片；3—轴；4—外壳；5—吸水管；6—滤水器底阀；7—排水管；8—注水漏斗；9—闸阀。

图 10-7 单级离心式水泵

水泵启动前，先由注水漏斗 8 向泵内注水，然后启动水泵，叶轮随轴旋转，叶轮中的水也被叶片带动旋转。这时，在离心力的作用下，水从叶轮进口流向出口。在此过程中，水的动能和压力能均被提高。被叶轮排出的水经螺旋形扩散室后，大部分动能又转变为压力能，然后沿排水管输送出去。这时，叶轮进口处则因水的排除形成真空。吸水井中的水在大气压力作用下，经吸水管进入叶轮。叶轮不断旋转，排水便不间断地进行。

二、离心式水泵工作参数

表征水泵工作状况的参数称为水泵的工作参数，它包括流量、扬程(压头)、功率、效率、转速和允许吸上真空度等。

(一)流量

流量是指单位时间内水泵排出液体的体积，用符号 Q 表示，单位为 m^3/s。

(二)扬程

扬程是指单位质量液体自水泵获得的能量，又称为压头，用符号 H 表示，单位为 m。

(三)功率

水泵功率是指水泵在单位时间内所做功的大小，可分为轴功率和有效功率。

1. 轴功率

电动机传给泵轴上的功率(输入功率)，称为轴功率，用符号 N 表示，单位为 kW。

2. 有效功率

水泵实际传递给水的功率(输出功率)，称为有效功率，用符号 N_e 表示，单位为 kW。水泵扬程 H 可以理解为水泵输出给单位质量液体的功，而单位时间内输出液体的质量为 ρgQ，故有：

$$N_e = \frac{\rho gQH}{1\,000} \qquad (10-2)$$

式中，Q——流量(m^3/s)；

H——扬程(m)；

ρ——水的密度(kg/m^3)。

(四)效率

效率是指水泵有效功率与轴功率的比值，用符号 η 表示：

$$\eta = \frac{N_e}{N} = \frac{\rho gQH}{1\,000N} \qquad (10-3)$$

(五)转速

转速是指水泵转子每分钟转数，用符号 n 表示，单位为 r/min。

(六)允许吸上真空度

允许吸上真空度是指水泵在不发生气蚀时，吸上真空度的最大限值，用符号 H_s 表示，单位为 m。

三、离心式水泵基本方程式

(一)水在叶轮内的运动分析

水在离心式水泵中获得能力的过程，就是在叶轮作用下，本身的流速大小和流动方向发生变化的过程。因此欲研究水泵的工作原理，应分析水在叶轮中的流动情况。

在离心式水泵中，水首先沿着叶轮轴向进入叶轮，然后在叶轮内转为径向流出。此时，水的质点既有以速度 $\boldsymbol{\omega}$ 相对于叶轮的相对运动，又有与叶轮圆周速度 $\boldsymbol{u}$ 相同的牵连运动，水的绝对速度 $\boldsymbol{c}$ 就是上述两种运动速度的矢量和，即

$$\boldsymbol{c}=\boldsymbol{u}+\boldsymbol{\omega}$$

在叶轮内任何一个位置，都可以画出这三个速度的大小和方向，它们构成一个三角形，成为速度三角形，如图 10-8 所示。

在速度三角形中，速度 $\boldsymbol{\omega}$ 与速度 $\boldsymbol{u}$ 的反向间的夹角 β 称为叶片安装角，β_1、β_2 分别为叶片进、出口的安装角。速度 $\boldsymbol{c}$ 与速度 $\boldsymbol{u}$ 间的夹角 α 称为叶片工作角，α_1、α_2 分别为叶片进、出口的工作角。

另外，绝对速度 $\boldsymbol{c}$ 可分解为切向速度 $\boldsymbol{c}_u$ 和径向速度 $\boldsymbol{c}_r$ 的矢量和，即

$$\boldsymbol{c}=\boldsymbol{c}_u+\boldsymbol{c}_r$$

并且：

$$\boldsymbol{c}_u=\boldsymbol{c}\cos\alpha \quad \boldsymbol{c}_r=\boldsymbol{c}\sin\alpha$$

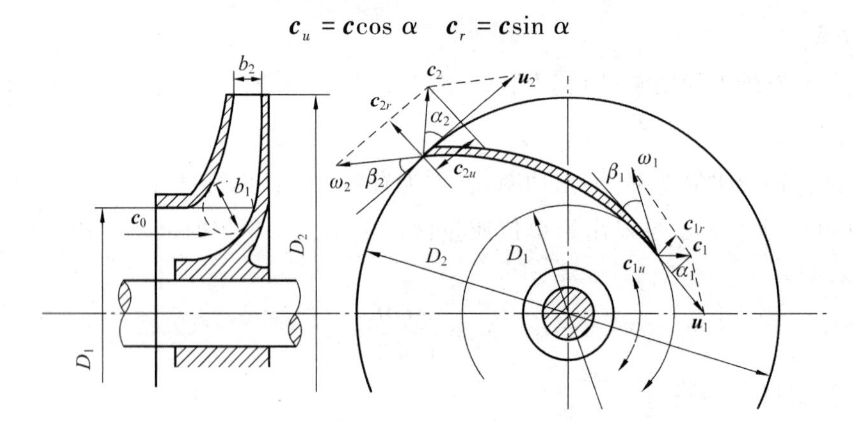

图 10-8 离心式水泵叶轮中流体流动速度

(二) 基本方程式

由于水在离心式水泵叶轮中的流动情况是非常复杂的，为简化问题，需建立一个理想叶轮模型，其假设条件如下。

(1) 叶轮叶片数目无限多，厚度无限薄，即水流的相对运动方向恰好与叶片相切，且叶片厚度不影响叶轮的流量。

(2) 水泵工作时没有任何能量损失，即电动机传给它的能量全部由工作介质吸收。

(3) 水泵叶轮内工作介质的流动是稳定流动。

(4) 工作介质是不可压缩的。

在理想叶轮模型条件下求出的扬程，称为离心式水泵的理论扬程。

根据动量矩定理可知，在两个截面间流过的液体，其动量矩的增量等于外界作用在此两截面间液体上的冲量矩。液体由叶轮入口流向出口的两个截面分别取在叶轮的入口和叶轮的出口。这里，H_{T} 表示理论扬程，R_1、R_2 分别表示叶轮进、出口半径，设在 Δt 时间内有质量为 Δm 的液体流过叶轮叶道，则其在叶轮的入口处的动量 $\Delta m\boldsymbol{c}_1=\Delta m(\boldsymbol{c}_{1u}+\boldsymbol{c}_{1r})$，因为 $\boldsymbol{c}_{1r}$ 为径向速度，并通过圆心，所以不产生动量矩，而只有 $\boldsymbol{c}_{1u}$ 产生动量矩，产生的动量矩为 $\Delta m\boldsymbol{c}_{1u}R_1$。同理，在叶轮出口处产生的动量矩为 $\Delta m\boldsymbol{c}_{2u}R_2$，动量矩增量为 $\Delta m(\boldsymbol{c}_{2u}R_2-c_{1u}R_1)$。

根据动量矩定理，动量矩增量应等于作用在叶轮进、出口间的水上的冲量矩。设叶片对水作用的力矩用 $\boldsymbol{M}$ 表示，则冲量矩为 $\boldsymbol{M}\cdot\Delta t$，所以：

$$\boldsymbol{M}\cdot\Delta t=\Delta m(\boldsymbol{c}_{2u}R_2-\boldsymbol{c}_{1u}R_1)$$

用 ω 表示叶轮的角速度，ΔG 表示质量为 Δm 的水的质量，上式可变为：

$$\frac{M\omega\cdot\Delta t}{\Delta G}=\frac{\Delta m\omega}{\Delta G}(c_{2u}R_2-c_{1u}R_1)=\frac{1}{g}(u_2c_{2u}-u_1c_{1u})$$

式中，$M\omega$ 为叶片对液体传递的功率，而 $M\omega\cdot\Delta t$ 则是在单位时间内传递的能量，这一部分能量被 Δt 时间内流过叶轮的质量为 ΔG 的液体所吸收。所以，上式中等号左边为单位质量液体所吸收的能量。根据扬程定义，即为离心式水泵所产生的扬程 H_T，所以：

$$H_\mathrm{T}=\frac{1}{g}(u_2c_{2u}-u_1c_{1u}) \tag{10-4}$$

上式表示，在理想条件下离心式水泵对单位质量液体所传递的能量，称为离心式水泵的理论扬程。此式是离心式水泵的基本方程式，又称为欧拉方程式。

为提高水泵的理论扬程，一般离心式水泵在结构设计时均使水沿径向流入叶轮，即 $\alpha_1=90^\circ$，则 $c_{1u}=0$，式(10-4)变为：

$$H_\mathrm{T}=\frac{u_2c_{2u}}{g} \tag{10-5}$$

四、离心式水泵的特性曲线

(一)理论扬程特性曲线

设叶轮出口面积为 S_2，则离心式水泵的理论流量为：

$$Q_\mathrm{T}=c_{2r}S_2 \tag{10-6}$$

$$c_{2r}=\frac{Q_\mathrm{T}}{S_2}$$

由图 10-8 可以看出：

$$c_{2u}=u_2-c_{2r}\cot\beta_2=u_2-\frac{Q_\mathrm{T}}{S_2}\cot\beta_2$$

将上式代入式(10-5)得：

$$H_\mathrm{T}=\frac{u_2^2}{g}-\frac{u_2\cot\beta_2}{gS_2}Q_\mathrm{T} \tag{10-7}$$

即为离心式水泵理论扬程与理论流量的关系式。

对于给定的水泵，在一定转速下，u_2、S_2 及 β_2 均为常数，令 $A=\frac{u_2^2}{g}$，$B=\frac{u_2\cot\beta_2}{gS_2}$，式(10-7)变为：

$$H_\mathrm{T}=A-BQ_\mathrm{T} \tag{10-8}$$

上式表示在 Q_T-H_T 坐标图上是一斜率为 B 的曲线，如图 10-9 所示。直线的斜率 B 取决于叶片安装角 β_2。当 $\beta_2<90^\circ$ 时，称为后弯叶片，此时，$\cot\beta_2>0$，H_T 随 Q_T 的增加而下降；当 $\beta_2=90^\circ$ 时，称为径向叶片，$\cot\beta_2=0$，H_T 与 Q_T 无关，是一常数；当 $\beta_2>90^\circ$ 时，称为前

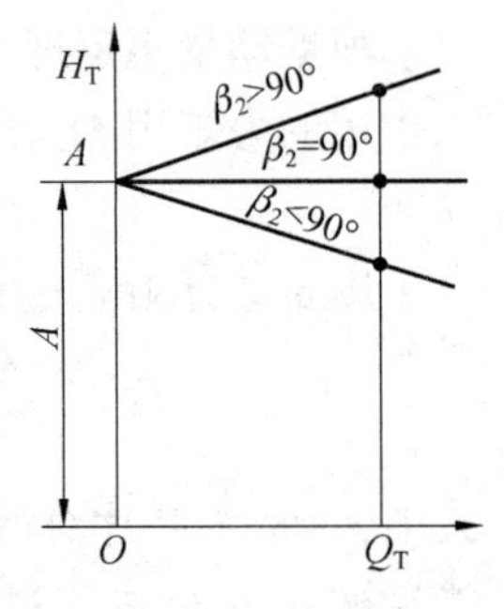

图 10-9　理论扬程与理论流量关系曲线

弯叶片，此时，$\cot\beta_2<0$，H_T 随 Q_T 的增加而增加。叶轮叶片的形式如图 10-10 所示。

由图 10-9 可以看出，在理论流量相同的情况下，前弯叶片产生的理论扬程最大，径向叶片次之，后弯叶片最小。若产生相同的理论扬程，采用前弯叶片时，叶轮直径可小一些；采用后弯叶片时，需要的直径最大；径向叶片居中。由图 10-10 可以看出，在相同条件下，前弯叶片的出口绝对速度 c_2 最大，后弯叶片的绝对速度 c_2 最小。绝对速度越大，水在泵内流动时的能量损失也越大，效率就越低。所以，前弯叶片叶轮的效率较低，后弯叶片叶轮的效率较高，径向叶片叶轮的效率居中。因此，在实践中通常使用后弯叶片的叶轮以提高效率。

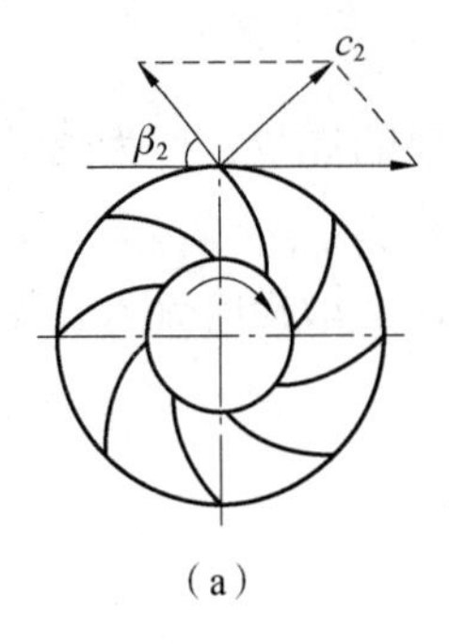

(a)

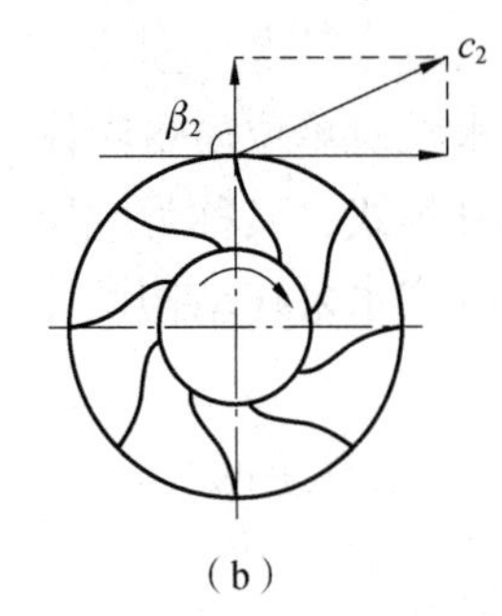

(b)

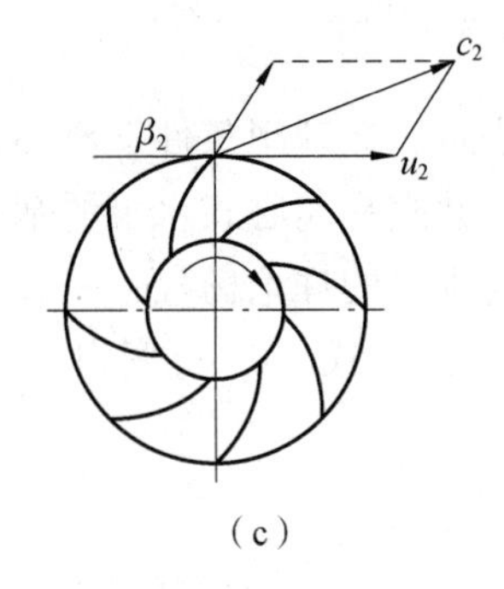

(c)

图 10-10　叶轮叶片的形式
(a)后弯叶片；(b)径向叶片；(c)前弯叶片

(二)实际特性曲线

前述推导过程是在假设条件下进行的，实际很难从理论上精确计算水泵的实际扬程、流量和功率的确切数据，只能用试验方法得到。这是因为叶轮内部的流动情况十分复杂，存在摩擦损失和流量泄漏，而且除叶轮外，其他部件也都有很大影响。

图 10-11 所示为离心式水泵的实际性能曲线，它包括扬程曲线 H、轴功率曲线 N、效率曲线 η 和允许吸上真空度曲线 H_s。这些曲线反映了水泵扬程曲线 H、轴功率曲线 N、效率曲线 η 和允许吸上真空度曲线 H_s 随流量 Q 变化的规律。

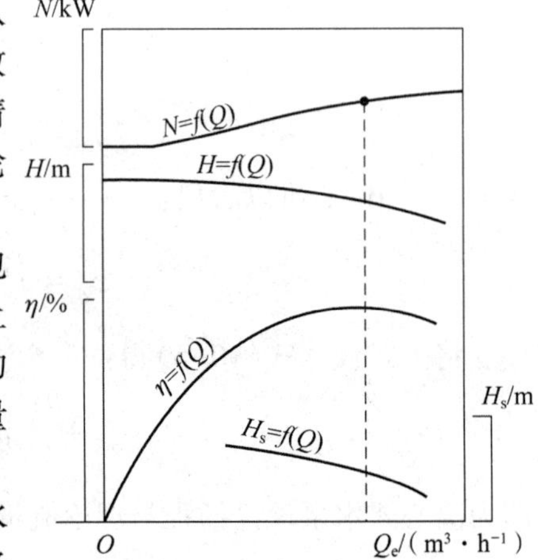

图 10-11　离心式水泵的实际性能曲线

从图 10-11 中可以看出，对于常用的后弯叶片水泵，其扬程曲线 H 一般是单调下降的。当流量较小时扬程较大。流量为零时的扬程称为初始扬程或零扬程。

水泵的轴功率是随着流量的增大而逐渐增大的。当流量为零时，轴功率最小，所以离心式水泵要在调节闸阀完全关闭的情况下启动。

允许吸上真空度曲线 H_s 反映了水泵抗气蚀能力的大小。它是生产厂家通过气蚀试验并考虑了一定的安全量后得到的。一般来说，水泵的允许吸上真空度随着流量的增加而减少，即水泵的流量越大，它所具有的抗气蚀能力越小。H_s 值是合理确定水泵吸水高度的重要参数。

水泵的效率曲线 η 呈驼峰状。当流量为0时，效率为0；随着流量的增大，效率随之增加。效率最大时的参数称为额定参数，分别用 Q_e、H_e、N_e、η_e 和 H_{se} 表示。若流量继续增大，效率则随之减少。

五、比例定律及比转数

水泵的性能参数和特性曲线是在一定的转速下得到的，当转速改变时，其性能参数和特性曲线也随之改变。比例定律就是反应水泵的性能参数随转速改变的规律。

设某台水泵的转速为 n、流量为 Q、扬程为 H、功率为 N，若将水泵的转速改变为 n' 后，其性能参数的变化规律如下：

$$\frac{Q'}{Q}=\frac{n'}{n} \tag{10-9}$$

$$\frac{H'}{H}=\left(\frac{n'}{n}\right)^2 \tag{10-10}$$

$$\frac{N'}{N}=\left(\frac{n'}{n}\right)^3 \tag{10-11}$$

对于同一台水泵，当转速改变时，在相应工况下，其流量之比等于转速之比；扬程之比等于转速之比的平方；功率之比等于转速之比的三次方。式(10-9)~式(10-11)称为比例定律。利用比例定律，可以方便地由水泵在某一转速下的特性，推算出在另一转速下的特性，从而扩大水泵的使用范围。

比例定律也适用于通风机，只需将公式中的扬程换成风压即可。

比例定律只反映了同一系列水泵性能参数之间的关系，并未涉及非相似水泵性能参数之间的关系。在水泵的选择和设计中，为了比较不同系列水泵的性能参数，往往需要一个不依赖于水泵的几何尺寸而反映其流量和扬程关系的综合参数，这个参数称为比转数，用符号 n_s 表示。水泵的比转数定义为：

$$n_s=3.65n\frac{Q^{1/2}}{H^{3/4}} \tag{10-12}$$

式中，n——水泵的转速(r/min)；

Q——水泵最高效率点单吸叶轮的流量(m^3/s)；

H——水泵最高效率点单吸叶轮的扬程(m)。

由上式可以看出，当水泵的转速一定时，低比转数水泵的特点是扬程高，流量小，相应的叶轮形式必定是流道长(叶轮外径大)而窄(过流断面小)；而高比转数水泵的特点是扬程低，流量大，相应的叶轮形式则是流道短(叶轮外径小)而宽(过流断面大)。比转数还可以反映水泵是否相似，相似的水泵 n_s 值相同，不相似的水泵 n_s 值则不同。

第三节　离心式水泵的类型和主要部件

一、离心式水泵类型

矿井主要排水设备常用D型、DA型和TSW型多级离心式水泵；而井底水窝和采区局部排水则常用B型、BA型和BZ型单级离心式水泵。

(一) D 型离心式水泵

D 型离心式水泵是单吸、多级、分段式离心泵，其构造如图 10-12 所示。

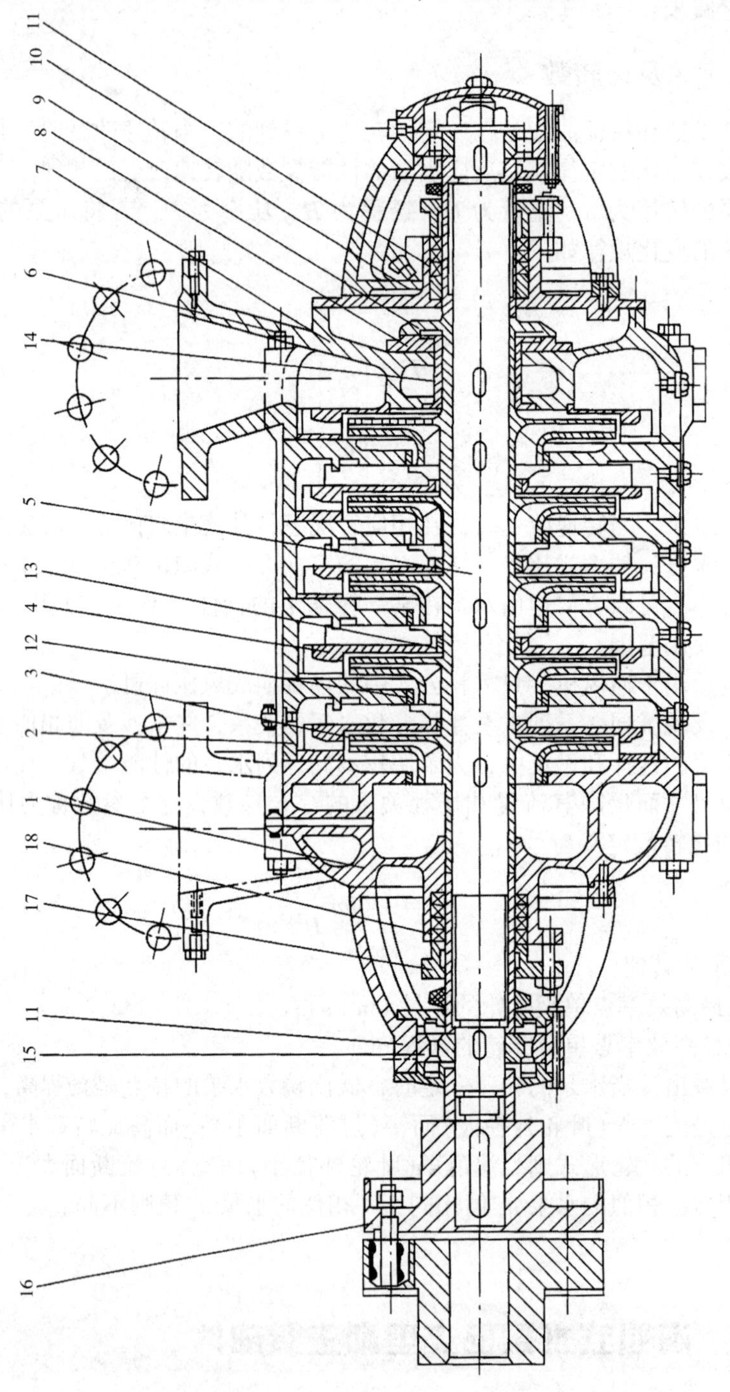

1—前段；2—中段；3—叶轮；4—导水圈；5—轴；6—螺栓；7—后段；8—平衡板；9—平衡盘；10—尾段；11—轴承架；12—大口环；13—小口环；14—轴套；15—轴承；16—弹性联轴节；17—填料压盖；18—填料。

图 10-12　D 型离心式水泵构造

水泵的定子部分主要由前段 1、中段 2、后段 7、尾段 10 及轴承架 11 等零部件用螺栓 6 连接而成。

转子部分主要由装在轴 5 上的数个叶轮 3 和一个平衡盘 9 组成。整个转子部分支承在轴两端的轴承 15 上。

泵的前、中、后段间用螺栓固定在一起，各级叶轮及导水圈之间靠叶轮前、后的大口环 12 和小口环 13 密封。为改善吸水性能，第一级叶轮的吸入口直径大一些，其大口环也相应加大。泵轴穿过前、后段部分的密封靠填料 18、填料压盖 17 组成的填料函来完成。水泵的轴向推力采用平衡盘平衡。

D 型离心式水泵的流量和扬程范围很大，目前其最高扬程可达 1 000 m，流量可达 450 m^3/h，能够满足矿井排水的需求。该泵的效率曲线平坦，工业利用区较大。

(二) B 型离心式水泵

B 型离心式水泵是单吸、单级、悬臂式离心泵，其构造如图 10-13 所示。泵轴的一端在托架内用轴承支撑，另一端悬出称为悬臂端，悬臂端装有叶轮。B 型离心式水泵体积小，质量轻，结构简单，工作可靠，便于搬运和维护检修。其流量范围为 4.5~360 m^3/h，扬程为 8~98 m，常用于排出采区、井底水窝的积水，也可作为其他辅助供水、排水设备。

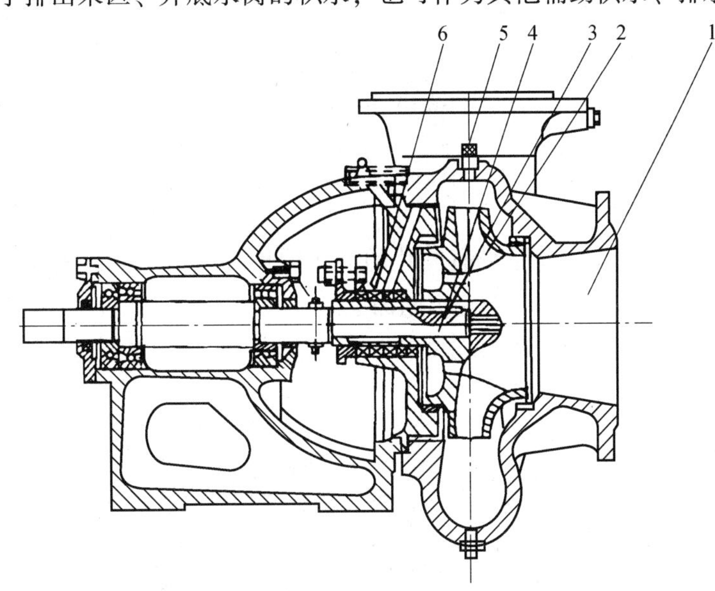

1—进水口；2—叶轮；3—键；4—轴；5—放气阀孔；6—填料。

图 10-13　B 型离心式水泵构造

二、离心式水泵主要部件

离心式水泵主要部件大致可分为 4 类：流通部件、密封装置、轴向推力平衡装置和传动装置。

(一) 流通部件

水在泵内流经的主要部件有吸入室、叶轮、导水圈和压出室等。

1. 吸入室

吸入室位于第一级前边，作用是将吸水管中的水均匀地引向叶轮。在分段式多级泵中一般采用圆环形吸入室；在悬臂式单吸单级泵中多采用锥形管结构。

2. 叶轮

叶轮是使水增加能量的唯一部件。叶轮一般由前、后盖板及夹在其间的许多后弯叶片组成。叶片把两盖板间的空间分成许多弯曲的流道，前盖板在轴的周围开有环形吸水口，叶轮外缘为带形出水口。叶轮按结构可分为闭式及半开式(没有前盖板)两种，如图 10-14 所示。在排含有颗粒的浑水、泥浆的泵中，为防止堵塞叶轮流道，一般采用半开式叶轮。

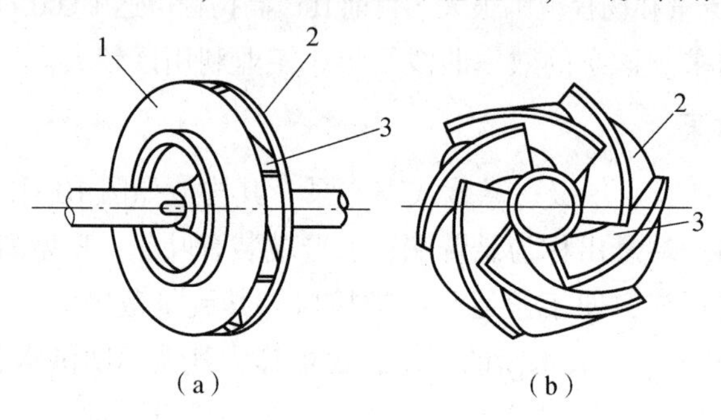

1—前盖板；2—后盖板；3—叶片。

图 10-14 叶轮

(a)闭式；(b)半开式

3. 导水圈

导水圈是与泵壳固定在一起且带有叶片的静止圆环，如图 10-15 所示。它的入口一面有与叶轮叶片数目不等的导叶片，使流道断面逐渐扩大；另一面有对应数量的反导叶片。导叶片的作用是把由叶轮流出的高速水流收集起来，并将一部分动能转化为压力能，再通过反导叶片把水均匀地引向下一级叶轮。

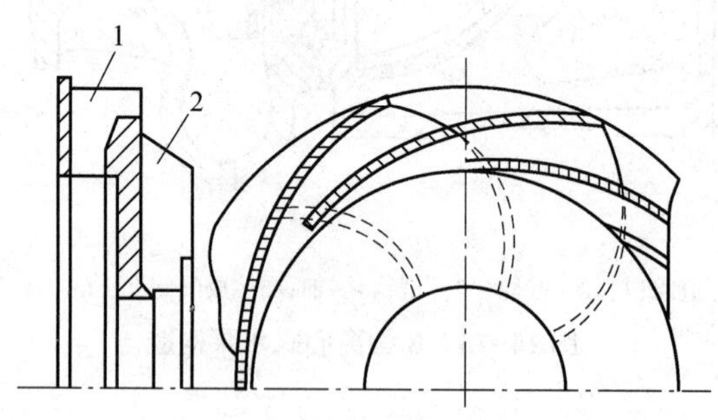

1—导叶片；2—反导叶片。

图 10-15 导水圈

4. 压出室

压出室位于最后一级叶轮的后面，其作用是将最后一级叶轮流出的高速水流收集起来引向泵的排出口，同时在扩散管中将水的一部分动能转化为压力能。绝大部分单级泵、水平中开螺壳式多级泵及新改进的分段式多级泵的压出室均采用螺旋形压出室，如图 10-16(a)所示，水在整个流道内的运动速度是均匀的，从而减少冲击损失。分段式多级泵及杂质泵的压出室，因结构上采用螺旋形压出室有一定困难，一般采用环形压出室，如图 10-16(b)所示。因为环形压出室各断面面积相等，所以各处流速不等，有冲击损失，效率比螺旋形压出室低。

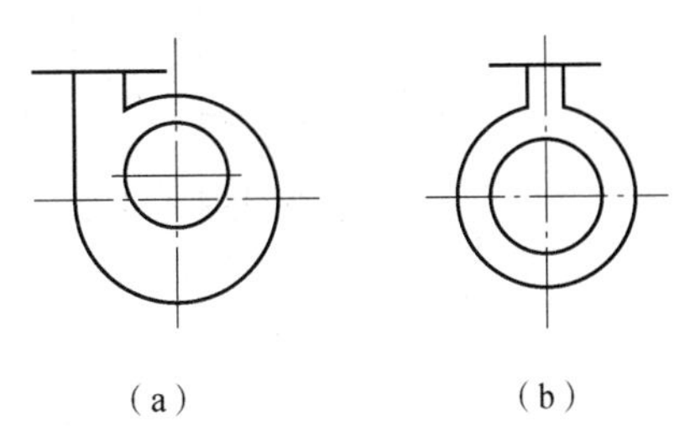

图 10-16　压出室

(a)螺旋形压出室；(b)环形压出室

(二)密封装置

水泵的转动部分与泵壳之间必须有一定的间隙，为了减少水经过这些间隙产生循环流或防止水漏出泵外，在水泵上均装有密封装置，如密封环和填料函。

密封环如图 10-17 所示，通常装在叶轮入口处的泵壳上(有的还在叶轮上)，又称为大口环，其作用是保持叶轮与水泵间有一极小的间隙，以减少水从叶轮中反流至入口。

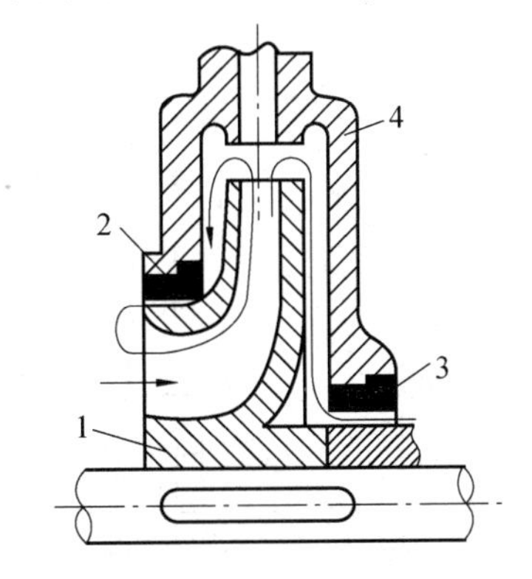

1—叶轮；2—大口环；3—小口环；4—泵壳。

图 10-17　密封环

在多级泵的级间泵壳上还装有级间密封环，又称为小口环，其作用是防止级间漏损。如果密封环损坏，将产生大量循环流，使水泵排水量及效率显著下降，并引起不平衡轴向力。

轴端密封采用填料函，图 10-18 所示为吸入端的填料函，它可防止因空气吸入泵内破坏真空而影响正常工作。填料多用油浸棉线编成，中间还有水封环，用泵排出口引来的高压水进行水封，以防止空气吸入泵内，同时对填料起润滑和冷却作用。排水端填料函主要阻止高压水漏出泵外，所以没有水封环。水泵正常工作时，填料函应有少量水滴出。

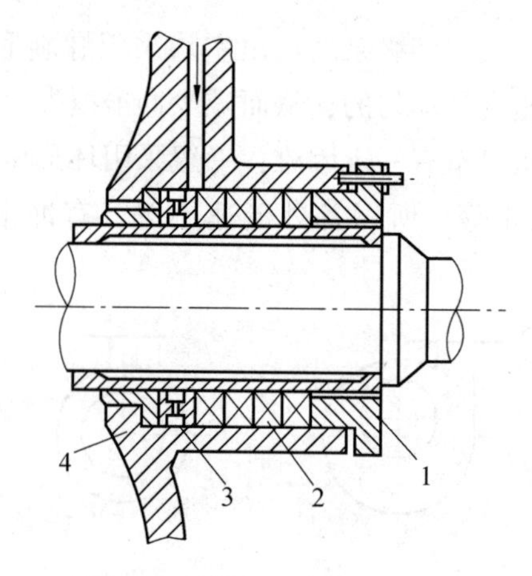

1—压盖；2—填料；3—水封环；4—尾盖。

图 10-18　吸入端的填料函

（三）轴向推力平衡装置

多级泵基本上都是单侧进水，如图 10-19 所示，水在叶轮入口处的压力为 p_1，出口处的压力为 p_2。因为叶轮在外壳内转动，故与外壳之间有间隔，形成空腔，在空腔内部充满压力为 p_2 的高压水，并作用在叶轮的前、后盖板上。由于叶轮前、后盖板面积不相等，所以作用力不平衡，对叶轮产生向吸水侧的推力，称为轴向推力。大型多级离心式水泵轴向推力往往很大，如不加以平衡，将使离心式水泵无法正常工作。对离心式水泵来说，常用的平衡轴向推力的方法有以下 6 种。

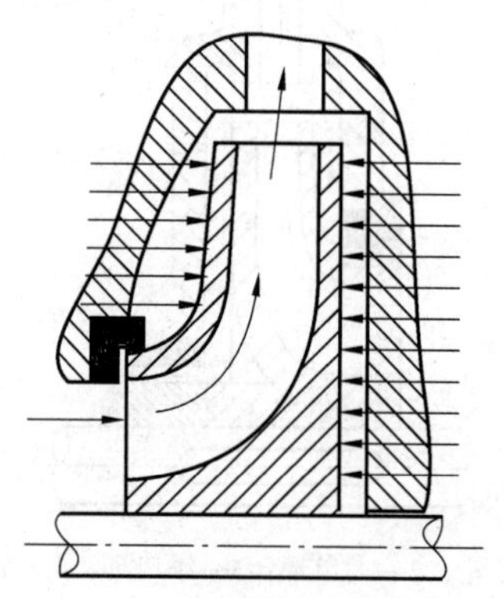

图 10-19　轴向推力的产生

1. 开平衡孔

对小型的单级泵，多采用在后盘上开平衡孔的方法平衡轴向推力，如图 10-20 所示。利用后盘外侧的密封环 K 造成平衡室 E，在后盘上开平衡孔 A，使平衡室 E 和吸水侧相通，因此平衡室 E 的压力也等于吸水侧的压力 p_1，从而造成平衡。这种方法比较简单，但增加了泄漏损失。

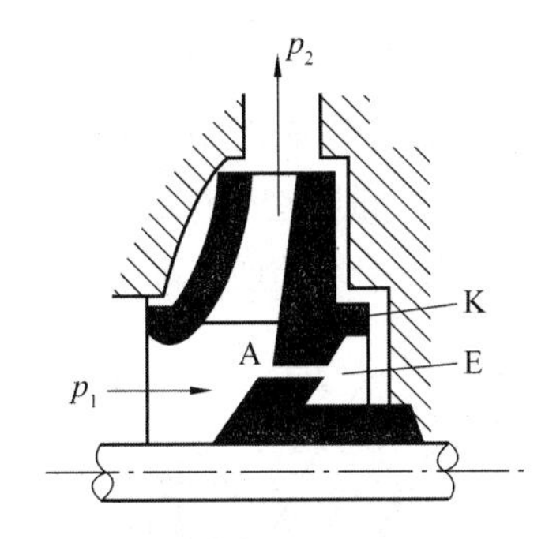

A—平衡孔；K—密封环；E—平衡室。

图 10-20 开平衡孔

2. 采用平衡叶片

采用平衡叶片如图 10-21 所示，在叶轮后盖板的背面对称安置几条径向加强筋片(即平衡叶片)，如同叶轮叶片一样使背面的液体加快旋转，离心力增大，背面的压力显著下降，从而使叶轮两侧的压力趋于平衡。其平衡程度取决于平衡叶片的尺寸和叶轮与泵体的间隙。这种平衡方法使泵的效率有所降低，在杂质泵中有时采用。

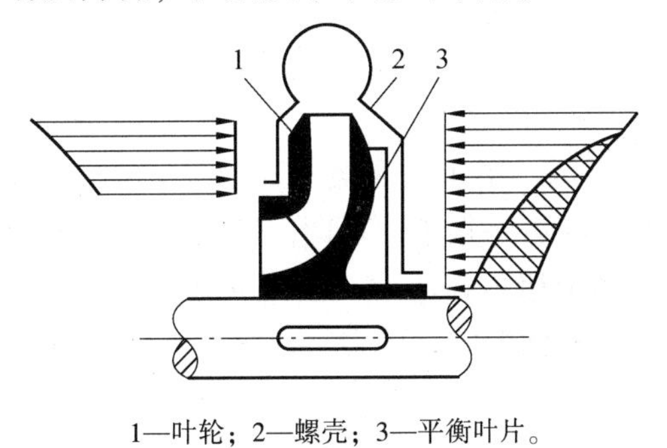

1—叶轮；2—螺壳；3—平衡叶片。

图 10-21 采用平衡叶片

3. 采用双级叶轮

采用双级叶轮如图 10-22 所示，由于双级叶轮结构对称，因此叶轮两边的压力作用面积相等，同时作用于叶轮上的力也对称，从而使轴向推力达到平衡。这种结构多用在流量较大的单级离心式水泵上。

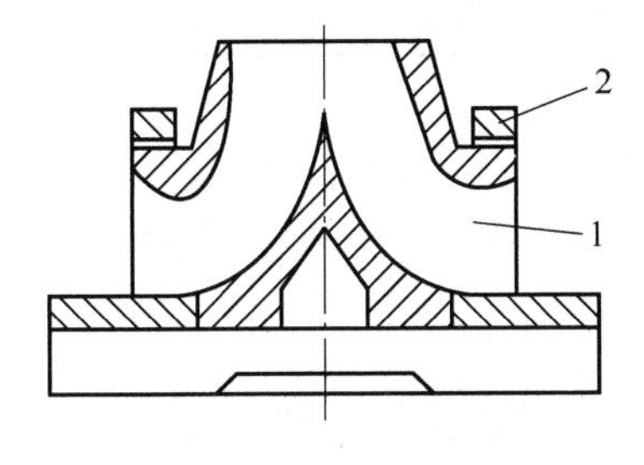

1—叶轮；2—密封环。

图 10-22 采用双级叶轮

4. 对称布置叶轮

对称布置叶轮如图 10-23 所示，将叶轮成对对称布置在同一根轴上，各级叶轮产生的轴向力互平衡。这种平衡方法效果良好，但是级与级之间的流道长，并且彼此重叠。交叉流道的布置会使泵壳的铸造复杂，成本高，一般在 2~4 级离心式水泵中采用。

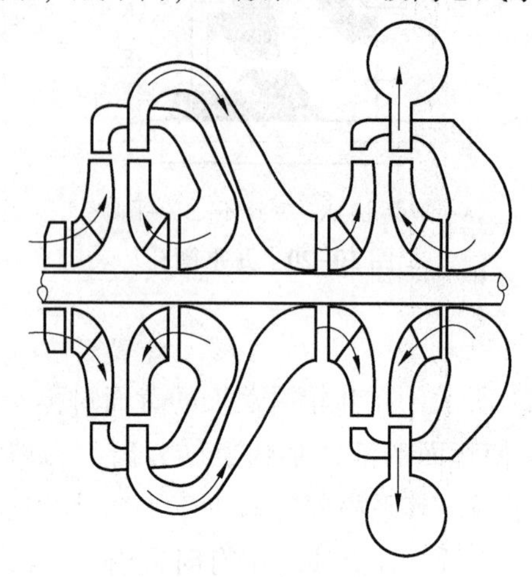

图 10-23　对称布置叶轮

5. 采用平衡鼓

采用平衡鼓如图 10-24 所示，平衡鼓是装在末级叶轮后面与叶轮同轴的圆柱体，其外圆表面与泵体上的平衡鼓套之间有一很小的径向间隙 δ。平衡鼓右侧用连通管与泵吸入口连通，这样，右侧 C 的压力接近泵吸入口压力，左侧 A 的压力接近最后一级叶轮后腔的压力，从而在平衡鼓两侧形成一个从左向右的轴向力，以平衡轴向推力。采用这种方法不能完全平衡轴向推力，因此要采用止推轴承来承受剩余的轴向推力。

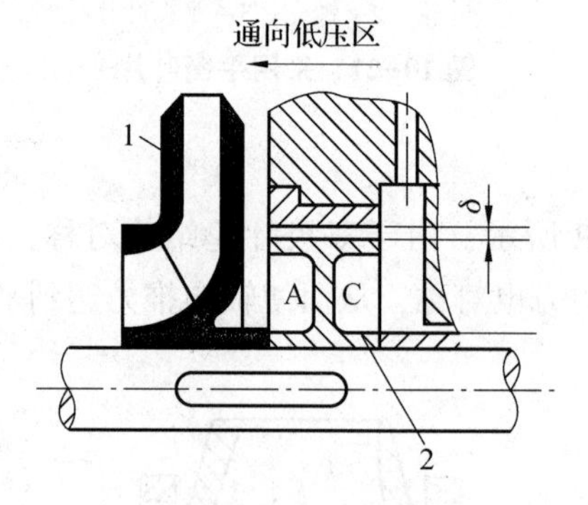

1—叶轮；2—平衡鼓。

图 10-24　采用平衡鼓

6. 采用平衡盘

平衡盘是多级离心式水泵采用最普遍的一种轴向推力平衡方法，如图 10-25 所示。平衡盘固定在泵轴上，与叶轮、泵轴三者成为一体。平衡盘与装在泵壳上的平衡盘衬环一起，形成平衡盘室 A。最后一级叶轮排水侧的高压水经轴向间隙 l_1，流进平衡盘室 A，然后经过径向间隙 l_2 流入平衡盘背面空腔。此空腔或者与吸水管连通，或者直接与大气相通，故此空腔内的压力为低压。由于平衡盘室 A 内的压力高于背面空腔内的压力，因此对平衡盘来说，产生了向后的轴向平衡力，以平衡叶轮向前的轴向推力。当平衡力小于轴向推力时，转子向吸水侧移动，间隙 l_2 减小，平衡盘室 A 内压力升高，平衡力增大，直到平衡为止。反之，当平衡力大于轴向推力时，转子向出水侧移动，间隙 l_2 增大，平衡盘室 A 内压力降低，平衡力减小，直到平衡为止。由此可见，平衡盘的工作状态是动态的。

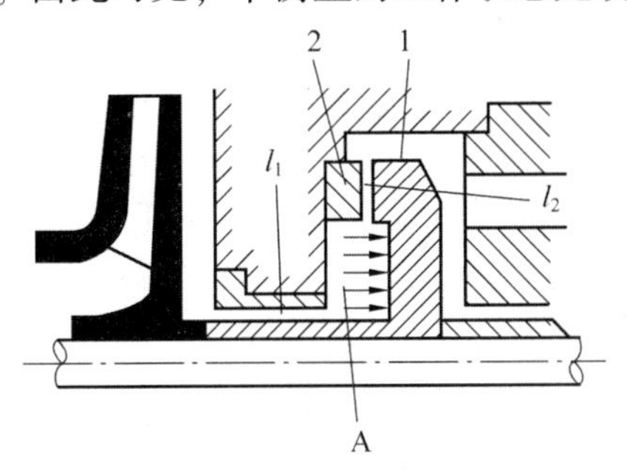

1—平衡盘；2—平衡盘衬环；A—平衡盘室。

图 10-25　采用平衡盘

(四)传动装置

传动装置主要包括泵轴、轴承、联轴器等。

第四节　离心式水泵的网络工况

一、排水管路特性

每一台水泵都是和一定的管路连接在一起进行工作的。水泵使水获得的扬程不仅用于提高水的位置，还用于克服管中的各种阻力。因此，水泵的工作情况不仅与水泵本身性能有关，同时也与管路的配置情况有关。水泵在管路上工作时，排水所需的实际扬程与流量的关系称为管路特性。

图 10-26 所示为排水设备示意图。水泵排出的水全部经管道输送出去，水泵所产生的扬程与管道输送这些水所需要的扬程是相等的，以 H 表示。以吸水水面为基准线，列吸水水面 1—1 和排水管出口截面 2—2 的伯努利方程为：

$$\frac{p'_a}{\gamma}+\frac{v_1^2}{2g}+H=H_x+H_p+\frac{p_a}{\gamma}+\frac{v_2^2}{2g}+\Delta H_x+\Delta H_p \tag{10-13}$$

式中，p'_a、p_a——1—1、2—2 处截面处的大气压力(N/m^2)，$p'_a\approx p_a$；

γ——水的容重(N/m^3)；

H_x、H_p——吸水高度、排水高度(m)，二者之和称为测地高度，以 H_c 表示，即 $H_c=H_x+H_p$；

v_1——1—1 截面上水的流速(m/s)，因为吸水与水仓相通，水面很大，流速很小，所以 $v_1\approx 0$；

v_2——排水管出口处水流速度，等于排水管内流速 v_p(m/s)，设排水管内径为 d_p，流量

为 Q，则 $v_2 = v_p = \frac{4Q}{\pi d_p^2}$；

ΔH_x、ΔH_p ——吸水管、排水管中压头损失，其中包括沿程损失 H_f 和局部损失 ΔH_j。

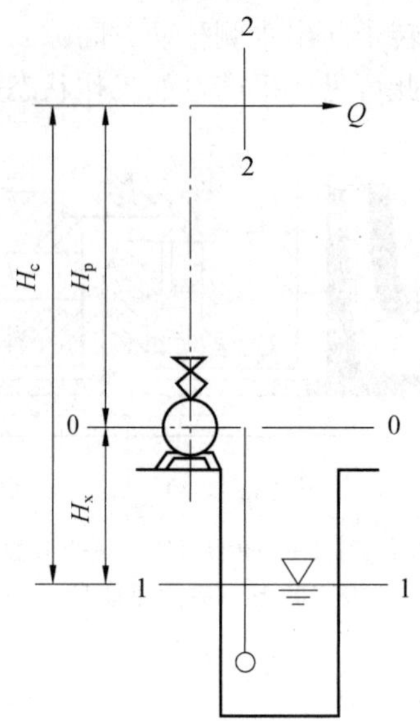

图 10-26　排水设备示意图

于是有：

$$H = H_c + \frac{v_p^2}{2g} + \Delta H_x + \Delta H_p \tag{10-14}$$

根据阻力损失计算公式可得：

$$\Delta H_x = \Delta H_{xf} + \Delta H_{xj} = \lambda_x \frac{l_x}{d_x}\frac{v_x^2}{2g} + \sum \xi_x \frac{v_x^2}{2g}$$

$$\Delta H_p = \Delta H_{pf} + \Delta H_{pj} = \lambda_p \frac{l_p}{d_p}\frac{v_p^2}{2g} + \sum \xi_p \frac{v_p^2}{2g}$$

式中，λ_x、λ_p ——吸水管、排水管沿程阻力损失系数；

l_x、l_p ——吸水管、排水管沿程管路长度；

d_x、d_p ——吸水管、排水管沿程管路内径；

$\sum \xi_x$、$\sum \xi_p$ ——吸水管、排水管局部阻力损失系数之和；

v_x ——吸水管内水流速度，$v_x = \frac{4Q}{\pi d_x^2}$。

式(10-14)经整理后可得：

$$H = H_c + R_T Q^2 \tag{10-15}$$

式中，R_T——管路阻力系数。

$$R_T = \frac{8}{\pi^2 g}\left[\lambda_x \frac{l_x}{d_x^5} + \lambda_p \frac{l_p}{d_p^5} + \sum \xi_x \frac{1}{d_x^4} + \left(\sum \xi_p + 1\right)\frac{1}{d_p^4}\right] \tag{10-16}$$

式(10-15)为排水管路特性方程，该方程表达了通过管路的流量与需要的扬程之间的关系。可以看出，所需扬程取决于测地高度 H_c、管路阻力系数 R_T 和流量 Q。对于具体矿井来讲，其 H_c 是定值，因而当流量一定时，所需扬程取决于 R_T，它与管长、管内壁状况以及管件的种类和数量有关。

泵排水过程中单位质量液体所获得的有效能量 H_c 与输给单位质量液体的能量 H 的比值，称为管路效率，以 η_g 表示，即

$$\eta_g = \frac{H_c}{H} \tag{10-17}$$

从式(10-17)可知，要提高 η_g， 必须减少管路阻力 R_T 以减少 H。为此，应保持管内壁的清洁和光滑，选择阻力较小的管件，尽量缩短管路敷设长度，以取得较好的经济效益。

将式(10-15)中的 Q 与 H 的对应关系画在 Q-H 坐标图上所得曲线 R 称为管路特性曲线（见图 10-27）。对于具体管路来讲，其特性曲线是确定的。曲线上每一点均表示不同流量下所需水泵提供的实际扬程。

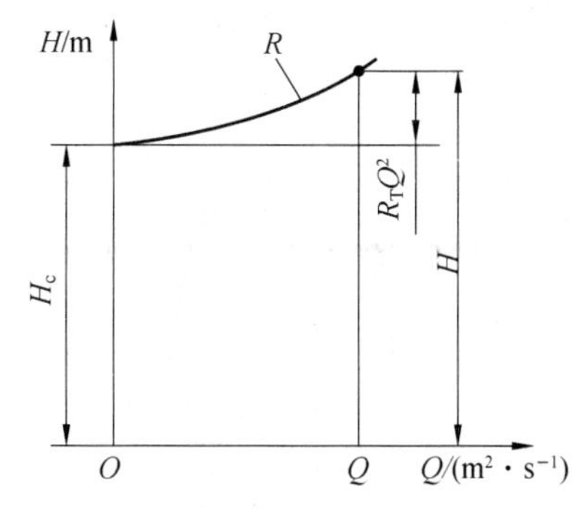

图 10-27　管路特性曲线

二、水泵工况点的确定

水泵是和管路连接而工作的，水泵的流量就是从管路中流过的水量，水泵的扬程就是水流经管路时的总扬程消耗。因此，如果把水泵特性曲线和管路特性曲线按同一比例画在同一坐标图上，所得的交点就是水泵的工况点，即图 10-28 中的 M 点。由 M 点作一条垂线，即可得到工况流量 Q_M，同时，在纵坐标上能读出水泵的工况扬程 H_M、工况功率 N_M、工况效率 η_M 和工况允许吸上真空度 H_{sM}。

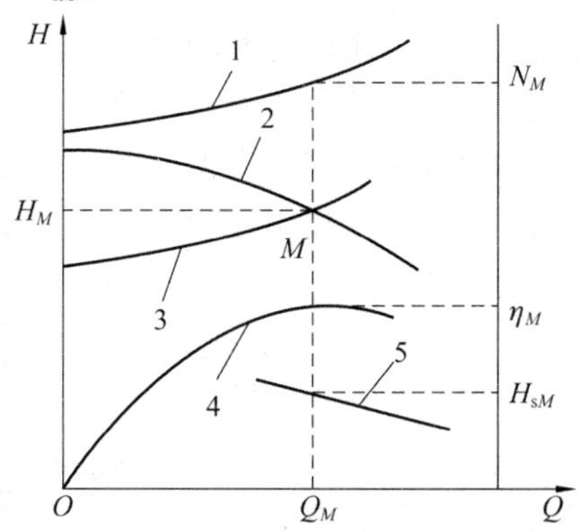

1—水泵功率特性曲线；2—水泵扬程特性曲线；3—管路特性曲线；
4—水泵效率特性曲线；5—水泵允许吸上真空度曲线。

图 10-28　水泵的工况点

三、水泵气蚀与吸水高度

(一)水泵气蚀

煤矿的排水设备大多数安装在吸水水面以上的水泵房底板上，在这种情况下，水泵必须以吸水方式工作。图10-29所示为吸水系统，取水泵入口处为1—1截面，吸水水面为0—0截面，并以0—0截面为基准，两截面的伯努利方程为：

$$\frac{p_0}{\gamma}+\frac{v_0^2}{2g}=H_x+\frac{p_1}{\gamma}+\frac{v_1^2}{2g}+\Delta H_x$$

因 $v_0\approx 0$，$v_1=v_x$，于是有：

$$\frac{p_1}{\gamma}=\frac{p_0}{\gamma}-H_x-\Delta H_x-\frac{v_x^2}{2g} \tag{10-18}$$

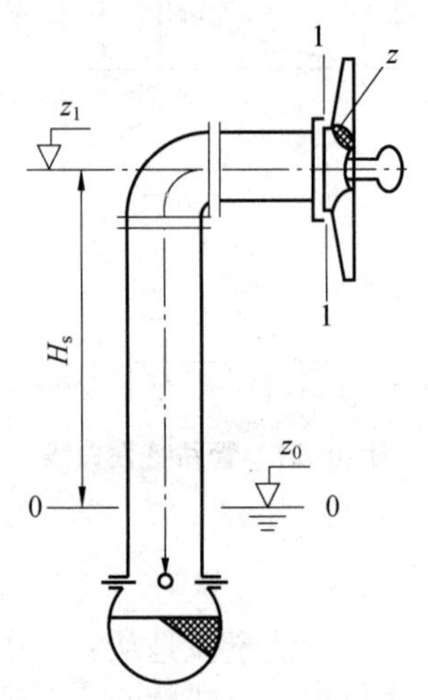

图10-29 吸水系统

p_0 为液面大气压力，如水泵在某一流量下运转，则式(10-18)中的 $v_x^2/(2g)$ 和 ΔH_x 两项基本为定值，于是随着安装高度 H_x 的增加，水泵进水口处的绝对压力 p_1 将减少。如果 p_1 减少到低于当时温度下水的饱和蒸汽压时，水汽化而产生气泡。同时，溶解于水中的气体也会析出，形成许多小的气泡。这些小气泡随着水流流入叶轮内压力超过饱和蒸汽压的区域时将突然破裂，其周围的水便以极高的速度冲过来，产生很强的水力冲击。由于气泡不断地形成和破裂，巨大的水力冲击以很高的频率反复作用在叶轮上，时间一长，就会使金属表面逐渐因疲劳而剥落。另外，气泡中还有一些气体(加氧气)借助气泡破裂时释放出的热量，对金属起化学腐蚀作用。机械剥落和化学腐蚀的共同作用，使金属表面很快出现蜂窝状的麻点，并逐渐形成空洞，这种现象称为气蚀。当发生气蚀时，水泵会产生振动和噪声，同时因水流中有大量气泡，破坏了水流的连续性，堵塞流道，水泵的性能下降，严重时会因吸不上水而导致不能排水。因此，不允许水泵在气蚀状态下工作。

由式(10-18)得水泵入口处的真空度为：

$$H_s'=\frac{p_0}{\gamma}-\frac{p_1}{\gamma}=H_x+\Delta H_x+\frac{v_x^2}{2g} \tag{10-19}$$

将 $\Delta H_x = \Delta H_{xf} + \Delta H_{xj} = \lambda_x \frac{l_x}{d_x}\frac{v_x^2}{2g} + \sum \xi_x \frac{v_x^2}{2g}$ 和 $v_x = \frac{4Q}{\pi d_x^2}$ 代入上式，并整理得：

$$H'_s = H_x + R_x Q^2 \tag{10-20}$$

式中，R_x——吸水管路的阻力损失系数。

$$R_x = \frac{8}{\pi^2 g}\left[\left(\sum \xi_x + 1\right)\frac{1}{d_x^4} + \lambda_x \frac{l_x}{d_x^5}\right] \tag{10-21}$$

式(10-21)称为吸水管路特性方程，按此方程在 Q-H 坐标图上画出的曲线 H'_s，称为吸水管路特性曲线，如图 10-30 所示。该曲线反映了在确定的吸水管路下，不同流量时水泵入口处的真空度大小。

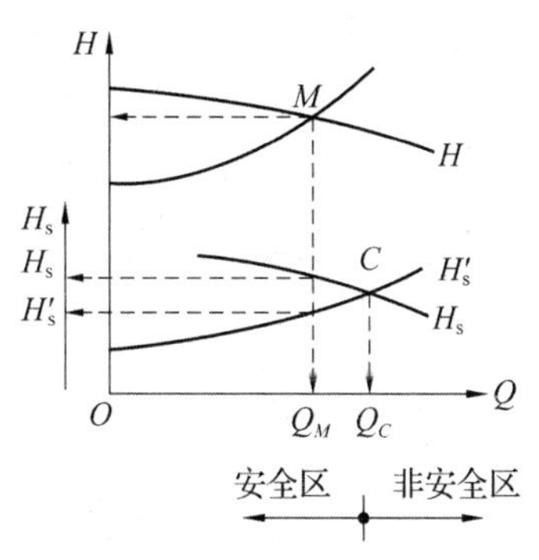

图 10-30 吸水管路特性曲线

吸水管路特性曲线 H'_s 与水泵的允许吸上真空度曲线 H_s 的交点 C 称为临界气蚀点。该点把水泵特性曲线分为两部分：在 C 点的左边，水泵的允许吸上真空度 H_s 大于水泵入口处的真空度 H'_s，说明水泵在这种条件下工作时，其入口处的压力大于水泵不发生气蚀所允许的最低压力，故不发生气蚀，所以称 C 点左边区域为水泵的安全区；反之，C 点右边的区域称为水泵的非安全区。显然，为避免水泵在气蚀条件下工作，应使工况点 M 位于临界气蚀点的左侧，即水泵不发生气蚀的条件为：

$$H_s > H'_s \tag{10-22}$$

式中，H_s——工况点 M 所对应的水泵允许吸上真空度(m)；

H'_s——工况点 M 所对应的水泵入口处的真空度(m)。

(二)吸水高度

从式(10-20)可知，水泵入口处的真空度 H'_s 与水泵的吸水高度 H_x、吸水管路阻力损失系数 R_x 有关。当 R_x 一定时，H_x 越大，H'_s 也越大，吸水管路特性曲线 H'_s 上移，临界气蚀点 C 便沿 H_s 曲线左移，使水泵的安全区变小，工况点 M 就可能位于 C 点右侧而发生气蚀；但 H_x 太小，会增加水泵安装的难度。因此，必须合理确定吸水高度 H_x，以保证水泵工作时满足式(10-22)的要求。

将式(10-19)代入式(10-22)中，整理后即得保证水泵不发生气蚀的合理吸水高度为：

$$H_x < H_s - \Delta H_x - \frac{v_x^2}{2g} \tag{10-23}$$

由水泵的允许吸上真空度曲线可知，H_s 值是随着流量的增加而减少的。为保证不发生气蚀，应将水泵运转期间可能出现的最大流量(常为运行初期)所对应的 H_s 值代入上式进行计算，而不能使用水泵铭牌上所标定的 H_s 值(铭牌上所标注的是额定工况时的允许吸上真空度)。

四、水泵的工业利用区

工业利用区是指水泵特性曲线上允许使用的区段。在这个区段内，水泵的工况点必须同时满足稳定工作条件、经济工作条件和不发生气蚀的条件。

(一)稳定工作条件

水泵稳定工作条件如图 10-31 所示，当水泵以正常转速 n 运转时，其扬程特性曲线为 H_0-n，它对管路特性曲线为 $H_c=f(Q)$ 的管路工作时，工况点为 1 点，且只有唯一的一点，因而水泵的工作是稳定的。但由于矿井供电电压的变化，带来电动机和泵转速的改变，泵的特性曲线也随之变化，就会出现以下两种情况。

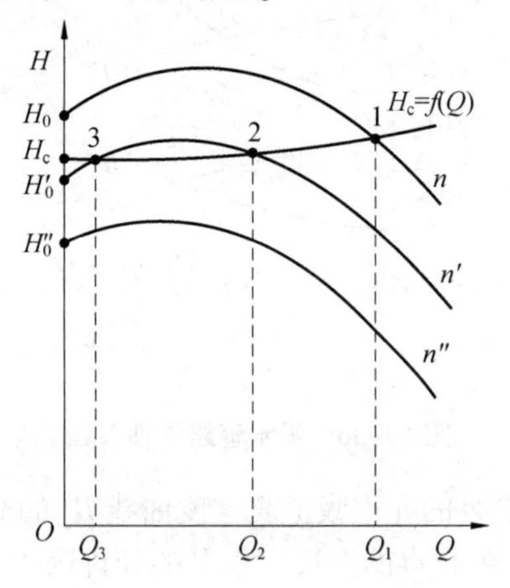

图 10-31　水泵稳定工作条件

1. 同时出现两个工况点

例如，扬程特性曲线 $H_0'-n'$ 与管路特性曲线有两个交点，即工况点 2 和 3。此时，由于供电电压不稳定，扬程曲线上下波动，水量忽大忽小，呈现不稳定工作情况。

2. 无工况点

例如，扬程特性曲线 $H_0''-n''$ 不再与管道有交点，即无工况点。从有工况点到无工况点的过程中，管中水的势能高于泵扬程，水倒灌入水泵；待管中水位降到其势能低于泵扬程时，泵又将水排入管路，周而复始地产生震荡，直到能量平衡为止。另外，因为各种条件的变化，很难维持平衡，所以水泵处于不稳定状态。

上述两种情况都是发生在水泵零流量时的扬程 H_0 小于管路距地面高度 H_c 时。因此，为了保证水泵稳定工作，必须保持 $H_0>H_c$。考虑到水泵转速可能下降 2%~5%，致使扬程下降 5%~10%的情况，规定泵的稳定工作条件为：

$$(0.9 \sim 0.95)H_0 \geqslant H_c \tag{10-24}$$

(二)经济工作条件

一般条件下，排水所用电耗占全矿相当大的比例。因此，保证水泵高效是完全必要的，通常限制正常运行效率不低于最高效率(额定效率)的 85%~90%，并依此划定工业利用区，水泵经济工作条件及工业利用区如图 10-32 所示。

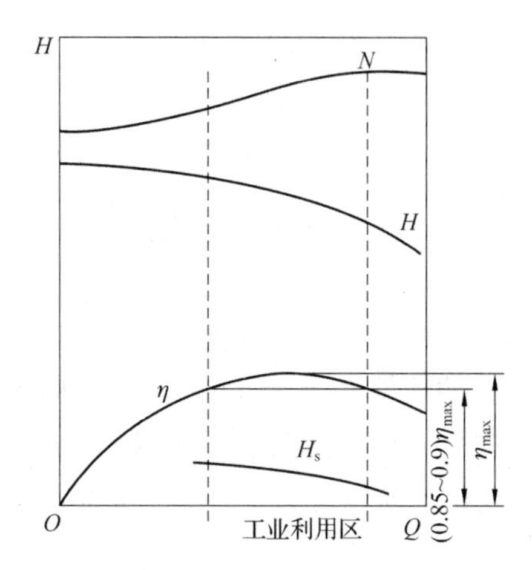

图 10-32　水泵经济工作条件及工业利用区

五、水泵联合工作

当一台水泵工作不能满足排水要求时，可以将多台水泵联合工作。水泵联合工作的基本方式有串联和并联两种。在进行联合工作时，最好采用同类型同规格的水泵。

(一) 串联工作

多台水泵的吸水口和排水口彼此首尾相接于一条管路工作称为串联。目前，国产的矿用主排水离心式水泵，每级扬程在 40~100 m。单级扬程满足不了排水要求时，必须采用多级水泵串联工作。图 10-33 所示为两台同型号水泵串联工作的情况，其特点是：每台水泵的流量相等，扬程为两台水泵扬程之和(两台水泵的吸、排水口直接相接，水泵间的管路损失可以忽略去不计)。因此，串联等效特性曲线可以通过把它们的单独特性曲线在相同流量下的扬程相加而得，如图 10-33 中的 Ⅰ+Ⅱ 特性曲线，它与管路特性曲线的交点 M 即为串联时的等效工况点，其流量为 Q_M、扬程为 H_M。此时，每台水泵的工况点为自 M 点作等流量线与水泵扬程特性曲线 Ⅰ、Ⅱ 的交点 M_1、M_2(重合)，其扬程分别为 H_1、H_2，流量分别为 Q_1、Q_2。等效工况点 M 与串联工作时各自的工况点、参数之间的关系为：

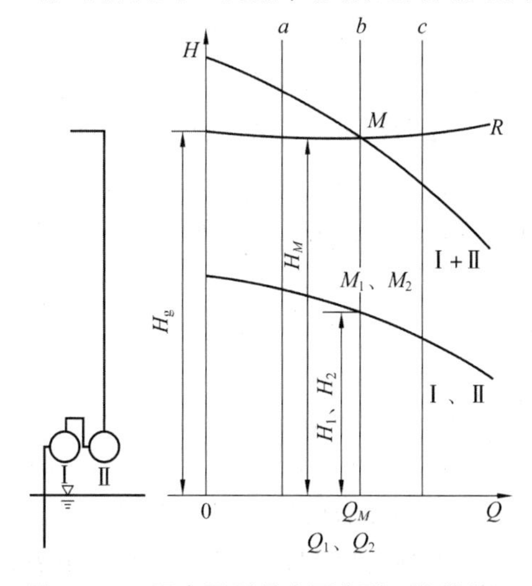

图 10-33　两台同型号水泵串联工作的情况

$$Q_M = Q_1 = Q_2 \tag{10-25}$$

$$H_M = H_1 + H_2 \tag{10-26}$$

(二)并联工作

当多台泵同时向一条管路输水时，称为并联，其主要目的是增加管道中的排水量。图10-34所示为两台同型号泵在一条管路上并联工作的情况。并联工作时，管路中的流量为水泵Ⅰ和Ⅱ的流量之和；两台水泵所产生的扬程都消耗在同一管路中，故两台泵的扬程相等。这样，两台泵并联后的等效特性曲线就是把它们的单独特性曲线在相同扬程下的流量相加而得，如图10-34中的Ⅰ+Ⅱ。它与管路特性曲线的交点M为等效工况点，此时流量为Q_M，泵产生的扬程为H_M。通过M点作等扬程线，分别与Ⅰ和Ⅱ的交于点M_1、M_2(重合)，则M_1和M_2分别为泵Ⅰ和Ⅱ在并联工作中各自的工况点，其流量分别为Q_1和Q_2，扬程分别为H_1和H_2，由此可知并联工作的特点为：

$$H_M = H_1 = H_2 \tag{10-27}$$

$$Q_M = Q_1 + Q_2 \tag{10-28}$$

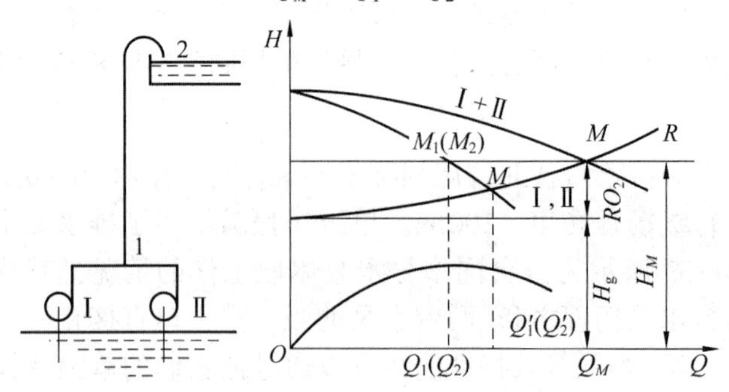

图10-34　两台同型号泵在一条管路上并联工作的情况

六、水泵工况点调节

矿用离心式水泵是经过选型计算的，一般不需要调节。当排水设备在运行中由于某种原因，工况点离开了工业利用区，或流量、扬程不满足要求时，则需要对水泵进行调节。调节就是改变泵的运转工况点，使工况参数发生变化。由于水泵运转工况点是泵的扬程曲线与排水管路特性曲线的交点，因此只要其中一条曲线的形状或者两条曲线形状同时发生变化，则工况点就发生变化。调节方法有多种，但实质只有两种：一种是改变泵的扬程曲线，另一种是改变管路特性曲线。

(一)改变泵的扬程曲线

1. 切削叶轮直径

在保持转速不变的情况下，切削叶轮外径可以减少水泵的流量、扬程、功率。这样，若某台水泵工作时的流量和扬程大于实际需要值，将叶轮叶片的长度适当削短可以减少电耗。切削叶轮直径如图10-35所示，叶轮外径削减后的扬程曲线由H_1变为H_2，工况点也由1点变为2点。需要注意的是，切削量要经过计算。

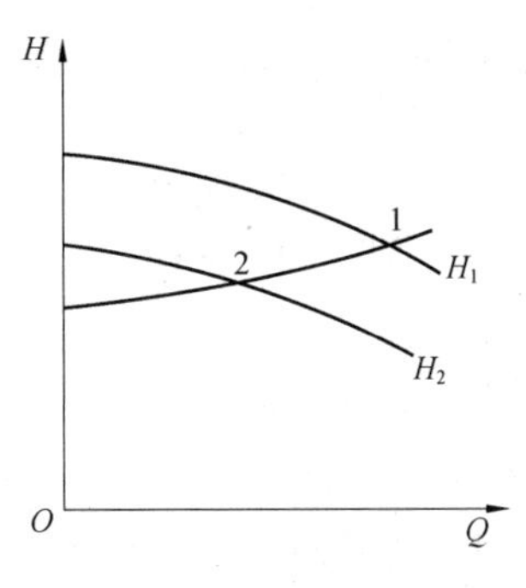

图 10-35　切削叶轮直径

2. 减少叶轮数目

矿用泵一般为多级泵，泵的扬程基本与其叶轮数目成正比。因此，根据所需扬程可以决定所需叶轮的数目，即

$$i = \frac{H}{H_i} \tag{10-29}$$

式中，i——所需叶轮数目；

H——所需扬程(m)；

H_i——泵平均单级扬程(m)。

求得所需叶轮数目后，可自水泵中拆除多余的叶轮。一般从排水侧拆掉多余的叶轮，对水泵性能影响较小；若从吸水侧拆，将增加吸水阻力，使水泵过早发生气蚀。分段式多级水泵为不更换轴和拉紧螺栓，可以只拆掉叶轮，而保留中间段，但这样会使流动阻力损失有所增加。

3. 改变叶轮转速

泵的主轴转速变化时，其工作参数 Q、H、N 将按比例定律变化，因而改变泵的转速就可以改变其工况点。

(二)改变管路特性曲线

1. 节流调速

通过改变水泵出口处的调节阀开启程度，可以改变排水管路的阻力，从而改变管路特性曲线，达到调节工况点的目的。节流调速如图 10-36 所示，其中的 M' 点为闸阀全开时的工况点，关小闸阀时，阻力增加，从而使管路特性曲线变陡，工况点向左移动到 M 点，流量由 Q' 减少为 Q，从而达到调节流量的目的。

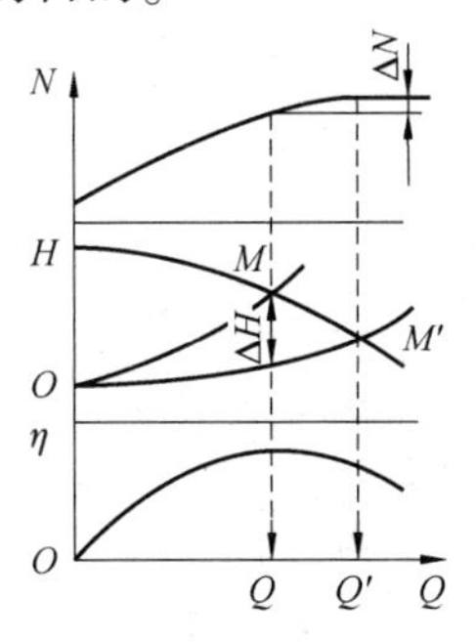

图 10-36　节流调速

当流量由 Q'减少至 Q 时，轴功率减少了 ΔN，但管路阻力的增加，使水泵因克服管路阻力而增加的无益功耗为：

$$\Delta N=\frac{\gamma Q\Delta H}{1\,000\eta_M} \tag{10-30}$$

式中，γ ——水的容重（N/m^3）；

ΔH ——调节时在闸阀上额外消耗的扬程（m）；

η_M ——在 M 点工作时的水泵效率。

这种调节方法的优点是工作简便，缺点是调节时额外消耗的功率较大。原则上，矿上排水不采用这种调节方法。在某些特殊情况下，如工况点超出工业利用区最大流量以外而使电动机过载时，为了在更换电动机前既能继续排水，又能减少负载，可使用该法作为临时调节措施。

2. 管路并联调节

这种调节即一台水泵同时经两条或多条管路排水，如图 10-37 所示。根据并联管路工作的特性，两条相同管路并联的特性曲线 R 可由单管特性曲线 R_1、R_2（重合）在相同扬程下的流量相加而得。相应地，水泵工况点也就由点 M_1 或点 M_2 变为 M 点，流量也由原来的 Q_1 或 Q_2 增加为 Q_M。此时，因合成特性曲线 R 的阻力损失减少，在水泵有效扬程不变的情况下，管路效率增大。

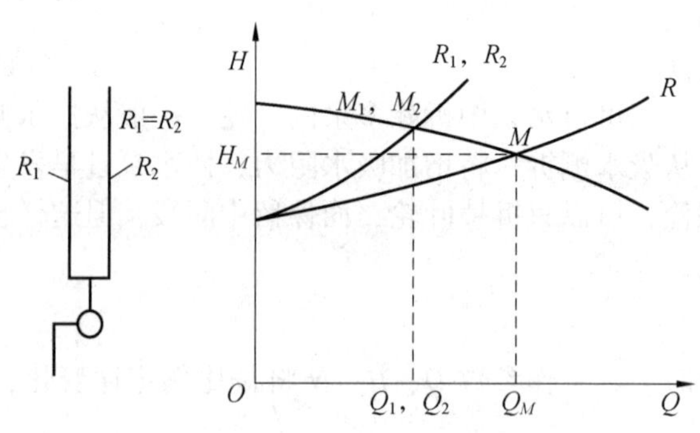

图 10-37　管路并联调节

采用管路并联工作时必须注意两个问题：一是防止电动机过载，二是防止产生气蚀。管路并联后，水泵的工况点右移，使流量增大，轴功率也必将增大，若原配电动机的功率裕度不大，就有可能造成电动机过载；同时，随着工况点的右移，水泵允许的吸上真空度将减少，当减少到某一值时，水泵就有可能发生气蚀，故管路并联的趟数不可太多。

习题10

1. 简述矿山排水设备的组成及应用。
2. 矿山排水系统有哪几种基本形式？
3. 离心式水泵的工作参数有哪些？各参数的意义是什么？
4. 水在叶轮中流动，其绝对速度、相对速度和圆周速度之间的关系如何？
5. 管路特性曲线与水泵性能曲线在定义上有何区别？为何它们的交点是工况点？
6. 简述离心式水泵串联、并联工作的特点。
7. 在什么情况下需进行泵的调节？调节方法有哪几种？
8. 离心式水泵主要由哪几部分组成？

第十一章 通风设备

第一节 概 述

一、矿井通风设备的作用

煤矿井下开采时，不但煤层中所含的有毒气体(如 CH_4、CO、H_2S、CO_2 等)会大量涌出，而且伴随着采煤过程还会产生大量易燃、易爆的煤尘。同时，由于地热和机电设备散发的热量，井下空气温度和湿度也随之增高。这些有毒的气体、过高的温度以及容易引起爆炸的煤尘和瓦斯，不但会严重影响井下工作人员的身体健康，而且会对矿井安全构成很大的威胁。

矿井通风设备的作用是向井下输送新鲜空气，供人员呼吸，并使有害气体的浓度降低到对人体安全无害的程度；同时调节温度和湿度，改善井下工作环境，保证煤矿生产安全。

二、矿井通风方式和通风系统

矿井采用的通风方式可分为抽出式和压入式两种。图 11-1(a)所示为抽出式通风方式，装在地面的通风机 9 运行时，在其入口处产生一定的负压，由于外部大气压力的作用，迫使新鲜空气进入风井 1，流经井底车场 2、石门 3、运输平巷 4，到达采煤工作面 5，与工作面有害气体及煤尘混合变成污浊气体后，通过回风巷 6、出风井 7、风硐 8，最后由通风机排出地面。通风机连续不断地运转，新鲜空气不断流入矿井，污浊空气又不断地排出，在井巷中形成连续的风流，从而达到通风目的。压入式通风方式如图 11-1(b)所示，地面的新鲜空气由通风机压入井下巷道和工作面，再由风井排出。目前，煤矿通常采用抽出式通风方式。

连接在一起的所有通风巷道及通风机构成了矿井通风系统。根据通风机和巷道布置方式的不同，矿井通风系统可分为 3 种，如图 11-2 所示。

图 11-2(a)所示为中央并列式矿井通风系统，其特点是进风井和出风井均在通风系统中部，一般布置在同一工业广场内。

图 11-2(b)所示为对角式矿井通风系统，它是利用中央主要井筒作为进风井，在井田两

翼各开一个出风井进行抽出式通风的通风系统。

图 11-2(c)所示为中央边界式矿井通风系统，它是利用中央主要井筒作为进风井，在井田边界开一个出风井进行抽出式通风的通风系统。

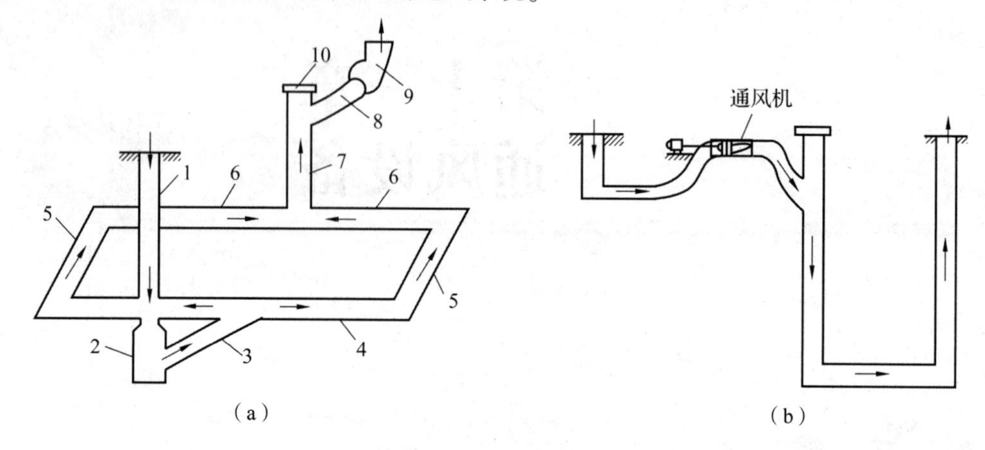

1—风井；2—井底车场；3—石门；4—运输平巷；5—采煤工作面；6—回风巷；
7—出风井；8—风硐；9—通风机；10—风门。

图 11-1　矿井通风方式

(a)抽出式；(b)压入式

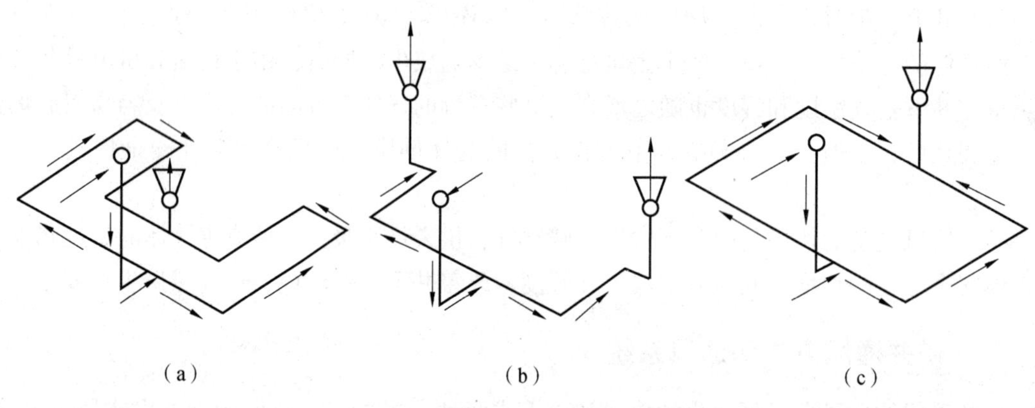

图 11-2　矿井通风系统

(a)中央并列式；(b)对角式；(c)中央边界式

三、矿井通风机的分类

矿井通风机根据用途不同，可分为主要通风机和局部通风机。主要通风机是负责全矿井或某一区域通风任务的通风机；局部通风机是负责掘进工作面或加强采煤工作面通风用的通风机。

根据气体在通风机叶轮内部的流动方向不同，可分为离心式通风机和轴流式通风机。离心式通风机是气体沿轴向流入叶轮，在叶轮内转为径向流出；轴流式通风机是气体沿轴向进入叶轮，经叶轮后仍沿轴向流出。

第二节　通风机的工作原理

一、通风机基本工作原理

离心式通风机如图 11-3 所示，它主要由叶轮、机壳、扩散器等组成。其中，叶轮 1 是传送能量的关键部件，它由前、后盘和均布在其间的弯曲叶片组成，如图 11-4 所示。当叶轮被电动机拖动旋转时，叶片流道间的空气受叶片的推动随之旋转，并在离心力的作用下，由叶轮中心以较高的速度被抛向轮缘，进入螺旋机壳 4 后经扩散器 6 排出。与此同时，叶轮入口处形成负压，外部空气在大气压力作用下，经进风口 3 进入叶轮，叶轮连续旋转，形成连续的风流。

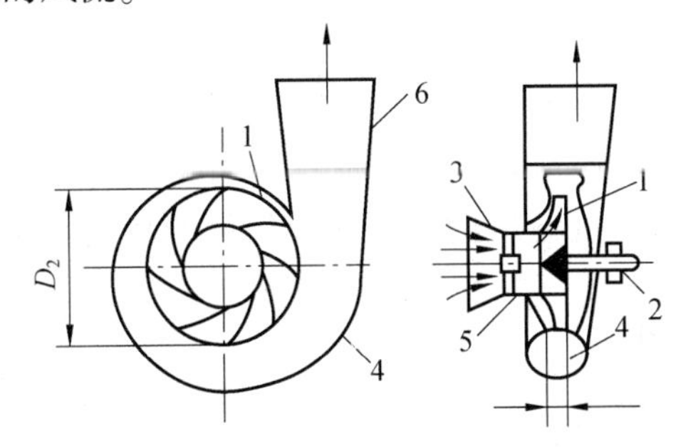

1—叶轮；2—轴；3—进风口；4—机壳；5—前导器；6—扩散器。

图 11-3　离心式通风机

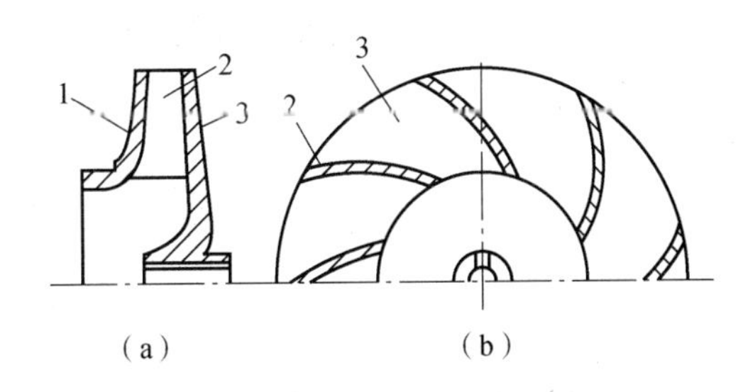

1—前盘；2—叶片；3—后盘。

图 11-4　叶轮

轴流式通风机如图 11-5 所示，它主要由叶轮 3、5，导叶 2、4、6，外壳 10，主轴 8 等组成。当电动机带动叶轮旋转时，叶轮流道中的气体受到叶片的作用而增加能量，经固定的各导叶校正流动方向后，以接近轴向的方向通过扩散器 7 排出。

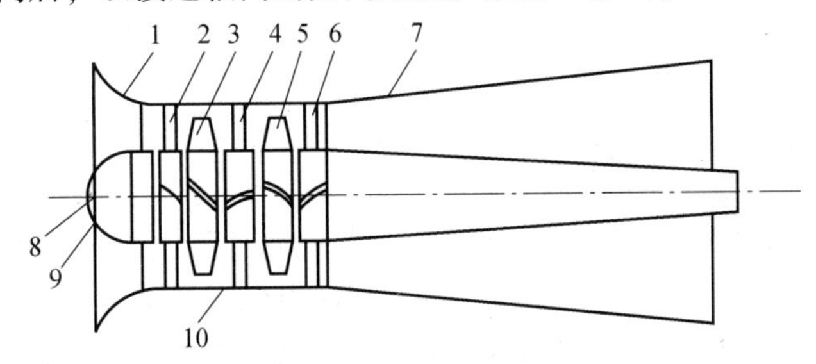

1—集流器；2—前导叶；3—第一级叶轮；4—中导叶；5—第二级叶轮；
6—后导叶；7—扩散器；8—主轴；9—疏流器；10—外壳。

图 11-5　轴流式通风机

二、通风机特性参数

通风机特性参数主要有风压 H、风量 Q、功率 N、效率 η、转速 n 等，其含义与水泵对应的特性参数基本相同。

(一)风压

风压表征介质通过通风机所获得的能量大小，单位为 Pa。通风机风压又可分为静压(H_{st})、动压(H_d) 和全压(H)，分别指单位体积气体从通风机获得的势能、动能和全部能量。

气体的静压 H_{st} 是指气体给予气流方向平行的物体表面的压力(压强)，用垂直于此表面的孔测量。

气体的动压是 H_d，设气流的速度为 v，则 $H_d = \frac{1}{2}\rho v^2$。

气体在网络某一截面上的速度分布是不均匀的，常采用截面平均速度来代替。在同一截面上，气体的静压与动压之和称为气体的全压 H。

三者的关系为：

$$H = H_{st} + H_d \tag{11-1}$$

(二)风量

风量指单位时间内通风机输送气体的体积，一般用 Q 表示，单位为 m^3/s。

(三)功率

功率分为有效功率和轴功率。因为风压是通风机输出给单位体积气体的功，而风量 Q 为单位时间内输出气体的体积，所以有效功率为：

$$N_e = \frac{QH}{1\ 000} \tag{11-2}$$

轴功率是指原动机输入的功率，用 N 表示，单位为 kW。

(四)效率

效率是有效功率与轴功率之比，分为全压效率 η 和静压效率 η_{st}，表达式分别为：

$$\eta = \frac{QH}{1\ 000N} \tag{11-3}$$

$$\eta_{st} = \frac{QH_{st}}{1\ 000N} \tag{11-4}$$

三、离心式通风机工作原理

离心式通风机与水泵的工作原理相似，工作原理的分析方法及结论也基本相同，其区别在于前者的工作介质是空气，后者是水。水的压缩性很小，可视为不可压缩的流体。而气体虽是可压缩的，但因通风机所产生的风压很小，气体流经通风机时密度变化不大，压缩性的影响也可忽略。因此，离心式通风机的速度图及计算公式与离心式水泵基本相同。

离心式通风机的理论全压为：

$$H_T = \rho(u_2 c_{2u} - u_1 c_{1u}) \tag{11-5}$$

式中，ρ——空气的密度(kg/m^3)；

u_1、u_2——通风机进、出口处的圆周速度(m/s)；

c_{1u}、c_{2u}——进口绝对速度 c_1 和出口绝对速度 c_2 在圆周方向的分速度，又称为进口和出口的扭曲速度(m/s)。

式(11-5)即为离心式通风机的理论全压方程式。当叶轮前无前导器时，其进口绝对速

度 c_1 为径向，故 $c_{1u}=0$。此时，离心式通风机的理论风压方程式变为：

$$H_T=\rho u_2 c_{2u} \tag{11-6}$$

为了通过调节气流在叶片入口处的切向速度 c_{1u} 来调节通风机特性，可在叶轮入口前装前导器(见图 11-3)，用以调节切向速度 c_{1u}。

离心式通风机的叶轮也有前弯叶片、径向叶片和后弯叶片 3 种类型。其特性同离心式水泵叶轮的 3 种相应形式一样：前弯叶片的叶轮，在尺寸和转速相同的条件下所产生的理论风压最高，但流动损失最大，效率最低；而后弯叶片的叶轮，虽产生的理论风压最低，但效率最高；径向叶片的叶轮产生的理论风压和效率都居中。由于矿井通风设备是长时间连续运转的大功率机电设备，为了减少通风电耗，因此大多数矿用离心式通风机都采用后弯叶片的叶轮。

同推导水泵的理论扬程与理论流量关系式的方法一样，由式(10-7)可得离心式通风机理论全压与理论风量的关系式为：

$$H_T=\rho u_2^2-\rho u_2\frac{\cot\beta_2}{\pi D_2 b_2}Q_T \tag{11-7}$$

式中，D_2——通风机叶轮外径(m)；

b_2——通风机叶轮出口宽度(m)；

β_2——叶轮叶片的出口安装角；

Q_T——离心式通风机在叶片无限多且无限薄时的理论风量(m^3/s)。

由于影响流动的因素是极为复杂的，用解析法精确确定通风机的各种损失也是极困难的，因此在实际应用中，通风机在某一转速下的实际风量、实际压力、实际功率只能通过试验方法求出，而效率可通过式(11-3)求得。试验数据表明，可以绘制离心式通风机的实际特性曲线(见图 11-6)，包括全压曲线 H、轴功率曲线 N 和效率曲线 η 等。

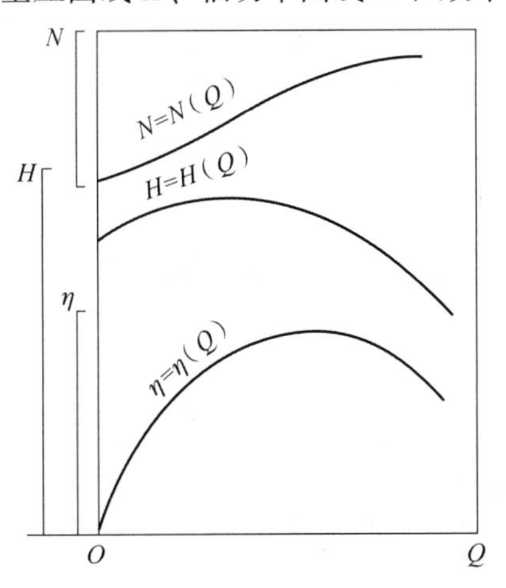

图 11-6　离心式通风机的实际特性曲线

四、轴流式通风机工作原理

(一) 轴流式通风机基本理论方程

图 11-7 所示为轴流式通风机叶轮。气流在叶轮中的运动是一个复杂的空间运动，为分

析简便，采用圆柱层无关性假设，即当叶轮在机壳内以一定的角速度旋转时，气流沿叶轮轴线为中心的圆柱面做轴向流动，且各相邻圆柱面上流体质点的运动互不相关。也就是说，在叶轮的流动区域内，流体质点无径向速度。根据圆柱层无关性假设，研究叶轮中气流的复杂运动就可简化为研究圆柱面上的柱面流动，该柱面称为流面。

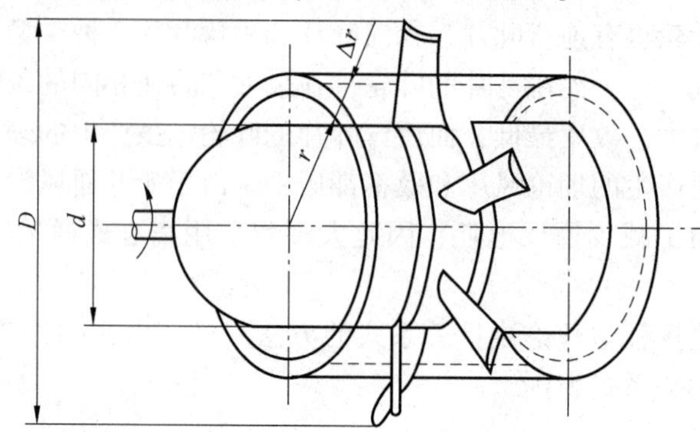

图 11-7　轴流式通风机叶轮

在半径 r 处用两个无限接近的圆柱面截取一个厚度为 Δr 的基元环，并将圆环展开为平面。各叶片被圆柱面截割，其截面在平面上组成了一系列相同叶型并且等距排列的叶栅系列，称之为平面直列叶栅(或基元叶栅)，如图 11-8 所示。相邻叶栅的间距称为栅距 t，叶片的弦线与叶栅出口边缘线的交角称为叶片安装角 θ(通常以叶片与轮毂交接处的安装角标志叶轮叶片的安装角)。

气流在轴流式通风机叶轮圆柱流面上的流动是一个复合运动，其绝对速度 $\boldsymbol{c}$ 等于相对速度 $\boldsymbol{\omega}$ 和圆周速度 $\boldsymbol{u}$ 的矢量和；另外，绝对速度 $\boldsymbol{c}$ 也可以分解为轴向速度 $\boldsymbol{c}_a$ 和旋绕速度 $\boldsymbol{c}_u$(假设径向速度为零)，由此作出叶轮进、出口处的速度三角形(见图 11-8)。由于气流沿着相同半径的流面流动，因此同一流面上的圆周速度相等，即 $u_1 = u_2 = u$。另外，由于叶轮进、出口过流截面面积相等，因此根据连续方程，在假设流体不可压缩的前提下，流面进、出口轴向速度相等，即 $c_{1a} = c_{2a} = c_a$。

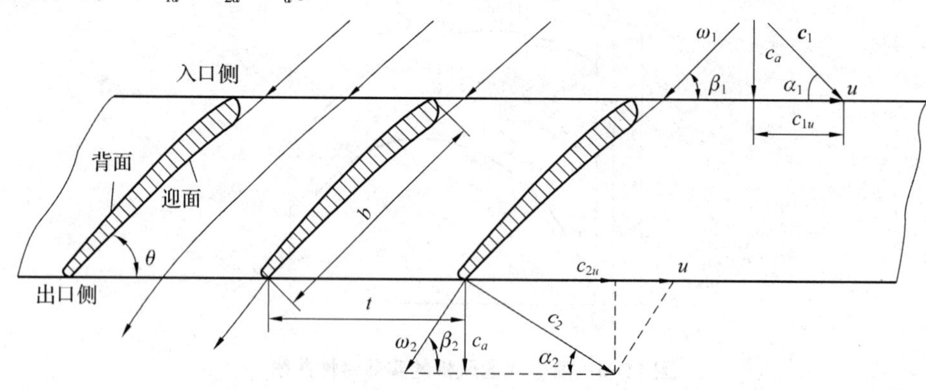

图 11-8　平面直列叶栅速度

1. 理论全压

由以上分析可知，轴流式通风机某一半径 r 处基元叶栅的速度三角形与离心式通风机的速度三角形是一致的，因此轴流式通风机某一半径 r 处基元叶栅的理论全压方程式为：

$$H_T = \rho u(c_{2u} - c_{1u}) \tag{11-8}$$

若通风机前面未加前导器，气流在叶轮入口的绝对速度 c_1 是轴向的，即 $c_{1u}=0$，则：

$$H_T = \rho u c_{2u} \tag{11-9}$$

在设计时，通常使任一半径流面上的 uc_{2u} 为一常数。因此，可将叶片做成扭曲状，即叶片的安装角随半径的增大而减少，这样可以满足不产生径向流动的要求。此时，任一基元叶栅的理论全压即为通风机叶轮的理论全压，即通风机叶轮理论全压方程可用式(11-9)表示。

2. 理论风量

理论风量的计算式为：

$$Q_T = \frac{\pi}{4}(D^2 - d^2)\,c_{av} = F_0 c_{av} \tag{11-10}$$

式中，F_0——叶轮过流截面积，$F_0 = \frac{\pi}{4}(D^2 - d^2)$ (m^2)；

D、d——叶轮、轮毂的直径(m)；

c_{av} ——平均轴向速度(m/s)。

3. 轴流式通风机的理论全压特性

根据速度三角形可得：

$$c_{2u} = u - c_a \cot \beta_2$$

式中，β_2——速度 ω 与速度 u 的反向间的夹角，受叶片安装角 θ 约束。

将上式代入式(11-9)可得：

$$H_T = \rho u(u - c_a \cot \beta_2) \tag{11-11}$$

假设叶轮整个过流断面轴向速度相等，由式(11-10)得：

$$H_T = \rho u\left(u - \frac{\cot \beta_2}{F_0} Q_T\right) \tag{11-12}$$

上式即为轴流式通风机理论全压特性方程。当通风机尺寸、转速一定时，其理论全压特性曲线为一条直线，如图 11-9 所示。

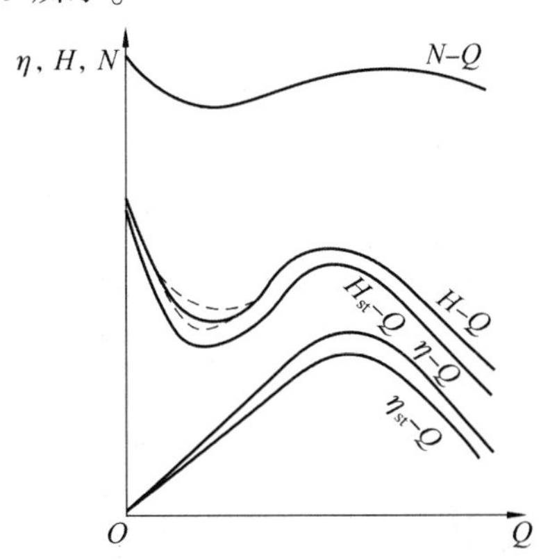

图 11-9　轴流式通风机实际特性曲线

(二) 轴流式通风机的实际特性曲线

与离心式通风机一样，轴流式通风机实际特性曲线也是通过试验测得的。在图 11-9

中，除全压曲线和全压效率曲线外，还有静压曲线 $H_{st}-Q$ 和静压效率曲线 $\eta_{st}-Q$（轴流式通风机通常提供静压和静压效率曲线）。在风压特性曲线上，有一段通风机压力和功率跌落的鞍形凹谷段。在这一区段内，通风机压力及功率变化剧烈。当通风机工况落在该区段内，可能产生不稳定的情况，机体振动，噪声增大，即产生"喘振"现象，甚至损毁通风机，这是轴流式通风机的典型特点。因此，轴流式通风机的有效工作范围是在额定工作点(最高效率点)的右侧。

第三节　通风机的结构

一、离心式通风机的结构

1. 4-72-11 型离心式通风机

4-72-11 型离心式通风机是单侧进风的中、低压通风机，其主要特点是效率高(可达91%)、运转平稳、噪声较低，风量范围为 1 710~204 000 m^3/h，风压范围为 290~2 550 Pa，适用于小型矿井通风。

4-72-11 型离心式通风机结构如图 11-10 所示。其叶轮采用焊接结构，由 10 个后弯式的机翼型叶片、双曲线型前盘和平板形后盘组成。该通风机有 No2. 8~ No20 共 13 种机号。机壳有两种类型：No2. 8~ No12 机壳做成整体式，不能拆开；No16~ No20 机壳做成 3 部分，沿水平能分成上、下两半，并且上半部还沿中心线垂直分为左、右两半，各部分间用螺栓连接，易于拆卸、检修。为方便使用，出口位置可以根据需要选择或安装。进风口为整体结构，装在通风机的侧面，其沿轴向截面的投影为曲线状，能将气流平稳地引入叶轮，以减少损失。传动部分由主轴、滚动轴承和皮带轮等组成。4-72-11 型离心式通风机有右旋、左旋两种类型。从原动机方向看通风机，叶轮按顺时针方向旋转称为右旋，按逆时针方向旋转称为左旋。

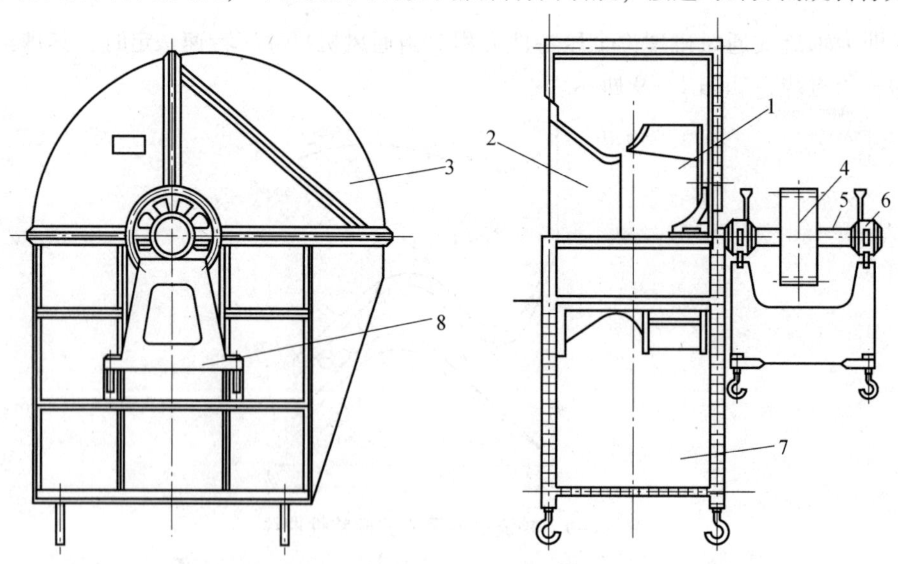

1—叶轮；2—集流器；3—机壳；4—带轮；5—传动轴；6—轴承；7—出风口；8—轴承座。

图 11-10　4-72-11 型离心式通风机结构

2. G4-73-11 型离心式通风机

G4-73-11 型离心式通风机是单侧进风的中、低压通风机。它的风压及风量较 4-72-11 大，效率高达 93%，适用于中型矿井通风。

G4-73-11 型离心式通风机结构如图 11-11 所示。该通风机有 No0.8～No28 共 12 种机号。该机型与 4-72-11 型离心式通风机的最大区别是装有前导器，其导流叶片的角度可在 0～60°内调节，以调节通风机的特性。

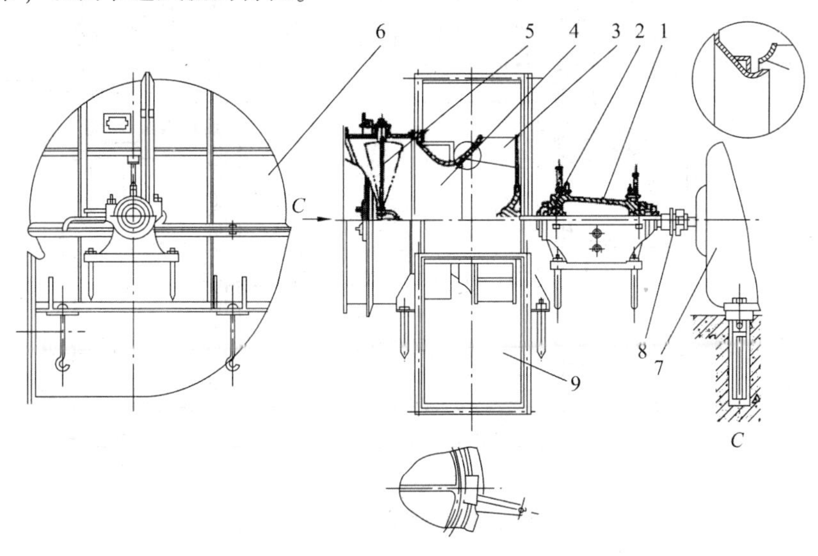

1—轴箱；2—轴承；3—叶轮；4—集流器；5—前导器；6—外壳；7—电动机；8—联轴器；9—出风口。

图 11-11　G4—73—11 型离心式通风机结构

二、轴流式通风机的结构

目前，矿山常用的轴流式通风机有 2K60、GAF 型等。2K60 型轴流式通风机结构如图 11-12 所示。该通风机有 No18、No20、No28 3 种机号，最高静压可达 4 905 Pa，风压范围为 20～25 m^3/s，最大轴功率为 430～490 kW，通风机主轴转速有 1 000 r/min、750 r/min 和 550 r/min 3 种。

2K60 型轴流式通风机为双级叶轮，轮毂比(轮毂直径与叶轮直径之比)为 0.6，叶轮叶片为扭曲机翼型，叶片安装角可在 15°～45°内做间隔 5°的调节，每个叶轮上可安装 14 个叶片，装有中、后导叶，后导叶亦采用机翼型扭曲叶片，在结构上保证了通风机有较高的效率。

根据使用需要，该机可以用调节叶片安装角或改变叶片数的方法来调节通风机性能，以求在高效率区内有较大的调节幅度(考虑到动反力原因，共有 3 种叶片组合：两组叶片均为 14 片；第一级为 14 片、第二级为 7 片；两级均为 7 片)。

为满足反风的需要，该机设置了手动制动闸及导叶调节装置。当需要反风时，用手动制动闸加速停车制动后，既可用电动执行机构遥控调节装置，也可利用手动调节装置调节中、后导叶的安装角，实现倒转反风，其反风量不小于正常风量的 60%。

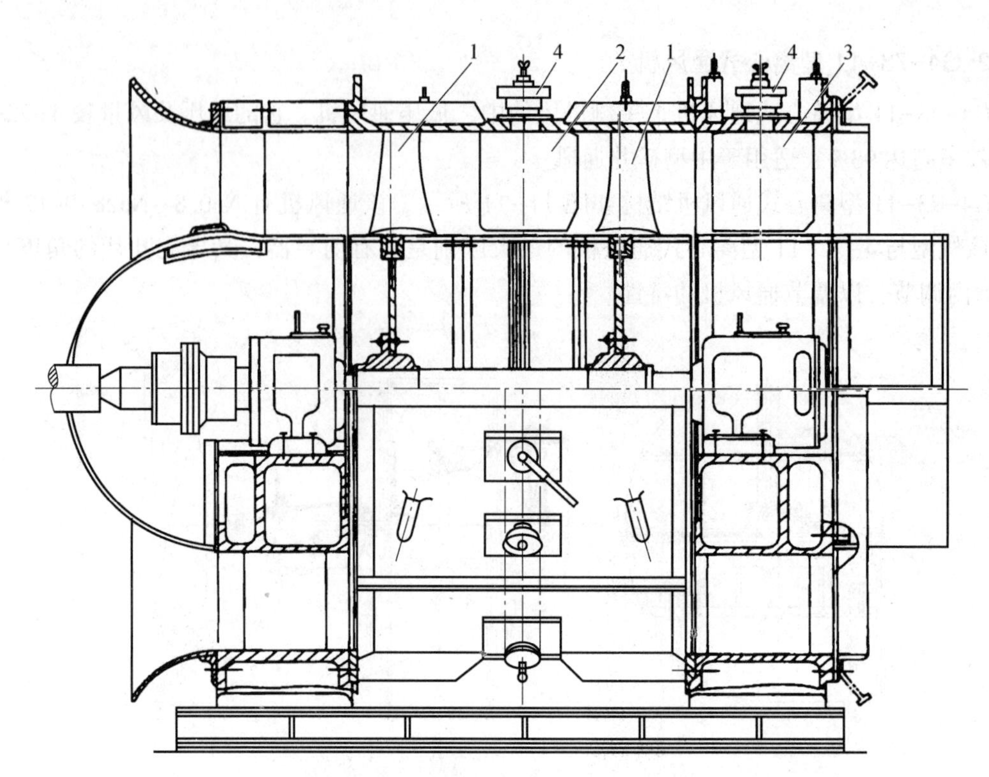

1—叶轮；2—中导叶；3—后导叶；4—绳轮。

图 11-12　2K60 型轴流式通风机结构

三、离心式通风机与轴流式通风机比较

(一) 结构

轴流式通风机结构紧凑，体积较小，质量轻，可采用高转速电动机直接拖动，传动方式简单，但结构复杂，维修困难；离心式通风机结构简单，维修方便，但结构尺寸较大，安装占地面积大，转速低，传动方式较轴流式复杂。目前，离心式通风机由于采用机翼形叶片，提高了转速，使体积与轴流式接近。

(二) 性能

一般来说，轴流式通风机的风压低，风量大，反风方法多；离心式通风机则相反。在联合运行时，因轴流式通风机的特性曲线呈马鞍形，可能会出现不稳定的工况点，联合工作稳定性较差；而离心式通风机联合运行则比较可靠。轴流式通风机的噪声较离心式通风机大，离心式通风机的最高效率比轴流式通风机要高一些，但离心式通风机的平均效率不如轴流式通风机高。

(三) 启动、运转

离心式通风机启动时，闸门必须关闭，以减少启动负荷；轴流式通风机启动时，闸门可半开或全开。在运转过程中，当风量突然增大时，轴流式通风机的功率增加不大，不易过载，而离心式通风机则相反。

(四) 工况调节

轴流式通风机可通过改变叶轮叶片或静导叶片的安装角度，改变叶轮的级数、叶片片

数、前导器等多种方法调节通风机工况，特别是叶轮叶片安装角的调节，既经济，又方便、可靠；离心式通风机一般采用闸门调节、尾翼调节、前导器调节或改变通风机转速等调节通风机工况，调节性能不如轴流式通风机。

(五)适用范围

离心式通风机适用于风量小、风压大、转速较低的情况，轴流式通风机则相反。通常，当风压在3.0~3.2 kPa时，应尽量选用轴流式通风机。另外，由于轴流式通风机的特性曲线有效部分陡斜，适用于矿井阻力变化大而风量变化不大的矿井；而离心式通风机的特性曲线较平缓，适用风量变化大而矿井阻力变化不大的矿井。

一般来说，大、中型矿井的通风应采用轴流式通风机；中、小型矿井应采用叶片前弯式叶轮的离心式通风机，因为这种通风机的风压大；对于特大型矿井，应选用大型叶片后弯式叶轮的离心式通风机，因为这种通风机的效率高。

第四节　通风机的网络工况

气流在矿井中所流经的通道(井巷)称为网络，在矿井通风系统中，通风机被安置在网络上，与网络共同工作。因此，要求通风机与网络之间应合理匹配，不仅要满足矿井通风要求，还要使通风机的运转经济可靠。

一、通风网络特性

气流在通过网络时，由于网络阻力的存在会产生各种损失，这就需要通风机提供能量(风压)来弥补损失，维持气流在网络中的流动。气流在流过网络时，网络流量与所需风压的关系就是通风网络阻力特性，简称网络特性。

通风机在网络上的工作如图11-13所示。设通风机全压为H，列出截面0—0和3—3间能量输入的伯努利方程(不计空气重度)：

$$p_0 + \frac{\rho}{2}v_0^2 + H = p_3 + \frac{\rho}{2}v_3^2 + \Delta p$$

式中，Δp——整个网络的流动损失(Pa)；

p_0、p_3——0—0、3—3截面处的气流静压(Pa)；

v_0、v_3——0—0、3—3截面处的气流速度(m/s)。

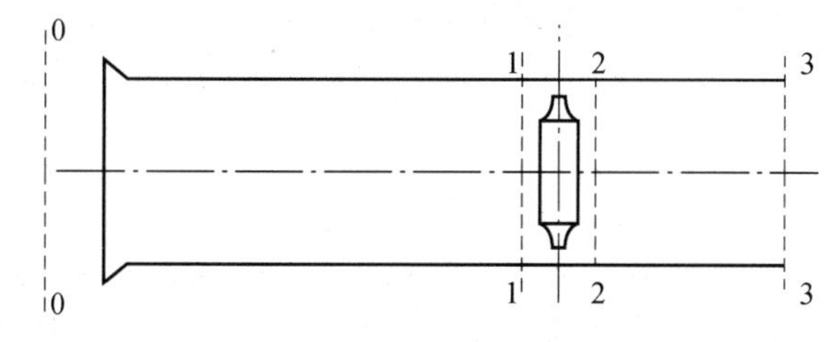

图11-13　通风机在网络上的工作

因为$p_0 = p_3 = p_a$(大气压力)，$v_0 \approx 0$，所以上式可写为：

$$H = \frac{\rho}{2}v_3^2 + \Delta p \tag{11-13}$$

上式表明，通风机全压 H 中，一部分用来克服流动损失 Δp，即静压；另一部分用来增加空气动能 $\rho v_3^2/2$。对通风系统来讲，气流从通风机获得的网络出口空气动能最终耗损在大气中，因此通风机提供给网络有效能量的大小为网络静压 H_{st}。

由流体力学的阻力损失公式可得：

$$\Delta p = H_{st} = RQ^2 \tag{11-14}$$

式中，R——通风网络阻力系数，网络一定时，R 为常数。

设网络的出口截面积为 F，将式(11-14)代入式(11-13)并整理得：

$$H = bQ^2 \tag{11-15}$$

式中，b——比例系数，$b = R + \rho/(2F^2)$，网络一定时，b 为常数。

式(11-14)和式(11-15)分别为通风机网络静压特性方程和全压特性方程。以风量为横坐标，风压为纵坐标，将特性方程绘制成曲线，此曲线就称为通风网络特性曲线(见图 11-14)，其中曲线 R 和 b 分别为静压和全压特性曲线，它们都是通过坐标原点的二次抛物线。对于具体网络，当其参数确定时，它的网络特性曲线也是确定的。由曲线可以看出，随着通风量的变化，所需的风压也随之变化。

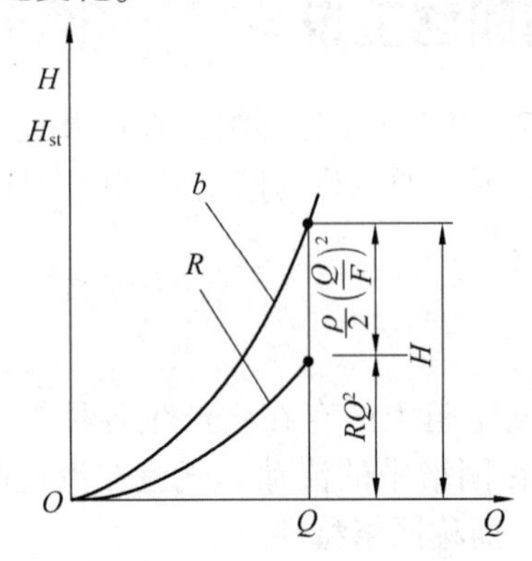

图 11-14　通风网络特性曲线

二、工况和工业利用区

(一)工况

在通风系统中，风机装置的风压特性曲线与通风网络特性曲线在同一坐标图上的交点称为工况点，与工况点相对应的各参数称为工况参数。在确定工况时，若风机装置为全压特性，网络特性也应为全压特性；若风机装置为静压特性，网络特性也应为静压特性。但无论用全压特性还是用静压特性，二者确定的工况点都是一致的(两工况点的风量相等)。

(二)工业利用区

工业利用区的作用是保证通风机工作时具有良好的稳定性和经济性。对于轴流式通风机而言，由于其特性曲线有凹凸区域，见图 11-15(a)中的 AM 区域，此区域为不稳定区域，为了保证通风机稳定工作，应使通风机运转工况点落在 M 点以右的区域。考虑到电压变化使通风机转速下降，因此限定轴流式通风机工业利用区工况静压不得超过最高静压的 90%。另外，从经济性讲，对工况点的效率也应有一定要求，所以划定工业利用区的条件如下。

稳定性为：

$$H_{st} \leqslant (0.9 \sim 0.95) H_{Mst},\ Q > Q_M \tag{11-16}$$

经济性：

$$\eta \geqslant \eta_{min} \text{且} \eta \geqslant 0.8\eta_{max} \tag{11-17}$$

式中，H_{Mst} ——最高静压；

η_{max} ——风机的最高效率；

η_{min} ——规定的最低效率，一般取 0.6。

对于离心式通风机，由于它的特性曲线上没有凹凸区域(一般情况如此)，其工业利用区的划分只有效率要求，即 $\eta \geqslant \eta_{min}$ 且 $\eta \geqslant 0.8\eta_{max}$，见图 11-15(b)所示的 CF 段。

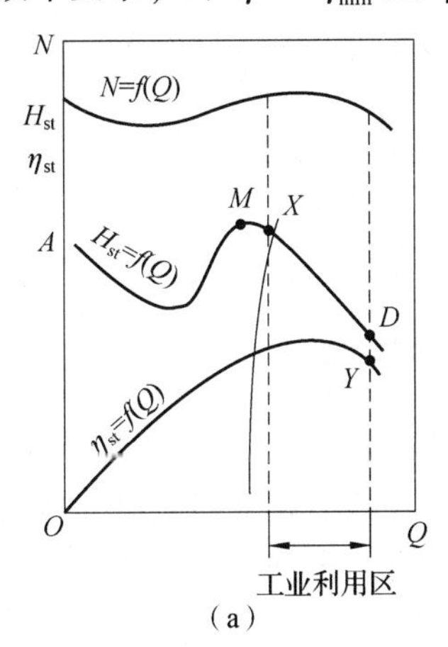

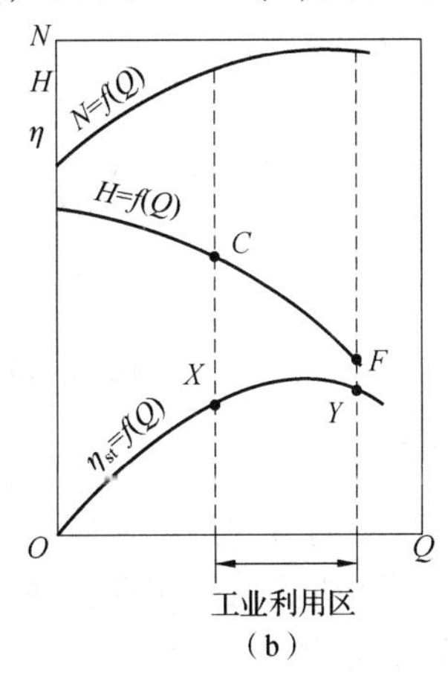

图 11-15　通风机的工业利用区

三、通风机的联合工作

当一台通风机不能满足矿井通风要求时，可让多台通风机同时在网络上工作，增加系统的风量或提高风压，满足矿井通风要求。这种多台通风机在一个网络上同时工作称为通风机的联合工作。联合工作的基本方式是串联和并联。

(一) 串联工作

通风机串联工作的目的是增加通风系统克服网络阻力所需的风压，其特点是各通风机的流量相等，风压为各通风机在该风量下的风压之和。

图 11-16 所示为通风机串联工作工况，通风机各自的风压特性曲线分别为Ⅰ、Ⅱ。根据串联工作特点，将两曲线在相同风量下的风压相加，即得串联工作的联合风压特性曲线Ⅰ+Ⅱ。曲线Ⅰ+Ⅱ可以理解为串联工作的"等效单机"风压特性曲线。网络特性曲线 b 与曲线Ⅰ+Ⅱ的交点 M 即为串联工作联合工况点或等效单机工况点，过点 M 作风量 Q 轴的垂线，分别交曲线Ⅰ和Ⅱ于点 M_1 和 M_2，则 M_1 和 M_2 就是通风机Ⅰ和Ⅱ串联联合工作时各自的工况点。合成风压 $H_{Ⅲ} = H_{Ⅰ} + H_{Ⅱ}$，合成风量 $Q_{Ⅲ} = Q_{Ⅰ} = Q_{Ⅱ}$，并且合成风量和风压较每台通风机单独在同一网络上工作时的风量和风压都有所增加。另外，网络阻力越大，串联后风压增加得越显著。因此，对于网络阻力较大的系统，串联运行的效果较好。

由图 11-16 可以看出，在 K 点，通风机Ⅱ的风压为零，此时通风机Ⅱ已不再给气体提供能量；当 $Q > Q_K$ 时，通风机Ⅱ要靠气体来推动运转，这是不允许的。因此，K 点是串联工作的极限点，联合工况点只允许在 K 点的左侧。

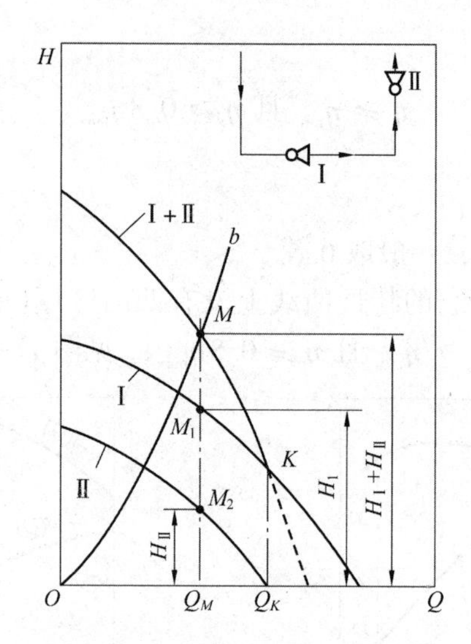

图 11-16　通风机串联工作工况

(二)并联工作

通风机并联工作的目的是增加通风网络的风量。其特点是各通风机的风量之和等于通风网络的风量；各通风机的风压相等，并且等于网络压力。根据通风系统的不同，通风机有以下两种并联工作方式。

1. 中央通风系统中的通风机并联工作

图 11-17 所示为中央通风系统通风机并联工作工况。通风机各自的风压特性曲线分别为Ⅰ、Ⅱ，根据并联工作的特点，将两曲线在相同风压下的风量相加，即得并联工作的联合风压特性曲线Ⅰ+Ⅱ。曲线Ⅰ+Ⅱ可以理解为并联工作的“等效单机”风压特性曲线。

网络特性曲线 b 与曲线Ⅰ+Ⅱ的交点 M 即为并联工作联合工况点或等效单机工况点。过点 M 作风量 Q 轴的平行线分别交曲线Ⅰ和Ⅱ于点 M_1 和 M_2，则 M_1 和 M_2 就是风机Ⅰ和Ⅱ并联工作时各自的工况点。合成风压 $H_{Ⅲ} = H_{Ⅰ} = H_{Ⅱ}$，合成风量 $Q_{Ⅲ} = Q_{Ⅰ} + Q_{Ⅱ}$，并且合成风压较每台通风机单独工作在同一网络上时的风压有所增加。从图 11-17 中还可看出，当网络阻力过大时，并联后的风量与单机运转时的风量相差不大，显然，这样的并联工作意义不大。

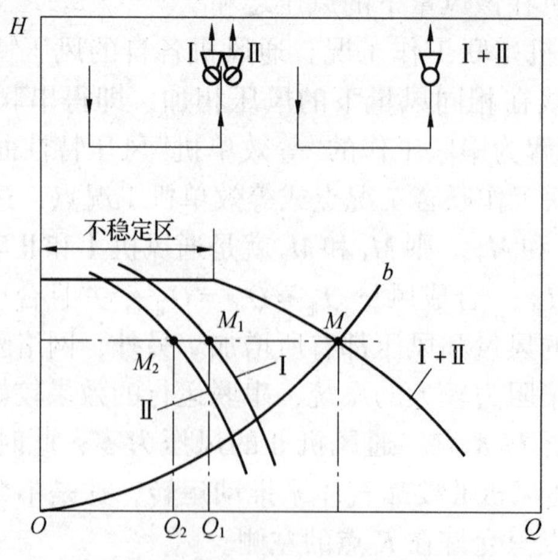

图 11-17　中央通风系统通风机并联工作工况

2. 对角通风系统中的通风机并联工作

图 11-18 所示为对角通风系统通风机并联工作工况。通风机各自的风压特性曲线分别为Ⅰ、Ⅱ。通风机Ⅰ和Ⅱ除分别有各自的网络 OA 和 OB 外，还共有一条网络 OC，其特点是通过共同段网络的风量等于两通风机风量之和，通过各分支网络的风量分别等于各自通风机的风量；通风机的风压等于各自网络压力与共同段网络压力之和。

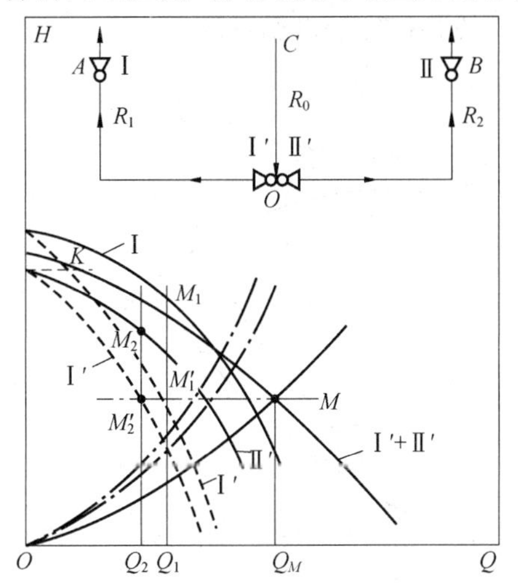

图 11-18 对角通风系统通风机并联工作工况

求各自通风机的工况点的方法是，设想将通风机Ⅰ和Ⅱ变位到 O 点得变位通风机 Ⅰ′ 和 Ⅱ′，按并联工作求出变位通风机 Ⅰ′ 和 Ⅱ′ 的工况点后，再反求原通风机Ⅰ和Ⅱ的工况点。具体步骤如下。

(1) 求变位通风机的风压特性曲线 Ⅰ′ 和 Ⅱ′。将通风机Ⅰ变位到 O 点后，变位通风机 Ⅰ′ 的压力应为 $H_1 - R_1Q_1^2$（H_1 为通风机Ⅰ的风压，$R_1Q_1^2$ 为网络 OA 段的负压）。因此，先作出网络 OA 段的网络特性曲线 OA，再按“风量相等，压力相减”的办法作出变位通风机 Ⅰ′ 的压力特性曲线 Ⅰ′。同理，可以作出变位通风机 Ⅱ′ 的风压特性曲线 Ⅱ′。

(2) 求出变位通风机并联工作的联合工作点。按“风压相等，风量相加”的方法，作出变位通风机 Ⅰ′ 和 Ⅱ′ 的并联“等效单机”风压特性曲线 Ⅰ′ + Ⅱ′，再作出公共网络 OC 段的网络特性曲线 OC，曲线 OC 与曲线 Ⅰ′ + Ⅱ′ 相交，即可得等效单机工况点 M。

(3) 求出原通风机的工况点。过点 M 作 Q 轴的平行线分别交曲线 Ⅰ′ 和 Ⅱ′ 于 M_1 和 M_2 点，再过这两点作 Q 轴的垂线，分别与曲线Ⅰ和Ⅱ相交，交点 M_1 和 M_2 就为原通风机在并联工作时各自的工况点。

由上述求解工况点的过程可知，并联等效单机风压特性曲线 Ⅰ′ + Ⅱ′，与风压较高的变位通风机风压特性曲线 Ⅰ′ 的交点 K 为极限点，即等效工况点 M 的风量大于 K 点的风量时并联联合工作有效，否则失败。

四、通风机的经济运行和调节

矿井通风机在使用过程中，由于种种原因，通风机的风量会发生变化。不论是风量过大或过小都会改变通风机的工况点，使通风机不能高效运行，因此必须及时对通风机的工况点进行调节，使之既保证安全生产又能经济运行。因为通风机的工况点是由通风机和网络两者的特性曲线共同确定的，所以调节方法有两类：一类是调节网络特性，另一类是调节通风机特性。

（一）调节网络特性

调节网络特性就是在不改变通风机特性的情况下，通过调节风门开启度大小来改变网络阻力和网络特性曲线，从而实现通风机风量及工况点的调节，如图 11-19 所示。这种方法操作简便，调节均匀；但由于人为地增加了风门阻力，存在能量损失，故不经济。一般情况下，这是一种调节应急措施，或补偿性的微调措施。

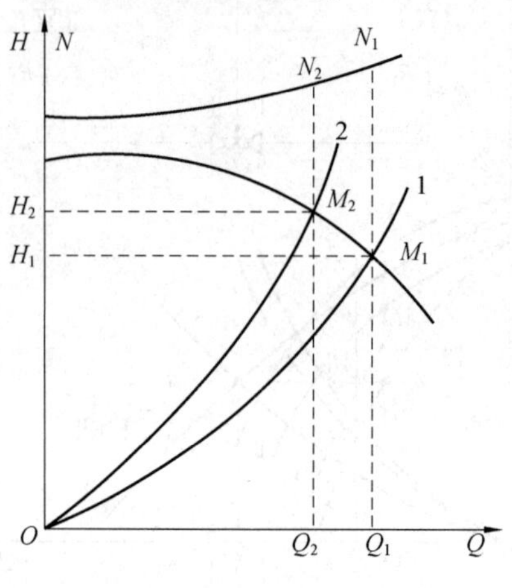

图 11-19　调节网络特性

（二）调节通风机特性

任何能使通风机特性发生改变的措施都可作为通风机调节的方法，因此调节方法很多。

1. 改变通风机转速

如前所述，当通风机转速改变时，其特性曲线上任一点的工况参数是按比例定律变化的，如图 11-20 所示。

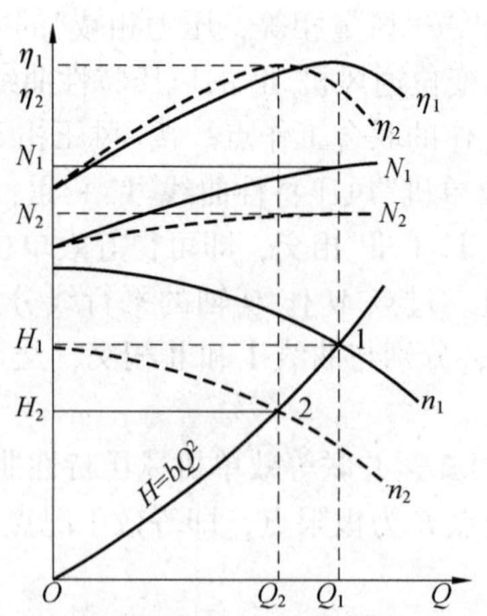

图 11-20　改变通风机转速的调节

若通风机以转速 n_1 在网络特性为 $H=bQ^2$ 的网络中工作时，工况点为 1，此时风量为 Q_1、风压为 H_1、功率为 N_1、效率为 η_1。若把通风机的转速由 n_1 减少到 n_2，即通风机的工况点由 1 移到 2，此时通风机的风量为 Q_2、风压为 H_2、功率为 N_2、效率 $\eta_2 \approx \eta_1$。可见，通风机减速后，除效率基本不变外，通风机的风量、风压和功率分别随转速的降低而相应地减少。此种工况调节方法可以保证通风机高效运转，是所有调节方法中经济性最好的一种，因此被广泛运用，特别是对离心式通风机的工况调节。

改变通风机转速的措施很多，如带传动的通风机，可用更换皮带轮的方法调速；对于用联轴器与电动机轴直连传动的通风机，可采用换电动机或使用多级电动机实现有级调速。但当负荷变化较大时，会使电动机本身的运转效率下降。目前，较先进的调速方法是异步电动机可控硅串级调速和变频调速。

2. 改变叶片安装角

此种方法用于某些叶片安装角可以调节的轴流式通风机。通过改变叶片安装角，使通风机的风量、风压发生变化，以改变通风机的工作特性。

某轴流式通风机的特性曲线如图 11-21 所示。设通风机叶片的安装角为 45°，网络特性为 R，则通风机工作在工况点 1，通风机风量为 Q_1。若要将风量减至 Q_2，则只需将叶片的安装角由 45° 调到 35°，工况点便由 1 变到 2，风量则由 Q_1 降到 Q_2。

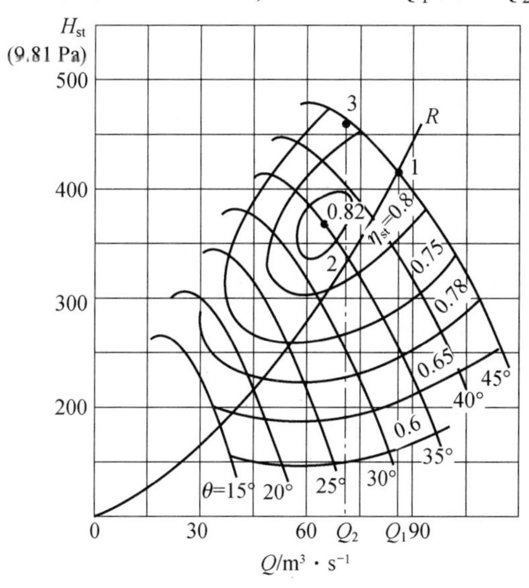

图 11-21　某轴流式通风机的特性曲线

改变叶片安装角度的具体方法很多，原始的方法是停机人为调节，这种方法不但工作量大，调节时间长，而且难以保证各叶片调节在相同的安装角度上。目前，较先进的调节方法是采用液压或机械传动的动叶调节机构，它可以在不停机的情况下调节安装角度，并且调节均匀。改变叶片安装角的工况调节方法，可以在较广的风量范围内对通风机特性进行调节，叶片安装角的变化范围一般为 15°~45°。

3. 改变前导器叶片安装角

由通风机的理论全压方程可知，通风机的理论全压与通风机入口切向速度 c_{1u} 的大小有关，因此，可以通过改变前导器叶片的安装角度，来改变通风机入口的切向速度 c_{1u} 以改变通风机的特性，从而达到调节通风机工况的目的。在设计叶轮时，通常使 $\alpha_1 = 90°$，即 $c_{1u} = 0$。若切向速度 $c_{1u} \neq 0$，则会使气流在叶轮入口处产生冲击，导致通风机的效率降低，风量、风压变小。

前导器结构简单，叶片安装角度调节方便，可在不停机的情况下调节。虽然经济性较转速调节法差，但比风门调节法优越，因此在大、中型通风机工况的调节中广泛使用。

4. 节流调节

节流调节就是在通风机设备中装有闸门的条件下，改变闸门的开启程度，以改变风源特性和等效网络阻力，从而改变工况的一种方法。开度可变大或变小，通常是变小。

但是，这种调节方法是不经济的，其原因是闸门开启程度减小后，使网络阻力增加，克服此附加阻力做了无益功。长期采用这种调节方法，必然浪费大量能量，因此这种方法只是为了应急，作为暂时的措施才加以使用。

相反，在通风机已经发挥最大能力，而风量还不能满足要求的情况下，若采取措施降低网络或风机设备的内阻，降低等效网络阻力，使工况点朝大风量方向移动，达到加大风量的目的，则可能得到较好的经济效果。

另外，轴流式通风机可以通过改变级数或叶片数进行调节，而离心式通风机可以通过改变叶片的宽度进行调节。

习题11

1. 通风机的特性参数有哪些？各参数的意义是什么？
2. 怎样确定通风机的工况点和工业利用区？
3. 在什么情况下通风机需要联合工作？结合图形说明联合工作的基本形式与工作特点。
4. 两台通风机并联运行时，总风量为什么不等于各机单独工作的风量之和？
5. 通风机的调节方法有哪几种？
6. 试说明轴流式通风机的叶轮、前后导叶、集流器和扩散器的功用和结构特点。

第十二章 空气压缩设备

第一节 概 述

煤矿中广泛使用各种由压缩空气驱动的机械及工具，如采掘工作面的气动凿岩机、气动装岩机，凿井使用的气动抓岩机，地面使用的空气锤等。空气压缩设备就是指为这些气动机械提供压缩空气的整套设备。

一、矿山空气压缩设备组成

矿山空气压缩设备如图 12-1 所示，包括空气压缩机(包括低压缸、高压缸、中间冷却器、后冷却器等)、电动机、辅助设备(包括空气过滤器、风包、冷却装置等)和输气管道等。

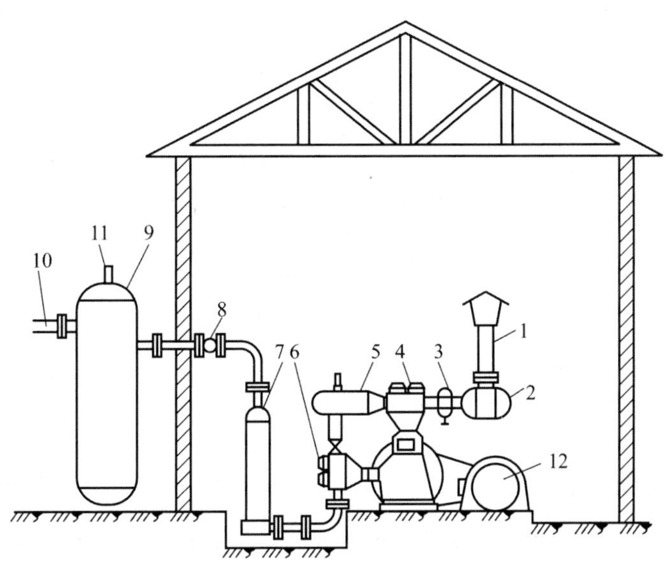

1—进气管；2—空气过滤器；3—调节装置；4—低压缸；5—中间冷却器；6—高压缸；7—后冷却器；8—逆止阀；9—风包；10—输气管道；11—安全阀；12—电动机。

图 12-1 矿山空气压缩设备

空气通过空气过滤器将其中的尘埃和机械杂质清除，清洁的空气进入空气压缩机进行压缩，压缩到一定的压力后排入风包。风包是一个储气罐，它除能储存压缩空气外，还能消除空气压缩机排送出来的气体压力的波动，并能将压缩空气中所含的油分和水分分离出来。从风包出来的压缩气体沿管道送到井下供风动工具使用或送到其他使用压缩气体的场所。

风包一般采用锅炉钢板焊接而成，分为立式和卧式两种，通常采用立式结构的风包。图12-2所示为立式风包，其高度为直径的2~3倍；同时，应使进气管在下，排气管在上；排气管在风包内部的一段呈弧形，它的出气口向下倾斜并且弯向风包内壁，使空气进入缸内产生旋流，以便分离空气中的油水，靠压缩空气压力把油水从油水排泄阀排出。在风包上还装有安全阀、压力表、入孔和油水排泄阀等。

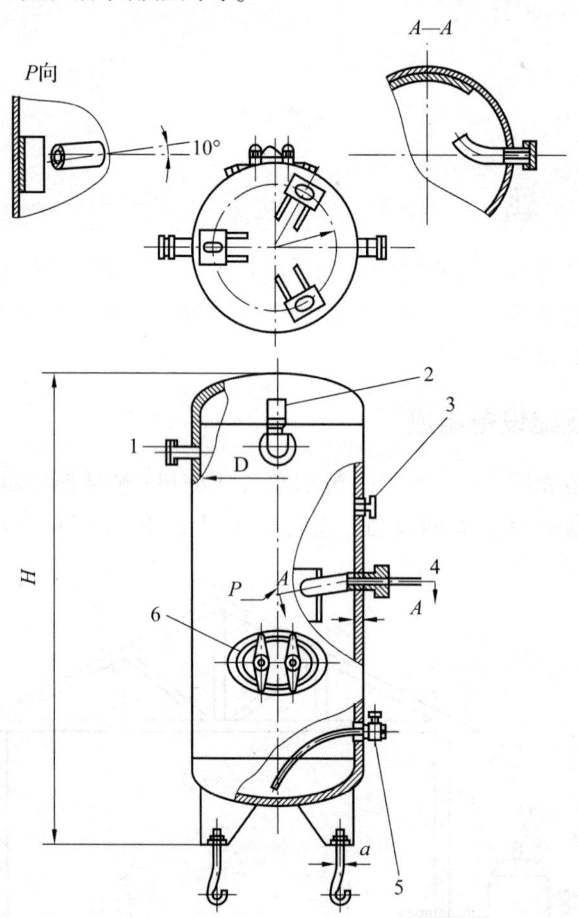

1—排气口；2—安全阀；3—压力表；4—进气口；5—油水排泄阀；6—入孔。

图 12-2　立式风包

二、空气压缩机分类

空气压缩机按工作原理可分为容积型和速度型两种。容积型空气压缩机是利用减少空气体积，提高单位体积内气体的质量来提高气体的压力的；速度型空气压缩机是利用增加空气质点的速度来提高气体的压力的。容积型空气压缩机又可分为活塞式、螺杆式和滑片式3种；速度型空压机又可分为离心式和轴流式两种。

三、空气压缩机工作原理

图 12-3 所示为双作用活塞式空气压缩机工作原理，电动机带动曲柄 6 旋转，通过连杆 5、十字头 4 和活塞杆 3 带动活塞 2 在气缸 1 中做往复运动。活塞上装有活塞环，把气缸分成左、右两个密封腔，防止活塞和气缸间的漏气。当活塞从左端向右移动时，左腔压力降低，当低于缸外大气压力时，空气推开左侧吸气阀 7 进入气缸，直到活塞到达右端位置为止，这是吸气过程。同时，活塞右侧气缸容积逐渐减小，空气被压缩，压力逐渐升高，这是压缩过程。当气体被压缩到一定压力时，右排气阀 10 打开，压缩空气便由右排气阀排出，直到活塞移动到气缸的最右端时，压缩空气被全部排出，这是排气过程。活塞在气缸内往复运动一次称为一个工作循环，移动的距离称为行程。可见，对于这种活塞式空气压缩机，一个工作循环分别完成二次吸气、二次压缩和二次排气过程。

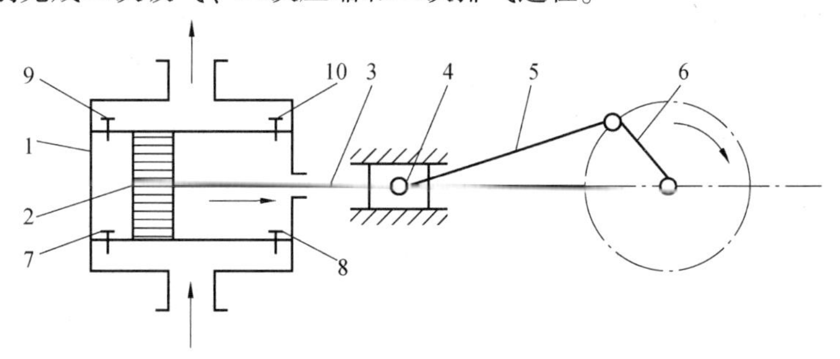

1—气缸；2—活塞；3—活塞杆；4—十字头；5—连杆；
6—曲柄；7、8—吸气阀；9、10—排气阀。

图 12-3　双作用活塞式空气压缩机工作原理

第二节　空气压缩机的工作原理

一、空气压缩机的理论工作循环

为讨论问题方便，假设空气压缩机没有余隙容积，没有进、排气阻力，压缩过程中压缩规律保持不变，符合上述假设条件的工作循环称为理论工作循环，图 12-4 所示为单作用空气压缩机理论工作循环中气缸内压力与容积变化情况。当活塞自点 0 向右移动至点 1 时，气缸在压力 p_1 下等压吸进气体，0-1 为进气过程；然后活塞向左移动，自 1 压缩至 2，1-2 为压缩过程；最后将压力为 p_2 的气体等压排出气缸，2-3 为排气过程。过程 0-1-2-3 便构成了空气压缩机的理论工作循环。

空气压缩机完成一个理论工作循环所需要的功显然由吸气功、压缩功和排气功 3 部分组成。

吸气功是指吸气过程中，气缸中的压力为 p_1 的气体推动活塞所做的功。吸气功 W_1 为：

$$W_1 = p_1FS = p_1V_1$$

式中，F——活塞面积（m^2）；

S——活塞行程(m)；

V_1——吸气终了时气缸内空气的体积（m^3）。

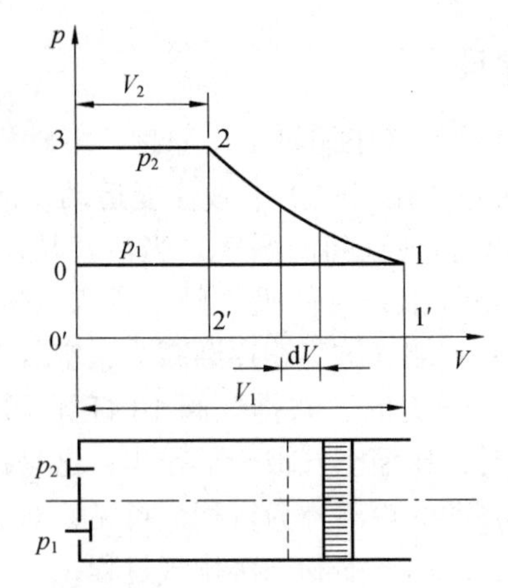

图 12-4 单作用空气压缩机理论工作循环中气缸内压力与容积变化情况

其值相当于图 12-4 中 0 - 0′ - 1′ - 1 所包围的面积。

压缩功是指压缩过程中活塞压缩气体所做的功 W_2：

$$W_2 = \int_2^1 pF\mathrm{d}s = \int_{V_2}^{V_1} p\mathrm{d}V$$

其值相当于图 12-4 中 1′ -1-2- 2′ 所包围的面积。

排气功是指排气过程中活塞将压力为 p_2 的气体推出气缸所做的功 W_3：

$$W_3 = p_2FS_2 = p_2V_2$$

式中，S_2——排气开始到排气终了时活塞的移动距离（m）；

V_2——排气开始时气缸内空气的体积（m^3）。

其值相当于图 12-4 中 2′ -2-3- 0′ 所包围的面积。

若把气体对活塞所做的功定为负值，则活塞对气体所做的功定为正值，三者之和即为一个循环内空气压缩机的总功 W：

$$W = W_1 + W_2 + W_3 = p_1V_1 + \int_{V_2}^{V_1} p\mathrm{d}V + p_2V_2 \tag{12-1}$$

吸气功与排气功和压缩功之和可用图 12-4 中 0-1-2-3 包围的面积表示，所以图 12-4 也称为理论工作循环示功图。

在压缩过程中，其压缩规律可归纳为以下 3 种情况。

1. 等温压缩过程

在等温压缩下气体状态方程式为：

$$p_1V_1 = p_2V_2 = pV = 常数 \tag{12-2}$$

则总循环功为：

$$W = p_1V_1 + \int_{V_2}^{V_1} p\mathrm{d}V + p_2V_2 = \int_{V_2}^{V_1} p\mathrm{d}V = W_2$$

由式（12-2）知 $p = \dfrac{p_1V_1}{V}$，代入上式，得：

$$W = W_2 = \int_{V_2}^{V_1} p_1V_1 \frac{\mathrm{d}V}{V} = p_1V_1\ln\frac{V_1}{V_2} = p_1V_1\ln\frac{p_2}{p_1} \tag{12-3}$$

2. 绝热压缩过程

进行绝热压缩时，气体与外界不进行热交换，此时气体状态方程为：

$$pV^{\kappa} = p_1 V_1^{\kappa} = p_2 V_2^{\kappa} = 常数 \tag{12-4}$$

式中，κ——绝热指数，空气的 $\kappa = 1.4$。

则压缩功为：

$$W_2 = \int_{V_2}^{V_1} p\mathrm{d}V = \frac{1}{\kappa - 1}(p_2 V_2 - p_1 V_1)$$

总循环功为：

$$\begin{aligned} W &= -p_1 V_1 + \frac{1}{\kappa - 1}(p_2 V_2 - p_1 V_1) + p_2 V_2 \\ &= \frac{\kappa}{\kappa - 1}(p_2 V_2 - p_1 V_1) \\ &= \frac{\kappa}{\kappa - 1} p_1 V_1 \left[\left(\frac{p_2}{p_1} \right)^{\frac{\kappa-1}{\kappa}} - 1 \right] \end{aligned} \tag{12-5}$$

3. 多变压缩过程

进行多变压缩时，气缸为不完全冷却，该过程的气体状态方程式为：

$$pV^n = p_1 V_1^n = p_2 V_2^n = 常数 \tag{12-6}$$

式中，n——常数，称为多变指数。

因为多变压缩与绝热压缩的区别，只是 n 与 κ 的不同，所以将绝热压缩时总循环功公式中的 κ 换成 n，即得多变压缩总循环功：

$$W = \frac{n}{n - 1} p_1 V_1 \left[\left(\frac{p_2}{p_1} \right)^{\frac{n-1}{n}} - 1 \right] \tag{12-7}$$

空气压缩机多变指数 n 的取值范围为 $1 < n < \kappa$，也就是说，多变压缩的性质介于等温压缩和绝热压缩之间。

4. 3 种压缩过程循环功的比较

在 p-V 图上，对 1 kg 空气，在相同的吸气终了状态下，按照不同规律（等温、绝热、多变）压缩至同一终了压力，把它们的理论示功图画在一起，如图 12-5 所示。图中曲线 2-3、2-3′和 2-3″依次为等温压缩线、多变压缩线和绝热压缩线。比较不同压缩规律所消耗的循环功（用图中面积表示）显然不一样，等温压缩时消耗功最小（面积 1-2-3-4），绝热压缩消耗功最大（面积 1-2-3″-4），而多变压缩介于两者之间（面积 1-2-3′-4）。因此，等温压缩是最理想的压缩过程，功耗最小，并且在全部压缩过程中，气缸内气体温度永远等于吸入气体的温度；在绝热过程中，压缩气体的温度较吸入气体的温度超出很多，这就会严重影响空气压缩机的润滑。

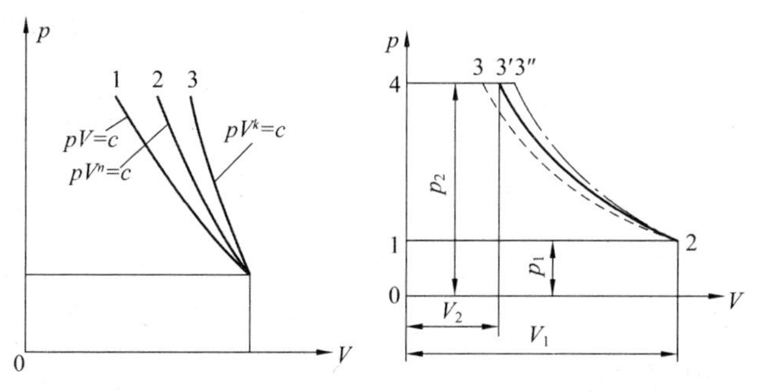

图 12-5　3 种压缩过程及其相应理论示功图

二、空气压缩机的实际工作循环

空气压缩机实际工作循环如图 12-6 所示。

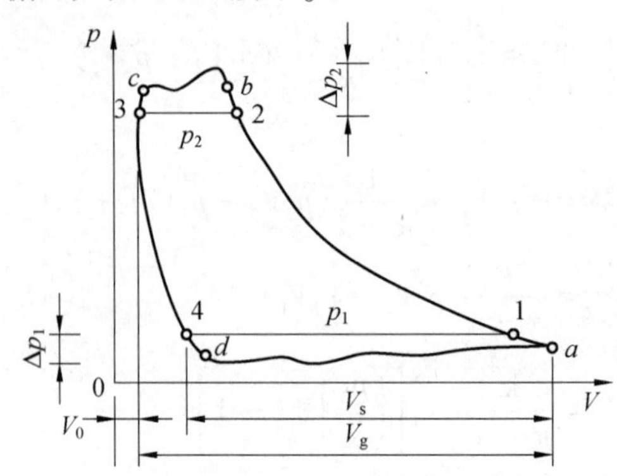

图 12-6　空气压缩机实际工作循环

空气压缩机实际工作循环与理论工作循环的差别如下。

(1) 当排气结束之后，活塞开始返回行程，气缸内出现了压力 p_2 逐渐下降的气体膨胀过程。这是因为任何实际空气压缩机的活塞在排气行程终了时，活塞与气缸盖之间都留有一定间隙，以防止活塞冲击气缸。另外，气缸至气阀的通道等处的间隙在排气行程终了时均残留有高压气体，大部分空间称为“余隙容积”。在活塞回程开始时，余隙容积中残存的高压气体将随气缸容积的增大膨胀，吸气阀不能及时开启，如图 12-6 中曲线 $c-d$ 所示。

(2) 当膨胀到点 4 时，气缸内的压力与进气管中的压力 p_1 相等，但此时气阀尚未开启。只有当膨胀到 d 点，气缸内的压力低于进气管道中的压力，造成一个压力差 Δp_1，足以克服气阀弹簧力以及阀片运动的惯性力时，气阀才打开，吸气过程开始。阀片一经全部开启，惯性力不再产生影响，压差稍微减少。在整个进气过程中，活塞运动速度是变化的，故气流通过气阀进入气缸的速度也是变化的，因此造成的阻力损失也是变化的。在进气过程的末期，活塞速度逐渐降低，气流速度逐渐减小，气缸内压力回升，直到压力差 Δp_1 减小到不能克服气阀弹簧力时，气阀关闭，进气过程结束，这时活塞到达另一个止点 a 位置，气缸内的压力为 p_a。

(3) 在压缩过程中，活塞从点 a 至点 1 的一段压缩行程，是先把气体从压力 p_a 压缩到进口状态的压力 p_1(点 1)，接着继续压缩到排气压力。

(4) 当气缸内的气体压力超过排气管道中的压力 p_2，并产生一个能够克服排气阀弹簧力及惯性力的压力差 Δp_2 时，排气阀打开，排气过程开始。图 12-6 中的曲线 $b-c$ 为排气过程的压力线。

因此，空气压缩机的实际工作循环由膨胀、吸气、压缩、排气 4 个过程组成。

三、空气压缩机性能影响因素

为了保证空气压缩机在最佳条件下运转，必须分析与空气压缩机性能有关的因素及其对空气压缩机性能的影响，以便提高空气压缩机工作的可靠性和经济性。

(一) 余隙容积对排气量的影响

余隙容积是活塞处于外止点时，活塞外端面与气缸盖之间的容积和气缸与气阀连接通道的容积之和。余隙容积的大小还可用相对余隙容积 α 来表示，它定义为余隙容积 V_0 与气缸工作容积 V_g 的比值：

$$\alpha = \frac{V_0}{V_g} \tag{12-8}$$

余隙容积对空气压缩机排气量的影响常用气缸的容积系数 λ_0 来表示，它定义为气缸的吸入空气量 V_s 与工作容积 V_g 的比值：

$$\lambda_0 = \frac{V_s}{V_g} \tag{12-9}$$

经过分析可以得到：

$$\lambda_0 = \alpha + 1 - \alpha\varepsilon^{\frac{1}{m}} = 1 - \alpha(\varepsilon^{\frac{1}{m}} - 1) \tag{12-10}$$

式中，ε——压缩比，$\varepsilon = \frac{p_2}{p_1}$；

m——膨胀过程多变指数。

上式说明了容积系数中各方面的矛盾，展示了容积系数的本质。容积系数的大小，不仅取决于相对余隙容积值 α，还取决于压缩比 ε 和膨胀指数 m。由此可知，要增加空气压缩机的排气量，必须减少 α 或 ε，或增大 m 值。因此，要提高空气压缩机排气量，应从以下几方面着手：尽量减少余隙容积；保证空气的压缩比不能太大；使余隙容积中的压缩空气按绝热过程进行膨胀。

(二) 余隙容积对功的影响

膨胀过程对空气压缩机的影响主要是余隙容积，只考虑余隙容积时的空气压缩机工作循环如图 12-7 所示。

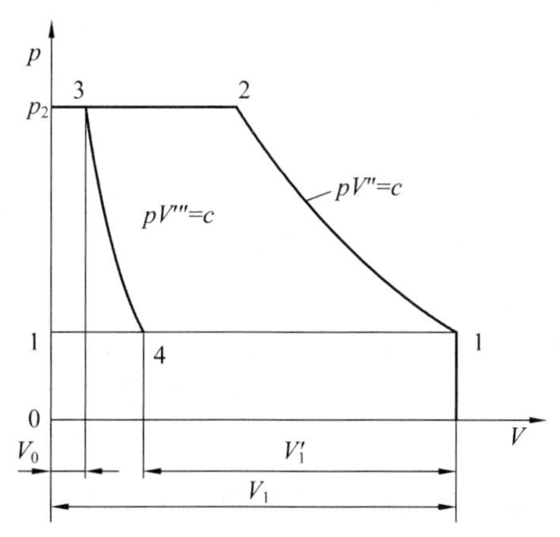

图 12-7　只考虑余隙容积时的空气压缩机工作循环

若无余隙容积，总循环功为：

$$W = \frac{n}{n-1}p_1V_1\left[\left(\frac{p_2}{p_1}\right)^{\frac{n-1}{n}} - 1\right]$$

若有余隙容积，总循环功为：

$$W' = \frac{n}{n-1}p_1V_1\left[\left(\frac{p_2}{p_1}\right)^{\frac{n-1}{n}} - 1\right] - \frac{m}{m-1}p_1(V_1 - V_1')\left[\left(\frac{p_2}{p_1}\right)^{\frac{m-1}{m}} - 1\right]$$

膨胀过程多变指数 m 取决于热交换情况，当 $n=m$ 时有：

$$W'=\frac{n}{n-1}p_1V'_1\left[\left(\frac{p_2}{p_1}\right)^{\frac{n-1}{n}}-1\right]$$

（三）压力损失的影响

在空气压缩机的吸气过程中，压力不是恒定的，而是随着吸气管的阻力而变化的。压力损失是由过滤器、吸气管和吸气阀阻力产生的。其中阀的压力损失是主要的，该压力损失与阀中气体流速的平方成正比。同样，在排气过程中排气阀及排气管道也具有阻力，所以空气压缩机在排气过程中气缸压力要高于排气管中的压力。

在图 12-6 中，吸气过程和排气过程开始时具有较大凸起的波折线，这是由阀及弹簧的惯性阻力引起的，此阻力只有在打开阀片时才有。吸气压力降低和排气压力升高的影响，使空气压缩机的每一循环过程所消耗的总功增加，所增加的数值见图 12-6 中的 $3-2-b-c$ 和 $4-d-a-1$ 所包围的面积。

由于吸气压力降低，吸气终了压力小于气缸外原始压力 p_1，因此当折算到压力 p_1 时，实际的吸气体积有一定的下降，从而排气量也有所下降。常用压力系数 λ_p 来表示吸气阻力对排气能力的影响：

$$\lambda_p=1-\frac{\Delta p}{p_1} \tag{12-11}$$

一般在空气压缩机的第一级中，进气压力等于或接近大气压时，$\lambda_p=0.95\sim0.98$。

（四）其他因素对空气压缩机性能的影响

除上述因素外，吸入空气温度升高、气体湿度和漏气等因素均对空气压缩机性能有影响。

四、空气压缩机的二级压缩

所谓二级压缩，就是将气体的压缩过程分为二级，并在第一级压缩后，将气体导入中间冷却器进行冷却，然后再经第二级压缩后排出以供使用。其每级压缩的工作原理与一级压缩的理论相同。

当单级压缩比值较大时，将导致容积系数的减小。压缩比对气缸工作容积影响如图 12-8 所示，当排气压力由 p_2 增高到 p'_2、p''_2时，余隙中气体膨胀后所占的容积逐次加大，容积系数逐渐降低；当排气压力增加至 p_2'''时，气缸中被压缩的气体不再排出而全部容纳于余隙容积 V_0 内，在膨胀时又全部充满整个气缸容积 V_0+V_g，这时空气压缩机不再吸进和排出气体。因此，为保证有一定的排气量，每一级压缩比不能过大，为了达到较高的压力，只有采用二级或多级压缩。

采用二级压缩除了可以提高空气压缩机排气量和降低排气温度，还可以节省功率的消耗。空气压缩机在实际运行中是接近绝热的多变压缩，如图 12-9 中曲线 1-2。由图可见，它比等温压缩过程曲线要陡，且所需循环功大。当采用二级压缩时，气体在第一级中沿 $1-a$ 压缩到中间压力 p_x， 随后进入中间冷却器沿 $a-a'$ 冷却至初始温度，气体体积由 V_a 减至 V'_a，因此，第二级压缩开始点又回到等温线 $1-a'-3$ 上的点 a'。第二级沿着 $a'-2'$ 继续进行压缩至终了压力 p_2。从图中看出，采用二级压缩后，比一级压缩节省了 $a-a'-2'-2$

面积的功。从理论上讲，级数越多，压缩过程线越接近等温线，省功越多。但级数过多，使机器结构趋于复杂，整个制造费用、尺寸、质量都要上升；同时气体通道增加，气阀及管路的压力损失增加，效率反而可能降低。因此，一般动力用空气压缩机都采用二级压缩。

如果中间冷却器冷却得不完善，冷却后气体温度高于第一级吸入温度时，将使所需的压缩功增大，增大量为图 12-9 中面积 $a'' - a' - 2' - 2''$ 所表示的功。

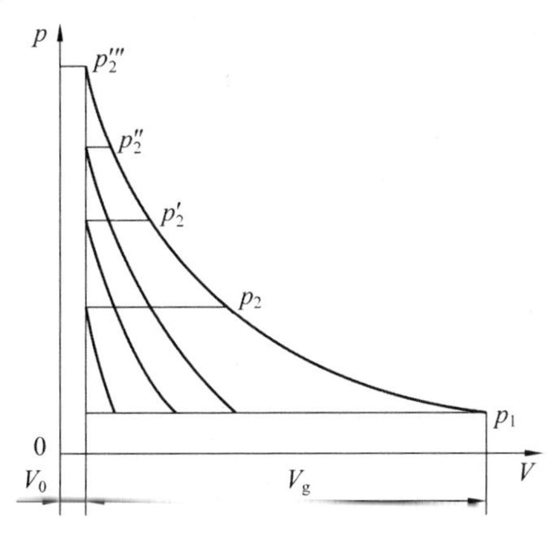

图 12-8　压缩比对气缸工作容积影响

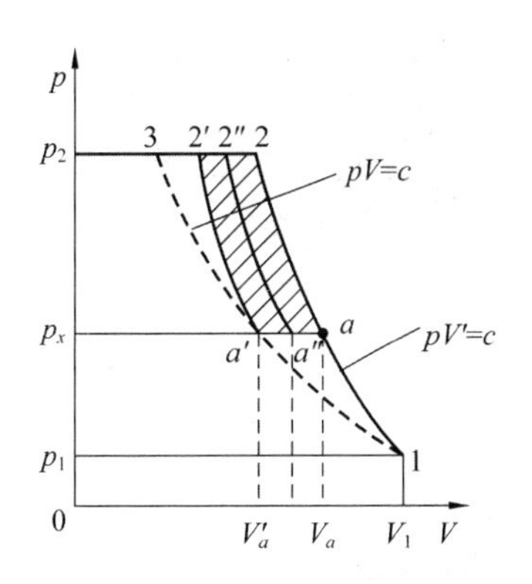

图 12-9　二级压缩功率示功图

第三节　螺杆式空气压缩机

螺杆式空气压缩机转子圆周速度降低，运行可靠、振动小、噪声低、效率高，且具有易损件少、维修简单、体积小、长时间连续运行等活塞式空气压缩机无法比拟的优点，被广泛用于矿产、机械、冶金、化工等领域。

一、螺杆式空气压缩机的工作原理

螺杆式空气压缩机主机是双回转轴容积式空气压缩机。转子为一对互相啮合的螺杆，螺杆具有非对称啮合型面。通常，主动转子为阳螺杆，从动转子为阴螺杆。两个互相啮合的转子在一个只留有进气口和排气口的铸铁壳体里面旋转，螺杆的啮合和螺杆与壳体之间的间隙通过精密加工严格控制，并在工作时间向螺杆腔内喷空气压缩机油，使间隙被密封，并将两转子的啮合面隔离防止机械摩擦。另外，不断喷入的机油与空气压缩机空气混合，用来带走压缩过程所产生的热量，维持螺杆副长期可靠地运转。当螺杆副啮合旋转时，它从进气口吸气，经过压缩从排气口排出，供出达到要求压力的压缩空气。

螺杆副如图 12-10 所示，这是一对齿数比为 4∶6 的以特定螺旋角互相啮合的螺杆，其中阳螺杆(通常作驱动螺杆)为凸型不对称齿；而阴螺杆(常用作从动螺杆)为瘦齿型弯曲齿。两螺杆的齿断面型线是专门设计并经过精密磨削加工的，在啮合过程中两齿间始终保持“零”间隙密贴，形成空气的挤压空腔。

螺杆副安装在专门设计加工的壳体里，图 12-11 所示为螺杆式空气压缩机壳体。螺杆式空气压缩机的壳体装容主、从螺杆的两个圆柱内腔和它的前后端面，与螺杆副只留有保持无摩擦运转所需要的很小的间隙。当空气压缩机工作时，又在螺杆副和壳体之间喷润滑油，在机件的表面形成油膜，填充了间隙。

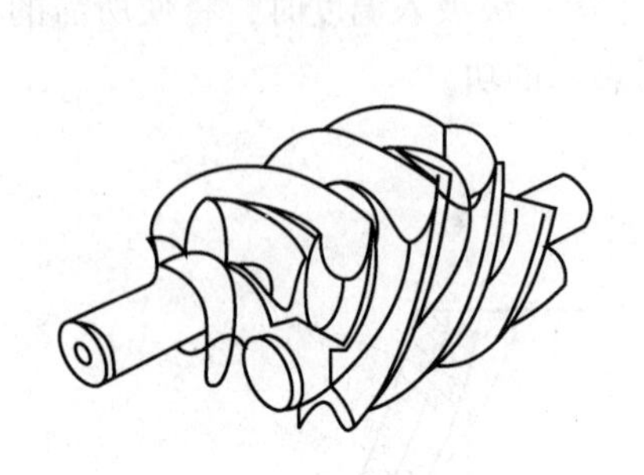

图 12-10　螺杆副

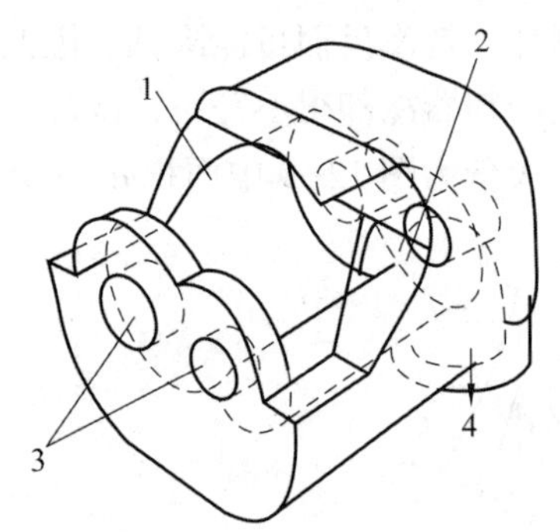

1—进气口（粗实线为进气口边缘）；2—蝶形排气口（在壳体后壁上）；
3—螺杆轴孔（轴承省略）；4—压缩空气出口。

图 12-11　螺杆式空气压缩机壳体

螺杆式空气压缩机的工作过程大致可以分为吸气过程、压缩过程和排气过程 3 个阶段。

(一) 吸气过程

螺杆安装在壳体内，在自然状态下就有一部分螺杆的沟槽与壳体上的进气口相通，即无论螺杆式空气压缩机的螺杆旋转到什么位置，总有空气通过进气口充满与进气口相通的沟槽，这就是空气压缩机的吸气过程，如图 12-12 所示。为了能清楚地看到与进气口相通的螺杆沟槽充气的情况，图中将进气口标出，并且所有与进气口不相通的沟槽均按未充气状态空置处理。

主副两转子在吸气终了时，已经充盈空气的螺杆沟槽的齿顶与机壳腔壁贴合，此时在齿沟内的空气即被隔离，不再与外界相通并失去相对流动的自由，即被“封闭”。当吸气过程结束后，两个螺杆在吸气口的反面开始进入啮合，并使得封闭在螺杆齿沟里的空气的体积逐渐减小，压力上升，压缩过程随之开始。吸气过程结束压缩过程开始如图 12-13 所示，为便于清楚表达，所有封闭的沟槽里面做了有气体充盈的表示，而其他的沟槽均按未充气状态空置处理。

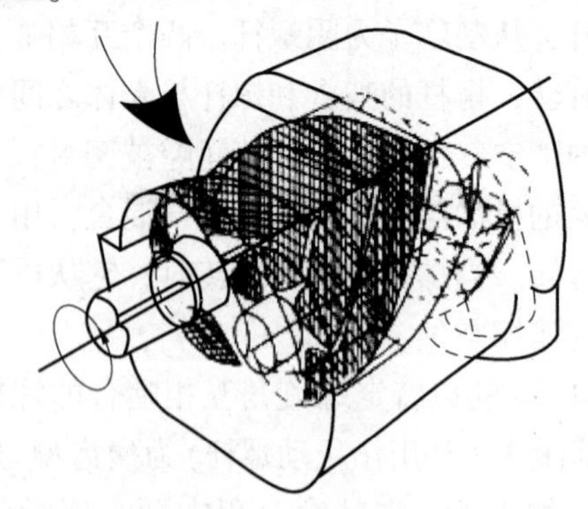

图 12-12　吸气过程

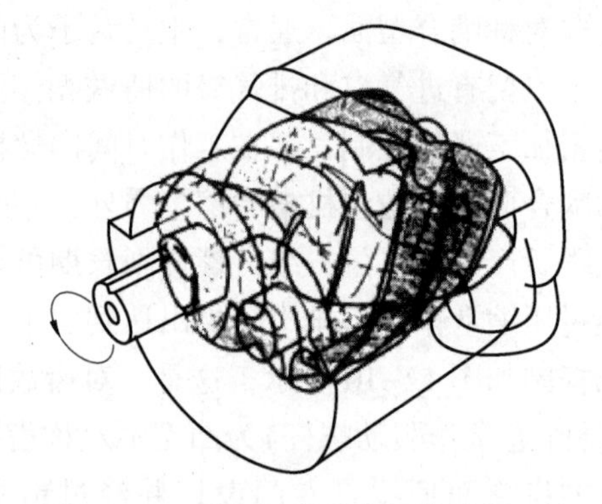

图 12-13　吸气过程结束压缩过程开始

(二) 压缩过程

随着空气压缩机两转子继续转动，封闭有空气的螺杆沟槽与相对的螺杆的齿的啮合从吸气端不断地向排气端发展，啮合的齿占据了原来已经充气的沟槽的空间，将在这个沟槽里的空气挤压，体积渐渐变小，而压力则随着体积变小而逐渐升高。空气是被裹带着一边转动，一边被继续压缩，从吸气过程结束开始，一直延续到排气口打开之前。当前一个螺杆齿端面转过被它遮挡的机壳端面上的排气口时，在齿沟内的空气即与排气腔的空气相连通，受挤压的空气开始进入排气腔，至此在空气压缩机内的压缩过程结束。这个体积减小压力渐升的过程就是空气压缩机的压缩过程，如图 12-14 所示。在压缩过程中，空气压缩机不断地向压缩室和轴承喷射润滑油。

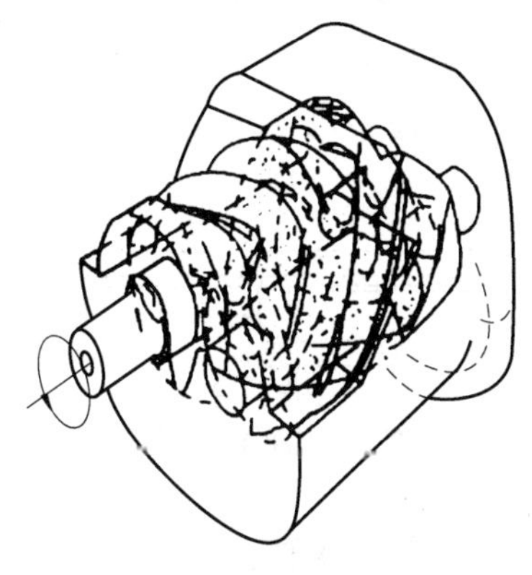

图 12-14　压缩过程

(三)排气过程

压缩过程结束，封闭有压缩空气的螺杆沟槽的端部边缘与螺杆机壳端壁上的排气口边缘相通时，受到挤压压缩的空气被迅速从排气口推出，进入螺杆式空气压缩机的排气腔。随着螺杆副的继续转动，螺杆啮合继续向排气端的方向推移，逐渐将在这个沟槽里的压缩空气全部挤出。这个过程就是空气压缩机的排气过程，如图 12-15 所示。

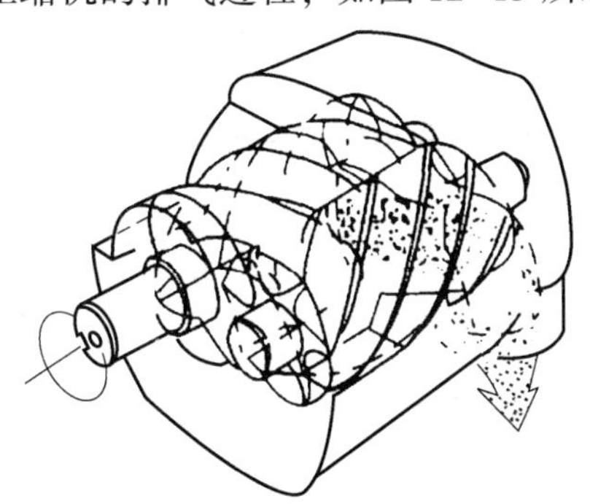

图 12-15　排气过程

在排气过程中，在排气腔出口设置的最小压力维持阀，限制自由空气外流，会使压缩空气的压力继续上升或者受到制约。

实际上，螺杆式空气压缩机的螺杆工作转速很快，而且主动螺杆和从动螺杆的每一个沟槽在运转过程中承担着相同的任务：将它的空腔在进气侧打开吸进空气，然后将其带到排气侧压缩后排出。螺旋状的前一个沟槽和后面相邻的同一个工作阶段，尽管有先有后，但实际上是重叠发生的。这种高速、周而复始的工作，形成了螺杆式空气压缩机工

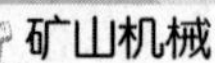
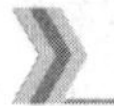

作的连续性与供气平稳性、振动低和高效率。另外，螺杆式空气压缩机的压缩过程是在齿沟里的空气被挤进排气腔的过程中完成的，所以没有像活塞式空气压缩机那样的振动和排气阀启闭形成的冲击噪声。

二、螺杆式空气压缩机结构组成

(一)螺杆式空气压缩机结构

目前，喷油双螺杆式空气压缩机有水冷型和空冷型两种，水冷型螺杆式空气压缩机相比空冷型螺杆式空气压缩机，外围设备稍多，容易对水资源造成浪费。L250/07A 喷油双螺杆式空气压缩机如图 12-16 所示，为空冷型机器。

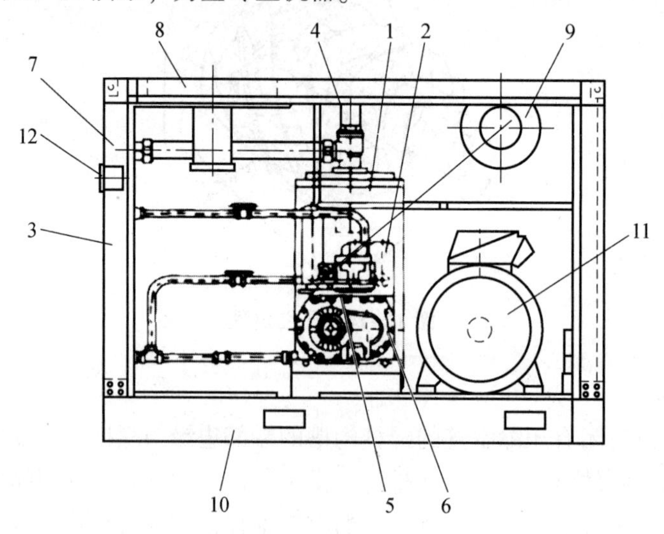

1—压力储气罐；2—油过滤器；3—油冷却器；4—最小压力止回阀；5—进气调节器；
6—主机；7—后冷却器；8—冷却空气通风口；9—空气过滤器；10—底架；
11—主电动机；12—压缩空气总管接头。

图 12-16 L250/07A 喷油双螺杆式空气压缩机

1. 型号及其意义

L 表示螺杆式空气压缩机；250 表示主电动机额定功率为 250 kW；07 表示额定排气压力为 7 bar。

2. 结构特点

L250/07A 喷油双螺杆式空气压缩机主要由油气分离器、油过滤器、油冷却器、最小压力止回阀、温控阀、断油阀、进气调节器、主机、空气过滤器、后冷却器、主电动机等部件构成，结构简单，外围零部件少，安全性很高。整个空气的压缩过程为：外界空气→空气过滤器→进气调节器→主机→压力储气罐→油气分离器芯→后冷却器→用户。

(二)螺杆式空气压缩机主要部件

1. 主机

主机如图 12-17 所示，它由同步齿轮、气缸、阳转子和阴转子等组成。在“m”形的气缸中，平行放置两个高速回转并按一定传动比相互啮合的螺旋形转子。通常将节圆外具有凸出齿形的转子称为阳转子(主动转子)，将节圆内具有凹进齿形的转子称为阴转子(从动转子)。阴阳转子上螺旋形体分别称为阴螺杆和阳螺杆。

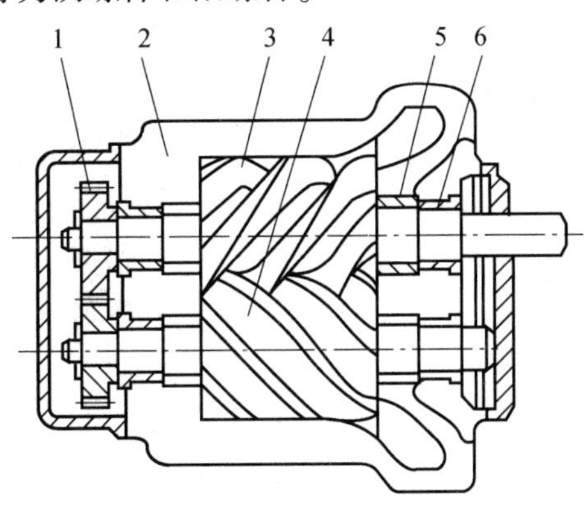

1—同步齿轮；2—气缸；3—阳转子；4—阴转子；5—轴密封；6—轴承。

图 12-17　主机

2. 空气过滤器

螺杆式空气压缩机使用的空气过滤器为干式纸质过滤器，过滤器的流量是与空气压缩机相匹配的，其滤清度为 10 μm。空气过滤器的出气端至主机的连接管路上装有一个真空传感器，用来指示空气过滤器的脏污程度。当空气过滤器的滤纸积尘逐渐增多时，进入空气压缩机的空气量就因进气阻力增大而减少，因而空气过滤器的出气端真空度就增大了。在传感器发出报警信号时，空气过滤器进气阻力就已经达到了最大限度，应更换空气过滤器。

3. 油气分离器

油气分离器有卧式和立式两种。卧式分离器是使空气喷入后撞击弧形表面方向折转，流速大大降低，依靠惯性力使油滴沉降。立式分离器中，油气混合物沿切线喷入筒内后发生旋转，油滴在离心力作用下被甩筒内壁上，油滴聚集落入容器底部，筒中可设挡板维持气流不断旋转，使分离过程持续。经初次分离后，空气中仍含有一些非常细小的油雾滴，它们随空气一起进入分离器上部的滤芯，油气分离器滤芯可以由 1~2 个纤维圆筒组成，也可将超细玻璃棉用特种工艺制成滤纸，内外各加一层合成纤维保护，将这 3 层滤材制成复合滤材做成滤芯，实用中将滤材制出折褶以增加过滤面积。各级滤芯内设置回油管，接回空气压缩机入口；回油管上有过滤器、油视镜和节流孔，以保证回油稳定；压缩空气通过滤芯的压降为 0. 02~0. 04 MPa。

4. 温控阀

螺杆式空气压缩机油系统的温控阀，是一个用感温元件控制的二位三通阀。螺杆式空气压缩机的温控阀安装在机油系统通往油冷却器前的管路上。螺杆式空气压缩机刚启动时，机油的温度一般低于空气压缩机运转时希望达到的温度，此时温控阀构成短路通道，机油不去冷却器，直接连通至油过滤器进口，机油经过过滤器后直接进空气压缩机机头。这样，有利于迅速提高机油的温度。当机油油温到达设定值后，感温元件逐渐开启通往油冷却器的通道，直到油温超过某一设定值时，完全关闭短路通道，则全部参与循环的机油都必须流过油冷却器，冷却后的机油再进入空气压缩机机头。温控阀的作用就是与油冷却器一道控制机油的温度，使螺杆式空气压缩机工作时机油温度稳定在某一运行温度后稍高一点，一般为 80 ℃左右，这是为了使机油不致因温度太高而过快老化失去润滑作用。

在寒冷季节或压缩启动阶段温控阀关闭，润滑油不经油冷却器冷却，由入口旁通管道直接流过油过滤器到达各工作点，由于吸收压缩过程产生热量，油温逐渐升高，当油温高于 77 ℃时温控阀开启，部分或全部润滑油流入冷却器。

5. 油冷却器

油冷却器有水冷式和风冷式两种。水冷式油冷却器的形式多为管壳式换热器，采用 5~7 mm 的紫铜管作为换热管，油走管外，水走管内，产品体积很紧凑。风冷式油冷却器可采用圆心管散热片(包括大散热片上插入管束)、椭圆心管散热片等。另外，还有采用铝制板翅式散热器的风冷式油冷却器。

6. 断油阀

空气压缩机停机时断油阀关闭，否则油分离器、油冷却器内高压润滑油大量倒流回空气压缩机主机入口，从吸气滤清器中冒出，容易污染吸气滤芯。开机时，断油阀在空气压缩机主机排气压力控制下打开，保证油路畅通。

三、螺杆式空气压缩机的主要技术参数

螺杆式空气压缩机的主要技术参数有排气量、功率和效率。

(一)排气量

1. 理论排气量

理论排气量的计算式为：

$$Q_{th} = c_{\varphi} c_n n_1 L D_0^2 \tag{12-12}$$

式中，Q_{th} ——理论排气量(m^3/min)；

n_1——阳转子转速 (r/min)；

D_0——阳转子公称直径(m)；

L——阳转子工作长度(m)；

c_n ——面积利用系数，对称圆弧 $c_n = 0.462$，非对称圆弧 $c_n = 0.49 \sim 0.52$；

c_{φ} ——扭角系数，如表 12-1 所示。

表 12-1　扭角系数

阳转子扭角	240°	270°	300°
c_{φ}	1.00	0.989	0.971

2. 实际排气量

实际排气量的计算式为：

$$Q = \lambda Q_{th} \tag{12-13}$$

式中，Q ——实际排气量(m^3/min)；

λ ——排气系数，它与型线、间隙值、转子尺寸、转速、有无喷油因素有关。对于喷油螺杆式空气压缩机，对称型线 $\lambda = 0.75 \sim 0.90$，非对称型线 $\lambda = 0.8 \sim 0.95$。

(二)功率

1. 指示功率

指示功率的计算式为：

$$N_{\mathrm{j}} = 1.666\frac{p_1 Q}{\lambda}\left[\frac{n}{n-1}\left(\varepsilon^{\frac{n-1}{n}} - 1\right)\right] \tag{12-14}$$

式中，N_{j}——指示功率(kW)；

p_1——吸气压力(Pa)；

n——多变压缩指数；

ε——压缩比。

2. 轴功率

轴功率的计算式为：

$$N = \frac{N_{\mathrm{j}}}{\eta_{\mathrm{m}}} \tag{12-15}$$

式中，N——轴功率(kW)；

N_{j}——指示功率(kW)。

η_{m}——机械效率，一般为0.95~0.98。

3. 绝热功率

绝热功率的计算式为：

$$N_{\mathrm{s}} = 1.666\frac{p_1 Q}{\lambda}\left[\frac{k}{k-1}\left(\varepsilon^{\frac{k-1}{k}} - 1\right)\right] \tag{12-16}$$

式中，N_{s}——绝热功率，kW；

k——绝热压缩指数。

(三)效率

效率主要指绝热效率，其计算式为：

$$\eta_{\mathrm{s}} = \frac{N_{\mathrm{s}}}{N} \tag{12-17}$$

式中，η_{s}——绝热效率，低压缩比时 η_{s} =0.7~0.75，高压缩比时 η_{s} =0.6~0.7。

习题12

1. 空气压缩机分为哪几种类型？
2. 简述螺杆式空气压缩机的工作原理。
3. 试用示功图说明空气压缩机的理论工作循环和实际工作循环。
4. 螺杆式空气压缩机有哪些主要结构部件？

参 考 文 献

[1]曹连民. 采掘机械[M]. 北京：煤炭工业出版社，2015.
[2]程居山. 矿山机械[M]. 徐州：中国矿业大学出版社，1997.
[3]曹连民. 矿山机械[M]. 徐州：中国矿业大学出版社，2017.
[4]李炳文，万丽荣，柴光远. 矿山机械[M]. 徐州：中国矿业大学出版社，2010.
[5]刘春生. 滚筒式采煤机理论设计基础[M]. 徐州：中国矿业大学出版社，2003.
[6]黄福昌，倪兴华，李政. 兖州矿区综机装备配套技术及应用[M]. 北京：煤炭工业出版社，2011.
[7]王国法. 液压支架技术[M]. 北京：煤炭工业出版社，1999.
[8]王启广，李炳文，黄嘉兴. 采掘机械与支护设备[M]. 徐州：中国矿业大学出版社，2006.